21 世纪高职高专电子信息类实用规划教材

# Protel DXP 2004 SP2 实用教程

刘益标　主　编

王艳芬　侯益坤　副主编

清华大学出版社

北　京

## 内 容 简 介

Altium 公司的 Protel DXP 2004 SP2 因其易学易用、布线功能强大的特点，广泛应用于印制电路板(PCB)设计中。本书采用任务驱动式的编写方法，通过实例介绍电路原理图(SCH)设计、层次原理图设计、原理图元件制作、印制电路板设计和 PCB 元件制作的方法。本书还对容易混淆和比较重要的知识点，用特别提示框进行提示，做到简明清晰，详略得体，易学实用。

本书可作为高职高专院校电子、电工专业的教学用书，也可作为社会培训机构的教材和广大自学者的学习用书。



**图书在版编目(CIP)数据**

Protel DXP 2004 SP2 实用教程/刘益标主编；王艳芬，侯益坤副主副. —北京：清华大学出版社，2012（2024.8重印）

(21 世纪高职高专电子信息类实用规划教材)

ISBN 978-7-302-29694-2

Ⅰ. ①P… Ⅱ. ①刘…②王…③侯… Ⅲ. ①印刷电路—计算机辅助设计—应用软件—高等职业教育—教材 Ⅳ. ①TN410.2

中国版本图书馆 CIP 数据核字(2012)第 187360 号

**责任编辑**：李春明
**装帧设计**：杨玉兰
**责任校对**：李玉萍
**责任印制**：宋 林

**出版发行**：清华大学出版社
网 址：https://www.tup.com.cn, https://www.wqxuetang.com
地 址：北京清华大学学研大厦 A 座 邮 编：100084
社 总 机：010-83470000 邮 购：010-62786544
投稿与读者服务：010-62776969, c-service@tup.tsinghua.edu.cn
质量反馈：010-62772015, zhiliang@tup.tsinghua.edu.cn
课件下载：https://www.tup.com.cn, 010-62791865
**印 装 者**：三河市龙大印装有限公司
**经 销**：全国新华书店
**开 本**：185mm×260mm **印 张**：20.75 **字 数**：501 千字
**版 次**：2012 年 9 月第 1 版 **印 次**：2024 年 8 月第11 次印刷
**定 价**：56.00 元

---

产品编号：047176-05

# 前　言

随着电子技术的快速发展，大规模、超大规模集成电路的制造及应用使得电路板的制造工艺日趋精密和复杂，传统的设计手段和软件已不能适应这种发展需求。以 Protel 系列软件为代表的基于 Windows 的电子设计自动化软件逐渐发展和成熟起来，并在多个领域得到广泛的应用。

本书以 Protel DXP 2004 SP2 为设计软件，对 PCB 电路板及元器件制图进行了详细讲解。全书共分为 6 章，第 1 章介绍 Protel DXP 2004 SP2 的特点，软件的安装和卸载，以及常用设计文件的建立、保存、加入和删除等操作方法；第 2 章介绍电路原理图的设计方法；第 3 章介绍层次原理图的设计方法；第 4 章介绍原理图元件的制作和使用；第 5 章介绍印制电路板的设计方法；第 6 章介绍 PCB 元件的制作、使用以及集成元件库的建立过程和方法。

考虑到高职高专学生的特点，本书采用任务驱动式的编写方法，通过实例详细介绍各个知识点的内容。在学习过程中，首先了解各个知识点要完成的任务，带着任务去学习相关的内容；然后在各个知识点的“任务实施”部分，了解完成任务的整个过程。如果想快速掌握每个知识点的基本操作方法，也可以直接从“任务实施”部分开始学习，碰到疑难问题，再回到“相关知识”部分查找相应的操作方法。

本书由广东工贸职业技术学院刘益标任主编，王艳芬、侯益坤任副主编，参加编写工作的还有广东工贸职业技术学院的侯聪玲、陈洲唤，以及中山职业技术学院的李中帅。

由于作者水平有限，书中难免存在错误和不足，恳请读者批评指正。

编　者

# 目　　录

第 1 章　Protel DXP 2004 SP2 基础知识 .......... 1

1.1 Protel DXP 2004 SP2 简介 .......... 2

1.1.1 Protel 的发展历史 .......... 2

1.1.2 Protel DXP 2004 SP2 的特点 .......... 2

1.2 Protel DXP 2004 SP2 的安装和卸载 .......... 3

1.2.1 Protel DXP 2004 SP2 对系统的要求 .......... 3

1.2.2 Protel DXP 2004 SP2 的安装 .......... 3

1.2.3 Protel DXP 2004 SP2 的卸载 .......... 7

1.3 Protel DXP 2004 SP2 设计管理器 .......... 8

1.3.1 Protel DXP 2004 SP2 的启动 .......... 8

1.3.2 中文集成开发环境的组成 .......... 11

1.3.3 工作面板的 3 种显示方式 .......... 12

1.3.4 Protel DXP 2004 SP2 的文件管理 .......... 13

1.4 PCB 项目的设计流程 .......... 19

本章小结 .......... 20

思考与练习 .......... 20

第 2 章　电路原理图设计 .......... 21

2.1 原理图的设计步骤 .......... 23

2.2 Protel DXP 2004 SP2 原理图编辑器 .......... 23

2.3 图纸参数设置 .......... 25

2.3.1 设置图纸尺寸 .......... 26

2.3.2 设置图纸方向 .......... 26

2.3.3 设置图纸标题栏 .......... 26

2.3.4 设置图纸边框和参考边框 .......... 27

2.3.5 设置显示模板图形 .......... 27

2.3.6 设置图纸边框线和工作区的颜色 .......... 27

2.3.7 显示模板 .......... 28

2.3.8 设置图纸网格 .......... 28

2.3.9 设置电气网格 .......... 28

2.3.10 设置系统字体 .......... 28

2.4 元件库的加载和卸载 .......... 29

2.4.1 Protel DXP 2004 SP2 的集成元件库 .......... 29

2.4.2 【元件库】管理面板 .......... 29

2.4.3 加载元件库 .......... 31

2.4.4 卸载元件库 .......... 35

2.5 放置元件 .......... 35

2.5.1 利用【元件库】管理面板放置元件 .......... 36

2.5.2 其他放置元件的方法 .......... 37

2.6 编辑元件属性 .......... 38

2.6.1 手工编辑元件属性 .......... 38

2.6.2 自动编辑元件属性 .......... 40

2.7 原理图的布局操作 .......... 43

2.7.1 画面缩放操作 .......... 43

2.7.2 画面移动操作 .......... 44

2.7.3 元件的选择 .......... 44

2.7.4 撤销元件的选中状态 .......... 46

2.7.5 元件的移动 .......... 46

2.7.6 元件的旋转和翻转 .......... 48

2.7.7 元件的排齐 .......... 48

2.7.8 元件的复制、剪切和删除 .......... 50

2.7.9 元件的粘贴 .......... 50

2.8 原理图的电气连接 .......... 52

2.8.1 用导线连接元件 .......... 52

2.8.2 用网络标签连接元件 .......... 55

2.8.3 用输入/输出端口实现原理图的连接 .......... 56

2.8.4 绘制总线和总线入口 .......... 58

2.8.5 放置电气节点 .......... 60

2.8.6 放置电源和接地 .......... 61

2.8.7 放置忽略 ERC 符号 .......... 63

2.8.8 放置 PCB 布局标志 .......... 64

2.9 绘图工具的使用 ........ 67
2.9.1 绘制直线 ........ 68
2.9.2 绘制椭圆弧或圆弧 ........ 69
2.9.3 绘制贝塞尔曲线 ........ 70
2.9.4 绘制多边形 ........ 71
2.9.5 绘制直角矩形 ........ 72
2.9.6 绘制圆角矩形 ........ 73
2.9.7 绘制椭圆或圆 ........ 74
2.9.8 绘制扇形(饼图) ........ 75
2.9.9 放置文本字符串 ........ 77
2.9.10 放置文本框 ........ 78
2.9.11 粘贴图片 ........ 80
2.10 项目编译 ........ 82
2.10.1 项目编译的设置 ........ 82
2.10.2 项目编译的执行 ........ 86
2.11 原理图的相关报表 ........ 88
2.11.1 网络表 ........ 88
2.11.2 元件报表 ........ 91
2.11.3 元件交叉报表 ........ 92
2.12 建立项目的原理图元件库 ........ 94
本章小结 ........ 106
思考与练习 ........ 107

第 3 章 层次原理图设计 ........ 109
3.1 原理图模板的设计与调用 ........ 112
3.2 层次原理图的基本概念 ........ 118
3.2.1 层次原理图 ........ 118
3.2.2 层次原理图的两种设计方法 ........ 119
3.3 自上而下的层次原理图设计方法 ........ 120
3.4 自下而上的层次原理图设计方法 ........ 123
本章小结 ........ 136
思考与练习 ........ 136

第 4 章 原理图元件制作 ........ 139
4.1 原理图元件的设计步骤 ........ 140
4.2 原理图库文件编辑器 ........ 141
4.2.1 启动原理图库文件编辑器 ........ 141
4.2.2 原理图库文件编辑器的组成 ........ 141
4.3 原理图元件的构成 ........ 143
4.4 原理图库元件管理面板 ........ 144
4.5 图纸参数的设置 ........ 145
4.6 原理图元件的创建和删除 ........ 146
4.6.1 创建原理图元件 ........ 146
4.6.2 创建原理图元件的子元件 ........ 146
4.6.3 删除元件库中的元件 ........ 146
4.7 原理图元件的制作 ........ 147
4.7.1 绘制元件图 ........ 147
4.7.2 放置引脚 ........ 147
4.7.3 编辑元件引脚属性 ........ 148
4.7.4 编辑元件属性 ........ 149
4.8 复制已有元件到用户元件库 ........ 150
4.9 在原理图中使用自己制作的元件 ........ 153
4.10 原理图库的相关报告 ........ 153
本章小结 ........ 163
思考与练习 ........ 164

第 5 章 印制电路板设计 ........ 167
5.1 印制电路板基础知识 ........ 168
5.1.1 印制电路板 ........ 168
5.1.2 印制电路板的结构类型 ........ 168
5.1.3 元件封装 ........ 170
5.1.4 铜膜导线 ........ 170
5.1.5 电路板中的层 ........ 170
5.1.6 焊盘和过孔 ........ 171
5.2 印制电路板设计的基本原则 ........ 173
5.2.1 布局基本原则 ........ 173
5.2.2 布线基本原则 ........ 174
5.2.3 印制电路板的抗干扰措施 ........ 176
5.3 PCB 的设计流程 ........ 176
5.4 Protel DXP 2004 SP2 的 PCB 编辑器 ........ 177
5.4.1 启动 PCB 编辑器 ........ 177
5.4.2 PCB 编辑器的组成 ........ 178
5.5 PCB 系统参数的优先设定 ........ 181
5.5.1 General 设置页 ........ 181
5.5.2 Display 设置页 ........ 183
5.5.3 Show/Hide 设置页 ........ 185
5.5.4 Defaults 设置页 ........ 186

5.5.5 PCB 3D 设置页 ........................ 188
5.6 PCB 工作环境设置 ........................ 189
5.6.1 PCB 编辑器的坐标系统 ........................ 189
5.6.2 PCB 板选择项设置 ........................ 190
5.7 规划 PCB ........................ 192
5.7.1 手工规划 PCB ........................ 192
5.7.2 使用向导创建 PCB ........................ 199
5.8 PCB 编辑器的画面管理 ........................ 203
5.8.1 画面的移动 ........................ 203
5.8.2 画面的缩放 ........................ 205
5.8.3 画面的刷新 ........................ 206
5.8.4 切换当前板层 ........................ 207
5.9 PCB 的编辑操作 ........................ 207
5.9.1 图件的选择 ........................ 207
5.9.2 撤销图件的选中状态 ........................ 210
5.9.3 图件的复制、剪切和删除 ........................ 210
5.9.4 图件的粘贴 ........................ 211
5.9.5 图件的移动 ........................ 214
5.9.6 图件的旋转与翻转 ........................ 215
5.9.7 图件的排列操作 ........................ 216
5.9.8 快速跳转操作 ........................ 217
5.10 图件的放置和编辑 ........................ 220
5.10.1 放置铜膜导线 ........................ 221
5.10.2 放置直线 ........................ 223
5.10.3 放置焊盘 ........................ 224
5.10.4 放置过孔 ........................ 226
5.10.5 放置矩形填充 ........................ 228
5.10.6 放置铜区域 ........................ 230
5.10.7 放置覆铜 ........................ 231
5.10.8 放置字符串 ........................ 233
5.10.9 放置元件封装 ........................ 234
5.10.10 绘制圆和圆弧 ........................ 236
5.10.11 放置位置坐标 ........................ 239
5.10.12 放置尺寸标注 ........................ 240
5.11 将原理图设计信息载入 PCB 编辑器 ........................ 245
5.12 元件布局 ........................ 246
5.12.1 自动布局 ........................ 247
5.12.2 手工布局 ........................ 253
5.12.3 更改元件标注流水号 ........................ 253
5.12.4 修改部分焊盘的连接关系 ........................ 254
5.13 PCB 布线 ........................ 254
5.13.1 自动布线 ........................ 254
5.13.2 手工布线 ........................ 268
5.13.3 设计规则检查 ........................ 268
5.13.4 更新原理图 ........................ 269
5.13.5 PCB 的 3D 显示 ........................ 270
本章小结 ........................ 288
思考与练习 ........................ 289

**第 6 章 PCB 元件制作 ........................ 291**

6.1 PCB 元件的设计步骤 ........................ 293
6.2 PCB 库文件编辑器 ........................ 294
6.2.1 启动 PCB 库文件编辑器 ........................ 294
6.2.2 PCB 库文件编辑器的组成 ........................ 294
6.3 PCB 元件的构成 ........................ 296
6.4 PCB 库元件管理面板 ........................ 297
6.5 环境参数设置 ........................ 298
6.6 PCB 元件的制作 ........................ 298
6.6.1 手工制作 PCB 元件 ........................ 298
6.6.2 使用向导制作 PCB 元件 ........................ 300
6.7 PCB 库的相关报告 ........................ 303
6.7.1 生成元件报告 ........................ 304
6.7.2 生成元件库报告 ........................ 304
6.7.3 元件规则检查 ........................ 304
6.8 使用自己制作的 PCB 元件 ........................ 304
6.9 创建集成元件库 ........................ 306
本章小结 ........................ 320
思考与练习 ........................ 320

# 第 1 章

# Protel DXP 2004 SP2 基础知识

教学目标

- 掌握 Protel DXP 2004 SP2 的安装和卸载。
- 掌握设计文件的建立和删除方法。
- 了解 Protel 的发展历史和 Protel DXP 2004 SP2 的特点。

随着电子技术的迅速发展，大规模、超大规模集成电路的应用使得印制电路板的布线更加精密和复杂，很多厂商都推出了自己的电子线路 CAD 软件。在众多厂商中，Protel Technology 公司推出的 Protel 系列软件因其功能强大、易学易用而在 EDA(Electronic Design Automation，电子设计自动化)领域得到广泛的应用，成为电子线路设计人员的首选软件。

本章首先介绍 Protel 软件的发展历史和 Protel DXP 2004 SP2 的特点，然后介绍 Protel DXP 2004 SP2 的安装和卸载，最后介绍常用设计文件的建立和删除方法。

## 1.1 Protel DXP 2004 SP2 简介

Protel DXP 2004 SP2 是一款 EDA 设计软件，主要用于电路设计、电路仿真和 PCB(Printed Circuit Board，印制电路板)设计。同时还提供了 VHDL(Very High Speed Integrated Hardware Description Language，超高速集成电路硬件描述语言)设计工具，可完成 FPGA(Field Programmable Gate Array，现场可编程门阵列)设计。

### 1.1.1 Protel 的发展历史

1988 年，美国 ACCEL Technology 公司推出了 TANGO 软件包，它考虑了当时电子设计人员的需求，效果令人满意。随后几年，电子工业的飞速发展使 TANGO 软件包呈现出难以适应时代发展的迹象。Protel Technology 公司及时推出了 TANGO 软件包的升级版 Protel for DOS 软件。20 世纪 90 年代后，随着 Windows 操作系统的广泛应用，Protel Technology 公司与时俱进，陆续推出了界面更友好的、基于 Windows 的 EDA 软件，包括 Protel for Windows 1.0、Protel for Windows 2.0、Protel for Windows 3.0、Protel 98、Protel 99、Protel 99SE 等多个版本。

2002 年，Protel Technology 公司成功整合了多家 EDA 软件公司，成立了 Altium 公司。随后 Altium 公司又推出了 Protel DXP 软件，它在仿真和自动布线方面的功能有了较大的提高。

2004 年，Protel 家族的新成员 Protel DXP 2004 面世，这是一款基于 Windows NT/2000/XP 的 EDA 软件，它大大提高了电路板布线的成功率和准确率，而且还集成了 VHDL 语言和 FPGA 设计模块，从而使 Protel 成为模拟电路和数字逻辑电路设计的重要工具。

### 1.1.2 Protel DXP 2004 SP2 的特点

在 Protel DXP 2004 SP2 中，Altium 公司历史性地加入了“多语言支持”的功能，特别是中文语言支持，从而使 Protel DXP 2004 SP2 全部的菜单项和大多数对话框都可以用中文显示，大大方便了中文环境的使用者。

和以前版本相比，Protel DXP 2004 SP2 的功能得到了进一步增强，集成了更多设计工具，使用更加方便，特别是改进 Situs 自动布线规则，大大提高了布线的成功率和准确率。

Protel DXP 2004 SP2 的功能模块主要包括：原理图设计系统、PCB 设计系统、基于 SPICE 3f5 混合电路模拟的电路仿真系统、FPGA 设计系统、VHDL 设计系统等。同时，Protel DXP

2004 SP2 向下兼容以前的各种 Protel 版本软件。

Protel DXP 2004 SP2 对设计文件的管理采用了“项目工程”这一概念，以“项目”为中心设计原则，将设计过程中建立或生成的所有设计文件，如 SCH 文件、PCB 文件、SchLib 文件、PcbLib 文件、仿真文件、文本说明文件、网络表文件、报表文件等汇总为一个工程项目，由一个项目文件进行管理。

Protel DXP 2004 SP2 具有以下性能特点。

- 层次化多通道原理图编辑环境。Protel DXP 2004 SP2 提供了一个多层次、多通道的集成操作环境，对原理图的数量和层次深度没有限制，用户可以实现复杂的设计。
- 混合模式的 SPICE 3f5/XSPICE 仿真。
- 布局前后的信号完整性分析。
- 基于 FPGA 设计的现场交互式开发。
- PCB 和 FPGA 项目之间的自动 FPGA 引脚同步。
- 规则驱动的板级布线和编辑。
- 综合集成化的元件库。
- 改进的 Situs 型自动布线。
- 完整的 CAM 输出和编辑性能。

## 1.2　Protel DXP 2004 SP2 的安装和卸载

### 1.2.1　Protel DXP 2004 SP2 对系统的要求

相比之前的版本，Protel DXP 2004 SP2 对系统的要求比较高，Altium 推荐的典型系统配置如下。

- CPU：建议 Pentium PC，1.8GHz 或更高。
- 内存：512MB RAM 或以上。
- 显卡：支持 1280×1024 像素的分辨率、32 位色、32MB 显存。
- 硬盘：2GB 或以上。
- 显示器：17 寸以上彩显。
- 操作系统：Windows NT/2000/XP。

### 1.2.2　Protel DXP 2004 SP2 的安装

Protel DXP 2004 SP2 的安装和大多数 Windows 应用程序的安装相似，下面以在 Windows XP 环境下的安装为例，介绍 Protel DXP 2004 SP2 的安装方法。

(1) 进入 Windows XP，先关闭其他应用程序，然后双击运行安装盘中 Setup 子文件夹下的 Setup.exe 文件，此时出现图 1-1 所示的安装向导窗口。

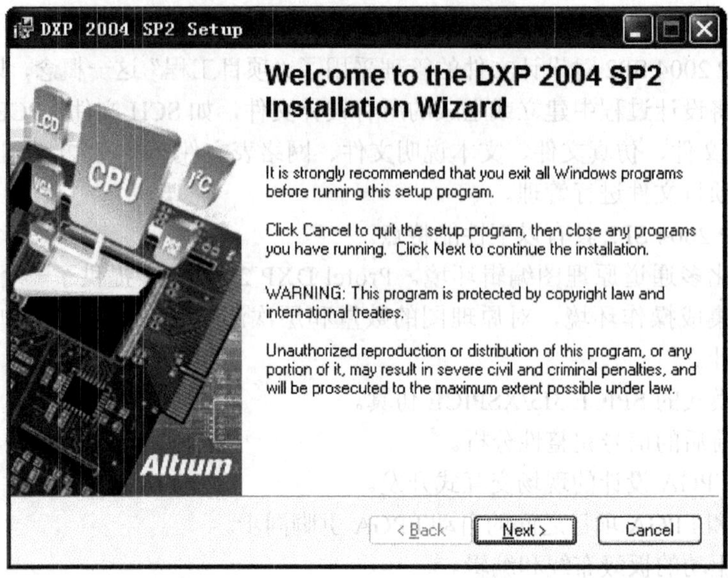


图 1-1　安装向导窗口

(2) 单击图 1-1 所示窗户中的 Next 按钮，进入图 1-2 所示的用户授权协议窗口，窗口中详细叙述了 Protel DXP 2004 SP2 版本的授权协议。

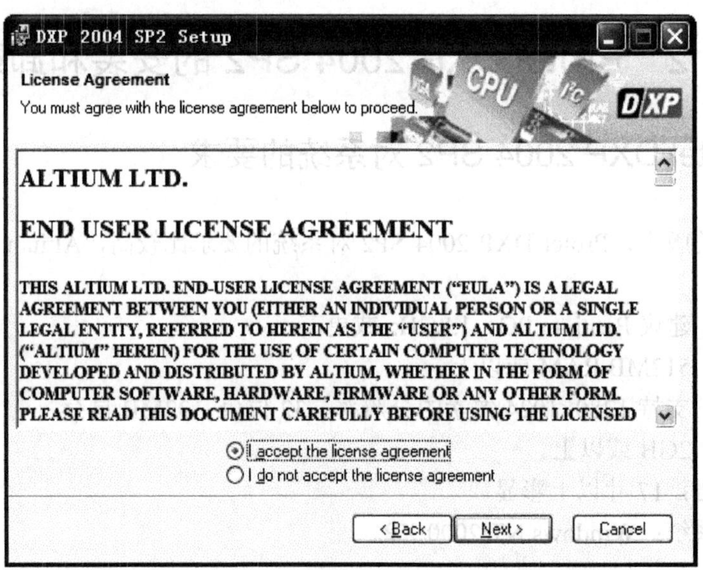


图 1-2　用户授权协议窗口

(3) 选择图 1-2 所示窗口中的 I accept the license agreement 单选按钮，然后单击 Next 按钮，进入图 1-3 所示的用户信息设置窗口。该窗口用于设置用户信息，窗口下方的单选按钮用于选择 Protel DXP 2004 SP2 的使用权。

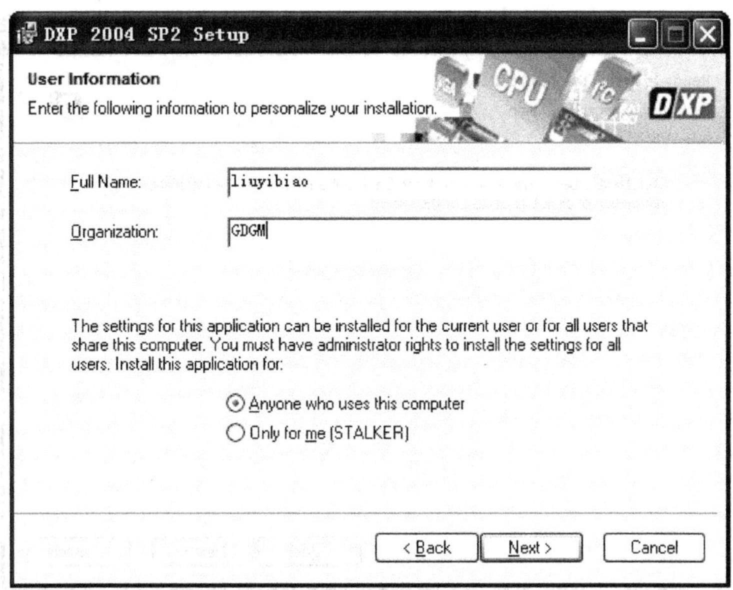


图 1-3　用户信息设置窗口

(4) 根据实际情况设置好用户信息后，单击 Next 按钮，进入图 1-4 所示的安装路径设置窗口。该窗口用于选择 Protel DXP 2004 SP2 的安装位置。单击 Browse 按钮，可以更改 Protel DXP 2004 SP2 的安装位置。

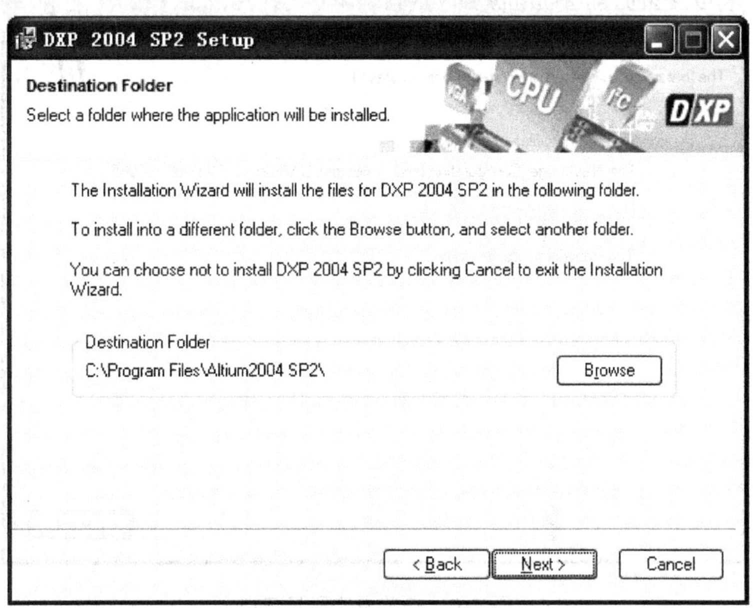


图 1-4　安装路径设置窗口

(5) 设置好安装路径后，单击 Next 按钮，进入图 1-5 所示的准备安装窗口，提示用户准备开始安装 Protel DXP 2004 SP2。

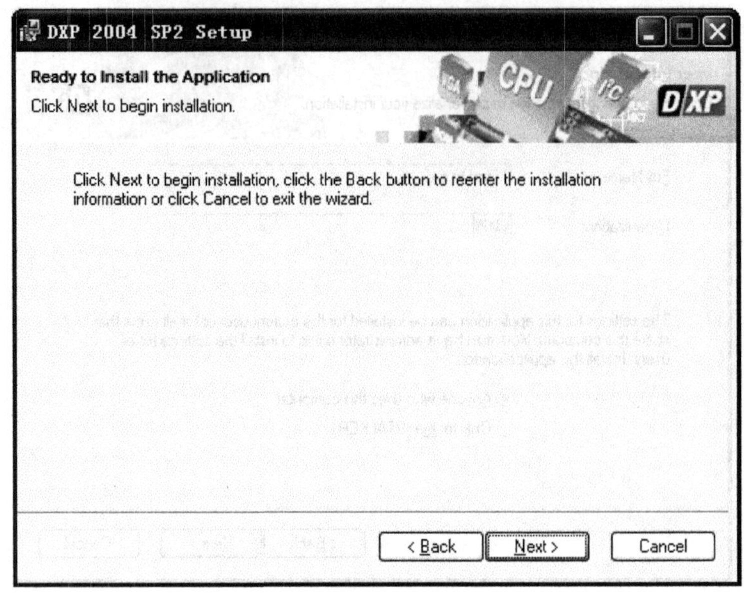


图 1-5　准备安装窗口

(6) 单击 Next 按钮，开始安装 Protel DXP 2004 SP2，如图 1-6 所示。该窗口显示了安装进度。

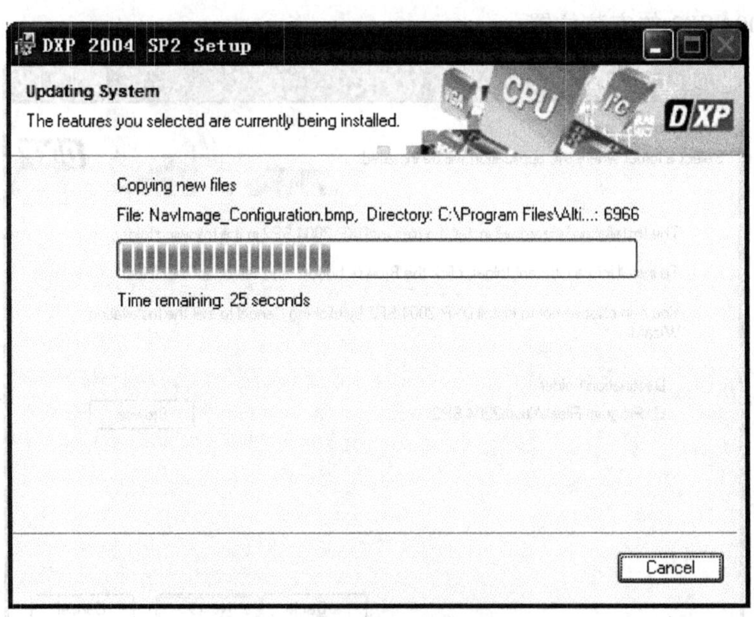


图 1-6　安装进度显示窗口

(7) 安装结束后，将弹出图 1-7 所示的安装成功窗口，单击 Finish 按钮，完成 Protel DXP 2004 SP2 的安装。

图 1-7　安装成功窗口

Protel DXP 2004 SP2 安装完毕后，便在 Windows 开始菜单中添加了该软件的快速启动图标。此外，在 Protel DXP 2004 SP2 安装目录下的 Example 子文件夹中，可以看到一些设计案例。

## 1.2.3　Protel DXP 2004 SP2 的卸载

卸载 Protel DXP 2004 SP2 的方法和卸载大多数 Windows 应用程序的方法相同，通过 Windows 控制面板即可实现。具体操作过程如下。

(1) 打开控制面板，如图 1-8 所示。

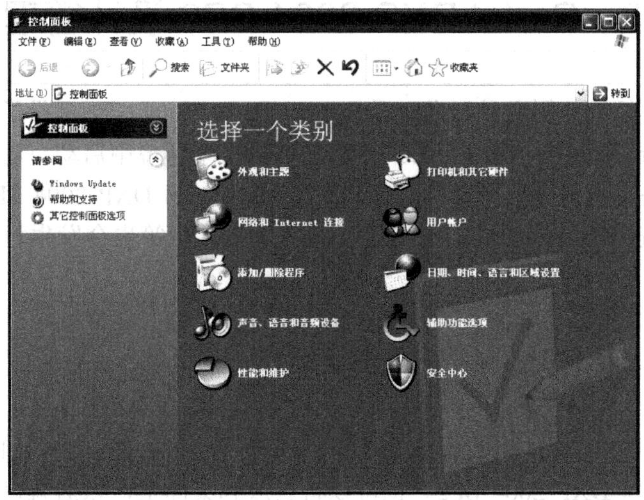


图 1-8　控制面板

(2) 单击该窗口左侧的【添加/删除程序】选项，弹出图 1-9 所示的【添加或删除程序】窗口。

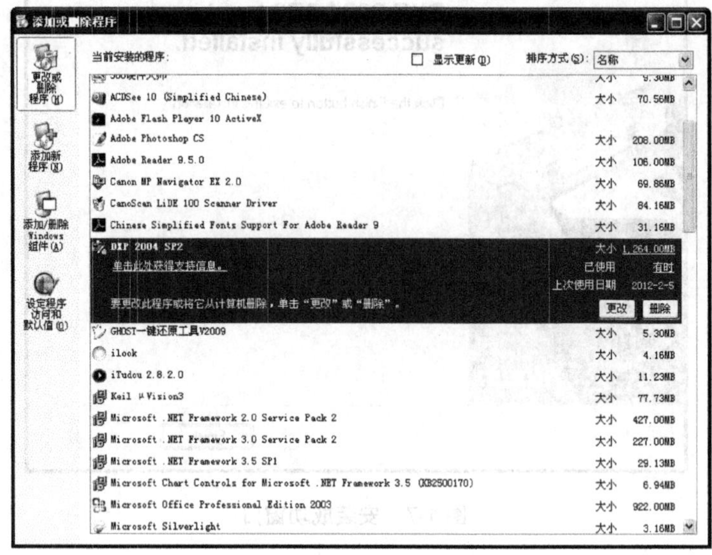


图 1-9 【添加或删除程序】窗口

(3) 从【当前安装的程序】列表中选择 DXP 2004 SP2，如图 1-9 所示。

(4) 单击右边的【删除】按钮，即可删除 Protel DXP 2004 SP2。

**特别提示**

采用这种方法删除 Protel DXP 2004 SP2，并不能删除所有安装文件，若要将安装文件全部删除，必须回到 Windows 资源管理器中，将整个安装目录删除。

# 1.3 Protel DXP 2004 SP2 设计管理器

为了让用户更好地使用各种开发工具，Protel DXP 2004 SP2 提供了一个非常友好的集成开发环境(Design Explorer)，所有的设计功能都从这个环境中启动，用户的所有设计文件都在这里创建，并且可以在各个文档之间轻松切换。Protel DXP 2004 SP2 会自动显示与当前文档相对应的编辑环境，面板上的标签、菜单、工具栏等也会发生相应的变化，便于用户进行设计。

## 1.3.1 Protel DXP 2004 SP2 的启动

安装好 Protel DXP 2004 SP2 后，Windows 的开始菜单中便添加了相应的菜单项，可以通过它来启动 Protel DXP 2004 SP2。也可以将它放到桌面上，以后就可通过双击桌面上的快速启动图标来启动了。

启动 Protel DXP 2004 SP2 后，进入设计管理器，如图 1-10 所示。此时 Protel DXP 2004 SP2 处于英文设计环境，图中的菜单都是英文的，可将其转换为中文设计环境，步骤如下。

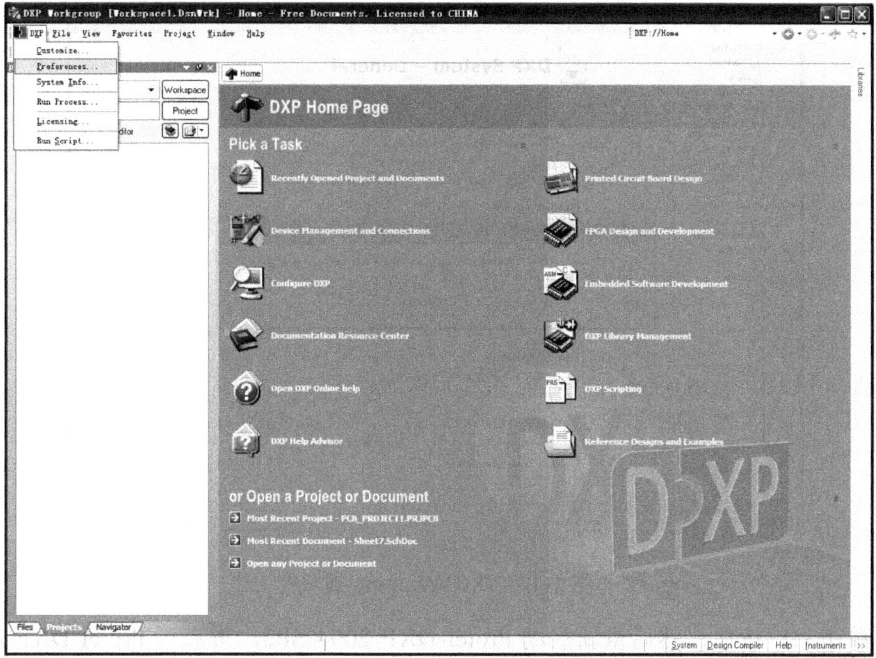


图 1-10　英文环境的设计管理器

(1) 执行菜单命令 DXP→Preferences，如图 1-10 所示。此时会弹出 Preferences 对话框，如图 1-11 所示。

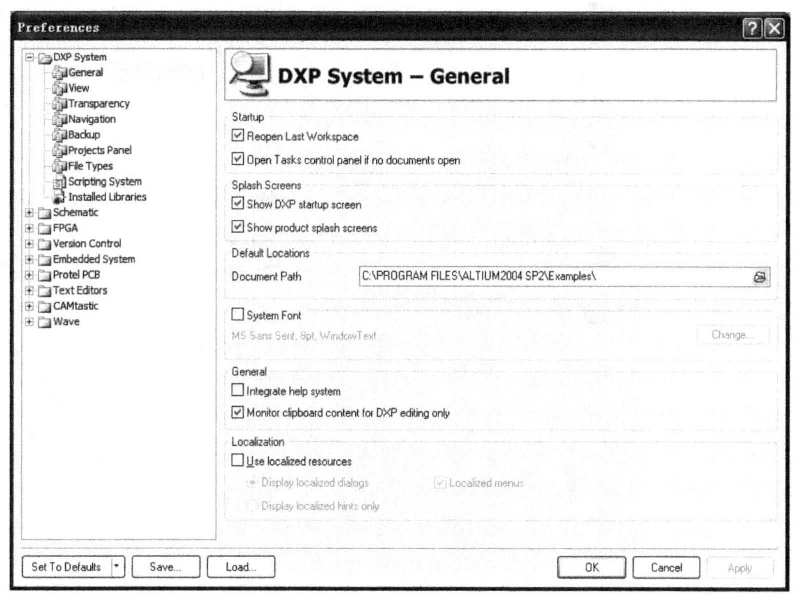


图 1-11　Preferences 对话框

(2) 在 Preferences 对话框下方的 Localization 选项组中，选中 Use localized resources 复选框。此时将弹出 DXP Warning 提示框，如图 1-12 所示。

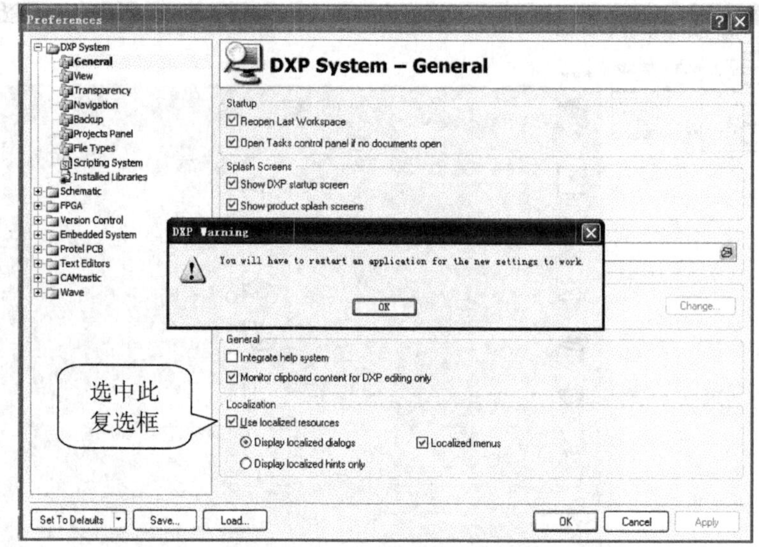


图 1-12　DXP Warning 提示框

(3) 单击 OK 按钮，然后重新启动 Protel DXP 2004 SP2。重启后 Protel DXP 2004 SP2 就进入了中文设计环境，如图 1-13 所示。

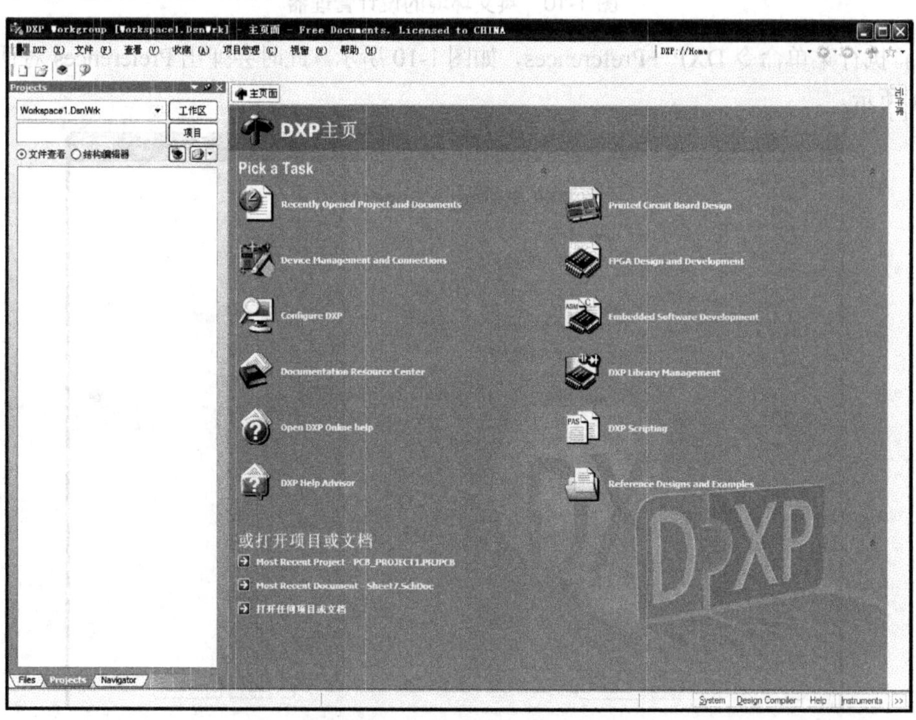


图 1-13　中文环境的设计管理器

若想恢复到英文设计环境，只需重复上面的操作，取消选中 Use localized resources 复选框，再重新启动 Protel DXP 2004 SP2 即可。

## 1.3.2　中文集成开发环境的组成

如图 1-14 所示，Protel DXP 2004 SP2 的中文集成开发环境由下面几个部分所组成。

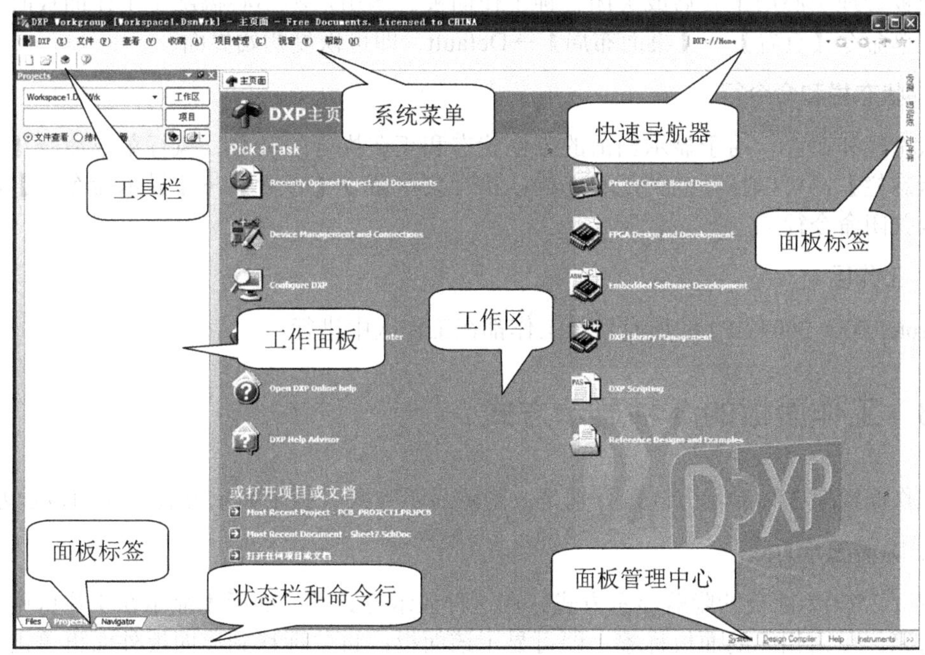


图 1-14　Protel DXP 2004 SP2 的主界面

### 1. 系统菜单

系统菜单是用户启动和优化设计的入口，它具有命令操作、参数设置等功能。当设计环境变化时，系统菜单也会做相应的变化。

### 2. 工具栏

工具栏中的工具用于实现各种操作，多数工具和菜单栏中的命令的作用是相同的。在不同的设计环境中，工具栏中的工具会有所不同。

### 3. 快速导航器

每次操作，系统均会以浏览器的方式记录快捷路径；反过来，如果在某些区域中输入快速提示，系统会显示相应的操作。用户可以像使用浏览器中的“收藏”功能那样将常用的快捷方式加入收藏夹，以便于快速执行某个操作。

### 4. 工作面板

Protel DXP 2004 SP2 中有大量的工作面板，常用的有【文件】(Files)面板、【项目】(Projects)面板、【导航器】(Navigator)面板、【元件库】(Libraries)面板等，利用这些面板可以提高操作速度。在不同的编辑环境中，面板也会有所不同。

#### 5. 面板标签

面板标签用于打开或隐藏相应的工作面板。

#### 6. 面板管理中心

面板管理中心用于开启或关闭各种工作面板。当用户不小心搞乱了工作面板时，通过执行菜单命令【查看】→【桌面布局】→Default，即可恢复初始界面。

#### 7. 状态栏和命令行

状态栏和命令行用于显示当前的工作状态和正在执行的命令。执行菜单命令【查看】→【状态栏】，可以打开或关闭状态栏；执行菜单命令【查看】→【显示命令行】，可以打开或关闭命令行。

#### 8. 工作区

Protel DXP 2004 SP2 的所有设计工作都在工作区中进行。

## 1.3.3 工作面板的 3 种显示方式

工作面板有 3 种显示方式，分别是：隐藏显示方式、锁定显示方式和浮动显示方式。

#### 1. 隐藏显示方式

图 1-15(a)为面板的隐藏显示方式。在这种显示方式下，面板不显示在工作区中，而是隐藏起来。单击相应的面板标签，即可显示该面板；将鼠标移到该面板外面再单击，面板又会隐藏起来。采用这种显示方式，可以提供较大的工作空间。当面板处于隐藏显示方式时，在面板的右上角有一个图标，单击该图标，可以将面板由隐藏显示方式切换为锁定显示方式；在面板上方的蓝色名称栏上按住鼠标左键不放，将面板拖到工作区的其他地方，可以将面板由隐藏显示方式切换为浮动显示方式。

(a) 隐藏显示方式

(b) 锁定显示方式

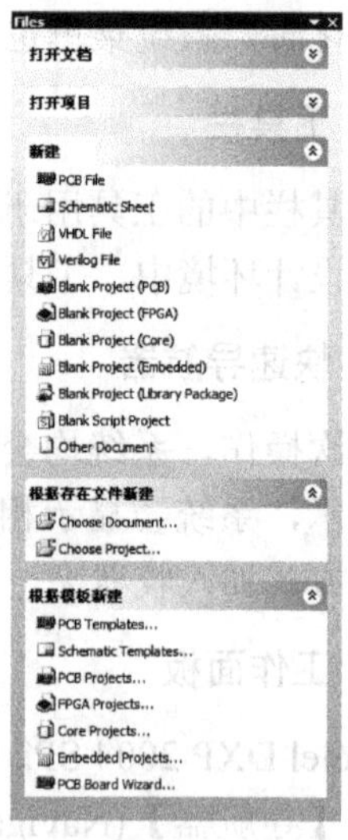


(c) 浮动显示方式

图 1-15 面板的 3 种显示方式

2. 锁定显示方式

图 1-15(b)为面板的锁定显示方式。在这种显示方式下，面板被锁定在工作区的某一边上，且总是处于显示状态。这时，面板的右上角有一个图标，单击该图标，可以将面板由锁定显示方式切换为隐藏显示方式；在面板上方的蓝色名称栏上按住鼠标左键不放，将面板拖到工作区的其他地方，可以将面板由锁定显示方式切换为浮动显示方式。

3. 浮动显示方式

图 1-15(c)为面板的浮动显示方式。在这种显示方式下，面板可以放在工作区的任何地方，且总处于显示状态。在面板上方的蓝色名称栏上按住鼠标左键不放，将面板拖到工作区的边上，可以将面板由浮动显示方式切换为锁定显示方式或隐藏显示方式。

## 1.3.4　Protel DXP 2004 SP2 的文件管理

Protel DXP 2004 SP2 采用软件工程中的项目管理方式来组织和管理设计文件。在这种管理方式下，设计文件可以分别存放在不同的地方。

1. 项目及项目文件

在 Protel DXP 2004 SP2 系统中，任何一项设计都被看作一个项目。在这个项目中，建立了与该设计有关的各种文件的连接关系，并保存了与该设计有关的各种设置，而各个文件的实际内容并没有真正包含到该项目中。

在进行某项设计时，首先要建立一个项目文件*.Prj**，其中*为项目文件名，**由所建工程项目的类型决定，例如 MyDesign.PrjPCB 表示文件名为 MyDesign 的 PCB 项目文件，然后在该项目文件下新建设计文件或导入已存在的设计文件。

当然，也可以不建立项目文件，直接建立一个单独的、不属于任何项目的自由文件，但这种方法不能完成一个完整的设计。

**特别提示**

虽然 Protel DXP 2004 SP2 的设计文件可以存放在不同的地方，用户只要将相关的设计文件加入到项目中即可，但存放太分散不利于管理这些文件。建议在做设计前，先建立一个文件夹，将项目文件和所有设计文件都存放在该文件夹中。此外，应记住在进行某项设计之前，应先建立一个相应的项目文件。

Protel DXP 2004 SP2 提供了多种类型的项目，如 PCB 项目、FPGA 项目、核心项目、集成元件库项目、嵌入式软件项目、脚本项目等。本书只介绍 PCB 项目。

1) PCB 项目文件的创建

创建 PCB 项目文件有下面两种方法。

- 执行菜单命令【文件】→【创建】→【项目】→【PCB 项目】。
- 打开【文件】面板，在该面板的【新建】栏中单击 Blank Project(PCB)选项。

创建一个新 PCB 项目文件后，系统自动打开【项目】面板，并在【项目】面板中显示该项目的名称，默认为 PCB_Project1.PrjPCB，同时在该项目下列出 No Documents Added，表示当前项目中还没有加入任何设计文件。

2) PCB 项目文件的保存

执行下面的操作之一，将弹出保存项目对话框，如图 1-16 所示。

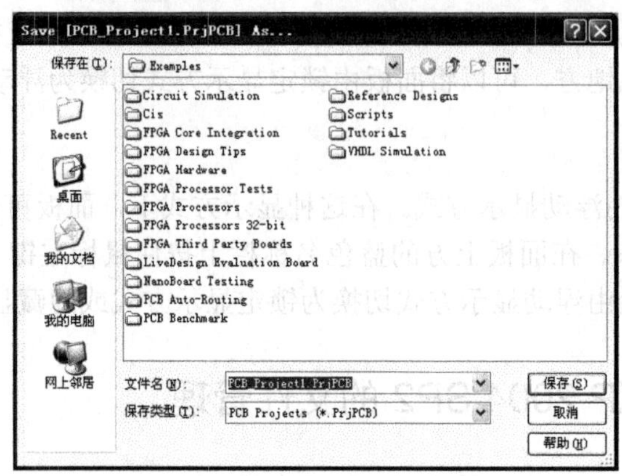


图 1-16　保存项目对话框

- 执行菜单命令【文件】→【保存项目】。
- 将光标移到要保存的项目上，右击并选择快捷菜单中的【保存项目】命令，如图 1-17 所示。

图 1-17　利用右键菜单保存项目

执行上面的操作后，在弹出的保存项目对话框中选择保存位置，并在【文件名】文本框中输入项目文件名，再单击【保存】按钮，即可保存该项目。

3) 打开 PCB 项目

使用下面几种方法都可以打开 PCB 项目。

- 在 Windows 资源管理器中双击该项目文件。
- 打开【文件】面板，在该面板的【打开项目】栏中直接单击项目文件。
- 执行菜单命令【文件】→【打开项目】，弹出打开项目对话框，如图 1-18 所示。

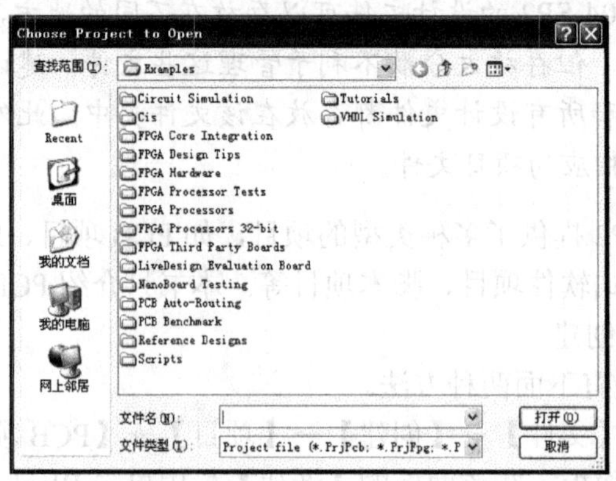


图 1-18　打开项目对话框

在该对话框中选择要打开的项目，然后单击【打开】按钮，即可打开一个项目文件。

4) 关闭项目文件

使用下面任一方法均可以关闭项目文件。

- 将光标移到要关闭的项目上，右击并选择快捷菜单中的 Close Project 命令，如图 1-19 所示。
- 在【项目】面板中选择要关闭的项目，然后单击【项目】面板右上角的【项目】按钮，选择下拉菜单中的 Close Project 命令，如图 1-20 所示。

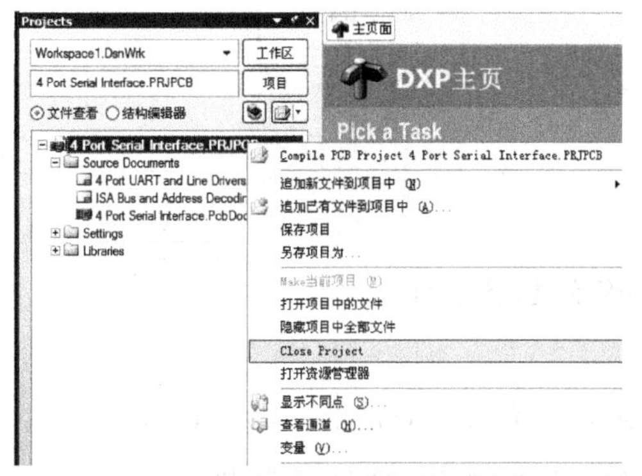

图 1-19　通过右键菜单关闭项目文件

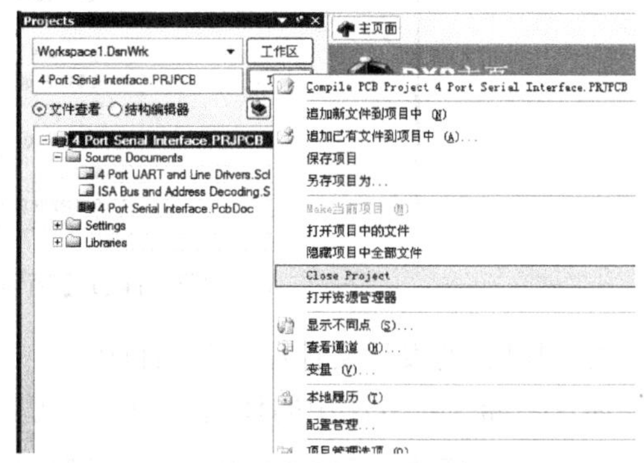

图 1-20　通过【项目】按钮关闭项目文件

## 2. PCB 项目的常用设计文件

PCB 项目的常用设计文件有原理图文件(*.SchDoc)、原理图库文件(*.SchLib)、PCB 文件(*.PcbDoc)和 PCB 库文件(*.PcbLib)，括号中的*表示文件名。

1) 在 PCB 项目中新建设计文件

使用下面的方法都可在当前项目中创建新的设计文件。

- 执行菜单命令【文件】→【创建】，选择要创建的文件类型。
- 打开【文件】面板，从该面板的【新建】栏中选择要创建的文件类型。
- 在【项目】面板的项目名称上，右击并选择快捷菜单中的【追加新文件到项目中】命令下面的设计文件类型，如图 1-21 所示。

图 1-21　通过右键菜单创建设计文件

- 单击【项目】面板右上角的【项目】按钮，在弹出的下拉菜单中选择【追加新文件到项目中】命令下面的设计文件类型，如图 1-22 所示。

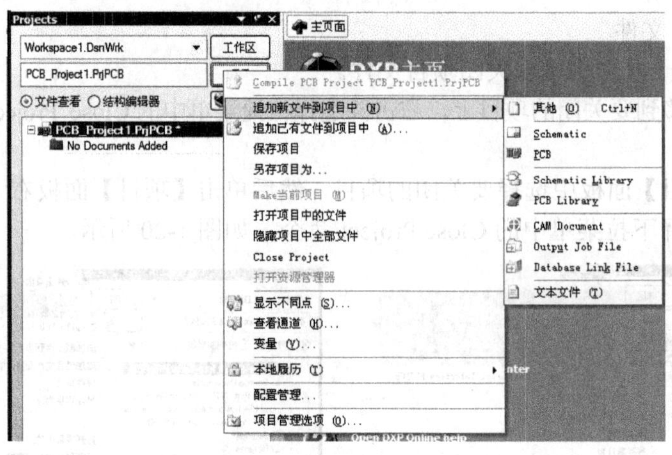

图 1-22　通过【项目】按钮创建设计文件

2) 把已有的设计文件加入到项目中

通过下面 3 种方法中的任何一种，均可打开追加已有文件对话框，如图 1-23 所示。

图 1-23　追加已有文件对话框

- 执行菜单命令【项目管理】→【追加已有文件到项目中】。
- 在【项目】面板的项目名称上，右击并选择快捷菜单中的【追加已有文件到项目中】命令，如图 1-24 所示。
- 单击【项目】面板右上角的【项目】按钮，选择下拉菜单中的【追加已有文件到项目中】命令，如图 1-25 所示。

在图 1-23 所示的追加已有文件对话框中，双击要追加的设计文件；或者选择设计文件后，单击【打开】按钮，均可将已存在的设计文件加入到当前项目中。

图 1-24　通过右键菜单追加已有的设计文件

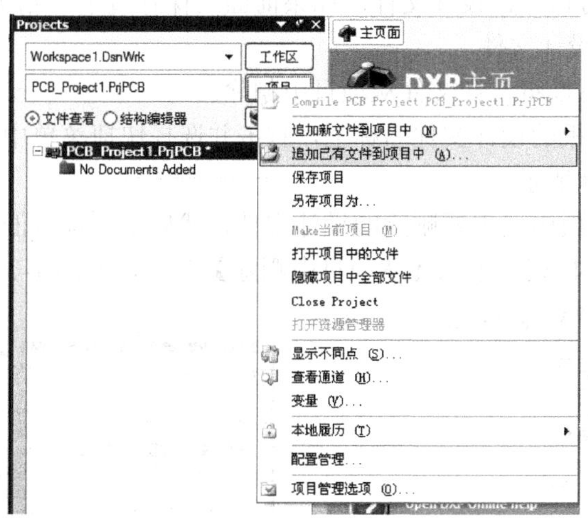


图 1-25　通过【项目】按钮追加已有的设计文件

## 特别提示

追加已有文件到项目中，只是建立了该文件和项目的连接关系，文件的保存位置并没有发生变化。

3) 保存设计文件

使用下面几种方法可以保存设计文件。

- 单击标准工具栏上的💾工具。
- 执行菜单命令【文件】→【保存】。
- 在【项目】面板的设计文件名称上，右击并选择快捷菜单中的【保存】命令，如图 1-26 所示。
- 在【项目】面板中选中要保存的设计文件，然后单击【项目】面板右上角的【项目】按钮，再选择下拉菜单中的【保存】命令，如图 1-27 所示。

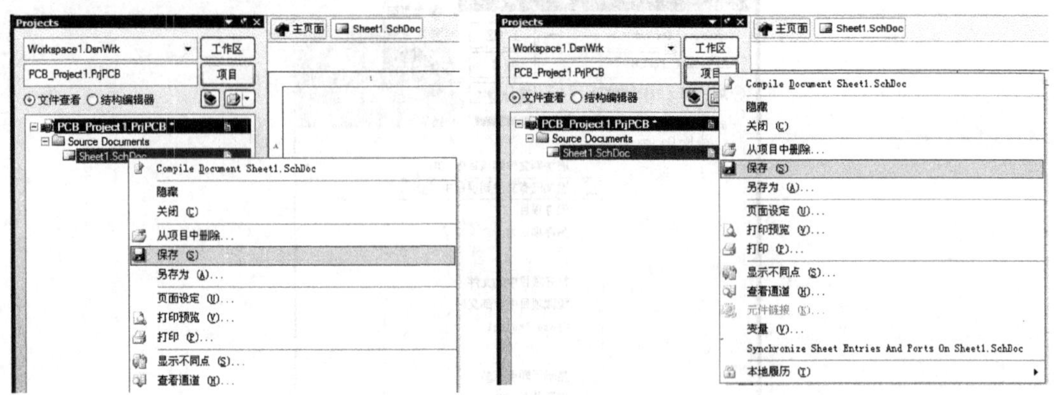


图 1-26　通过右键菜单保存设计文件　　　　图 1-27　通过【项目】按钮保存设计文件

第一次保存设计文件时，会弹出保存文件对话框，用户设置好保存位置和文件名后单击【保存】按钮，即可保存该设计文件；如果前面已保存过了，则不会出现这个对话框。

4) 删除项目中的设计文件

使用下面的方法可以将设计文件从项目中删除。

- 在【项目】面板的设计文件名称上，右击并选择快捷菜单中的【从项目中删除】命令，如图 1-28 所示。
- 在【项目】面板中选中要删除的设计文件，然后单击项目面板右上角的【项目】按钮，再选择下拉菜单中的【从项目中删除】命令，如图 1-29 所示。

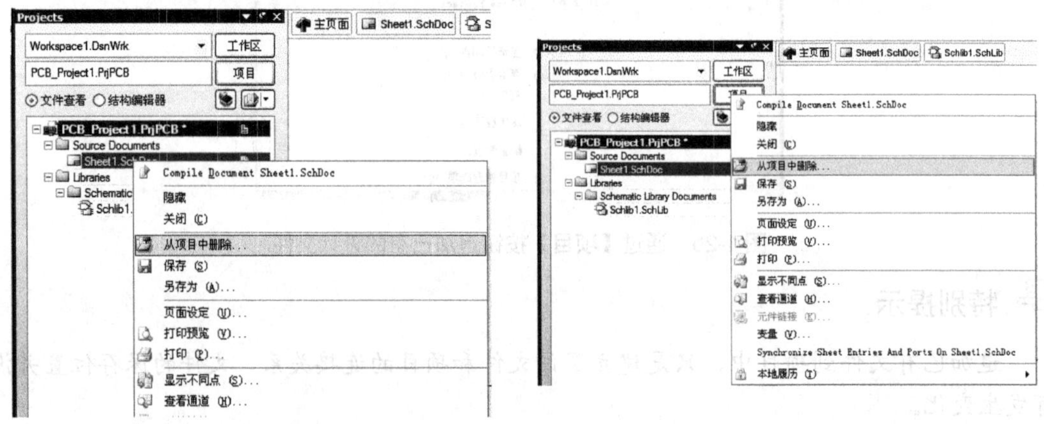


图 1-28　通过右键菜单删除设计文件　　　　图 1-29　通过项目按钮删除设计文件

执行上面的操作后，将弹出一个确认删除提示框，单击 Yes 按钮，则该设计文件将从项目中被删除。

### 特别提示

删除设计文件的操作只是断开了项目和设计文件的链接，该文件仍然存放在它原来的位置。

# 1.4　PCB 项目的设计流程

通常，设计电路板一般要经过图 1-30 所示的 7 个主要步骤，其中最主要的是方案分析、电路仿真、绘制原理图和设计 PCB。本书主要介绍绘制原理图、制作原理图元件、制作 PCB 元件(元件封装)和设计 PCB 4 部分。

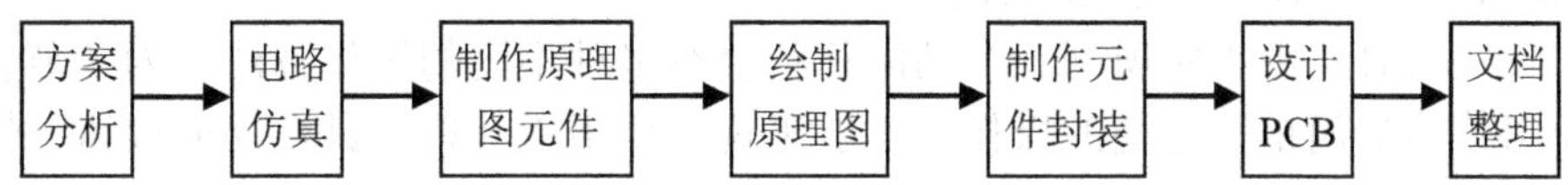


图 1-30　PCB 设计流程

### 1. 方案分析

方案分析是指根据设计要求进行方案比较、选择元件，它决定了原理图如何设计，也会影响 PCB 的规划。

### 2. 电路仿真

在设计电路原理图之前，有时对某一部分电路的设计并不十分确定，因此需要通过电路仿真来验证。另外，仿真还可用于确定电路中某些器件的重要参数。

### 3. 制作原理图元件

Protel DXP 2004 SP2 提供了丰富的元件库，但由于元件的发展非常快，因此元件库中不可能包含所有的元件，必要时需要自己动手制作原理图元件，建立个人元件库。

### 4. 绘制原理图

原理图是以图形的形式表示各个元件之间的连接关系的电路图。在所需元件齐备后，就可以绘制原理图了，对于复杂的电路可以使用层次原理图。完成原理图绘制后，一般要进行项目编译，检查错误，修改，最后生成相应的报表文件。

### 5. 制作元件封装

元件封装又称 PCB 元件，实际上就是指实物元件在电路板上的安装位置。由于 Protel DXP 2004 SP2 的元件库不可能包含所有的 PCB 元件，所以在需要时，可以制作自己的 PCB 元件，并使用在 PCB 上。

### 6. 设计 PCB

设计好原理图后就可以进行 PCB 设计了，包括规划 PCB、载入原理图信息、设定规则、布局、布线等工作。

### 7. 文档整理

文档整理是指保存好原理图、PCB 图、元件清单和相关报表，以便日后的维护和修改。

## 本章小结

本章简单介绍了 Protel 的发展历史、Protel DXP 2004 SP2 的特点，以及 Protel DXP 2004 SP2 的安装和卸载；重点介绍了 Protel DXP 2004 SP2 的设计管理器，特别是 PCB 项目文件和设计文件的建立、保存、删除等操作。

在实际使用时，由于实现同一个功能往往会有多种不同的操作方法，为了节省操作时间，应使用其中最简单、方便的操作。一般来说，使用工具栏工具、功能按钮、快捷键、工作面板等比使用菜单命令方便，建议用户根据自己的使用习惯选择最适合的操作方法。

## 思考与练习

(1) Protel DXP 2004 SP2 有哪些特点？

(2) 如何安装和卸载 Protel DXP 2004 SP2？

(3) Protel DXP 2004 SP2 设计管理器由哪几个部分组成？

(4) 工作面板有哪几种显示方式？如何实现显示方式之间的转换？

(5) 如何实现 Protel DXP 2004 SP2 的中文、英文编辑环境的转换？

(6) Protel DXP 2004 SP2 采用什么方式管理设计文件？有什么优点？

(7) 如何新建、保存、删除 PCB 项目文件？

(8) 如何在一个 PCB 项目中新建、保存、删除设计文件？如何将已有的设计文件追加到 PCB 项目中？

(9) 在 Protel DXP 2004 SP2 中，PCB 项目文件、原理图文件、原理图库文件、PCB 文件和 PCB 库文件的扩展名分别是什么？它们的图标又是什么样子？

(10) 建立一个文件夹，新建一个 PCB 项目文件，并保存在该文件夹中；在该项目下分别新建原理图文件、原理图库文件、PCB 文件和 PCB 库文件各一个，并保存在该文件夹中。

(11) 设计一块 PCB 需要经过哪几步？

# 第 2 章

# 电路原理图设计

教学目标

- 掌握图纸和网格属性的设置。
- 掌握元件的查找方法，元件库的加载与卸载操作。
- 熟练掌握绘制原理图的常用操作。
- 掌握项目编译和原理图相关报表的生成方法。

印制电路板的设计是从原理图开始的，在整个设计过程中，这一步有着举足轻重的作用。电路原理图是整个电路设计的关键，它除了可以表达电路设计者的设计思想外，在印制电路板的设计过程中，还提供了各个元器件之间的连线依据。只有绘制出正确的原理图，才能根据该原理图设计出满足性能要求的印制电路板。只有美观的原理图，才能清晰、准确地反映设计者的意图，方便日常交流。因此，学会绘制正确、美观、清晰的原理图是非常重要的。

本章首先介绍绘制电路原理图的一些常用操作，元件的查找和使用，然后以一个具体的电路图为例，介绍电路原理图的整个设计过程。

**任务导入**

新建一个 PCB 项目，在该项目下新建一个原理图文件，绘制图 2-1 所示的电路图。绘制完成后对该项目进行编译，最后生成元件列表和网络表。

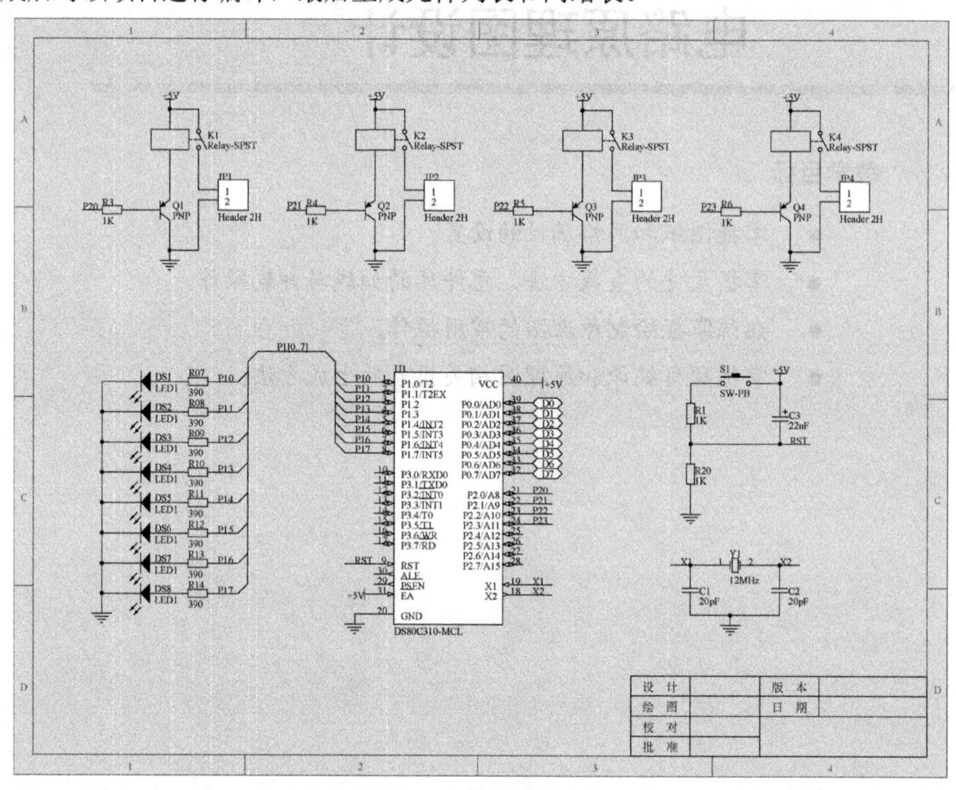


图 2-1　原理图设计例图

**任务分析**

完成本任务，首先要根据电路图上元件的数量设置好图纸的参数；接着将电路图上的元件所在的元件库加载到原理图编辑器中；再将这些元件从元件库中找出来，调整好元件方向后放到图纸上，并编辑元件属性；最后根据电路图上元件之间的连接关系，对原理图进行电气连接。完成原理图绘制后，对原理图执行编译，排查错误，最终生成元件列表和网络表。

**相关知识**

下面将介绍一些和绘制原理图有关的基本操作和设置，它是熟练、准确地绘制原理图的必备条件。

## 2.1　原理图的设计步骤

在 Protel DXP 2004 SP2 中，电路原理图的设计一般要经过图 2-2 所示的 6 个步骤。

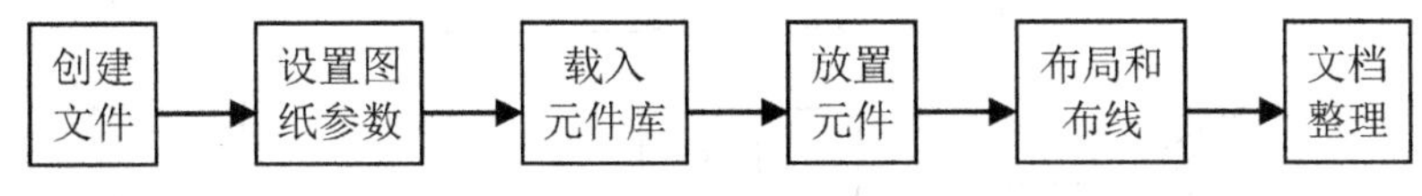


图 2-2　原理图的设计流程

### 1. 创建文件

首先创建一个 PCB 项目文件，然后在该项目下创建一个原理图文件。

### 2. 设置图纸参数

设置图纸的大小、图纸的可视网格和电气网格、图纸的边框和参考边框、系统字体、标题栏等。

### 3. 载入元件库

将电路图上所使用的元件所在的元件库载入原理图编辑器中。对于一些特殊元件，Protel DXP 2004 SP2 的集成元件库中可能没有，这时候可以建立一个原理图元件库，自己动手制作这些元件，并把它们加载到原理图编辑器中使用。

### 4. 放置元件

将需要用到的元件从元件库中取出，放在图纸上并设置好元件的属性。

### 5. 布局和布线

调整好元件的位置和方向，让整个电路的布局整齐有序、可读性强。使用导线、网络标号和端口等电气连接工具，对有接线关系的元器件引脚进行电气连接。最后对原理图进行编译和排错。

### 6. 文档整理

生成相关报表，如元器件列表等；保存文件，以便日后维护；打印原理图。

## 2.2　Protel DXP 2004 SP2 原理图编辑器

按第 1 章介绍的方法创建一个 PCB 项目，并在该项目下新建一个原理图文件，系统自动打开原理图，进入原理图编辑器，如图 2-3 所示。

原理图编辑器由菜单栏、工具栏、工作面板、面板管理中心、工作区、状态栏和命令状态行等几个部分组成。

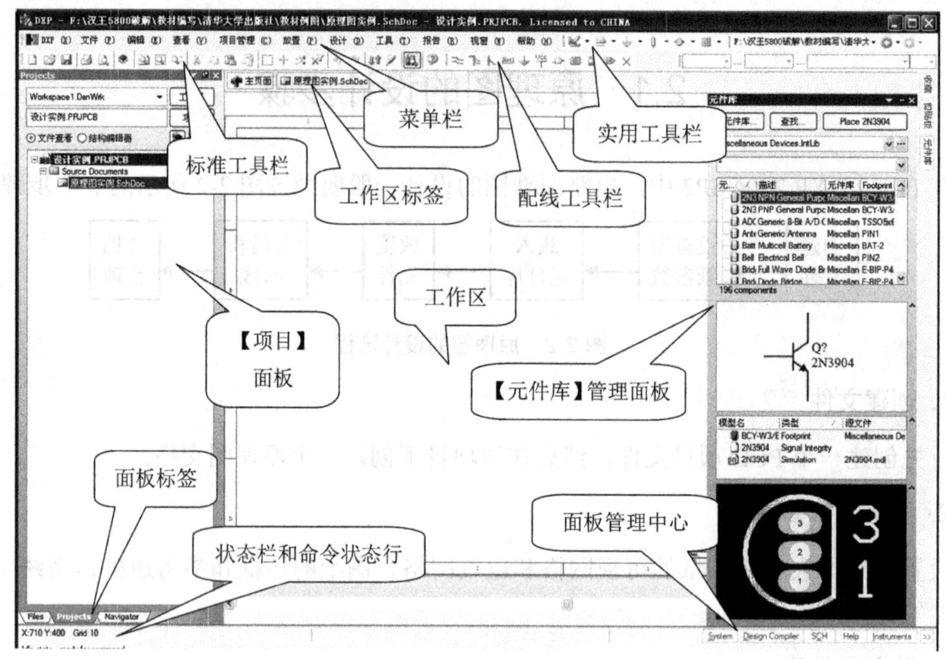

图 2-3　原理图编辑器

### 1. 菜单栏

在原理图编辑器中，菜单栏有【文件】、【编辑】、【查看】、【设计】、【工具】等菜单，如图 2-4 所示。通过菜单栏各菜单项中的命令，可以对原理图实施各种操作。

图 2-4　菜单栏

### 2. 工具栏

Protel DXP 2004 SP2 具有丰富的工具栏，这些工具栏对原理图设计操作提供了很大的方便。执行菜单命令【查看】→【工具栏】，可打开或关闭相关工具栏。

1) 标准工具栏

标准工具栏提供了文件操作、画面操作和复制、剪切、粘贴等工具，如图 2-5 所示。

图 2-5　标准工具栏

2) 配线工具栏

配线工具栏如图 2-6 所示，主要用于实现原理图的电气连接，例如放置导线、总线、总线分支线、网络标号、电源和接地符号、元件、方块电路、方块电路端口、原理图端口和禁止 ERC 符号等。配线工具栏上的工具都具有电气属性，它们的使用将在后面介绍。

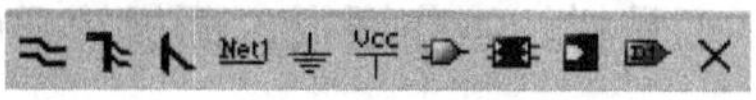

图 2-6　配线工具栏

3）实用工具栏

实用工具栏如图 2-7 所示，主要用于绘制一些非电气图件、实现图件排齐和调准、放置电源、放置常用元器件、放置仿真信号源和进行网格操作等。

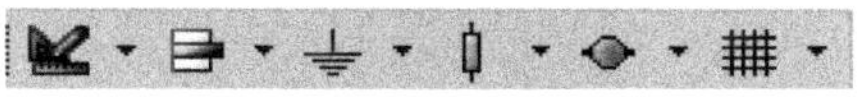

图 2-7　实用工具栏

### 3. 工作面板

在原理图编辑器中，常用工作面板有【文件】面板、【项目】面板、【导航器】面板和【元件库】管理面板等，这些面板使设计工作更为直观。

### 4. 工作区

工作区是进行原理图设计的地方，所有的设计工作都在这里进行。

### 5. 状态栏和命令状态行

状态栏和命令状态行用于显示当前光标在图纸上的坐标和捕获栅格的大小以及正在执行的命令，其中图纸坐标的原点在图纸的左下角。执行菜单命令【查看】→【状态栏】，可以打开或关闭状态栏；执行菜单命令【查看】→【显示命令行】，可以打开或关闭命令行。

### 6. 面板管理中心

面板管理中心用于开启或关闭各种工作面板。当用户不小心搞乱了工作面板时，通过执行菜单命令【查看】→【桌面布局】→Default，即可恢复初始界面。

## 2.3　图纸参数设置

绘图前往往要根据电路图上所用元件的数量和电路图的复杂程度来设置好图纸的参数。图纸参数的设置在【文档选项】对话框中进行。

执行菜单命令【设计】→【文档选项】，可打开【文档选项】对话框，如图 2-8 所示。下面介绍该对话框中各选项的具体设置。

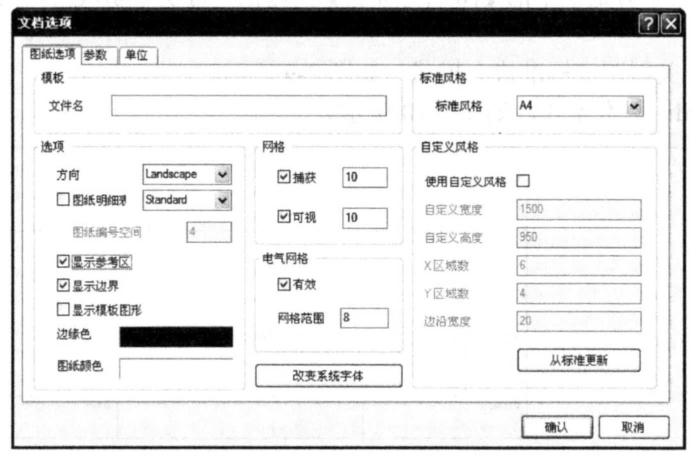


图 2-8　【文档选项】对话框

## 2.3.1 设置图纸尺寸

### 1. 选择标准图纸

图 2-8 所示对话框右上角的【标准风格】选项组中的【标准风格】下拉列表框，可用于选择标准图纸，其中共包括 18 种标准图纸。

- 公制：A0、A1、A2、A3 和 A4。
- 英制：A、B、C、D 和 E。
- OrCAD 图纸：OrCADA、OrCADB、OrCADC、OrCADD 和 OrCADE。
- 其他：Letter、Legal 和 Tabloid。

### 2. 自定义图纸

选中【文档选项】对话框中的【使用自定义风格】复选框，则停用标准图纸，转而使用用户自定义的图纸。此时【自定义风格】选项组可用，用户可自行设置图纸的尺寸。选项组中各个文本框的单位为 mil，这是一个英制单位，它与公制单位 mm 有如下换算关系：1inch(英寸)=1000mil≈25.4mm；1mm≈40mil。

单击【自定义风格】选项组中的【从标准更新】按钮，可以将选中的标准图纸的尺寸更新为自定义图纸的初始尺寸。

## 2.3.2 设置图纸方向

【文档选项】对话框中的【方向】下拉列表框，可用于设置图纸的放置方向，主要有以下两种。

- Landscape：水平横向放置。
- Portrait：垂直纵向放置。

## 2.3.3 设置图纸标题栏

选中图 2-8 所示对话框中的【图纸明细表】复选框，将使用系统附带的标题栏，同样有两种可选。

- ANSI：美国国家标准协会模式，如图 2-9 所示。
- Standard：标准模式，如图 2-10 所示。

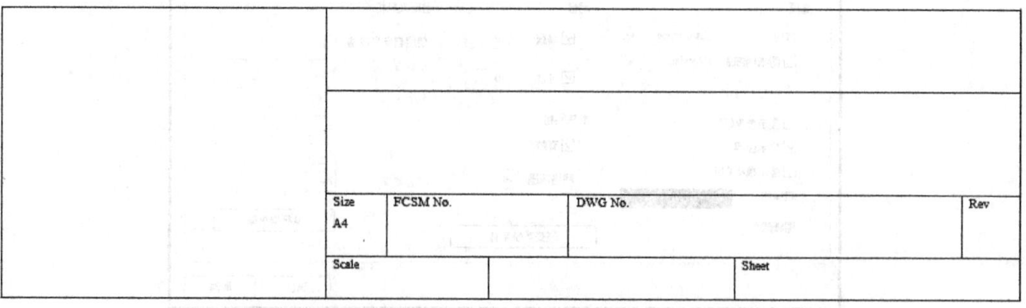


图 2-9 美国国家标准协会模式标题栏

| Title | | | |
|---|---|---|---|
| Size<br>A4 | Number | | Revision |
| Date: | 2012-2-10 | Sheet　of | |
| File: | Sheet1.SchDoc | Drawn By: | |

图 2-10　标准模式标题栏

如果不想使用这两种标题栏，可取消选中【图纸明细表】复选框。

**特别提示**

实际绘图时，这两种标题栏显示的内容可能不符合我们的要求，这时可关闭标题栏，在图纸右下角用画图工具自己设计标题栏。对于层次电路，也可以将标题栏制作在模板文件中。

## 2.3.4　设置图纸边框和参考边框

图纸边框是指图纸最外面的边框线，参考边框是指图纸的内框以及水平和垂直方向的等分线。选中图 2-8 所示对话框中的【显示边界】复选框，将显示图纸边框，否则不显示；选中该对话框中的【显示参考区】复选框，将显示参考边框，否则不显示。

## 2.3.5　设置显示模板图形

选中图 2-8 所示对话框中的【显示模板图形】复选框，可以显示模板中的图形信息。在进行原理图设计的过程中，有时候需要用到多张原理图来表示(例如层次原理图)，且这些原理图的图纸参数都是一样的。这时候可以制作一个模板文件，让每个原理图都套用这个模板，这样可以省去逐一设置每个原理图图纸参数的麻烦。为了美化原理图，往往在模板中加入一些图形信息，如果要显示这些图形，就应选中该复选框。

## 2.3.6　设置图纸边框线和工作区的颜色

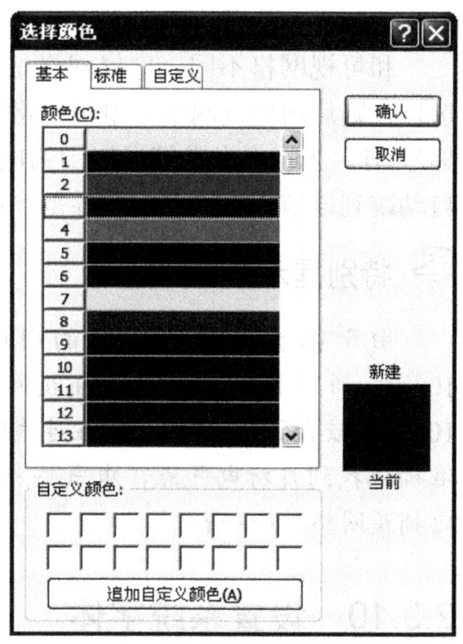


图 2-11　【选择颜色】对话框

单击图 2-8 所示对话框中【边缘色】选项右边的拾色器，弹出【选择颜色】对话框，如图 2-11 所示。在该对话框中选择合适的颜色后单击【确认】按钮，即可更改边框线的颜色。

单击图 2-8 所示对话框中【图纸颜色】选项右边的拾色器，可以设置图纸工作区的颜色，其过程和上面设置边框颜色一样。

**特别提示**

如果图纸颜色设置得太浅，则图纸上的网格和图纸颜色的对比度不高，这时难以看到图纸上的网格，特别是在使用液晶显示器时，这种现象更明显。而如果图纸使用太艳丽的颜色，则绘图者的眼睛容易疲劳。因此，将图纸底色设置为浅灰色比较合适。

### 2.3.7 显示模板

当原理图调用模板文件后，会在图 2-8 所示对话框左上角的【模板】选项组中显示模板文件名。

### 2.3.8 设置图纸网格

图纸网格在放置图件和连线时非常有用，【网格】选项组中有【捕获】和【可视】两个复选框。选中【可视】复选框，则在图纸上会显示出网格，在该复选框右边的文本框中，可以设置格子的大小，默认为 10mil。选中【捕获】复选框，则在绘图时，当系统处于命令状态下时，光标将按固定步长跳动，步长值在该复选框右边的文本框中设置，默认为 10mil。一般来说，捕获值和网格值都设置为 10mil 是比较合适的。

### 2.3.9 设置电气网格

和可视网格不同，电气网格是看不到的，但在绘图时可以感觉得到。选中【有效】复选框，则启用电气网格。电气网格启用后，在图纸上放置电气图件(例如导线、端口和网络标号)时，光标会自动搜寻周围的电气节点，当在它的搜寻范围内出现电气节点时，光标会自动跳到该节点上。它的搜寻范围在【网格范围】文本框中设置，单位为 mil。

**特别提示**

由于很多原理图元件的引脚间隔为 10mil，所以把可视网格和捕获网格设置为 10mil 比较合适。另外，为了在连线时能快速、准确地找到目标电气点，电气网格应设置得比捕获网格稍小一点。

### 2.3.10 设置系统字体

单击【文档选项】对话框中的【改变系统字体】按钮，将弹出【字体】对话框，如图 2-12 所示。通过该对话框，可以更改系统

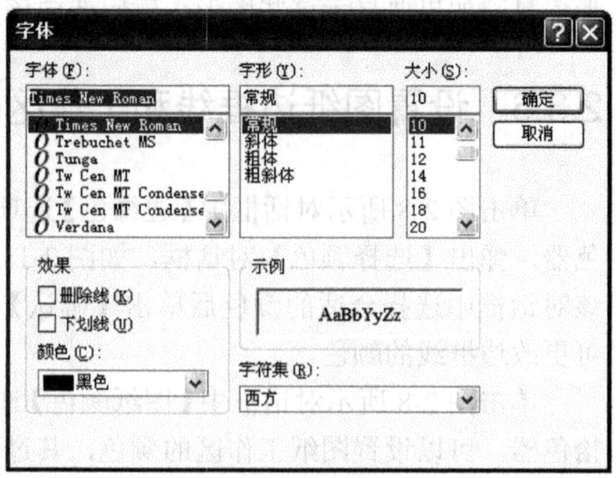

图 2-12 【字体】对话框

的字体、字形和文字的大小。在原理图设计过程中，有时会发现图纸上元件的引脚名称和引脚编号的字形和字号发生了变化，这时可通过【字体】对话框重新设置字体。

**特别提示**

*在原理图上使用汉字时，应记得选择中文字体，不能使用西文字体。否则，在计算机上虽然能正常显示，但在打印输出时将出现乱码。*

## 2.4　元件库的加载和卸载

电路原理图其实就是用电气连接工具(如导线、端口和网络标号)将元件之间有连接关系的引脚连接起来的电路图。在连接前，必须将这些元件放置在图纸上。

### 2.4.1　Protel DXP 2004 SP2 的集成元件库

Protel DXP 2004 SP2 采用了集成库(Integrated Library)的形式来存放元件，所谓集成库，就是将原理图元件、PCB 元件、信号完整性分析模型等存放在同一个元件库中，并给每一个原理图元件都指定了其他的模型，当调用某个原理图元件时，可以同时显示这个元件的其他模型，这一点给初学者提供了很大的方便。

Protel DXP 2004 SP2 提供的集成库种类繁多，它以元器件的生产商进行划分，每一个生产商又按元件的功能作进一步划分。这些集成库存放在安装目录下的 Library 子文件夹中。

除了自身提供的集成库外，Protel DXP 2004 SP2 还支持多种格式的元件库文件，如用户自行创建的原理图库文件(*.SchLib)、PCB 库文件(*.PcbLib)等。用 Protel DXP 及之前版本所创建的元件，在 Protel DXP 2004 SP2 中仍可使用。另外，针对具体的项目，用户可自行创建与该项目有关的元件库，包括项目的原理图元件库和 PCB 封装库，使得该项目自成一个整体，不再依赖于系统的集成元件库。

### 2.4.2　【元件库】管理面板

Protel DXP 2004 SP2 通过【元件库】管理面板来实现对元件和元件库的操作，【元件库】管理面板一般位于工作区的右边，它由 3 个按钮和 6 个控件组成，如图 2-13 所示。

#### 1. 可用元件库下拉列表框

可用元件库下拉列表框中列出了已加载到原理图编辑器中、可以直接使用的元件库，单击下拉列表框右边的▾按钮，可以看到在下拉列表中列出了所有可用元件库。

在该下拉列表框最右边还有一个…按钮，单击该按钮，会出现图 2-14 所示的对话框，供用户选择元件模型。

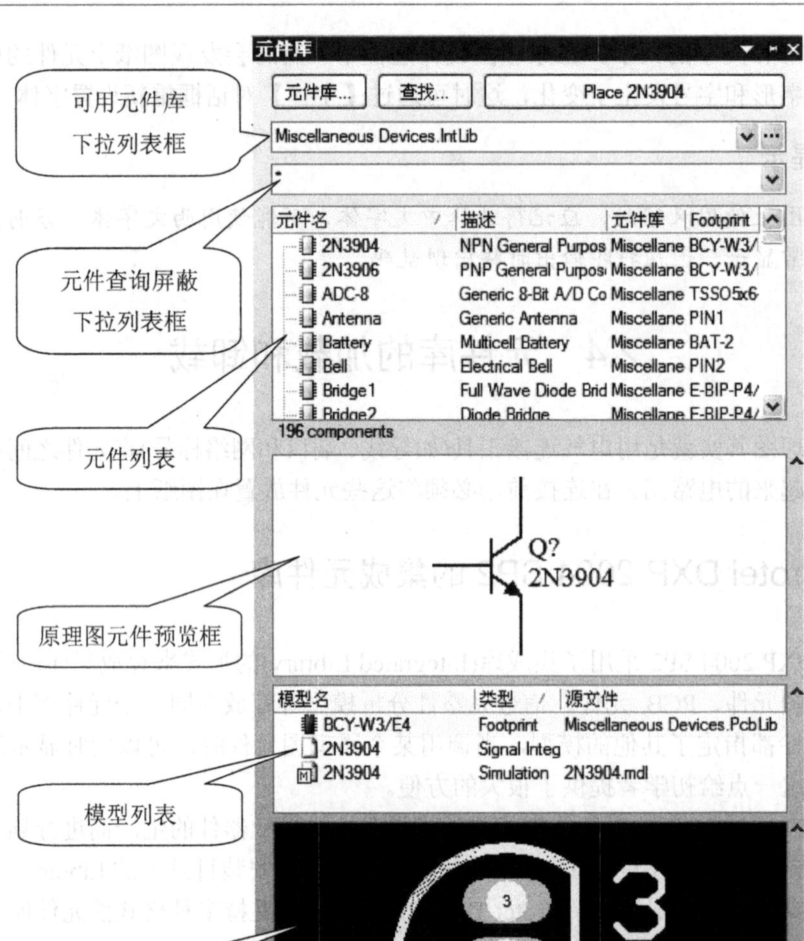


图 2-13 【元件库】管理面板

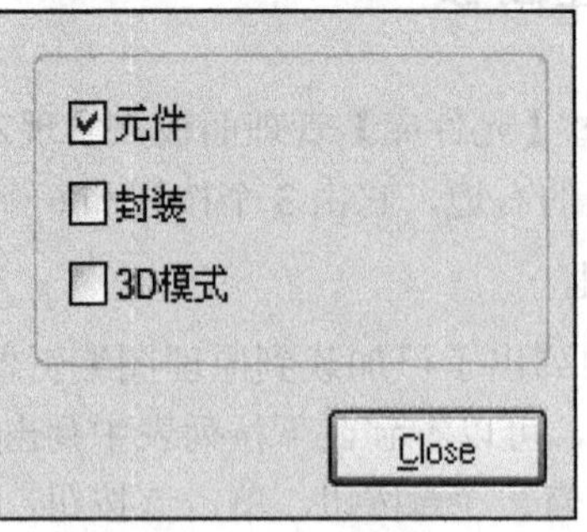


图 2-14 选择元件模型

### 2. 元件查询屏蔽下拉列表框

在元件查询屏蔽下拉列表框中输入某个元件的元件名，或元件名的部分字符，则在下面的元件列表中将只显示包含这些字符的元件，其他不符合条件的元件都被屏蔽，不会在元件列表中显示出来。利用该下拉列表框，可以提高查找元件的效率。

### 3. 元件列表

元件列表中列出了符合元件查询屏蔽下拉列表框中设置的查询条件的所有元件，当元件查询屏蔽下拉列表框中的内容为空或为*时，则显示选中元件库的全部元件。

### 4. 原理图元件预览框

原理图元件预览框用于显示元件列表中被选中的原理图元件模型。

### 5. 模型列表

模型列表中列出了元件列表中被选中的元件在集成库中的所有元件模型，如 Footprint(引脚封装)、Signal Integrity(信号完整性分析模型)、Simulation(仿真模型)等。

### 6. PCB 元件预览框

PCB 元件预览框用于显示被选中原理图元件的 PCB 模型。第一次打开【元件库】管理面板，可能没有显示出 PCB 模型，这时可用鼠标在该预览框中单击，就可以显示出 PCB 模型来。

## 2.4.3 加载元件库

要绘制原理图，必须将电路图上用到的元件所在的元件库加载到原理图编辑器中，成为可用元件库，然后才能将这些元件取出放在图纸上。将元件库载入到原理图编辑器的操作称为加载元件库，而将不用的元件库从原理图编辑器中清除的操作称为卸载元件库。

安装 Protel DXP 2004 SP2 后，系统自动装入了两个集成库：Miscellaneous Devices.IntLib(常用器件集成库)和 Miscellaneous Connectors.IntLib(常用插接件集成库)。很多常用元件都可以从这两个库中找到。

在 Protel DXP 2004 SP2 中，常用元件的分类关键字如下：电阻类为 Res；可调电阻为 RPot；电容类为 Cap；二极管类为 Diode；发光二极管类为 LED；三极管类为 NPN 和 PNP；光电二极管和光电三极管为 Photo；可控硅为 PUT；变压器类为 Trans；电感类为 Inductor；保险丝类为 Fuse；开关类为 SW；电池为 Battery；整流桥为 Bridge；晶振为 XTAL。

### 1. 直接加载元件库

若用户已知元件所在元件库的名称，则可直接将其加载到原理图编辑器中。下面以加载元件 MC74HC04AN 所在的元件库 Motorola Logic Gate.IntLib 为例，介绍这一过程。

(1) 单击【元件库】管理面板左上角的【元件库】按钮，打开【可用元件库】对话框，如图 2-15 所示。该对话框的【安装】选项卡中列出了当前系统的可用库文件。

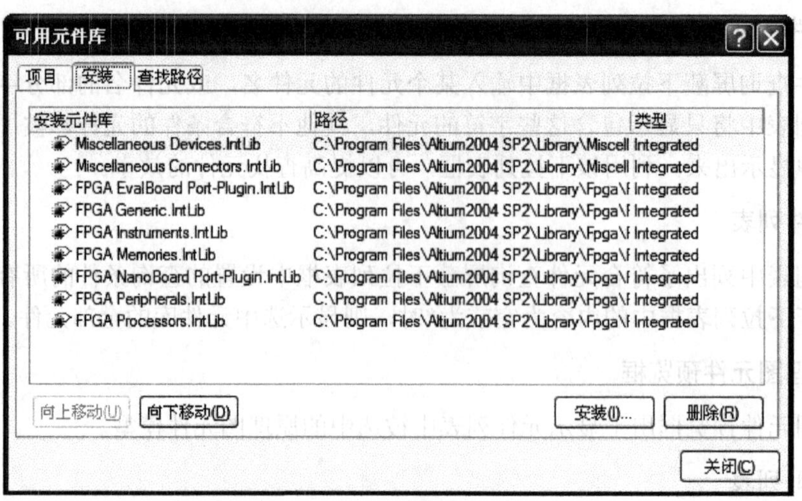


图 2-15 【可用元件库】对话框

(2) 单击图 2-15 所示对话框中的【安装】按钮，弹出【打开】对话框，如图 2-16 所示。

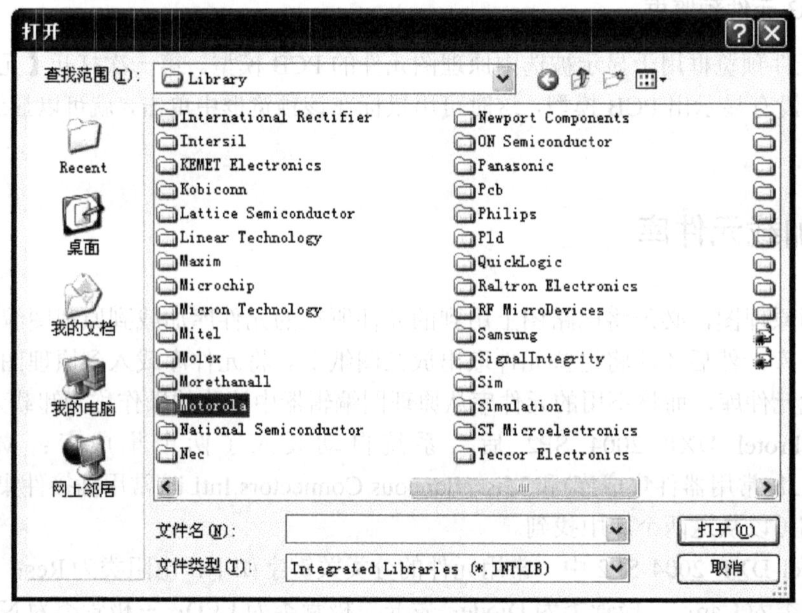


图 2-16 【打开库】对话框

(3) 打开 Motorola Logic Gate.IntLib 库文件所在的文件夹 Motorola，然后选中该库文件，如图 2-17 所示，再单击【打开】对话框右下角的【打开】按钮，即可将该库文件添加为可用元件库。若配合使用 Shift 键，可同时选中多个元件库。在图 2-17 所示的对话框中直接双击要加载的元件库，同样可将该库添加为可用元件库。加载元件库后的【可用元件库】对话框如图 2-18 所示。

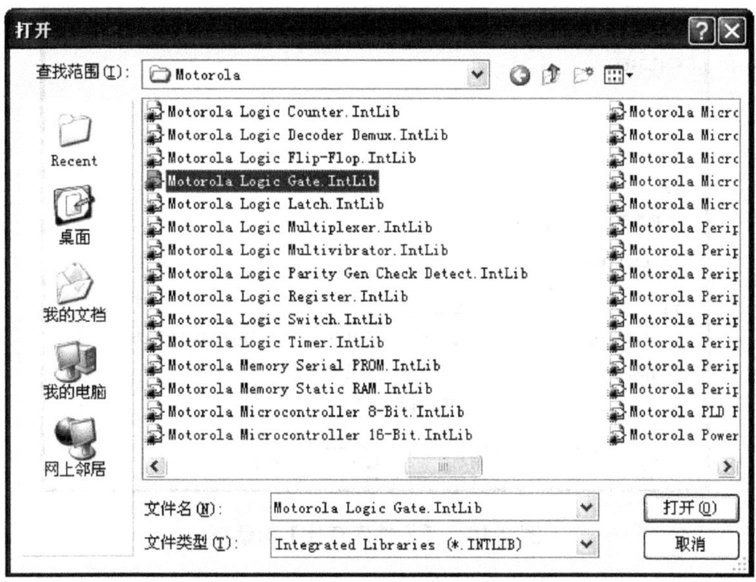

图 2-17　选中要打开的库文件

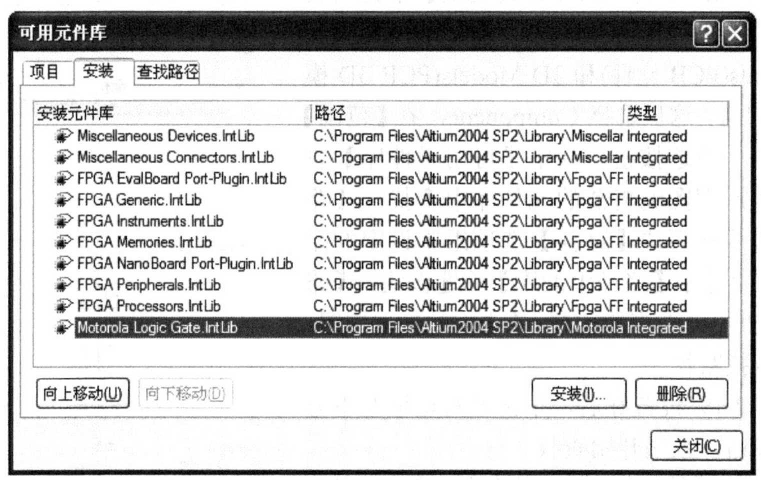

图 2-18　加载元件库后的【可用元件库】对话框

(4) 单击图 2-18 所示对话框右下角的【关闭】按钮，关闭该对话框。这时元件 MC74HC04AN 所在的元件库 Motorola Logic Gate.IntLib 已经被加载到原理图编辑器中了。

### 2. 查找并加载元件库

若用户只知道元件名，而不知道该元件位于什么库中，这时可使用 Protel DXP 2004 SP2 提供的查找功能，查找元件所在的元件库并加载该库。下面以查找并加载数码显示译码器 SN74LS48N 所在元件库为例来介绍这一过程。

(1) 单击【元件库】管理面板中的【查找】按钮，打开【元件库查找】对话框，如图 2-19 所示。

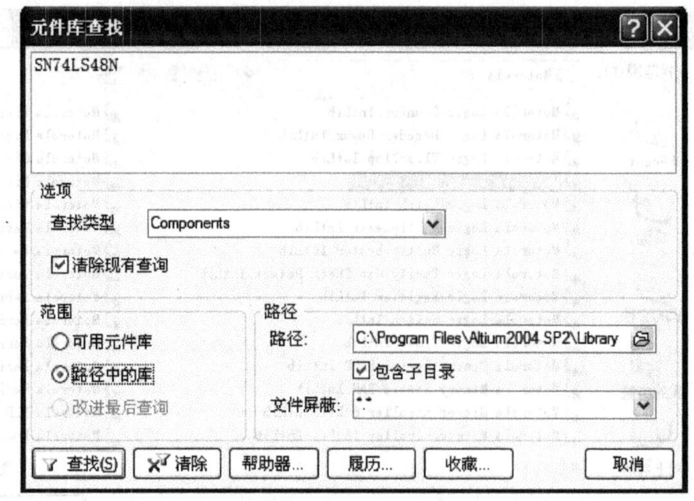


图 2-19 【元件库查找】对话框

(2) 在该对话框上方的大文本框中输入元件的名称 SN74LS48N，单击中间【查找类型】下拉列表框右边的下拉按钮，有 Components(原理图元件)、Protel Footprints(PCB 元件)和 3D Models(PCB 3D 模型)三种类型可选，这里选择 Components。在【范围】选项组中有两个单选按钮，其中【可用元件库】表示在已加载到原理图编辑器的元件库中查找；【路径中的库】表示在右边【路径】选项组中设定的路径中查找。这里选中【路径中的库】单选按钮，【路径】框中显示查找元件库的位置，单击右边的按钮，可重新设置查找路径。

(3) 按图 2-19 设置好后，单击该对话框左下方的【查找】按钮，系统开始查找。

(4) 查找时，系统将对指定文件夹中的所有元件库都搜索一遍，查找完成后，【元件库】管理面板如图 2-20 所示。此时可用元件库下拉列表框中显示 Query Results (查询结果)；在元件列表中显示查询到的元件；在原理图元件预览框中显示 SN74LS48N 的原理图模型；在模型列表中显示该元件在集成库中的其他模型；在 PCB 元件预览框中显示该元件的 PCB 模型。

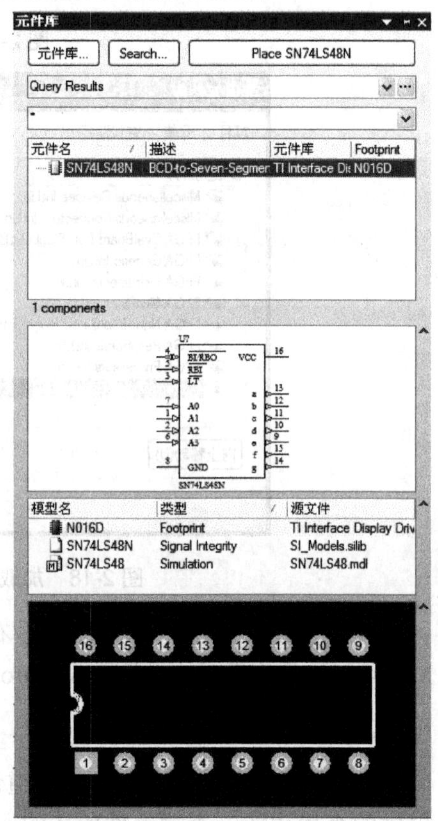


图 2-20 查询结束后的【元件库】管理面板

(5) 单击【元件库】管理面板右上角的 Place SN74LS48N 按钮，将弹出确认提示框，如图 2-21 所示。它提示元件所在库目前还不可用(未加载到原理图编辑器中)，询问是否将其加载到原理图编辑器中。单击【是】按钮，则可在将元件放置到图纸上的同时，将元件所在的库 TI Interface Display Driver.IntLib 加载到原理图编辑器中。

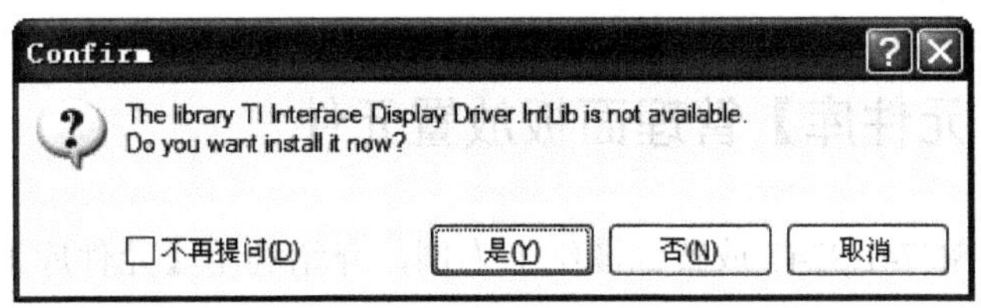


图 2-21　确认加载元件库提示框

### 特别提示

如果不知道元件的全名，只知道元件名的部分字符，则可在【元件库查找】对话框中输入这些字符，字符之间不清楚的部分用*代替。此外，如果元件名中带有-，也应用*代替，否则可能查找不到。

## 2.4.4　卸载元件库

将元件库加载到原理图编辑器中会占用部分内存，因此对于原理图中未用到的元件库，应及时将其卸载。卸载元件库的方法如下。

(1) 单击【元件库】管理面板中的【元件库】按钮，打开【可用元件库】对话框，选中要删除的元件库，如图 2-22 所示。

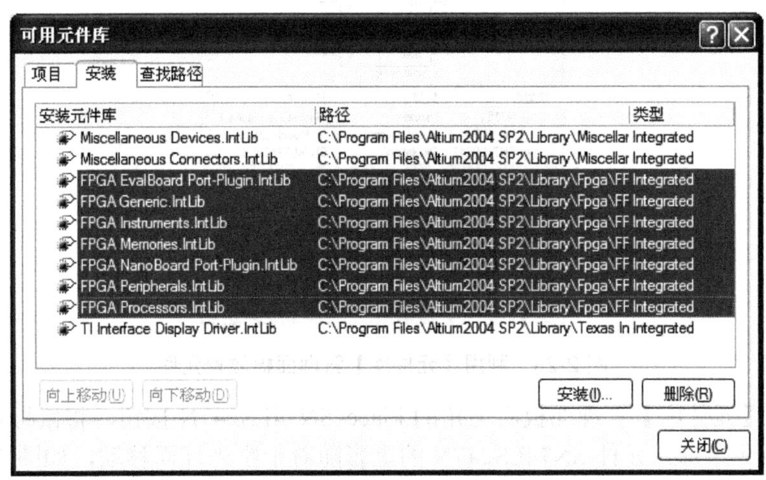


图 2-22　【可用元件库】对话框

(2) 单击对话框右下角的【删除】按钮，即可删除选中的元件库。单击【关闭】按钮，返回原理图编辑器。

# 2.5　放 置 元 件

用户将所需用到的集成元件库加载到原理图设计系统后，就可以将元件从库中取出并把它放置在图纸上。接下来将介绍放置元件的各种方法。

### 2.5.1 利用【元件库】管理面板放置元件

下面以将元件 SN74LS247 放置到图纸上为例，介绍利用【元件库】管理面板放置元件的方法。

(1) 打开【元件库】管理面板，然后单击可用元件库下拉列表框右边的按钮，选中元件 SN74LS247N 所在元件库 TI Interface Display Driver.IntLib。

(2) 在元件查询屏蔽下拉列表框中输入元件名或元件名的部分字符，如图 2-23 所示。此时，在【元件库】管理面板的元件列表中会显示元件 SN74LS247N，在原理图元件预览框中会显示元件的原理图模型，在 PCB 元件预览框中会显示其 PCB 元件模型。

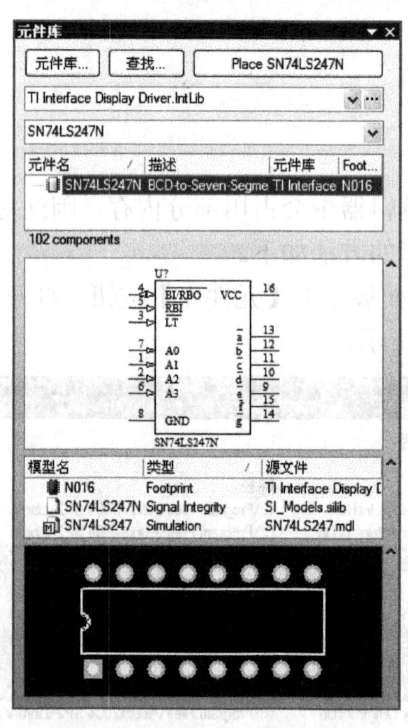


图 2-23 利用【元件库】管理面板放置元件

(3) 单击【元件库】管理面板右上角的 Place SN74LS247N 按钮，将鼠标移入绘图区，此时光标变为十字形，元件 SN74LS247N 的虚影随着十字光标而移动，如图 2-24 所示。

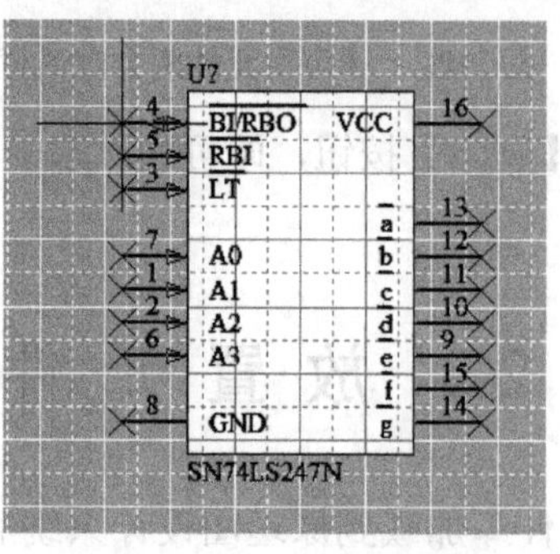


图 2-24 放置的元件

21世纪高职高专电子信息类实用规划教材

(4) 将元件移到合适的地方单击鼠标，就可以放置一个元件。放入元件后，元件的虚影并未消除，系统仍处于放置该元件的状态，可继续放置该元件。右击鼠标或按 Esc 键，可取消放置该元件的命令状态。

### 特别提示

在元件列表中直接双击欲放置的元件，再将鼠标移到绘图区的合适位置，单击鼠标，也可以放入元件。

## 2.5.2　其他放置元件的方法

执行下面 3 种操作之一，均可以打开【放置元件】对话框，如图 2-25 所示。

- 单击配线工具栏上的工具。
- 使用快捷键：P+P。
- 执行菜单命令【放置】→【元件】。

图 2-25　【放置元件】对话框

在该对话框的【库参考】下拉列表框中输入元件在元件库中的名称，在【标识符】文本框中输入元件的编号。【注释】文本框用于元件的说明，【封装】下拉列表框用于选择元件的 PCB 封装形式。按图 2-25 设置好后单击【确认】按钮，移动光标到绘图区的合适位置，单击鼠标就可以放下一个元件；右击可取消放置元件的命令状态。

如果用户不知道元件的准确名称，可单击【履历】按钮右边的按钮，打开【浏览元件库】对话框，如图 2-26 所示。

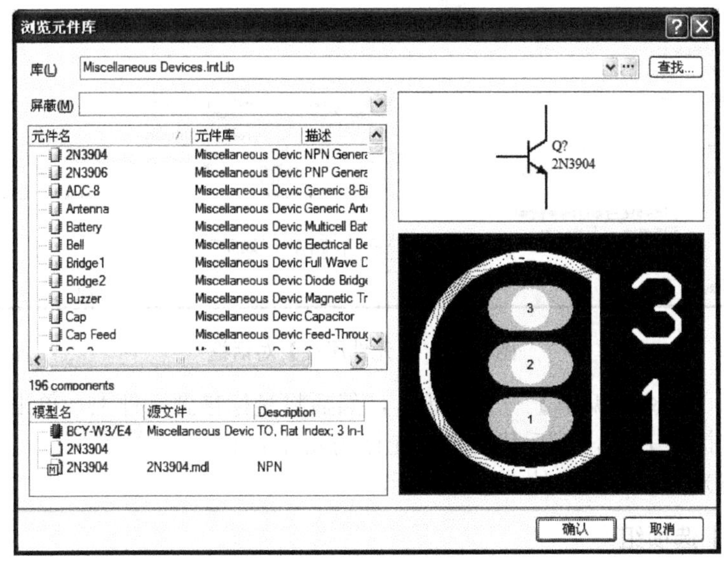


图 2-26　【浏览元件库】对话框

从该对话框的【库】下拉列表框中选择可用元件库，在【屏蔽】下拉列表框中输入元件名称的部分字符，在元件列表中查找元件，在右边预览框中可浏览原理图元件和 PCB 元件模型。

如果还是找不到元件，单击【库】下拉列表框右边的…按钮，打开【可用元件库】对话框，如图 2-15 所示，可通过该对话框添加元件库；或单击图 2-26 所示对话框右上角的【查找】按钮，打开【元件库查找】对话框，如图 2-19 所示，通过该对话框查找元件。

**特别提示**

如果知道元件名的全部字符，用配线工具栏上的工具来放置元件比较方便；如果只知道元件的部分字符，则使用【元件库】管理面板来放置元件比较合适，这时可通过【元件库】管理库面板中的元件查询屏蔽下拉列表框来缩小查找范围。但是，不管使用哪种方法，元件所在的元件库必须已被加载为可用元件库。

# 2.6 编辑元件属性

## 2.6.1 手工编辑元件属性

放置好元件后，需要对元件的属性进行编辑，特别是对元件的编号、标称值等进行编辑。执行下面操作之一，均可打开【元件属性】对话框，如图 2-27 所示。

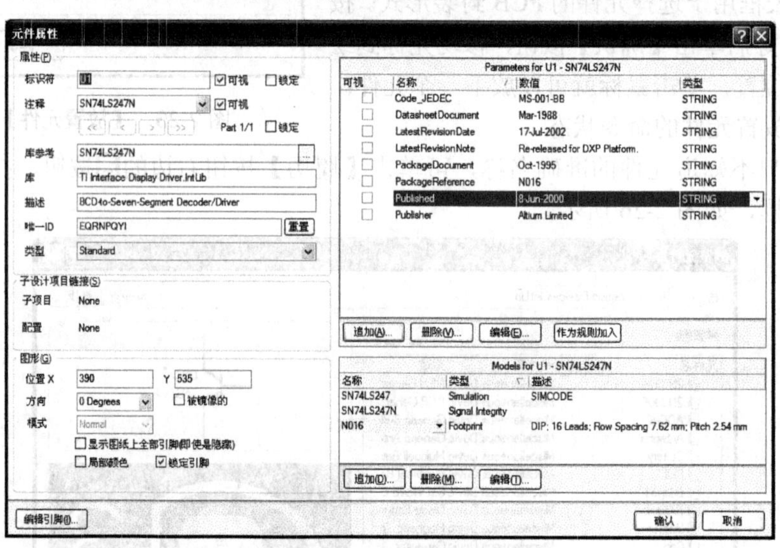


图 2-27 【元件属性】对话框

- 执行菜单命令【编辑】→【变更】，然后将光标移到元件上，单击鼠标。
- 使用快捷键 E+H，然后移动十字光标到元件上单击。
- 直接将光标移动到元件上双击鼠标。

1. 【属性】选项组

【属性】选项组用于设置元件的基本属性。该选项组中包含下面的设置项。

- 标识符：用于输入元件的编号，默认值一般是“字母”+“？”，如“U？”，通常将“？”改为一个数字即可，当然用户也可根据需要来设置。若取消选中右边的【可视】复选框，则在图纸上不显示元件编号；若选中【锁定】复选框，则该文本框被锁定，不能修改。
- 注释：用于说明元件的特征，一般是元件的型号。若取消选中其右边的【可视】复选框，则在图纸上不显示该项。
- Part：对于多子件元件，在一个芯片中，往往集成了多个功能相同的子元件。该选项用于选择所使用的子元件，利用其左边的 4 个按钮可以选择子元件。
- 库参考：元件在元件库中的名称，这一项无需修改。
- 库：元件所在的元件库。
- 描述：对元件的功能做简单的说明。
- 类型：元件符号的类型，在原理图上使用 Standard。

### 2. 【图形】选项组

【图形】选项组用于设置元件的图形属性，该选项组包含下面设置项。

- 位置 X/位置 Y：元件参考点在图纸上的坐标，单位为 mil。坐标原点在图纸的左下角。
- 方向：元件在原理图中的放置方向，有 0°、90°、180°和 270°四种。选中该项右边的【被镜像的】复选框，元件将在水平方向上左右对调。
- 模式：设置元件及其引脚的颜色以及引脚是否为锁定状态。
- 显示图纸上全部引脚(即使是隐藏)：选中该复选框后将在原理图上显示元件的隐藏引脚。
- 局部颜色：选中该复选框，将使用元件本身的颜色设置，包括填充颜色、直线颜色和引脚颜色。通过单击相应的颜色窗口，可重新设置这些颜色。
- 锁定引脚：选中该复选框，元件的引脚将与元件图锁定在一起成为一体；否则元件的引脚可以单独移动或编辑。为避免误操作，这一项应该选中。
- 【编辑引脚】按钮：单击该按钮，将打开元件引脚编辑器，如图 2-28 所示。通过该编辑器，可以对元件的引脚进行编辑。

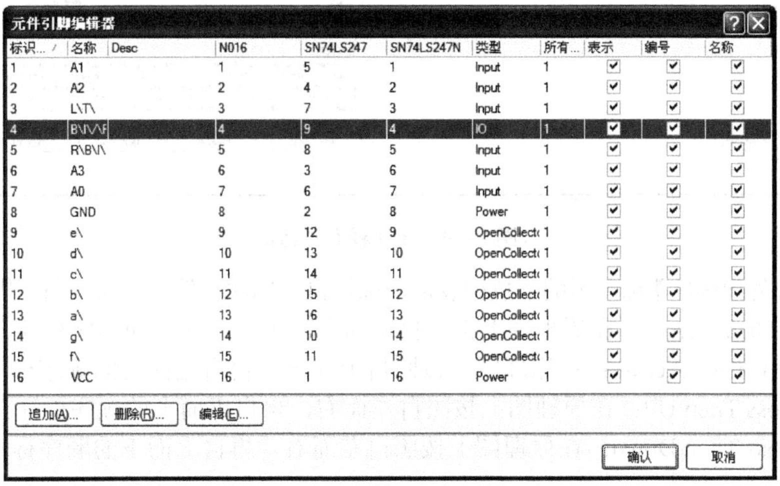

元件引脚编辑器

| 标识... | 名称 | Desc | N016 | SN74LS247 | SN74LS247N | 类型 | 所有... | 表示 | 编号 | 名称 |
|---|---|---|---|---|---|---|---|---|---|---|
| 1 | A1 | | 1 | 5 | 1 | Input | 1 | ✔ | ✔ | ✔ |
| 2 | A2 | | 2 | 4 | 2 | Input | 1 | ✔ | ✔ | ✔ |
| 3 | L\T\ | | 3 | 7 | 3 | Input | 1 | ✔ | ✔ | ✔ |
| 4 | B\I\/\F | | 4 | 9 | 4 | IO | 1 | ✔ | ✔ | ✔ |
| 5 | R\B\I\ | | 5 | 8 | 5 | Input | 1 | ✔ | ✔ | ✔ |
| 6 | A3 | | 6 | 3 | 6 | Input | 1 | ✔ | ✔ | ✔ |
| 7 | A0 | | 7 | 6 | 7 | Input | 1 | ✔ | ✔ | ✔ |
| 8 | GND | | 8 | 2 | 8 | Power | 1 | ✔ | ✔ | ✔ |
| 9 | e\ | | 9 | 12 | 9 | OpenCollect | 1 | ✔ | ✔ | ✔ |
| 10 | d\ | | 10 | 13 | 10 | OpenCollect | 1 | ✔ | ✔ | ✔ |
| 11 | c\ | | 11 | 14 | 11 | OpenCollect | 1 | ✔ | ✔ | ✔ |
| 12 | b\ | | 12 | 15 | 12 | OpenCollect | 1 | ✔ | ✔ | ✔ |
| 13 | a\ | | 13 | 16 | 13 | OpenCollect | 1 | ✔ | ✔ | ✔ |
| 14 | g\ | | 14 | 10 | 14 | OpenCollect | 1 | ✔ | ✔ | ✔ |
| 15 | f\ | | 15 | 11 | 15 | OpenCollect | 1 | ✔ | ✔ | ✔ |
| 16 | VCC | | 16 | 1 | 16 | Power | 1 | ✔ | ✔ | ✔ |

追加(A)...　删除(R)...　编辑(E)...

确认　取消

图 2-28　元件引脚编辑器

#### 3. Parameters 选项组

Parameters 选项组用于定义元件的其他参数，对于不同的元件，该选项组的内容有所不同。通过列表框下方的按钮，可追加、删除或编辑元件的其他参数。

#### 4. Models 选项组

Models 选项组位于【元件属性】对话框的右下角，该选项组中列出了当前元件的其他模型，如仿真模型、信号完整性分析模型和 PCB 封装模型等。单击该选项组下方的【追加】按钮，可给该元件追加这些模型；选中列表框中的某一模型，然后单击【删除】按钮，可删除该模型；选中列表框中的某一模型，然后单击【编辑】按钮，可以编辑该模型。

在使用自己制作的原理图元件时，单击该选项组下方的【追加】按钮，在弹出的对话框中设置相应的 PCB 封装模型。

## 2.6.2 自动编辑元件属性

在原理图比较复杂、元件较多的情况下，手工编辑元件编号不仅效率低下，而且容易遗漏，此时可以使用 Protel DXP 2004 SP2 提供的自动标注功能来轻松完成元件的编辑。

(1) 执行菜单命令【工具】→【注释(A)】，打开【注释】对话框，如图 2-29 所示。

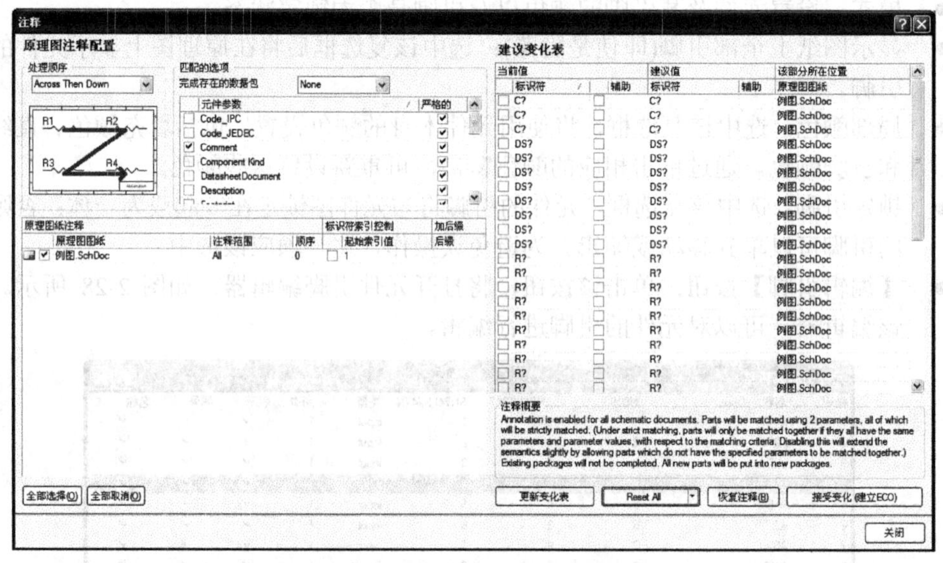


图 2-29 【注释】对话框

(2) 从【处理顺序】选项组的下拉列表框中选择自动标注元件编号的方向，共有下面 4 种。

- UP Then Across：在原理图上按照自下而上，再自左而右的顺序标注元件编号。
- Down Then Across：在原理图上按照自上而下，再自左而右的顺序标注元件编号。
- Across Then UP：在原理图上按照自左而右，再自下而上的顺序标注元件编号。
- Across Then Down：在原理图上按照自左而右，再自上而下的顺序标注元件编号。

(3) 在【原理图纸注释】区选择要进行元件自动标注的原理图，此时在该对话框右边的【建议变化表】列表框中列出了原理图上元件的当前编号。

(4) 单击【更新变化表】按钮，弹出 DXP 信息提示框，提示将要产生的变化数量，如图 2-30 所示。

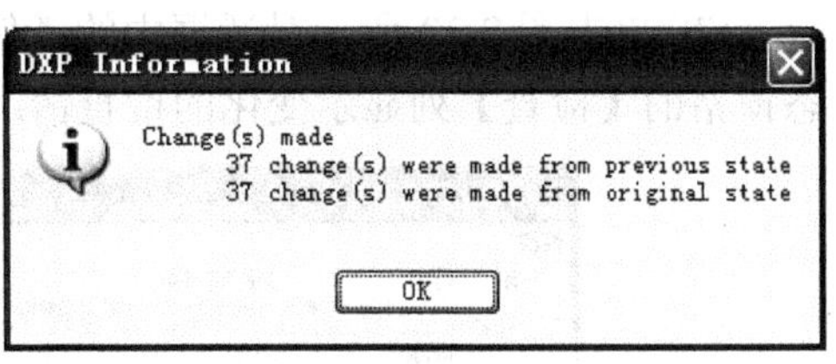


图 2-30　DXP 信息提示框

(5) 单击图 2-30 中的 OK 按钮，此时【注释】对话框中【建议变化表】列表框的【建议值】列出现了变化，如图 2-31 所示。

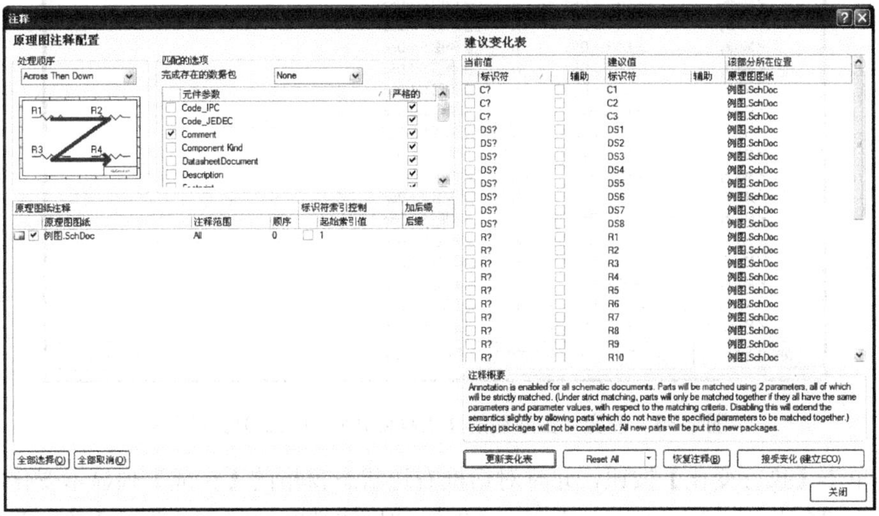

图 2-31　更新变化后的【注释】对话框

(6) 单击【接受变化(建立 ECO)】按钮，打开【工程变化订单(ECO)】对话框，如图 2-32 所示。

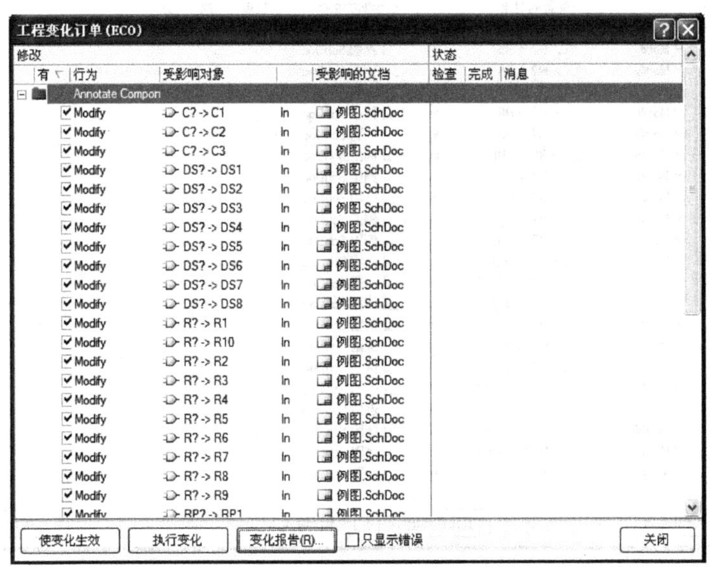


图 2-32　【工程变化订单(ECO)】对话框

(7) 单击图 2-32 所示对话框中的【使变化生效】按钮，此时图 2-32 所示对话框右边状态窗格的【检查】列显示变化的检查情况，如图 2-33 所示。

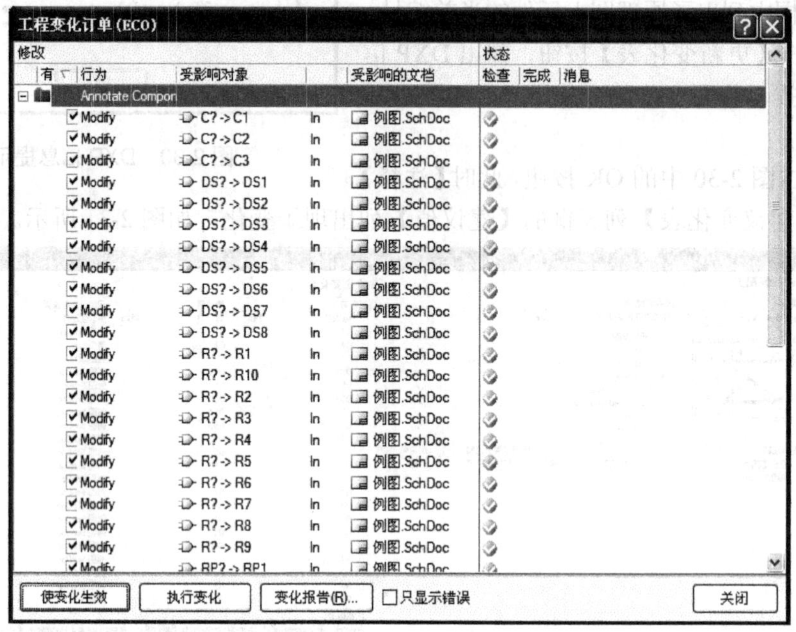


图 2-33　使变化生效后的【工程变化订单(ECO)】对话框

(8) 单击【执行变化】按钮，此时对话框右边状态窗格的【完成】列显示变化的完成情况，如图 2-34 所示。由图可知，所有元件的自动标注都顺利完成，单击【关闭】按钮，返回原理图。至此，原理图上的所有元件都按设定的要求进行了自动标注。

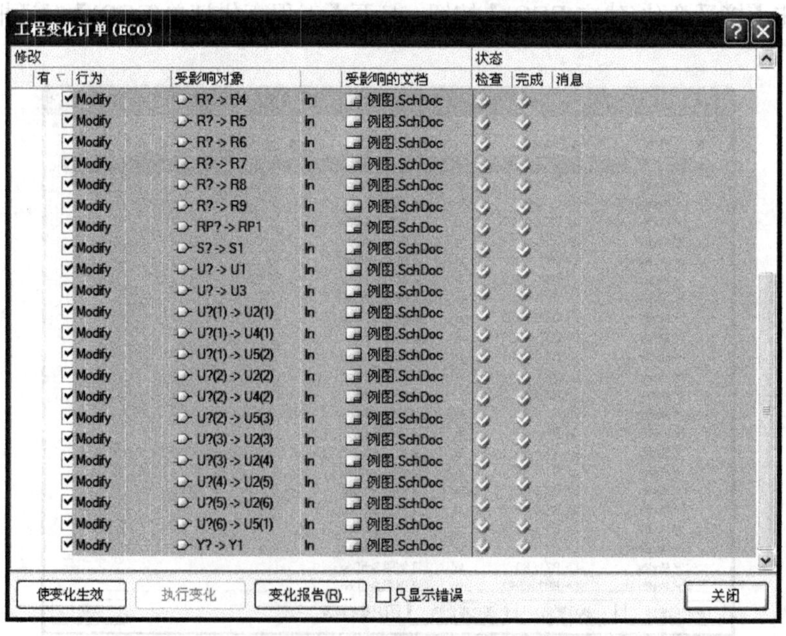


图 2-34　执行变化后的【工程变化订单(ECO)】对话框

# 2.7　原理图的布局操作

将元件放置在图纸上后，往往还要对元件进行布局。为了提高设计效率，用户应该熟练掌握下面的常用操作方法。

## 2.7.1　画面缩放操作

在绘制原理图时，应将绘图区画面的显示比例调整到合适的状态。显示比例太大，虽然能将目标区域清晰显示出来，但难以观察到周围元器件的情况；显示比例太小，又无法清晰显示目标区域。画面的缩放操作有下面几种方法。

### 1. 用 Ctrl 键+鼠标滚轮实现画面的缩放

这是常用的缩放操作方法，具体如下。

- 按住 Ctrl 键，将鼠标的滚轮往上推，则光标所在点不动，画面放大。
- 按住 Ctrl 键，将鼠标的滚轮往下拉，则光标所在点不动，画面缩小。

### 2. 用快捷键实现画面的缩放

- 按下 Page Up 键，则光标所在点不动，画面放大。
- 按下 Page Down 键，则光标所在点不动，画面缩小。

### 3. 用标准工具栏上的工具实现画面的缩放

- 单击标准工具栏上的工具，图纸上的全部图件被最大化显示在绘图窗口中。
- 单击标准工具栏上的工具，光标变成十字形；移动光标到要显示的目标区域的一个角上单击，确定一个顶点，继续移动光标，此时会出现一个虚线框，在虚线框包围整个目标区域后再单击，确定目标区域的对角点，则虚线框包围的区域被最大化显示在绘图窗口中。
- 先选中目标区域的全部元件，然后单击标准工具栏上的工具，则选中的全部元件被最大化地显示在绘图窗口中。

### 4. 用菜单命令实现画面的缩放

在【查看】菜单中，有相关的缩放命令，具体如下。

- 显示整个文档：在绘图区显示整张图纸。
- 显示全部对象：最大化显示图纸上的全部图件，与标准工具栏上的工具作用相同。
- 整个区域：最大化显示将要选择的区域，其作用与标准工具栏上的工具相同。
- 指定点周围区域：执行该命令后，先单击确定目标区域的中心，然后移动光标，此时会出现一个向外扩展的虚线框，当虚线框包围整个目标区域时，单击确定目标区域，则目标区域被最大化显示在绘图区中。
- 选定对象：将选中的全部元件在绘图窗口中最大化显示出来，与标准工具栏上的工具作用相同。

- 50%：将图纸在绘图区按 1∶2 的比例显示。
- 100%：将图纸在绘图区按 1∶1 的比例显示。
- 200%：将图纸在绘图区按 2∶1 的比例显示。
- 400%：将图纸在绘图区按 4∶1 的比例显示。
- 放大：放大画面，与组合键 Page Up 作用相同。
- 缩小：缩小画面，与组合键 Page Down 作用相同。

**特别提示**

缩放画面常用的方法是采用 Ctrl 键+鼠标滚轮的操作，不但操作方便，而且可以进行任意比例的缩放，缩放效果最好。在系统处于其他命令状态时，仍然可以用这种方法进行画面的缩放操作。此外，在原理图设计过程中，如果画面出现扭曲变形，可按 End 键进行刷新，使画面恢复正常。

## 2.7.2 画面移动操作

在进行原理图设计时，往往需要移动画面，以观察图纸上的不同部分，这时就要用到画面的移动操作。画面的移动操作有下面的几种方法。

### 1. 用游标手移动画面

这是最常用、最方便的移动画面的方法，具体操作方法是：将光标放在绘图区中，按住鼠标右键不放，此时光标变成手的形状，称为游标手。拖动鼠标，图纸将随着游标手的拖动而移动。

### 2. 用 Shift 键配合鼠标滚轮实现画面的移动

这类似于常用的缩放操作方法，具体如下。

- 将鼠标的滚轮往上推，画面下移。
- 将鼠标的滚轮往下拉，画面上移。
- 按住 Shift 键，将鼠标的滚轮往上推，画面右移。
- 按住 Shift 键，将鼠标的滚轮往下拉，画面左移。
- 按一下 Home 键，光标所在点被移到绘图区中间，同时刷新画面。

## 2.7.3 元件的选择

在进行元件的粘贴、复制、剪切、移动等操作之前，必须先选中元件。元件的选择有点选、框选和切换选择等操作方法。

### 1. 用鼠标直接选择元件

用鼠标直接选择元件是最常用、最方便的选择操作，有下面几种情况。

1) 点选单个元件

将鼠标移到元件上单击，这时元件周围出现一个绿色的框，表示该元件已被选中，如图 2-35 所示。

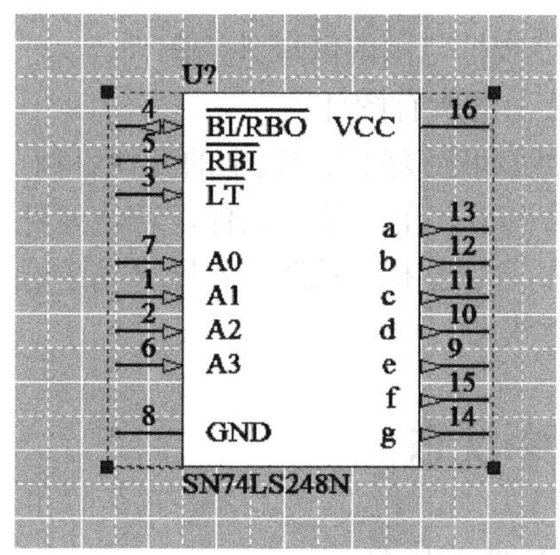


图 2-35　被选中的元件

2) 框选多个元件

在要选择的元件区域的一个顶点上按住鼠标左键不放，拖动鼠标至虚线框包围所有待选元件，如图 2-36 所示。松开鼠标左键，此时虚线框内的所有元件都处于选中状态，如图 2-37 所示。

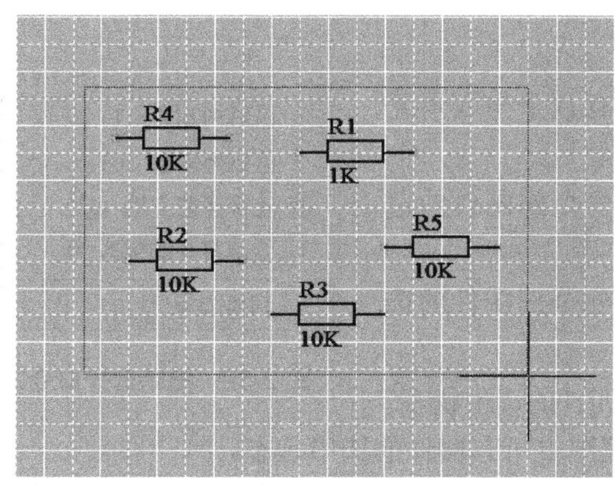


图 2-36　框选多个元件的操作

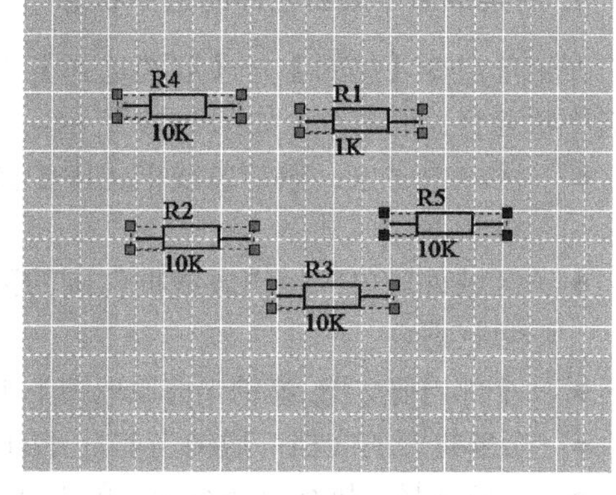


图 2-37　被选中的多个元件

3) 切换选择

按住 Shift 键不放，将光标移到要选择的元件上，逐一单击即可连续选中多个元件。这一操作具有切换选择功能，也就是说，如果元件原来处于选中状态，该操作将撤销其选中状态。

### 2. 用标准工具栏上的工具选择元件

单击标准工具栏上的⬚工具，光标变成十字形，然后在要选择的元件区域的一个顶点上单击，移动十字光标至虚线框包围所有待选元件，再次单击，此时虚线框内的元件都被选中。

### 3. 用菜单命令选择元件

在菜单命令【编辑】→【选择】下，有几个有关选择元件的命令，如图 2-38 所示。

- 区域内对象：选取虚线框包围的区域内的图件。

- 区域外对象：选取虚线框包围的区域外的图件。
- 全部对象：选取图纸上的所有图件。
- 连接：选取某一根导线和连接到该导线上的元件引脚。
- 切换选择：执行该命令后，单击某一元件，若该元件原来处于未选中状态，则选中该元件；若原来处于选中状态，则撤销选中状态。

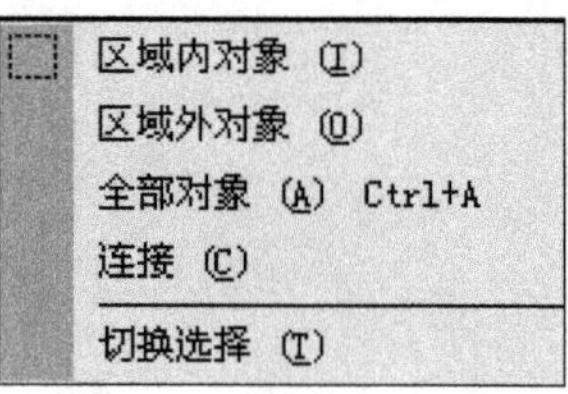


图 2-38　选择子菜单

## 2.7.4　撤销元件的选中状态

### 1. 用鼠标撤销全部元件的选中状态

直接在图纸上的空白处单击，可撤销图纸上所有元件的选中状态。另外，用单击标准工具栏上的工具，也可实现这一操作。

### 2. 用切换选择功能撤销元件的选中状态

按住 Shift 键，逐一单击要撤销选中状态的元件。

### 3. 用菜单命令撤销元件的选中状态

在菜单命令【编辑】→【取消选择】下，有几个与取消元件选中状态有关的命令，如图 2-39 所示。

区域内对象 (I)
区域外对象 (O)
全部当前文档 (A)
全部打开的文档 (D)
切换选择 (T)

图 2-39　撤销选择命令

- 区域内对象：撤销虚线框包围的区域内全部图件的选中状态。
- 区域外对象：撤销虚线框包围的区域外全部图件的选中状态。
- 全部当前文档：撤销当前原理图中所有元件的选中状态。
- 全部打开的文档：撤销当前打开的原理图中所有图件的选中状态。
- 切换选择：执行该命令后，单击某一元件，若该元件原来处于选中状态，则撤销该元件的选中状态；若原来处于未选中状态，则选中该元件。

## 2.7.5　元件的移动

元件的移动有平移和层移两种，平移是指元件在同一层面内移动；层移是指将元件从重叠对象的某一层移动到另一层。在 Protel DXP 2004 SP2 编辑系统中，当有多个图件叠放在一起时，先放下的图件位于下层，后放下的图件位于上层。

### 1. 用鼠标或移动工具移动元件

直接用鼠标移动元件是最方便、最常用的移动操作，具体如下。

1) 移动单个元件

将光标放在要移动的元件上，按住鼠标左键不放，拖动鼠标，元件随之一起移动，到合适位置再松开鼠标左键即可。

2) 移动多个元件

首先选中要移动的元件，然后将光标放在这些元件的其中一个上，按住鼠标左键不放，拖动鼠标，这些元件随之一起移动，到合适位置再松开鼠标左键即可。

3) 使用标准工具栏的移动工具

选中元件后，单击标准工具栏上的✣工具，再将十字光标移到图纸上单击，移动元件到合适的位置再单击一次，也可实现元件的移动。

### 2. 用菜单命令移动元件

在菜单命令【编辑】→【移动】中，有一些平移和层移的命令，如图 2-40 所示。

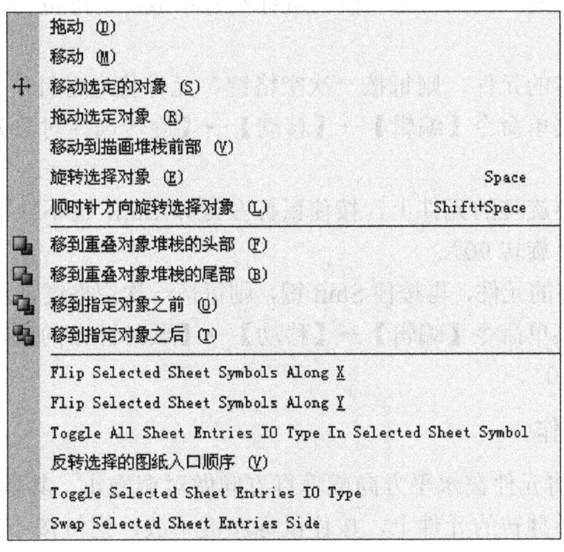


图 2-40　平移和层移菜单命令

- 拖动：用于实现对一个元件及其所有连接导线的拖动功能。拖动元件时元件上的连接导线也会跟着移动，不会断线。
- 移动：和拖动操作不同的是，这一操作只移动元件，不移动导线。
- 移动选定的对象：和移动命令相似，但必须先选中元件。
- 拖动选定对象：和拖动命令相似，但必须先选中元件。
- 移动到描画堆栈前部：将十字光标选中的元件放在重叠图件的最上层。
- 旋转选择对象：将十字光标选中的元件逆时针旋转 90°。
- 顺时针方向旋转选择对象：将十字光标选中的元件顺时针旋转 90°。
- 移到重叠对象堆栈的头部：将十字光标选中的元件层移到重叠对象的顶层。
- 移到重叠对象堆栈的尾部：将十字光标选中的元件层移到重叠对象的底层。
- 移到指定对象之前：执行该命令后，出现十字光标，先用十字光标单击要移动的对象，再单击指定对象，则移动对象被层移到指定对象的前面。
- 移到指定对象之后：执行该命令后，出现十字光标，先用十字光标单击要移动的对象，再单击指定对象，则移动对象被层移到指定对象的后面。

菜单中的其他移动命令用于层次电路中。

## 2.7.6 元件的旋转和翻转

在画电路原理图时，为了方便连线，有时需要对元件进行旋转或翻转操作，以改变元件的放置方向，元件的旋转和翻转操作方法如下。

### 1. 元件的旋转操作

元件的旋转方法有很多种，用户可记住其中最适合自己的操作方法。

- 将光标移到要旋转的元件上，按住鼠标左键不放，则每按一次空格键，元件将逆时针旋转 90°。
- 先选中要旋转的元件，则每按一次空格键，元件将逆时针旋转 90°。
- 每执行一次菜单命令【编辑】→【移动】→【旋转选择对象】，元件将逆时针方向旋转 90°。
- 将光标移到要旋转的元件上，按住鼠标左键和 Shift 键不放，则每按一次空格键，元件将顺时针旋转 90°。
- 先选中要旋转的元件，再按住 Shift 键，则每按一次空格键，元件将顺时针旋转 90°。
- 每执行一次菜单命令【编辑】→【移动】→【顺时针方向旋转选择对象】，元件将顺时针旋转 90°。

### 2. 元件的翻转操作

元件的翻转是指将元件在水平方向或垂直方向做对调操作，其操作方法有下面几种。

- 将光标移到要翻转的元件上，按住鼠标左键不放，则每按一次 X 键，元件将做一次水平方向的翻转。
- 将光标移到要翻转的元件上，按住鼠标左键不放，则每按一次 Y 键，元件将做一次垂直方向的翻转。
- 双击元件，在弹出的【元件属性】对话框中选中【图形】选项组的【被镜像的】复选框，也可实现元件在水平方向上的翻转。

## 2.7.7 元件的排齐

在绘制原理图时，往往要对那些摆放有规律、数量较多的元件进行排列和对齐操作。针对这一点，Protel DXP 2004 SP2 提供了专门的排齐命令。用户可以方便地使用它们在原理图上进行元件布局。

### 1. 用排齐子工具栏实现排齐操作

在实用工具栏中有一个排齐子工具栏，如图 2-41 所示。利用该工具栏上的相关工具，可以实现元件的排齐操作，各个工具的作用如下。

- ▐: 左对齐排列。以被选中元件中最左边的元件为基准，所有被选中元件都靠左排齐。

- ：右对齐排列。以被选中元件中最右边的元件为基准，所有被选中元件都靠右排齐。
- ：水平中心排列。以被选中元件中最左边与最右边元件之间的中心线为基准，所有被选中元件都水平移动到该中心线位置上。
- ：水平分布。以被选中元件中最左边和最右边元件为界，所有被选中元件在水平方向上均匀分布。
- ：顶部对齐排列。以被选中元件中最顶部的元件为基准，所有被选中元件靠顶部排齐。

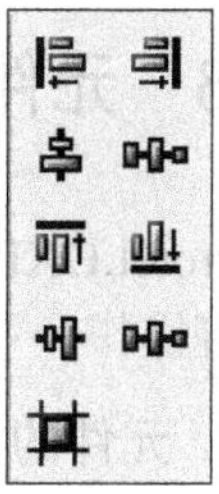

图 2-41　排齐子工具栏

- ：底部对齐排列。以被选中元件中最底部的元件为基准，所有被选中元件靠底部排齐。
- ：垂直中心排列。以被选中元件中最顶部与最底部元件之间的中心线为基准，所有被选中元件都垂直移动到该中心线位置上。
- ：垂直分布。以被选中元件中最顶部和最底部元件为界，所有被选中元件在垂直方向上均匀分布。

这些工具每次只能实现一个方向的排齐操作，若要同时实现两个方向的排齐操作，则需使用菜单命令。

### 2. 用菜单命令实现排齐操作

在菜单命令【编辑】→【排列】中也有与排齐工具相对应的菜单命令，如图 2-42 所示。执行其中第一个菜单命令【排列(A)】时，将打开【排列对象】对话框，如图 2-43 所示。该对话框可以同时实现两种方向的排齐操作。

图 2-42　排齐菜单命令

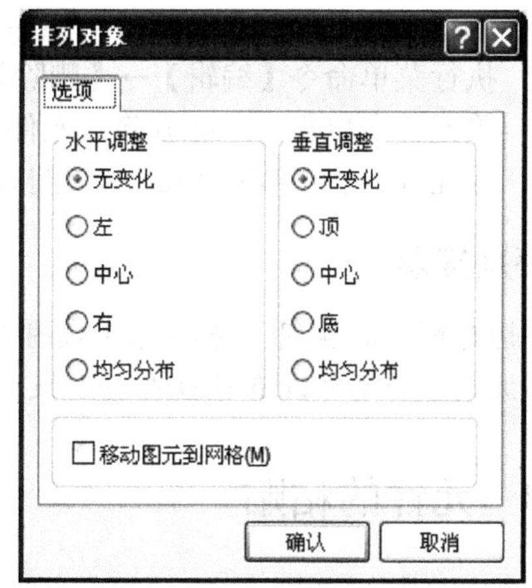


图 2-43　【排列对象】对话框

### 特别提示

在做排齐操作之前，必须先选中要进行排齐的元件。

## 2.7.8 元件的复制、剪切和删除

Protel DXP 2004 SP2 使用了 Windows 操作系统的剪贴板，便于用户实现复制、剪切和粘贴等操作。

### 1. 元件的复制

首先选中要复制的所有元件，然后执行下面 3 种操作之一，即可完成复制操作，元件被复制到剪贴板上。

- 单击标准工具栏上的工具。
- 使用快捷键 Ctrl+C 或 E+C。
- 执行菜单命令【编辑】→【复制】。

### 2. 元件的剪切

首先选中要剪切的所有元件，然后执行下面 3 种操作之一，即可完成剪切操作。此时图纸上被选中的元件消失，它们被存放到剪贴板上。

- 单击标准工具栏上的工具。
- 使用快捷键 E+T。
- 执行菜单命令【编辑】→【裁剪】。

### 3. 元件的删除

下面两种方法都可以删除元件。

- 先选中要删除的全部元件，然后按 Delete 键，即可删除所选元件。
- 执行菜单命令【编辑】→【删除】或使用快捷键 E+D，将出现的十字光标移到待删除元件上单击，即可删除该元件。继续移动十字光标到其他元件上单击，可继续删除元件。右击或按 Esc 键，退出删除命令状态。

### 特别提示

剪切与删除的共同点是将元件从图纸上清除掉；不同点是被剪切的元件存放在剪贴板上，而被删除的元件没有存放在剪贴板上。

## 2.7.9 元件的粘贴

### 1. 一般粘贴

完成元件的复制或剪切后，就可进行粘贴操作了。执行下面 3 种操作之一，系统将进入粘贴命令状态。

- 单击标准工具栏上的工具。
- 使用快捷键 Ctrl+V 或 E+P。
- 执行菜单命令【编辑】→【粘贴】。

此时光标变成十字形，在十字光标上出现元件的虚影，移动光标到合适位置，再次单击即可粘贴元件。

### 2. 连续粘贴

每执行一次粘贴命令，只能进行一次粘贴操作，如果需要进行多次粘贴，则可使用连续粘贴操作。这种操作，事先无须对元件进行复制或剪切操作。

连续粘贴的操作过程为：首先选择元件，然后单击标准工具栏上的工具，此时光标变成十字形，在十字光标上出现元件的虚影，移动光标到合适位置，单击鼠标即可粘贴元件。若需继续粘贴，只须移动光标到另一个合适位置，再单击鼠标，如此重复进行，可多次粘贴同一组元件。

### 3. 队列粘贴

使用连续粘贴，虽能重复粘贴同一组元件，但粘贴的元件保持原来的编号。如果既想将元件粘贴多次，同时每一次粘贴都能改变元件的编号，就要使用系统的队列粘贴功能。

在进行队列粘贴之前，必须先将要粘贴的元件复制或剪切到剪贴板上，然后执行下面 3 种操作之一，打开【设定粘贴队列】对话框，如图 2-44 所示。

- 单击绘图子工具栏上的工具。
- 使用快捷键 E+Y。
- 执行菜单命令【编辑】→【粘贴队列】。

图 2-44 中各选项的含义如下。

- 项目数：连续粘贴的次数。
- 主增量：设定相邻两次粘贴之间元件编号的递增值，默认为 1，如果为负值，则每粘贴一次，编号值减小。
- 次增量：设定相邻两次粘贴之间子元件序号的递增值，默认为 1。
- 水平：设定相邻两次粘贴的元件之间的水平偏移量，单位为 mil。
- 垂直：设定相邻两次粘贴的元件之间的垂直偏移量，单位为 mil。

下面以绘制图 2-45 所示的电路图为例，介绍队列粘贴的使用方法。

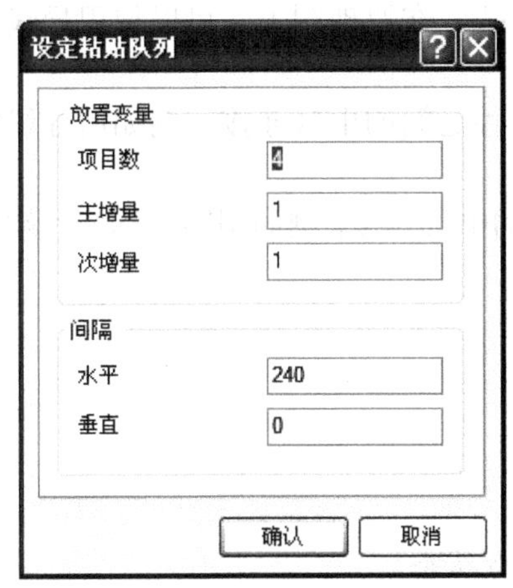


图 2-44 【设定粘贴队列】对话框

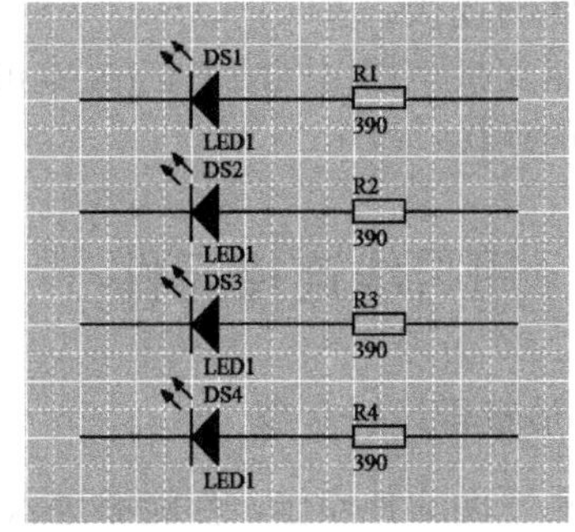


图 2-45 队列粘贴例图

(1) 打开【元件库】管理面板，将原理图元件 RES2 和 LED1 取出放在图纸上。

(2) 使用旋转和翻转操作调整好方向，设置电阻 RES2 的编号为 R5，设置发光二极管 LED1 的编号为 DS5。

(3) 单击配线工具栏上的≈工具，连好线后，电路如图 2-46 所示。

(4) 选中图 2-46 电路的全部图件，执行剪切命令，将整组电路存放在剪贴板中。

(5) 按快捷键 E+Y，打开【设定粘贴队列】对话框，如图 2-47 所示。按图所示设置好各个选项的值。

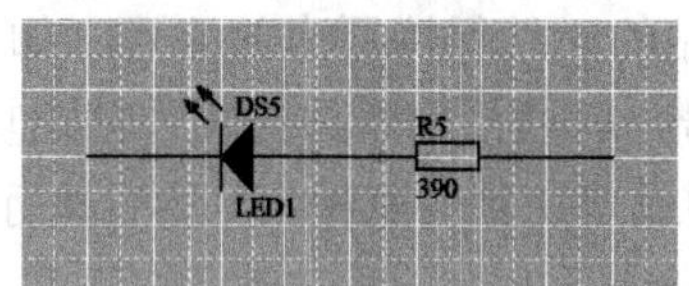


图 2-46　已画好的一组电路

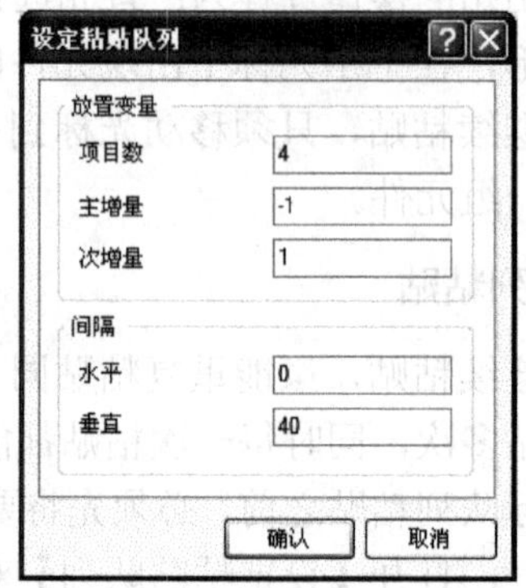


图 2-47　设置好参数的粘贴队列对话框

(6) 单击【确认】按钮，移动十字光标到图纸上的合适位置，单击鼠标，即可粘贴出图 2-45 所示的电路。

### 特别提示

队列粘贴的方向是自左而右、自下而上。在粘贴之前，应根据元件编号的变化情况来确定主增量是采用正数还是负数。

## 2.8　原理图的电气连接

元件的电气连接有物理连接和逻辑连接两种方式。在原理图上，可以使用导线、网络标号和端口 3 种工具来实现电路的电气连接。

物理连接是指在原理图上能够直观地看到的元件之间的电气连接，例如用导线实现的元件之间的连接。

逻辑连接是指用网络名称(文本)的方式来实现的电气连接，例如用网络标号和端口来实现电路的连接。

### 2.8.1　用导线连接元件

#### 1. 放置导线的命令

使用下面 3 种操作，都能够进入绘制导线的命令状态。

- 单击配线工具栏上的≈工具。
- 使用快捷键 P+W。
- 执行菜单命令【放置】→【导线】。

### 2. 放置导线的操作方法

进入绘制导线的命令状态后，光标变成了十字形，移动十字光标到要放置导线的起点处(一般是元件的引脚或其他导线)，当十字光标的中心出现一个红色的“米”字符号时，表示将要放置的导线的电气节点已和起点处的电气节点连接上了，单击鼠标确定起点，然后移动光标到导线的终点处，当十字光标的中心再次出现一个红色的“米”字符号时，表示将要放置的导线的电气节点已和终点处的电气节点连接上，再次单击鼠标确定终点。这样就完成了一根导线的放置，如图 2-48 所示。右击鼠标或按 Esc 键，可退出放置导线的命令状态。

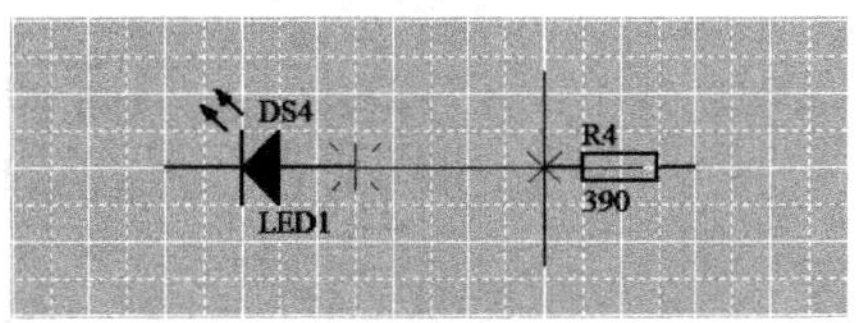


图 2-48　用导线连接两个引脚

### 3. 导线的拐弯模式及其设置

如果导线要连接的两个电气节点不在同一水平线或垂直线上，那么在连线过程中，导线需要拐弯，此时需要单击鼠标来确定拐弯位置。导线的拐弯模式有直角拐弯、45°角拐弯和任意方向拐弯，如图 2-49 所示。

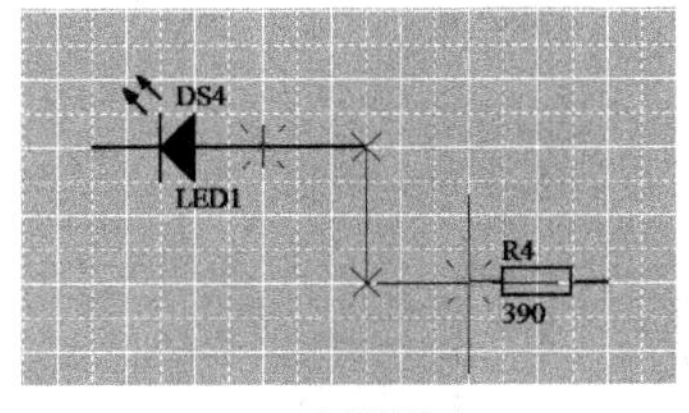


(a) 直角拐弯

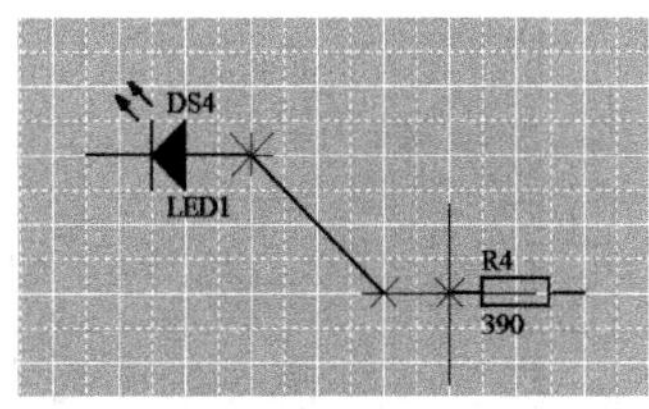


(b) 45°角拐弯

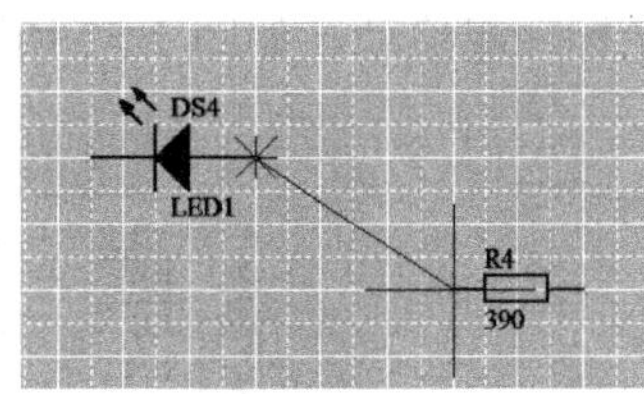


(c) 任意方向拐弯

图 2-49　导线的拐弯模式

## 特别提示

*在绘制导线的过程中，使用组合键 Shift+Space 可以更改导线的拐弯模式，使用 Space 键可以更改导线的拐弯方向。*

### 4. 导线的调整

绘制好导线后，用户可能对某些导线的位置和走向不是很满意，希望对其进行调整，使原理图更为简洁美观。下面以图 2-50 所示电路为例进行介绍，如果将图中的连接导线下移两格，将会更加合理，操作过程如下。

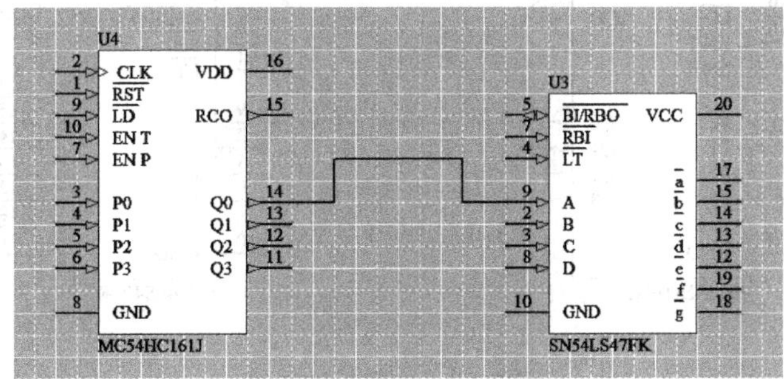


图 2-50　调整导线例图

(1) 将光标移到导线上，单击鼠标，此时导线的起点、终点和各个拐弯点都出现了绿色的控制点，导线上也出现了绿色的虚线，如图 2-51 所示。这表示导线已被选中，可以对导线进行调整了。

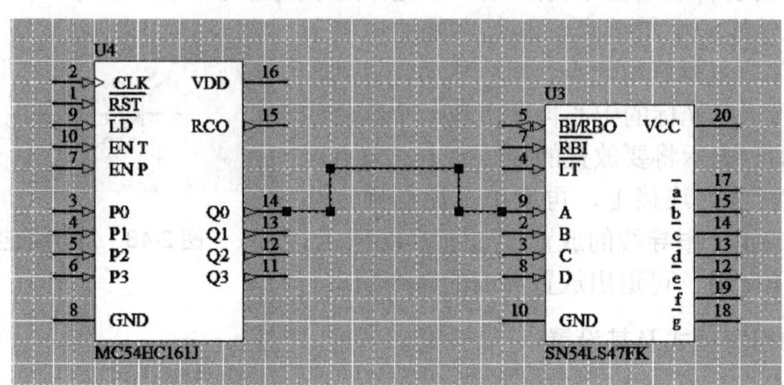


图 2-51　选中导线

(2) 将光标放在要移动的那段导线上，按住鼠标左键不放往下拖动光标，此时导线随着光标一起移动，如图 2-52 所示。

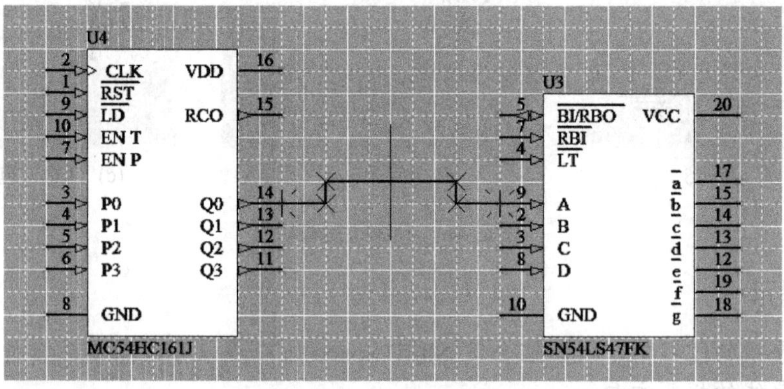


图 2-52　平移导线

(3) 移动到位后松开鼠标左键，即完成导线的调整，如图 2-53 所示。

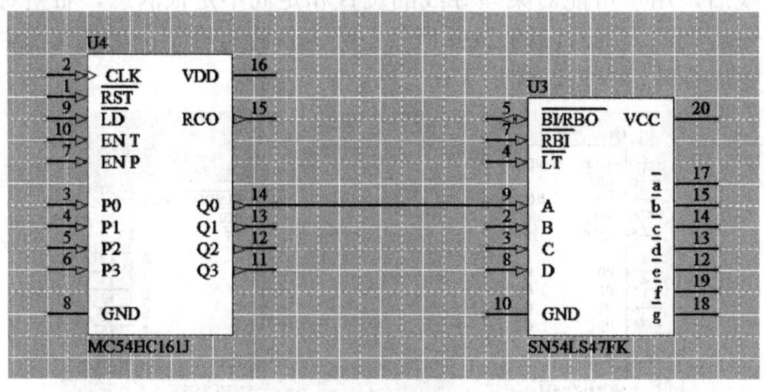


图 2-53　调整后的导线

**特别提示**

在调整导线时，如果要移动导线的起点、终点或拐弯点，则可将光标放在相应的控制点上，按住鼠标左键不放，拖动鼠标；如果要平移其中的一段导线，则可将光标放在该段导线上(不要放在控制点上)，按住鼠标左键不放，拖动鼠标。

## 2.8.2　用网络标签连接元件

用网络标签也可以实现元件之间的电气连接。在原理图中，网络标签相同的导线或元件引脚，不管在图上是否有导线连接，它们都具有实际的电气连接关系。

### 1. 放置网络标签的命令

使用下面 3 种操作都可以进入放置网络标签的命令状态。

- 单击配线工具栏上的 Net1 工具。
- 使用快捷键 P+N。
- 执行菜单命令【放置】→【网络标签】。

### 2. 放置网络标签的操作方法

进入放置网络标签的命令状态后，光标变成了十字形，在十字光标的右上角有一个初始名称为 NetLabel1 的网络标签。移动十字光标到导线上，当出现一个红色的“米”字符号时，表示光标已捕捉到导线或引脚的电气节点，此时单击鼠标，可以放下一个网络标签。将光标移到其他需要放置网络标签的位置，重复相同的操作，可以继续放置网络标签，如图 2-54 所示。

右击鼠标或按 Esc 键，可退出放置网络标签的命令状态。

### 3. 设置网络标签的属性

双击需要设置属性的网络标签，或者在放下网络标签之前按 Tab 键，将打开【网络标签】对话框，如图 2-55 所示。

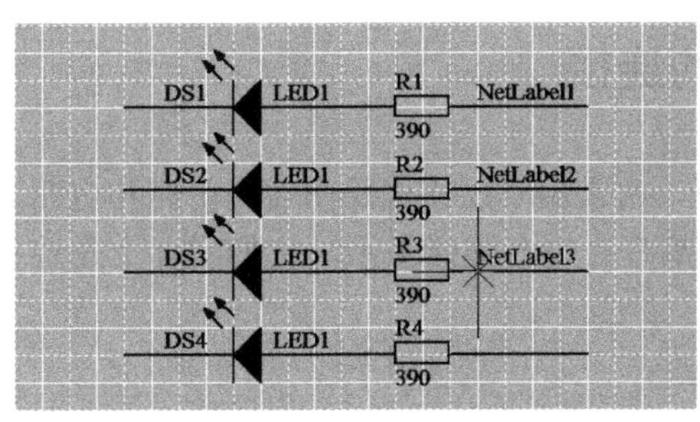


图 2-54　放置网络标签

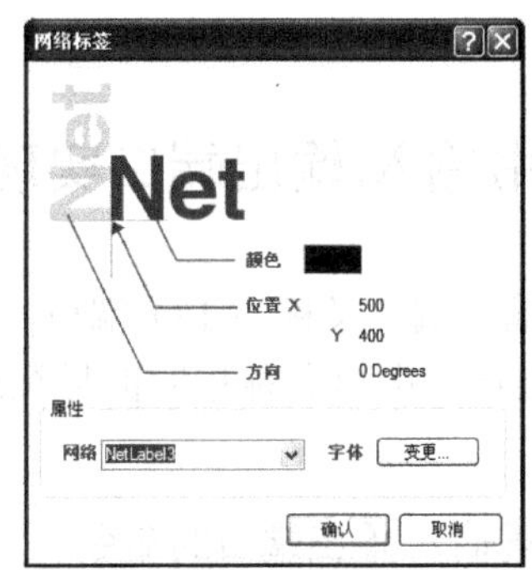


图 2-55　【网络标签】对话框

该对话框可用于设置网络标签的颜色、网络标签在原理图上的位置、网络标签的方向、网络标签的名称和字体等内容。其中最重要的是网络标签的名称，它对电气连接起决定性作用，其他设置项只起辅助作用，没有电气连接意义。

如果网络标签后面的字符是数字，则每放下一个网络标签，数字将按设定的增量值变化。增量值在原理图【优先设定】对话框中设置。方法是：执行菜单命令【工具】→【原理图优先设定】，打开原理图【优先设定】对话框，如图 2-56 所示。在对话框左边选择 Schematic 下的 General 选项，在对话框右边【放置时自动增量】选项组的【主增量】文本框中输入主增量值。

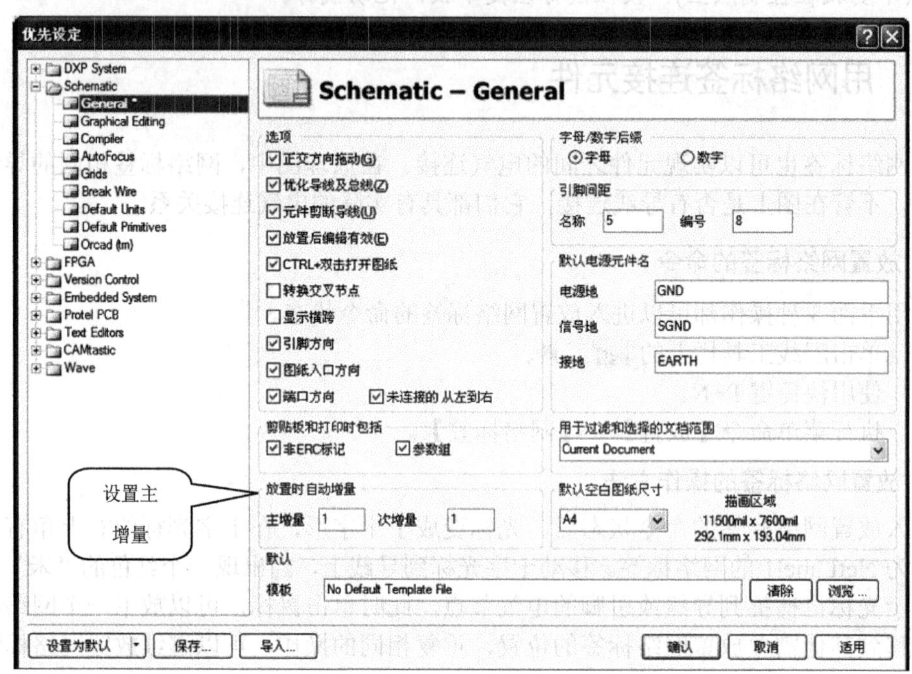


图 2-56　原理图【优先设定】对话框

### 特别提示

用字母表示的网络标签是区分大小写的，如果混淆了，将使本来应该连接在一起的引脚丢失连接关系。如果网络标签上面带有非号，例如 $\overline{EA}$，可在每个字符后面加一个\，例如 E\A\ 。

## 2.8.3　用输入/输出端口实现原理图的连接

输入/输出端口又称为 I/O 端口，简称为端口，常常用于层次电路中实现电路和电路之间的电气连接，端口名称相同的导线或元件引脚都具有电气连接关系，它们实际上是连接在一起的。

### 1. 放置输入/输出端口的命令

使用下面 3 种操作都可以进入放置端口的命令状态。

- 单击配线工具栏上的 [端口图标] 工具。
- 使用快捷键 P+R。
- 执行菜单命令【放置】→【端口】。

### 2. 放置输入/输出端口的操作方法

进入放置端口的命令状态后，光标变成了十字形，在十字光标的右边有一个初始名称为 Port 的端口。移动十字光标到导线或引脚的末端，当出现一个红色的“米”字符号时，表示光标已捕捉到该处的电气节点，此时单击鼠标，确定端口的一端；移动光标到端口长度合适时，再单击鼠标，就可以放下一个端口，如图 2-57 所示。将光标移到其他需要放置端口的位置，重复相同的操作，可以继续放置端口。右击鼠标或按 Esc 键，可退出放置端口的命令状态。

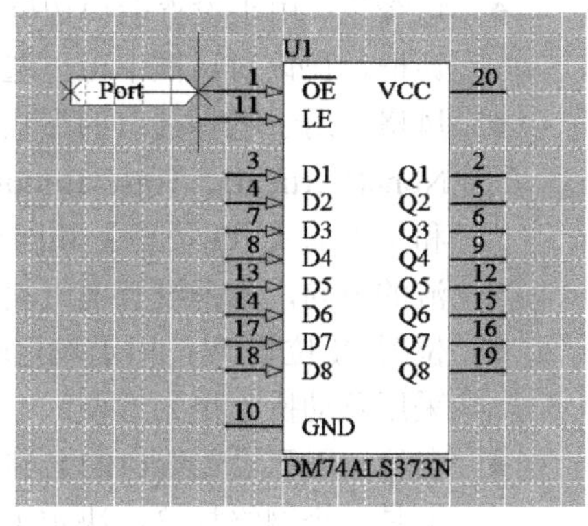


图 2-57　放置端口

### 3. 设置输入/输出端口属性

双击需要设置属性的端口，或者在放下端口之前按 Tab 键，将打开该端口的【端口属性】对话框，如图 2-58 所示。

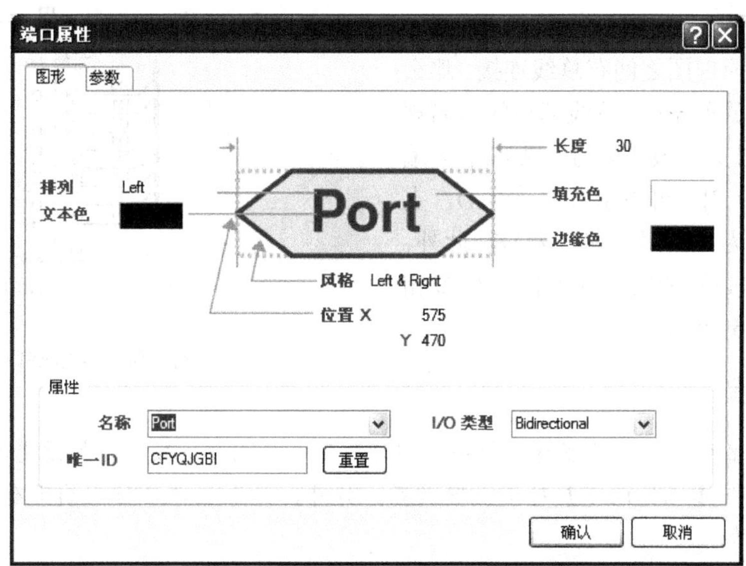


图 2-58　【端口属性】对话框

图 2-58 所示对话框中各项的含义如下。

- 排列：端口名称在端口中的位置，单击右边文本域，可选择不同选项。水平方向的端口有 Center、Left 和 Right 三种；垂直方向的端口有 Center、Top 和 Bottom 三种。
- 文本色：端口名称的颜色，单击其右边的拾色器，打开【选择颜色】对话框，在该对话框中可以选择新的颜色。
- 长度：用于设置端口的长度。但是，一般在图纸上直接调整端口长度更为方便，方法是先选中该端口，将光标放在被选中端口的控制点上，按住鼠标左键拖动即可。
- 填充色：用于设置端口内部的填充颜色，单击其右边的拾色器，打开【选择颜色】

对话框，在该对话框中可以选择新的颜色。

- 边缘色：用于设置端口边框线的颜色，单击其右边的拾色器，打开【选择颜色】对话框，在该对话框中可以选择新的颜色。
- 风格：用于选择端口的形状。共有 None(Horizontal)、Left、Right、Left & Right、None(Vertical)、Top、Bottom、Top & Bottom 八种，端口的形状由这里的【风格】和下方的【I/O 类型】共同设定。在画原理图时，端口的形状可以示意地指示信号流的方向，本身没有电气属性。
- 位置 X/位置 Y：用于设定端口在原理图上的位置。一般不用设置，在图纸上直接采用移动操作更为方便。
- 名称：用于设置端口的名称。这部分非常重要，端口的名称具有电气属性，它实质上是一个网络标签，决定了端口的电气连接关系。
- I/O 类型：设置端口的输入/输出属性，I/O 类型的设置为系统的电气规则检测(ERC)提供了依据，有 Unspecified(未定义端口)、Output(输出端口)、Input(输入端口)和 Bidirectional(双向端口)4 种 I/O 类型可选。

4. 总线端口

如果两个原理图之间有总线连接，那么应该在总线上放置端口。总线端口的命名规则是：端口名[支线最小编号..支线最大编号]。例如 D[0..7]，可表示数据总线 D，支线的最小编号为 D0，最大编号为 D7。此外，总线端口名称必须和它支线的网络标签相对应，如图 2-59 所示。

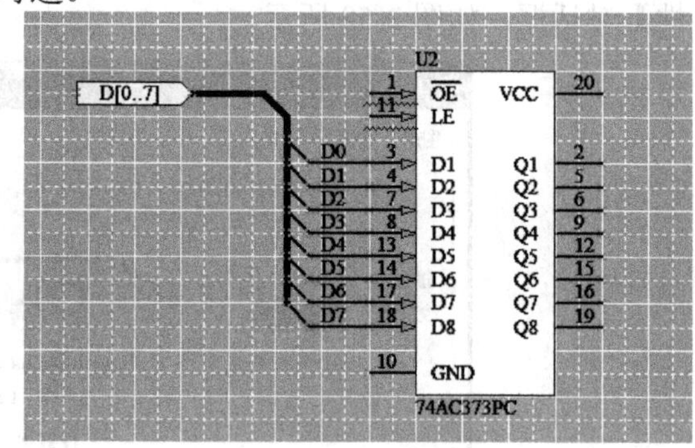


图 2-59　总线端口

特别提示

如果端口名称最后面的字符是数字，则每放下一个端口，数字将按设定的增量值变化，增量值在原理图【优先设定】对话框中设置。另外，如果端口名称上面带有非号，则应在每个字符后面加\。



## 2.8.4　绘制总线和总线入口

1. 绘制总线

总线是一组具有相同性质的信号线的组合，例如数据总线、地址总线和控制总线等。在原理图设计中，为了更清晰、直观地表达各元件之间的连接关系，对一些性质相同、走线一致的引脚的连接，往往用总线来表示。

使用下面 3 种方法都可以进入绘制总线的命令状态。

- 单击配线工具栏上的工具。
- 使用快捷键 P+B。

- 执行菜单命令【放置】→【总线】。

进入绘制总线命令状态后，光标变成了十字形，移动十字光标到要放置总线的起点处，单击鼠标确定起点，然后移动光标，在拐弯处单击，通过快捷键 Shift+Space 可以改变总线的拐弯模式，到总线的终点处，再次单击鼠标确定终点，这样就完成了一根总线的放置，如图 2-60 所示。右击鼠标或按 Esc 键，可退出放置总线的命令状态。

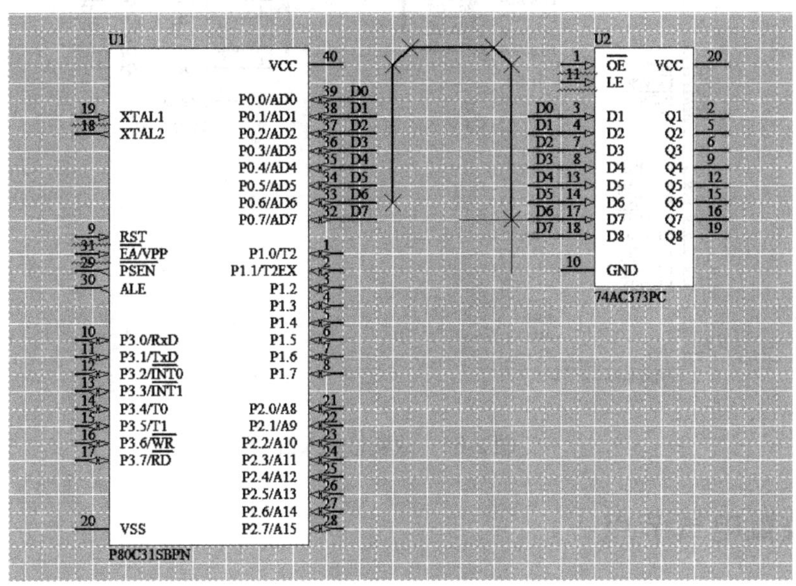


图 2-60　绘制总线

在总线上放置网络标签时，总线网络标签的命名规则和前面介绍的总线端口的命名规则一样，总线网络标签的命名应以跟它连接的各个分支线的网络标签为依据。例如，图 2-60 所示的总线应命名为 D[0..7]。

## 特别提示

*必须注意，总线本身无法确定各个分支线之间的连接关系，在总线的各个分支线上，都必须放置网络标签，真正决定引脚之间连接关系的是这些分支线上的网络标签。*

### 2. 绘制总线入口

总线入口用于连接总线和它的各个分支线，使用下面 3 种方法都可以进入放置总线入口的命令状态。

- 单击配线工具栏上的 工具。
- 使用快捷键 P+U。
- 执行菜单命令【放置】→【总线入口】。

进入放置总线入口命令状态后，光标变成了十字形，在十字光标处出现总线入口的虚影，按空格键调整总线入口的方向。移动十字光标到要放置总线入口的地方，此时总线入口的两端都出现红色的“米”字符号，单击鼠标，可以放下一根总线入口。移动光标可以继续放置，如图 2-61 所示。右击鼠标或按 Esc 键，可退出放置总线入口的命令状态。

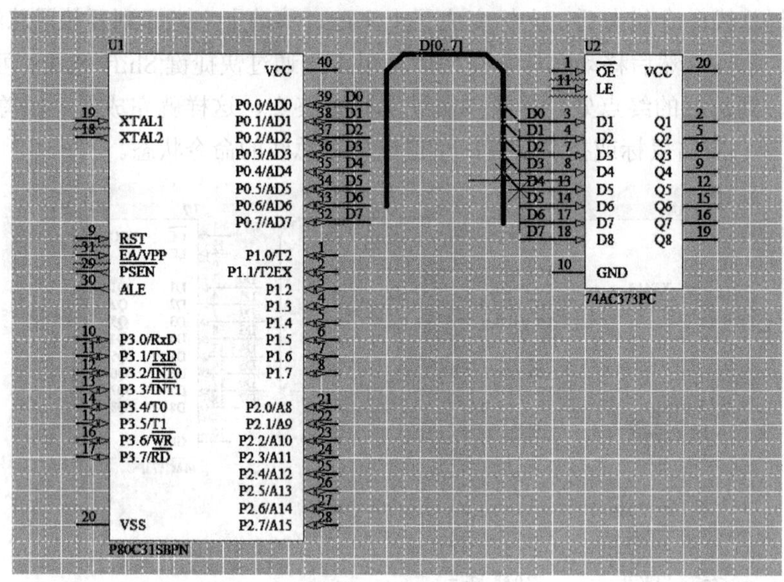


图 2-61　放置总线入口

## 2.8.5　放置电气节点

在 Protel DXP 2004 SP2 的原理图编辑器中，当导线做 T 形交叉时，系统会在交点处自动放置电气节点，表示两根导线具有电气连接关系。但是，当两根导线做十字交叉时，系统无法判断这两根导线是否具有电气连接关系，所以在交点处不会自动放置电气节点，如图 2-62 所示。

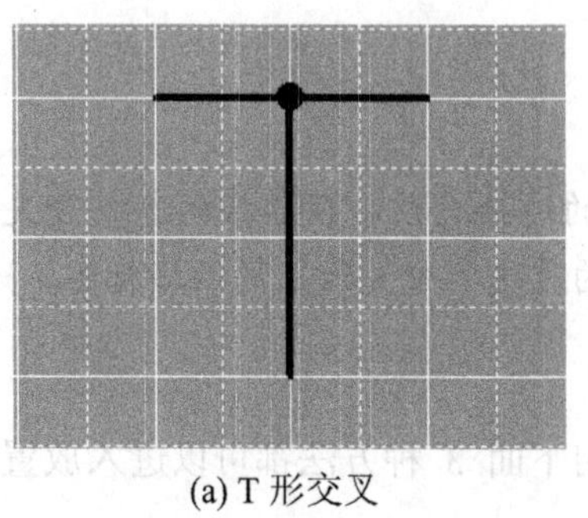
(a) T 形交叉

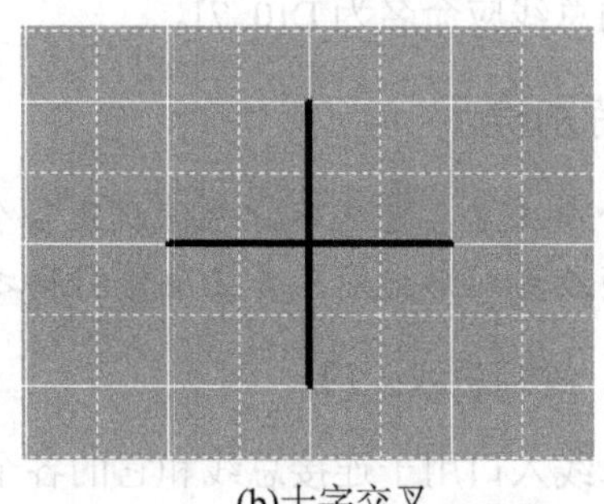
(b)十字交叉

图 2-62　导线的两种交叉形式

当导线呈十字交叉时，如果在交点处确实有电气连接关系，则必须在交点处手动放置一个电气节点。

### 1. 放置电气节点的命令

使用下面两种方法都可以进入放置电气节点的命令状态。

- 使用快捷键 P+J。
- 执行菜单命令【放置】→【手工放置节点】。

### 2. 放置电气节点的操作方法

进入放置电气节点命令状态后，光标变成十字形，同时在十字光标的中心出现一个电气节点的虚影。移动光标到导线的十字交叉处，单击鼠标，即可放下一个电气节点，如图 2-63 所示。若需继续放置，可移动光标，重复上面的操作。

右击鼠标或按 Esc 键，可退出放置电气节点的命令状态。

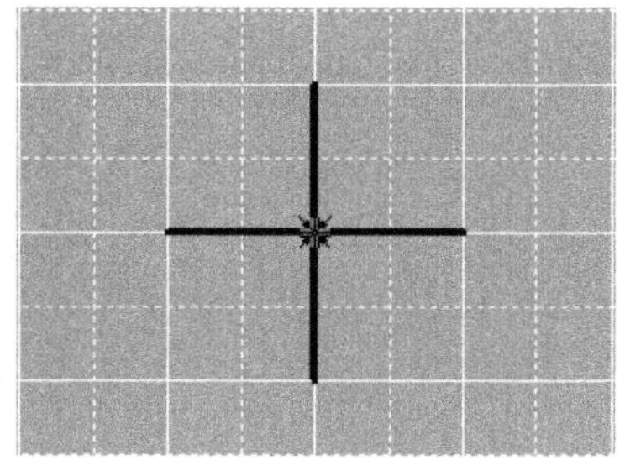

图 2-63　手工放置节点

## 2.8.6　放置电源和接地

电源和接地是电路原理图中不可缺少的组成部分。Protel DXP 2004 SP2 提供了多种电源或接地的符号供用户选择，每一种都有一个相应的网络标签作为标识。

### 1. 放置电源或接地的命令

使用下面的方法都可以进入放置电源或接地的命令状态。

- 单击配线工具栏上的(电源)或(接地)工具。
- 使用快捷键 P+O。
- 执行菜单命令【放置】→【电源端口】。
- 单击实用工具栏的电源子工具栏上的相关工具。

电源子工具栏如图 2-64 所示，该子工具栏上共有 11 个电源或接地符号。其中：

- 一般作为电源接地的符号，端口名称为 GND。
- 一般作为信号接地的符号，端口名称为 SGND。
- 一般作为大接地的符号，端口名称为 EARTH。

在原理图上，接地符号的端口名称被隐藏起来，双击该符号，在弹出的【电源端口】对话框中可以看到端口名称。

电源子工具栏的其他符号一般作为电源使用，在原理图上，电源的端口名称可以显示出来。

放置GND端口
放置VCC电源端口
放置+12电源端口
放置+5电源端口
放置-5电源端口
放置箭头状电源端口
放置波形电源端口
放置条状电源端口
放置圆形电源端口
放置接地信号电源端口
放置地电源段口

图 2-64　电源子工具栏

### 2. 放置电源或接地的操作方法

进入放置电源或接地的命令状态后，光标变成十字形，同时在十字光标上出现一个电源或接地的符号。按空格键旋转该符号到合适方向，移动光标到目标位置，当出现红色“米”字符号时单击，即可放下一个电源或接地的符号，如图 2-65 所示。

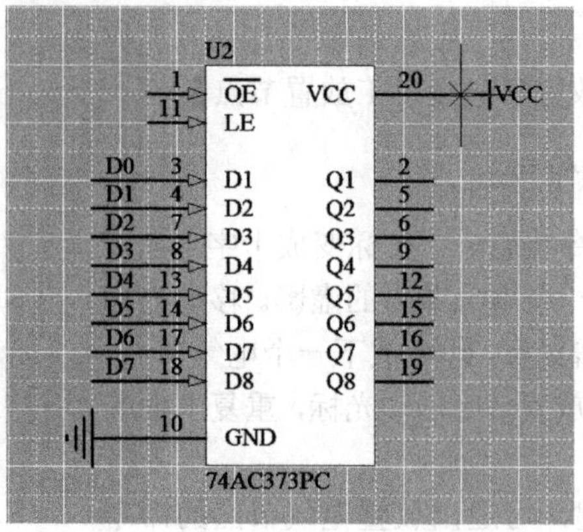


图 2-65　放置电源或接地符号

### 3. 设置电源或接地的属性

双击需要设置属性的电源或接地符号，或者在放下该符号之前按 Tab 键，将打开【电源端口】对话框，如图 2-66 所示。

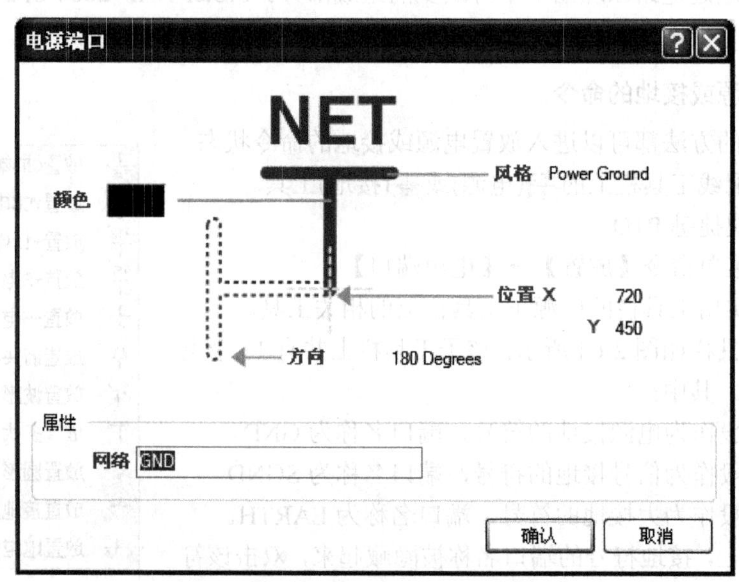


图 2-66　【电源端口】对话框

图 2-66 所示对话框中各选项的含义如下。

- 颜色：电源或接地符号的颜色，单击右边的拾色器，可在打开的【选择颜色】对话框中选择新的颜色。
- 风格：电源或接地符号的样式，共有 Circle、Arrow、Bar、Wave、Power Ground、Signal Ground 和 Earth 7 种样式。一般 Power Ground 作为电源接地符号，Signal Ground 作为信号接地符号，Earth 作为大地符号，其他的作为电源符号。
- 位置 X/Y：用于设定电源或接地符号在原理图上的位置。一般不用在这里设置，直接在图纸上采用移动操作更为方便。

- 方向：电源或接地符号的方向。一般不用在这里设置，直接在图纸上采用旋转操作更为方便。
- 网络：用于设置电源或接地端口的名称。此处特别重要，电源或接地的端口名称实际上是一个网络标签，该符号是电源还是接地，不是由它的外形(即前面的风格)决定，而是由它的网络名称来决定。

特别提示

由于电源或接地的端口名称是一个网络标签，而原理图上的电气连接实际上是网络之间的连接，所以在放置电源或接地符号时，要注意检查它的网络名称，只有网络名称完全相同的电源或接地，在电气关系上才是连接在一起的。例如+5V、+5v、5V、5v、+5 和 5 是 6 个不同的电源，它们没有电气连接关系。

## 2.8.7　放置忽略 ERC 符号

完成原理图设计后，再对原理图进行电气法则检查(ERC)，有时候会出现一些对电路使用没有影响的错误信息。例如，对于 TTL 元件的输入/输出引脚，在没有使用时，往往做悬空处理，但在系统默认情况下进行 ERC 检查，会给出这些引脚悬空或没有驱动源的错误信息。为了不显示这种错误信息，可于检查前在相关地方放置忽略 ERC 符号，这样在做 ERC 检查时，系统将不检查这些地方。

### 1. 放置忽略 ERC 符号的命令

使用下面的方法都可以进入放置忽略 ERC 符号的命令状态。

- 单击配线工具栏上的 × 工具。
- 使用快捷键 P+I+N。
- 执行菜单命令【放置】→【指示符】→【忽略 ERC 检查】。

### 2. 放置忽略 ERC 符号的操作方法

进入放置忽略 ERC 符号的命令状态后，在十字光标中心有一个红色的×号，这就是忽略 ERC 符号。移动十字光标到目标位置，单击鼠标即可放置该符号，如图 2-67 所示。

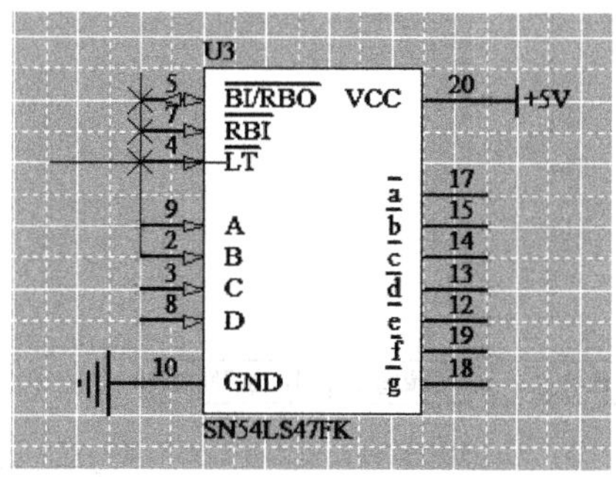


图 2-67　放置忽略 ERC 符号

## 2.8.8 放置 PCB 布局标志

在绘制原理图时，可以在电路的某些位置放置 PCB 布局标志，预先指定该处电路的 PCB 布线规则。这样，在将原理图设计信息载入 PCB 编辑器时，这些 PCB 布线规则也被一起载入到 PCB 编辑器中。

### 1. 放置 PCB 布局标志的命令

使用下面的方法都可以进入放置 PCB 布局标志的命令状态。

- 使用快捷键 P+I+P。
- 执行菜单命令【放置】→【指示符】→【PCB 布局】。

### 2. 放置 PCB 布局标志的操作方法

进入放置 PCB 布局标志的命令状态后，在十字光标上有一个红色的 PCB 布局标志符号，光标的中心有一个灰色的“米”字符号。移动十字光标到目标位置，此时十字光标中心的“米”字符号变为红色，单击鼠标即可放置该符号，如图 2-68 所示。

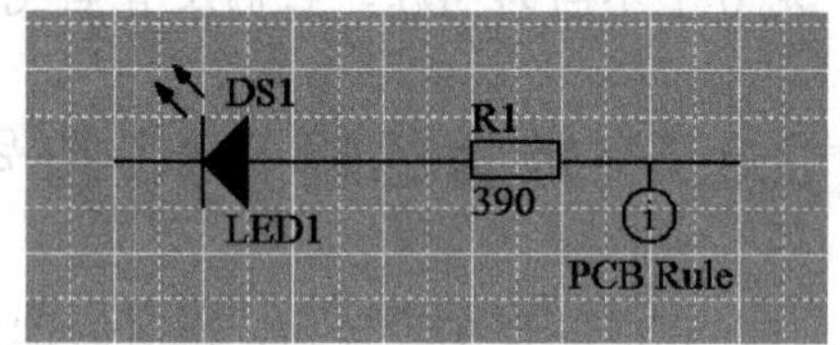


图 2-68 放置 PCB 布局标志

### 3. 设置 PCB 布局标志的参数

双击 PCB 布局标志，或者在放下该标志之前按 Tab 键，将打开 PCB 布局标志的【参数】对话框，如图 2-69 所示。

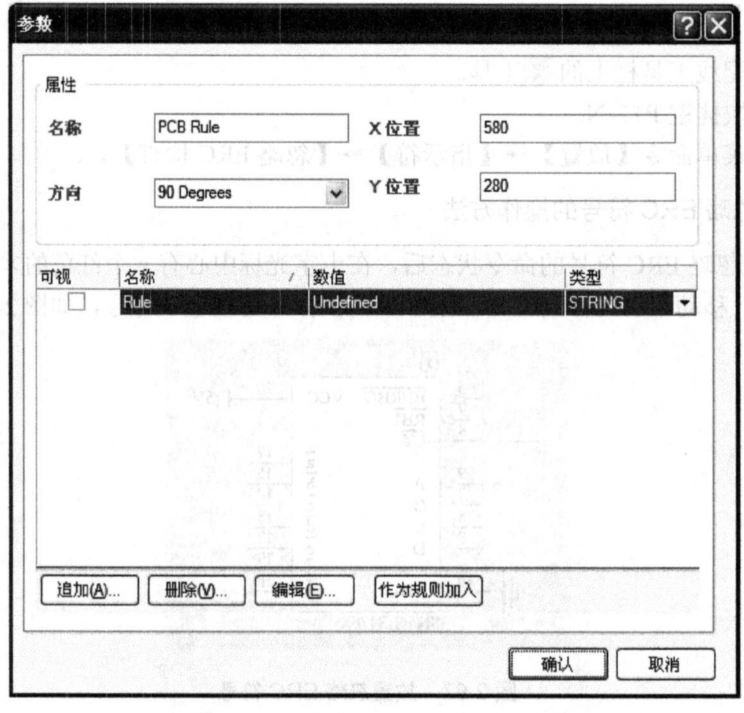


图 2-69 PCB 布局标志的【参数】对话框

该对话框中各选项的含义如下。

- 名称：PCB 布局标志的名称，在其右边的文本框中输入。
- 方向：PCB 布局标志在图纸上的方向。可从其右边的下拉列表框中选择，有 0 Degrees、90 Degrees、180 Degrees 和 270 Degrees 四种方向。
- X 位置/Y 位置：PCB 布局标志在图纸上的坐标，单位为 mil。

该对话框下方为PCB布局规则列表，其中列出了该布局标志设定的所有PCB布线规则，包括规则名称、数值和类型等。从该列表中选择一个规则，单击下方的【编辑】按钮，打开 PCB 规则的【参数属性】对话框，如图 2-70 所示。这里以设置导线宽度约束规则为例，介绍规则的设置过程。

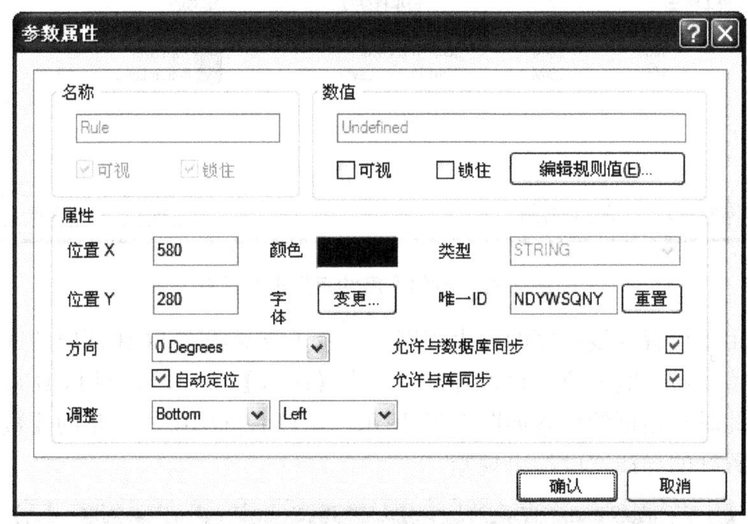


图 2-70　PCB 规则的【参数属性】对话框

单击图 2-70 所示对话框中的【编辑规则值】按钮，打开【选择设计规则类型】对话框，如图 2-71 所示。

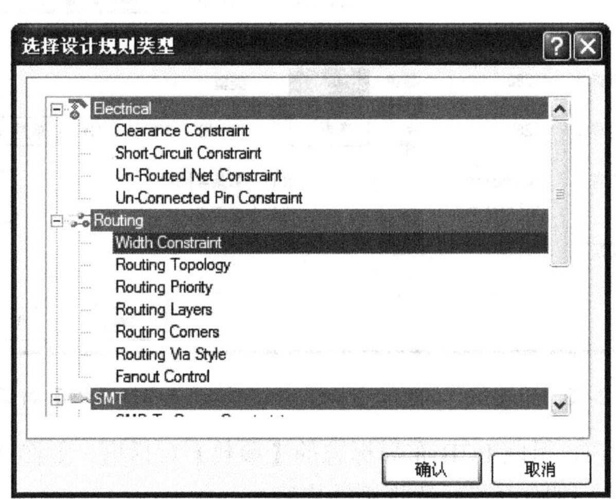


图 2-71　【选择设计规则类型】对话框

在该对话框中选择要建立的设计规则，然后单击【确认】按钮或直接双击该规则，打开相应的 Edit PCB Rule(From Schematic)对话框。例如，这里选中 Routing(布线)节点下的 Width Constraint(宽度约束)选项，打开的对话框如图 2-72 所示。

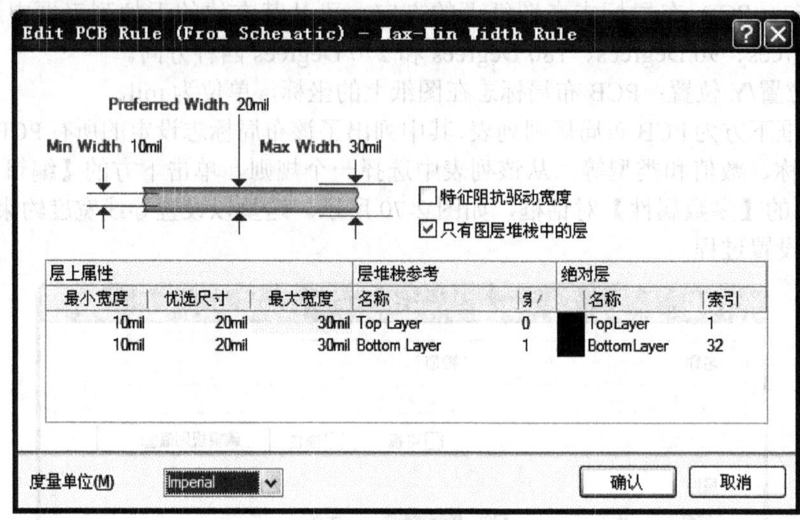


图 2-72　导线宽度约束规则对话框

该对话框用于设置导线宽度的约束规则，显示了该导线在 PCB 顶层和底层的最小宽度值、优选尺寸值和最大宽度值。设置好以后单击【确认】按钮，返回 PCB 规则的【参数属性】对话框，此时对话框的内容如图 2-73 所示。可以看到图中右上角的【数值】选项组中显示了刚刚设置好的导线宽度约束规则。

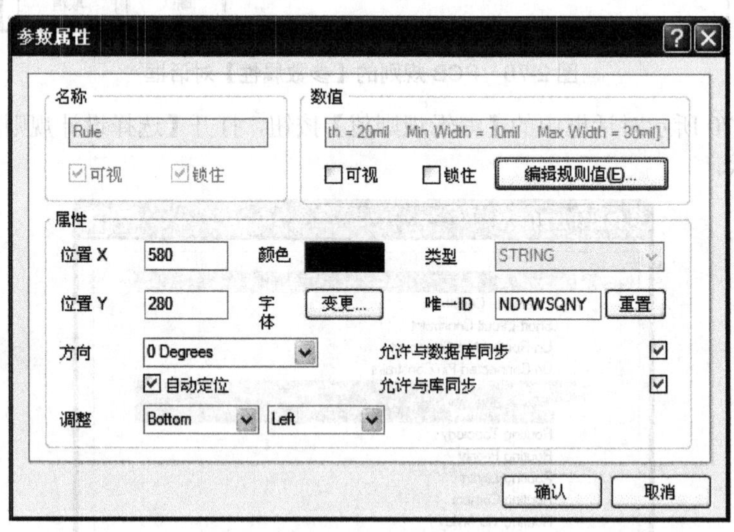


图 2-73　设置好导线宽度规则的 PCB 规则【参数属性】对话框

单击【确认】按钮，返回 PCB 布局标志的【参数】对话框，如图 2-74 所示。此时 PCB 布局规则列表中显示了刚刚设置好的规则的内容。

图 2-74　设置好导线宽度约束规则的 PCB 布局标志【参数】对话框

选中该规则前面的【可视】复选框，再单击【确认】按钮，返回原理图。此时该 PCB 布局标志下面显示了具体的规则内容，如图 2-75 所示。

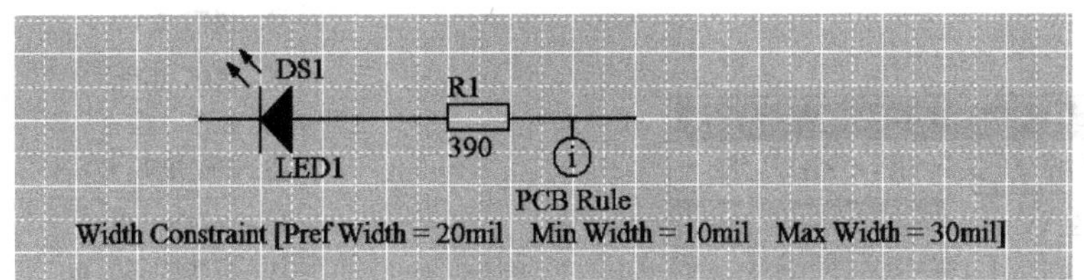


图 2-75　设置好导线宽度的 PCB 布局标志

此外，在图 2-74 中选中 PCB 布局规则列表中的某个规则，然后单击【删除】按钮，可以删除该规则；单击【追加】按钮，可追加一个新规则；从列表中选中已追加的新规则，再单击【作为规则加入】按钮，重复前面的操作，又可以在该标志中设置一个新的规则。

### 特别提示

PCB 布局规则既可以用上面所述的方法在原理图中设置，也可以将原理图导入 PCB 编辑器后，在 PCB 编辑器中设置。

## 2.9　绘图工具的使用

原理图编辑器的实用工具栏中有一个绘图子工具栏，如图 2-76 所示。该工具栏用于在原理图中绘制各种标注信息，使原理图条理更清晰，可读性更强。

与配线工具栏不同，绘图子工具栏上的各种工具所放置的图件都不具有电气属性，不会影响原理图的电气连接，系统在做电气规则检查或生成网络表时，它们不会产生任何影响，也不会被加入到网络表中。该子工具栏的各个工具的作用如下。

- ：绘制直线。
- ：绘制多边形。
- ：绘制圆弧或椭圆弧。
- ：绘制贝塞尔曲线。
- ：放置文本或字符串。
- ：放置文本框。
- ：绘制直角矩形。
- ：绘制圆角矩形。
- ：绘制圆或椭圆。
- ：绘制扇形。
- ：粘贴图片。
- ：队列粘贴。

另外，在【放置】菜单的【描画工具】子菜单中，也有一些相似的绘图菜单命令，如图 2-77 所示。

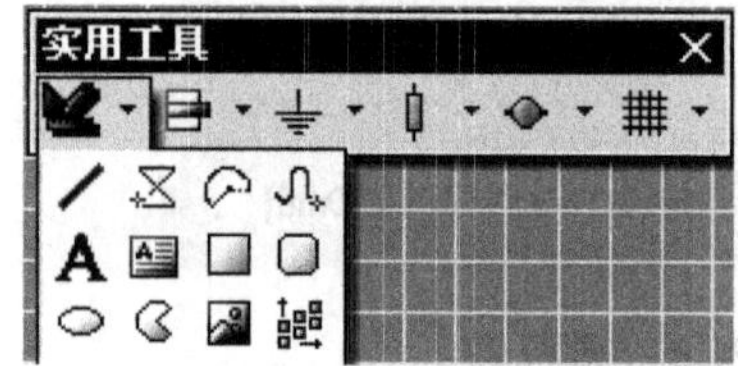


图 2-76　绘图子工具栏

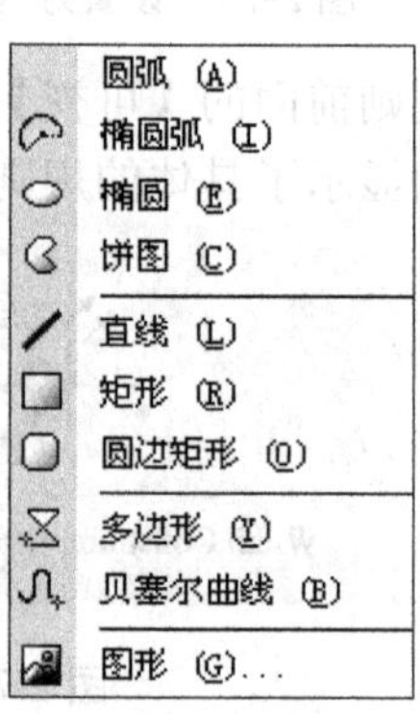


图 2-77　绘图菜单命令

## 2.9.1　绘制直线

在原理图中，直线可用于绘制表格、箭头、虚线等，也可以在编辑元件时绘制元件图。直线在外观上和导线非常相似，但是它和导线有本质区别：导线具有电气属性，用于连接电气节点；而直线没有电气属性，不能实现电气节点的连接。对初学者来说，一定要区分这两个工具的使用场合，不要用错。

### 1. 绘制直线的命令

使用下面 3 种操作都可以进入绘制直线的命令状态。

- 单击绘图子工具栏上的工具。

- 使用快捷键 P+D+L。
- 执行菜单命令【放置】→【描画工具】→【直线】。

### 2. 绘制直线的操作方法

进入绘制直线的命令状态后，光标变成了十字形，在合适的位置单击鼠标确定直线的起点，移动十字光标，在拐弯的地方再次单击鼠标，确定拐点，在直线的终点再单击鼠标，最后右击鼠标或按 Esc 键，完成直线的绘制。

### 3. 直线的拐角模式

直线的拐角模式以及拐角模式的切换方法和导线一样，也是通过 Shift+空格键来切换直线的拐角模式。此外，直线的调整方法也和导线一样。

### 4. 直线属性的设置

双击已绘制好的直线，或者在绘制过程中按 Tab 键，打开直线的属性对话框，如图 2-78 所示。

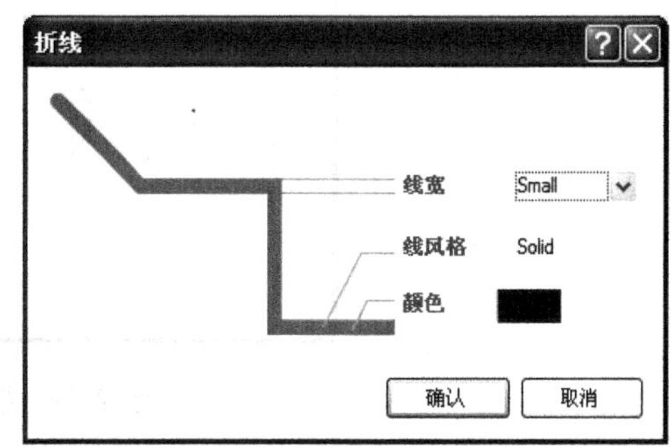


图 2-78　直线的属性对话框

该对话框中各选项的含义如下。

- 线宽：直线的宽度。有 4 个选项可以选择，分别是 Smallest、Small、Medium 和 Large。
- 线风格：直线类型。有 3 个选项可以选择，分别是 Solid(实线)、Dashed(虚线)和 Dotted(点线)。
- 颜色：直线的颜色。单击其右边的拾色器，打开【选择颜色】对话框，可为直线选择新的颜色。

## 2.9.2　绘制椭圆弧或圆弧

### 1. 绘制椭圆弧的命令

使用下面 3 种操作都可以进入绘制椭圆弧的命令状态。

- 单击绘图子工具栏上的工具。
- 使用快捷键 P+D+I。
- 执行菜单命令【放置】→【描画工具】→【椭圆弧】。

### 2. 绘制椭圆弧的操作方法

绘制椭圆弧的步骤如下。

(1) 执行绘制椭圆弧的命令。进入绘制椭圆弧的命令状态后，光标变成了十字形，同时在光标的附近出现一段弧线的虚影。

(2) 移动十字光标，在合适的位置单击鼠标，确定椭圆弧的圆心。

(3) 移动十字光标，单击鼠标，确定椭圆弧 X 轴的半径。

(4) 移动十字光标，单击鼠标，确定椭圆弧 Y 轴的半径。

(5) 移动十字光标，单击鼠标，确定椭圆弧的起点。

(6) 移动十字光标，单击鼠标，确定椭圆弧的终点。

经过这几步后，就可以绘出一段椭圆弧，此时单击鼠标或按 Esc 键退出绘制椭圆弧的命令状态。当椭圆弧 X 轴半径和 Y 轴半径相等时，绘制出来的就是一段圆弧；当椭圆弧的起点和终点相同时，绘制出来的就是一个椭圆或圆。

### 3. 椭圆弧的属性设置

双击已绘制好的椭圆弧，或者在绘制过程中按 Tab 键，打开椭圆弧的属性对话框，如图 2-79 所示。

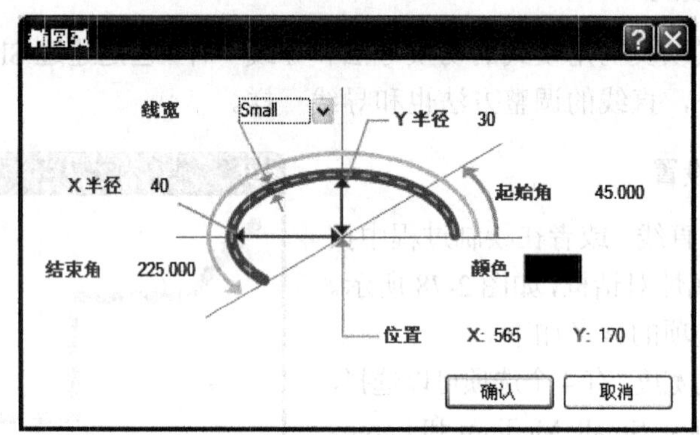


图 2-79 椭圆弧的属性对话框

该对话框中各选项的含义如下。

- 线宽：椭圆弧的弧线宽度。有 4 个选项可以选择，分别是 Smallest、Small、Medium 和 Large。
- X 半径：椭圆弧 X 轴的半径，单位为 mil。
- Y 半径：椭圆弧 Y 轴的半径，单位为 mil。
- 起始角：椭圆弧起点与圆心的连线相对于 X 轴正方向的夹角。
- 结束角：椭圆弧终点与圆心的连线相对于 X 轴的正方向夹角。
- 位置 X/Y：椭圆弧圆心在图纸上的坐标。
- 颜色：椭圆弧弧线的颜色。单击其右边的拾色器，打开【选择颜色】对话框，可选择新的颜色。

## 2.9.3 绘制贝塞尔曲线

### 1. 绘制贝塞尔曲线的命令

使用下面 3 种操作都可以进入绘制贝塞尔曲线的命令状态。

- 单击绘图子工具栏上的工具。
- 使用快捷键 P+D+B。
- 执行菜单命令【放置】→【描画工具】→【贝塞尔曲线】。

### 2. 绘制贝塞尔曲线的操作方法

绘制贝塞尔曲线的步骤如下。

(1) 执行绘制贝塞尔曲线的命令。进入绘制贝塞尔曲线的命令状态后，光标变成十字形。

(2) 在合适的位置单击鼠标，确定贝塞尔曲线的起点。

(3) 移动十字光标，在合适的地方单击鼠标，确定贝塞尔曲线的第一个拐弯点。

(4) 继续移动十字光标，在合适的地方再次单击鼠标，确定贝塞尔曲线的第二个拐弯点。依此类推，直至贝塞尔曲线的终点。

经过这几步后，就可以绘制出一段贝塞尔曲线，此时右击鼠标或按 Esc 键，退出绘制贝塞尔曲线的命令状态。

### 3. 贝塞尔曲线的属性设置

双击已绘制好的贝塞尔曲线，或者在绘制过程中按 Tab 键，将打开贝塞尔曲线的属性对话框，如图 2-80 所示。

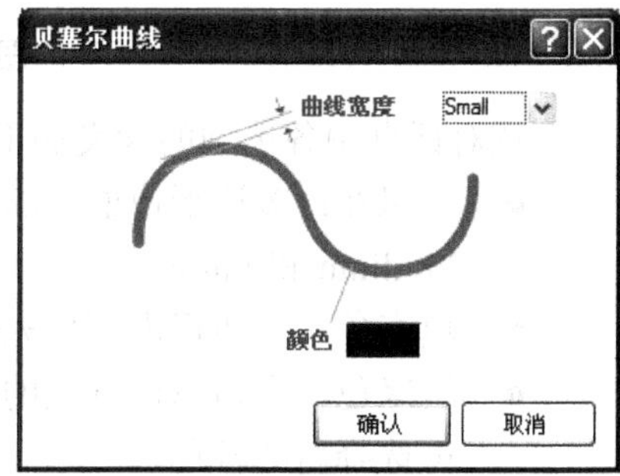


图 2-80　贝塞尔曲线的属性对话框

该对话框中各项的含义如下。

- 曲线宽度：贝塞尔曲线的宽度。有 4 个选项可以选择，分别是 Smallest、Small、Medium 和 Large。
- 颜色：贝塞尔曲线的颜色。单击其右边的拾色器，打开【选择颜色】对话框，可选择新的颜色。

## 2.9.4　绘制多边形

### 1. 绘制多边形的命令

使用下面 3 种操作都可以进入绘制多边形的命令状态。

- 单击绘图子工具栏上的 工具。
- 使用快捷键 P+D+Y。
- 执行菜单命令【放置】→【描画工具】→【多边形】。

### 2. 绘制多边形的操作方法

绘制多边形的步骤如下。

(1) 执行绘制多边形的命令。进入绘制多边形的命令状态后，光标变成了十字形。

(2) 在合适的位置单击鼠标，确定多边形的第一个顶点。

(3) 移动十字光标，在合适的位置单击鼠标，确定多边形的第二个顶点。

(4) 依此类推，继续移动十字光标，单击鼠标，确定多边形的其他顶点，完成该多边形的绘制。此时，单击鼠标或按 Esc 键，退出绘制多边形的命令状态。

### 3. 多边形的属性设置

双击已绘制好的多边形，或者在绘制过程中按 Tab 键，打开多边形的属性对话框，如图 2-81 所示。

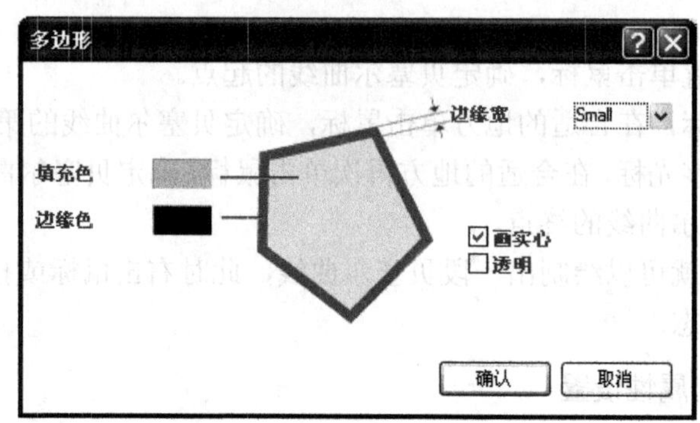


图 2-81　多边形的属性对话框

该对话框中各选项的含义如下。

- 边缘宽：多边形边框线的宽度。有 4 个选项可以选择，分别是 Smallest、Small、Medium 和 Large。
- 填充色：多边形内部填充区的填充颜色。
- 边缘色：多边形边框线的颜色。单击其右边的拾色器，打开【选择颜色】对话框，可选择新的颜色。
- 画实心：该复选框用于设置多边形的内部是否使用填充，选中表示使用填充，否则不使用。
- 透明：该复选框用于设置多边形内部填充区是否使用透明化处理，选中表示做透明化处理，此时多边形的内部是透明的，被它遮住的图件也能显示出来。

## 2.9.5　绘制直角矩形

### 1. 绘制直角矩形的命令

使用下面 3 种操作都可以进入绘制直角矩形的命令状态。

- 单击绘图子工具栏上的□工具。
- 使用快捷键 P+D+R。
- 执行菜单命令【放置】→【描画工具】→【矩形】。

### 2. 绘制直角矩形的操作方法

绘制直角矩形的步骤如下。

(1) 执行绘制直角矩形的命令。进入绘制直角矩形的命令状态后，光标变成十字形，同时在光标处出现一个直角矩形的虚影。

(2) 在合适的位置单击鼠标，确定直角矩形的一个顶点。

(3) 移动十字光标，在合适的位置再次单击鼠标，确定直角矩形的对角顶点，完成该直角矩形的绘制。右击鼠标或按 Esc 键，退出绘制直角矩形的命令状态。

### 3. 直角矩形的属性设置

双击已绘制好的直角矩形，或者在绘制过程中按 Tab 键，打开直角矩形的属性对话框，如图 2-82 所示。

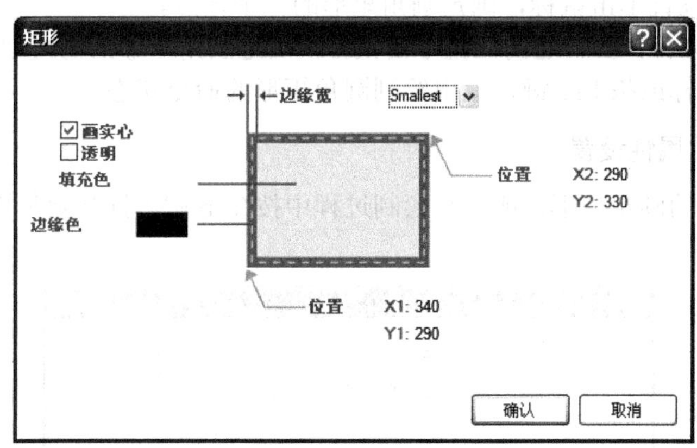


图 2-82　直角矩形的属性对话框

该对话框中各选项的含义如下。

- 边缘宽：直角矩形边框线的宽度。有 4 个选项可以选择，分别是 Smallest、Small、Medium 和 Large。
- 填充色：直角矩形内部填充区的填充颜色。
- 边缘色：直角矩形边框线的颜色。单击其右边的拾色器，打开【选择颜色】对话框，可选择新的颜色。
- 画实心：该复选框用于设置直角矩形的内部是否使用填充，选中表示使用填充，否则不使用。
- 透明：该复选框用于设置直角矩形内部填充区是否使用透明化处理，选中表示做透明化处理，此时直角矩形的内部是透明的，被它遮住的图件也能显示出来。
- 位置 X1/Y1：直角矩形左下角在图纸上的坐标，单位为 mil。
- 位置 X2/Y2：直角矩形右上角在图纸上的坐标，单位为 mil。

## 2.9.6　绘制圆角矩形

### 1. 绘制圆角矩形的命令

使用下面 3 种操作都可以进入绘制圆角矩形的命令状态。

- 单击绘图子工具栏上的▢工具。
- 使用快捷键 P+D+O。
- 执行菜单命令【放置】→【描画工具】→【圆边矩形】。

**2. 绘制圆角矩形的操作方法**

绘制圆角矩形的步骤如下。

(1) 执行绘制圆角矩形的命令。进入绘制圆角矩形的命令状态后，光标变成十字形，同时在光标处出现一个圆角矩形的虚影。

(2) 在合适的位置单击鼠标，确定圆角矩形的一个顶点。

(3) 移动十字光标，在合适的位置单击鼠标，确定圆角矩形的对角顶点，完成该圆角矩形的绘制。右击鼠标或按 Esc 键，退出绘制圆角矩形的命令状态。

**3. 圆角矩形的属性设置**

双击已绘制好的圆角矩形，或者在绘制过程中按 Tab 键，打开圆角矩形的属性对话框，如图 2-83 所示。

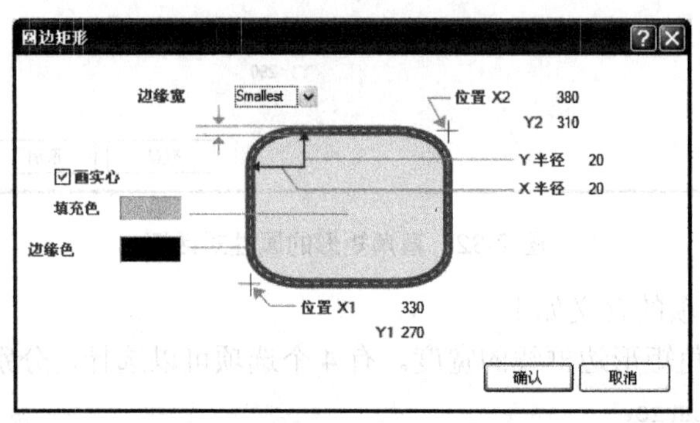


图 2-83 圆角矩形的属性对话框

该对话框中各选项的含义如下。

- 边缘宽：圆角矩形边框线的宽度。有 4 个选项可以选择，分别是 Smallest、Small、Medium 和 Large。
- 填充色：圆角矩形内部填充区的填充颜色。
- 边缘色：圆角矩形边框线的颜色。单击其右边的拾色器，打开【选择颜色】对话框，可选择新的颜色。
- 画实心：该复选框用于设置圆角矩形的内部是否使用填充，选中表示使用填充，否则不使用。
- 位置 X1/Y1：圆角矩形左下角在图纸上的坐标，单位为 mil。
- 位置 X2/Y2：圆角矩形右上角在图纸上的坐标，单位为 mil。
- X 半径：圆角矩形中圆角过渡弧线的 X 轴半径，单位为 mil。
- Y 半径：圆角矩形中圆角过渡弧线的 Y 轴半径，单位为 mil。

## 2.9.7 绘制椭圆或圆

**1. 绘制椭圆的命令**

使用下面 3 种操作都可以进入绘制椭圆的命令状态。

- 单击绘图子工具栏上的⬭工具。

- 使用快捷键 P+D+E。
- 执行菜单命令【放置】→【描画工具】→【椭圆】。

2. 绘制椭圆的操作方法

绘制椭圆的步骤如下。

(1) 执行绘制椭圆的命令。进入绘制椭圆的命令状态后，光标变成十字形，同时在光标处出现一个椭圆的虚影。

(2) 在合适的位置单击鼠标，确定椭圆的圆心。

(3) 移动光标到合适位置单击鼠标，确定椭圆的 X 轴半径。

(4) 继续移动光标到合适位置再次单击鼠标，确定椭圆的 Y 轴半径，完成该椭圆的绘制。右击鼠标或按 Esc 键，退出绘制椭圆的命令状态。

如果让椭圆的 X 轴和 Y 轴的半径相等，那么椭圆就变成一个圆了。可见，圆是椭圆的特殊情况。

3. 椭圆的属性设置

双击已绘制好的椭圆，或者在绘制过程中按 Tab 键，打开【椭圆】对话框，如图 2-84 所示。

该对话框中各选项的含义如下。

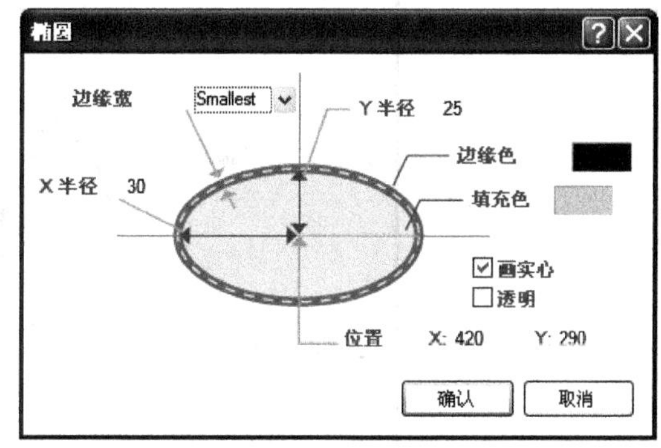

图 2-84 【椭圆】对话框

- 边缘宽：椭圆边框线的宽度。有 4 个选项可以选择，分别是 Smallest、Small、Medium 和 Large。
- 填充色：椭圆内部填充区的填充颜色。
- 边缘色：椭圆边框线的颜色。单击其右边的拾色器，打开【选择颜色】对话框，可选择新的颜色。
- 画实心：该复选框用于设置椭圆的内部是否使用填充，选中表示使用填充，否则不使用。
- 透明：该复选框用于设置椭圆内部填充区是否使用透明化处理，选中表示做透明化处理，此时椭圆的内部是透明的，被它遮住的图件也能显示出来。
- 位置 X/Y：椭圆圆心在图纸上的坐标，单位为 mil。
- X 半径：椭圆的 X 轴半径，单位为 mil。
- Y 半径：椭圆的 Y 轴半径，单位为 mil。

## 2.9.8 绘制扇形(饼图)

1. 绘制扇形(饼图)的命令

使用下面 3 种操作都可以进入绘制扇形(饼图)的命令状态。

- 单击绘图子工具栏上的工具。

- 使用快捷键 P+D+C。
- 执行菜单命令【放置】→【描画工具】→【饼图】。

### 2. 绘制扇形(饼图)的操作方法

绘制扇形(饼图)的步骤如下。

(1) 执行绘制扇形(饼图)的命令。进入绘制扇形(饼图)的命令状态后，光标变成十字形，同时在光标处出现一个扇形(饼图)的虚影。

(2) 在合适的位置单击鼠标，确定扇形(饼图)的圆心。

(3) 移动光标到合适位置单击鼠标，确定扇形(饼图)的半径。

(4) 移动光标到合适位置单击鼠标，确定扇形(饼图)的起始边。

(5) 继续移动光标到合适位置单击鼠标，确定扇形(饼图)的结束边，完成该扇形(饼图)的绘制。右击鼠标或按 Esc 键，退出绘制扇形(饼图)的命令状态。

### 3. 扇形(饼图)的属性设置

双击已绘制好的扇形(饼图)，或者在绘制过程中按 Tab 键，打开扇形(饼图)的属性对话框，如图 2-85 所示。

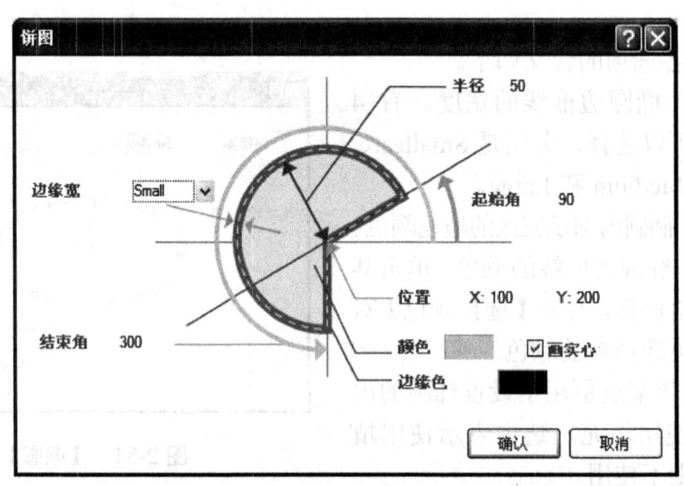


图 2-85　扇形(饼图)的属性对话框

该对话框中各选项的含义如下。

- 边缘宽：扇形(饼图)边框线的宽度。有 4 个选项可以选择，分别是 Smallest、Small、Medium 和 Large。
- 颜色：扇形(饼图)内部填充区的填充颜色。单击其右边的拾色器，打开【选择颜色】对话框，可选择新的颜色。
- 边缘色：扇形(饼图)边框线的颜色。单击其右边的拾色器，打开【选择颜色】对话框，可选择新的颜色。
- 画实心：该复选框用于设置扇形(饼图)的内部是否使用填充，选中表示使用填充，否则不使用。
- 位置 X/Y：扇形(饼图)圆心在图纸上的坐标，单位为 mil。

- 半径：扇形(饼图)的半径，单位为 mil。
- 起始角：扇形(饼图)起始边相对于 X 轴正方向的夹角。
- 结束角：扇形(饼图)结束边相对于 X 轴正方向的夹角。

## 2.9.9　放置文本字符串

为了增加原理图的可读性，有时候会在原理图的某些位置添加一些说明文字(文本)。另外，在制作模板文件时，往往会用到一些字符串。下面介绍这些说明文字的放置方法。

### 1. 放置文本字符串的命令

使用下面 3 种操作都可以进入放置文本字符串的命令状态。

- 单击绘图子工具栏上的 **A** 工具。
- 使用快捷键 P+T。
- 执行菜单命令【放置】→【文本字符串】。

### 2. 放置文本字符串的操作方法

执行放置文本字符串命令后，光标变成十字形，同时在光标右上角有一个文本字符串 Text 的虚影。移动光标到目标位置，单击鼠标即可放下该文本字符串。

### 3. 文本字符串的属性设置

双击已放下的文本字符串，或者在放下前按 Tab 键，打开【注释】对话框，如图 2-86 所示。

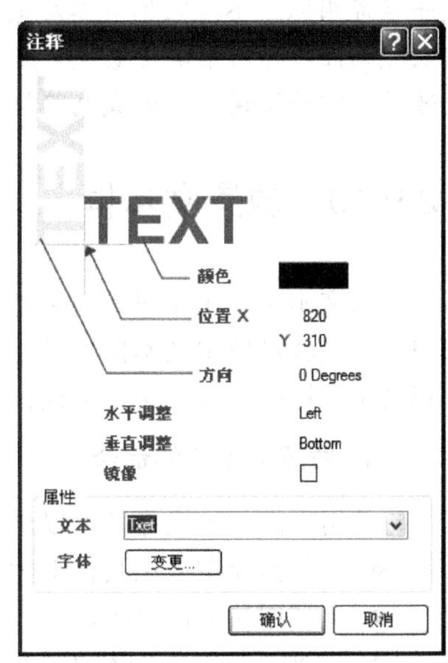


图 2-86　【注释】对话框

该对话框中各选项的含义如下。

- 颜色：文本字符串的文字颜色。
- 位置 X/Y：文本字符串左下角在图纸上的坐标，单位为 mil。
- 方向：文本字符串的放置方向，有 0 Degrees、90 Degrees、180 Degrees 和 270 Degrees 四种方向可选。
- 水平调整：文本字符串在水平方向的调整方式，有 Left、Center 和 Right 三种方式。
- 垂直调整：文本字符串在垂直方向的调整方式，有 Top、Center 和 Bottom 三种方式。
- 镜像：该复选框用于选择是否将文本字符串做镜像处理。
- 文本：用于输入注释文字，单击下拉按钮还可以选择放置的字符串。
- 字体：用于设置文本字符串的字体、字形和字号，单击其右边的【变更】按钮，打开【字体】对话框，如图 2-87 所示。在该对话框中，可以选择文本字符串的字体、字形和字号，也可对文本字符串做一些效果处理，例如添加下划线、删除线，更改文字颜色等。

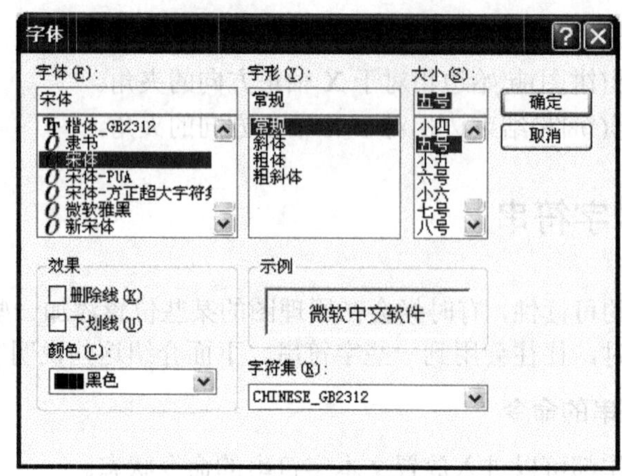

图 2-87 【字体】对话框

特别提示

如果在图纸上放置的注释文本或字符串的内容是中文的，则应将其字体设置为某一种中文字体，并且将字符集选择为 CHINESE_GB2312，这样打印输出时才能见到这些中文信息；若使用默认的西文字体，而文本字符串中又有中文信息，那么打印输出时，这些中文信息将变成乱码。

另外，对初学者来说，用文本字符串工具A放下的图件和用网络标签工具Net放下的图件非常相似。不过它们有本质的区别：前者没有电气属性，不能实现电气连接；后者具有电气属性，可用于实现电气节点的连接。如果用错了工具(例如，错用A放置网络标签)，将造成严重的错误，在生成电路板时将会丢失一些连接导线。

## 2.9.10 放置文本框

用文本字符串工具每次只能放置一行文字，如果原理图中需要大段的文字说明，最方便的方法就是使用文本框工具。使用文本框可以一次放置多行文字，而且对字数没有限制。和文本字符串一样，文本框仅仅用于对电路进行一些说明和解释，本身没有电气属性。

### 1. 放置文本框的命令

使用下面 3 种操作都可以进入放置文本框的命令状态。

- 单击绘图子工具栏上的工具。
- 使用快捷键 P+F。
- 执行菜单命令【放置】→【文本框】。

### 2. 放置文本框的操作方法

执行放置文本框命令后，光标变成十字形，同时在光标上有一个文本框的虚影。移动光标到目标位置单击鼠标，确定文本框的一个顶点。移动十字光标到合适位置，再次单击鼠标，确定文本框的对角顶点，这样就放下了一个文本框。右击鼠标或按 Esc 键，均可退出放置文本框的命令状态。

### 3. 文本框的属性设置

双击已放下的文本框，或者在放置过程中按 Tab 键，打开【文本框】对话框，如图 2-88 所示。

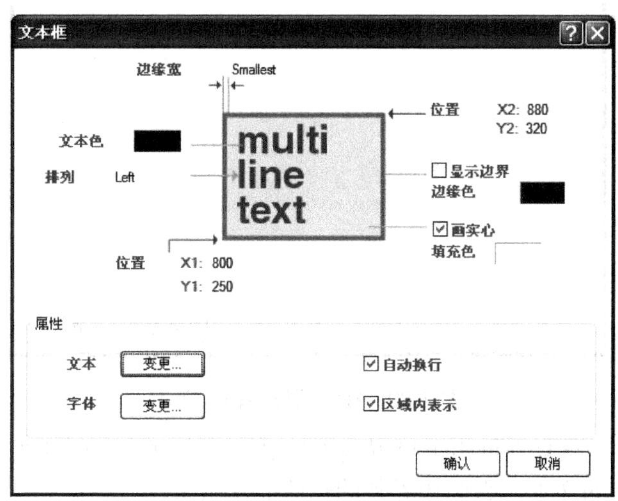


图 2-88　【文本框】对话框

该对话框中各选项的含义如下。

- 边缘宽：文本框边框线的宽度。有 4 个选项可以选择，分别是 Smallest、Small、Medium 和 Large。
- 文本色：文本框内文字的颜色。
- 排列：文本框中各行文字的对齐方式，有 Left、Center 和 Right 三种方式。
- 位置 X1/Y1：文本框左下角在图纸上的坐标，单位为 mil。
- 位置 X2/Y2：文本框右上角在图纸上的坐标，单位为 mil。
- 显示边界：该复选项用于设置是否显示文本框的边框线，选中表示显示边框线，否则不显示。
- 边缘色：文本框边框线的颜色。单击其右边的拾色器，在打开的【选择颜色】对话框中可选择新的颜色。
- 画实心：该复选框用于设置文本框的内部是否使用填充，选中表示使用填充，否则不使用。
- 填充色：文本框内部填充区的填充颜色。单击其右边的拾色器，在打开的【选择颜色】对话框中可选择新的颜色。
- 字体：用于设置文本框中文本的字体、字形和字号，其方法和前面文本字符串一样。同样，若文本框的文本有中文信息，则应将其字体设置为某一种中文字体，并且将字符集选择为 CHINESE_GB2312，这样打印输出时才能见到这些中文信息；若使用的是默认的西文字体，那么打印输出时，这些中文信息将变成乱码。
- 文本：用于输入文本框中的文字信息，单击其右边的【变更】按钮，在打开的 TextFrame Text 对话框中输入文字，如图 2-89 所示。
- 自动换行：该复选框用于设置当文本框中某行文本超过文本框的边界时，是否自动换行，选中则表示自动换行，否则不换行。

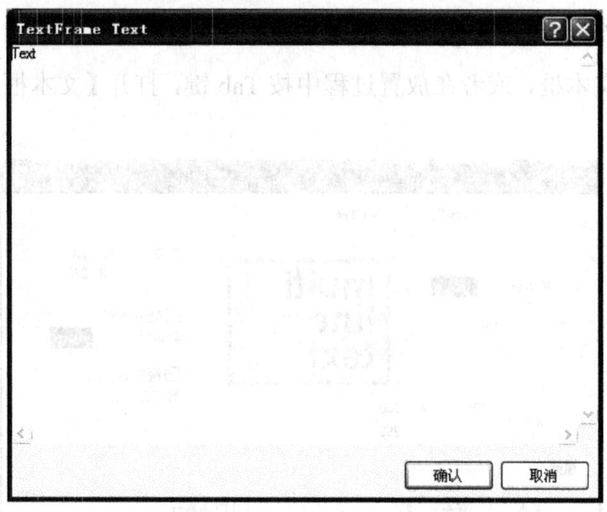


图 2-89　在对话框中输入文本

- 区域内表示：该复选框用于设置是否只显示文本框边界内部的文本，选中则表示只显示边界内的文本，否则边界外的也能显示出来。

## 2.9.11　粘贴图片

有时候需要在原理图中放置一些图片，例如各种厂家标志、广告图片等，这时可通过粘贴图片工具来实现。

### 1. 粘贴图片的命令

使用下面 3 种操作都可以进入粘贴图片的命令状态。

- 单击绘图子工具栏上的图片工具。
- 使用快捷键 P+D+G。
- 执行菜单命令【放置】→【描画工具】→【图形】。

### 2. 放置文本框的操作方法

执行粘贴图片命令后，光标变成十字形，同时在光标上有一个黑色的图片框。移动光标到目标位置，单击鼠标确定图片的一个顶点；移动十字光标到合适位置，再次单击鼠标，确定图片的对角顶点，在随后弹出的【打开】对话框中选择图片文件，如图 2-90 所示。粘贴的图片如图 2-91 所示。

完成后，右击鼠标或按 Esc 键，均可退出放置图片的命令状态。

### 3. 图片的属性设置

双击已放置的图片，或者在粘贴过程中按 Tab 键，打开图片的属性对话框，如图 2-92 所示。

图 2-90　【打开】对话框

图 2-91　粘贴的图片

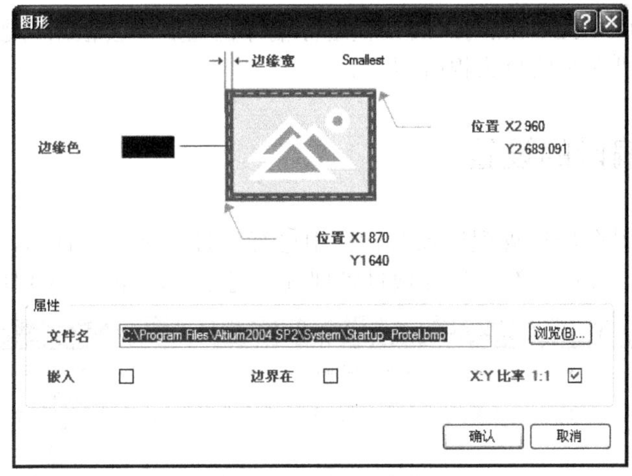


图 2-92　图片的属性对话框

该对话框中各选项的含义如下。

- 边缘宽：图片边框线的宽度。有 4 个选项可以选择，分别是 Smallest、Small、Medium 和 Large。
- 位置 X1/Y1：图片左下角在图纸上的坐标，单位为 mil。
- 位置 X2/Y2：图片右上角在图纸上的坐标，单位为 mil。
- 边缘色：图片边框线的颜色。单击其右边的拾色器，在打开的【选择颜色】对话框中可选择新的颜色。
- 文件名：显示图片的存放路径和图片的文件名，单击右边的【浏览】按钮，打开图 2-90 所示的【打开】对话框，可以选择其他图片。
- 边界在：该复选框用于设置是否显示图片的边框线，选中表示显示边框线，否则将不显示边框线。

## 特别提示

选中使用绘图工具放置的图件，通过拖动控制点，可改变其形状和大小。

在原理图设计环境中，实现某一种功能往往有多种操作方法，例如使用工具栏工具、快捷键或菜单命令等。对于初学者，使用工具栏工具更为直观、方便。应特别注意的是，如果操作过程中需要用到键盘按键，必须先关闭中文输入法，否则快捷操作无法实现。

# 2.10 项 目 编 译

学习了原理图设计的各种操作方法之后，就可以进行原理图的设计了。但由于实际电路往往比较复杂，在原理图的设计过程中可能存在一些错误或疏漏。为了后面电路板设计的正确和顺利进行，在把原理图设计信息传送到 PCB 编辑器之前，应该对原理图进行电气规则检查，并根据检查报告，排除电路中的各种错误。

所谓电气规则检查，就是检测电路原理图中各电气图件的电气属性是否一致，电气参数的设置是否合理。在 Protel DXP 2004 SP2 中，系统提供了项目编译功能，可以使用它来进行电气规则检查。

Protel DXP 2004 SP2 按照用户的设置进行编译检查后，会根据问题的严重性，分别以警告、错误和致命错误等信息来提醒用户。

## 2.10.1 项目编译的设置

项目编译的设置在项目管理选项对话框中进行。打开项目文件后，执行菜单命令【项目管理】→【项目管理选项】，打开项目管理选项对话框，如图 2-93 所示。

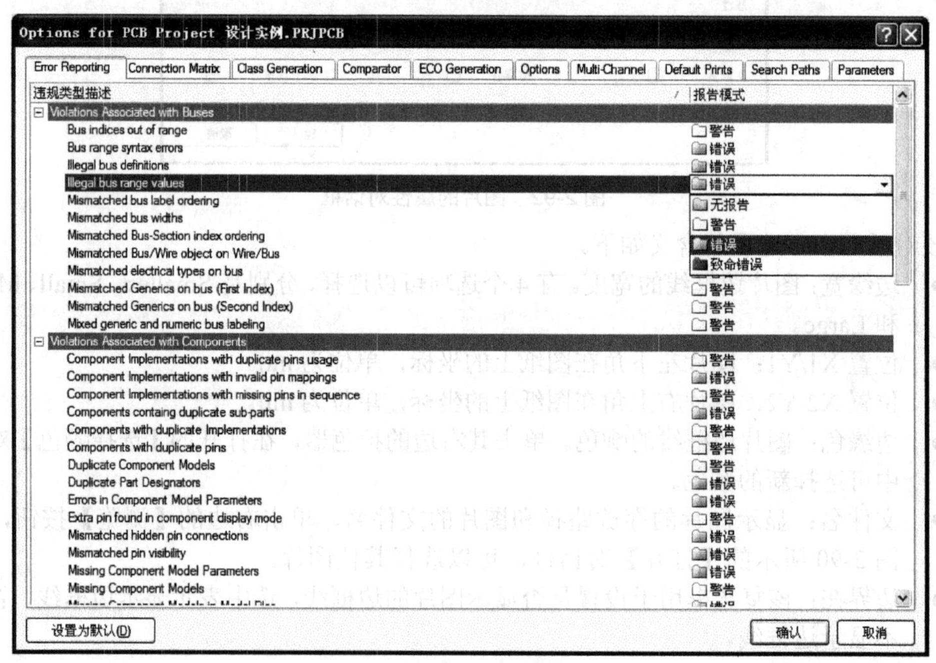


图 2-93　项目管理选项对话框

该对话框主要有 Error Reporting(错误报告)、Connection Matrix(连接矩阵)、Comparator(比较器)、ECO Generation(生成工程变化订单)等选项卡。

### 1. 错误报告的设置

错误报告的设置在该对话框的 Error Reporting 选项卡中进行，如图 2-93 所示。它用于设置各种违规的报告模式，主要有 6 大类违规类型，如表 2-1 所示。

表 2-1　6 种违规类型

| 违规类型 | 主要内容 |
| --- | --- |
| Violations Associated with Buses<br>与总线有关的违规 | 包括总线标号超出范围、不合法的总线定义、总线宽度不匹配等 |
| Violations Associated with Components<br>与元件有关的违规 | 包括元件引脚重复使用、元件引脚出现序号丢失、元件中出现重复的子元件等 |
| Violations Associated with Documents<br>与文件有关的违规 | 包括多个同名的方块电路、原理图图纸序号重复、方块电路没有对应的子电路图等 |
| Violations Associated with Nets<br>与网络有关的违规 | 包括原理图中出现隐藏网络、原理图中出现重名的网络等 |
| Violations Associated with Others<br>与其他对象有关的违规 | 包括原理图中对象超出图纸范围、对象偏离网格等 |
| Violations Associated with Parameters<br>与参数有关的违规 | 包括相同的参数出现不同类型、相同的参数出现不同的取值等 |

在 Error Reporting 选项卡的【违规类型模述】列中给出了各种违规类型，以及每一种违规类型的具体违规项。选项卡的【报告模式】列中给出了每一个违规项对应的报告模式。单击某一个报告模式，将出现一个下拉列表，列表中列出了 4 种错误报告模式，分别是无报告、警告、错误和致命错误，如图 2-93 所示。用户可根据实际情况设置该违规项的报告模式。

### 2. 连接矩阵的设置

连接矩阵的设置在 Connection Matrix 选项卡中进行，如图 2-94 所示。

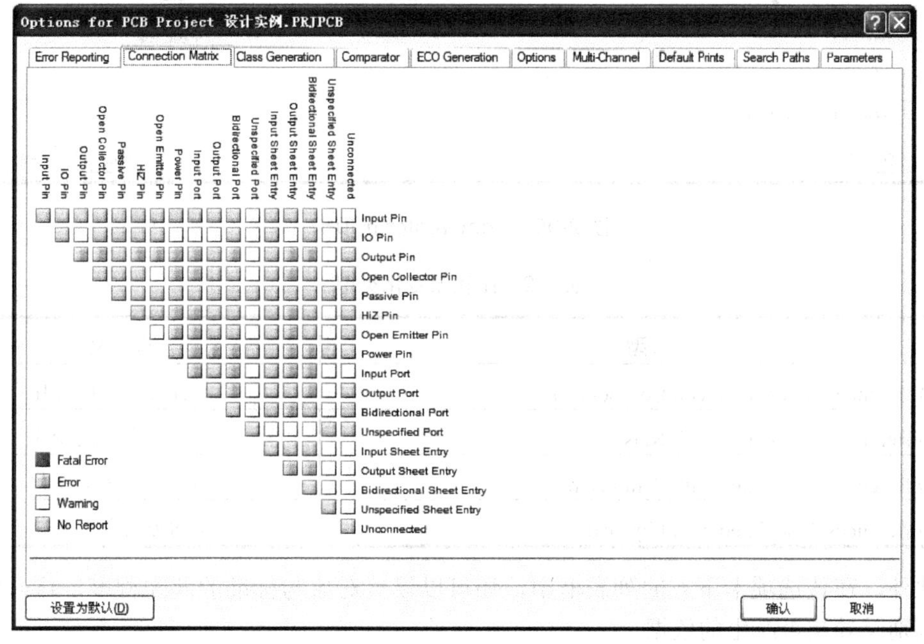


图 2-94　Connection Matrix 选项卡

该选项卡中显示了各种引脚、端口、图纸入口之间相互连接时出现的错误类型，在左下角列出了 4 种不同错误模式所对应的颜色，用户可根据具体情况进行设置。方法是：单击交叉点处的颜色方块，通过颜色设定即可完成错误报告模式的设置。

### 3. 比较器的设置

比较器的参数设置在 Comparator 选项卡中进行，如图 2-95 所示。该选项卡共有 4 种变化类型，如表 2-2 所示。每一种变化类型又有若干具体变化项，如果项目编译时发生了变化，会根据【模式】列中设定的模式给出变化报告。用户可根据具体情况进行设置，方法是：单击具体变化项对应的模式，将出现一个下拉列表，可选择列表中【忽略差异】和【查找差异】两个选项中的一项。

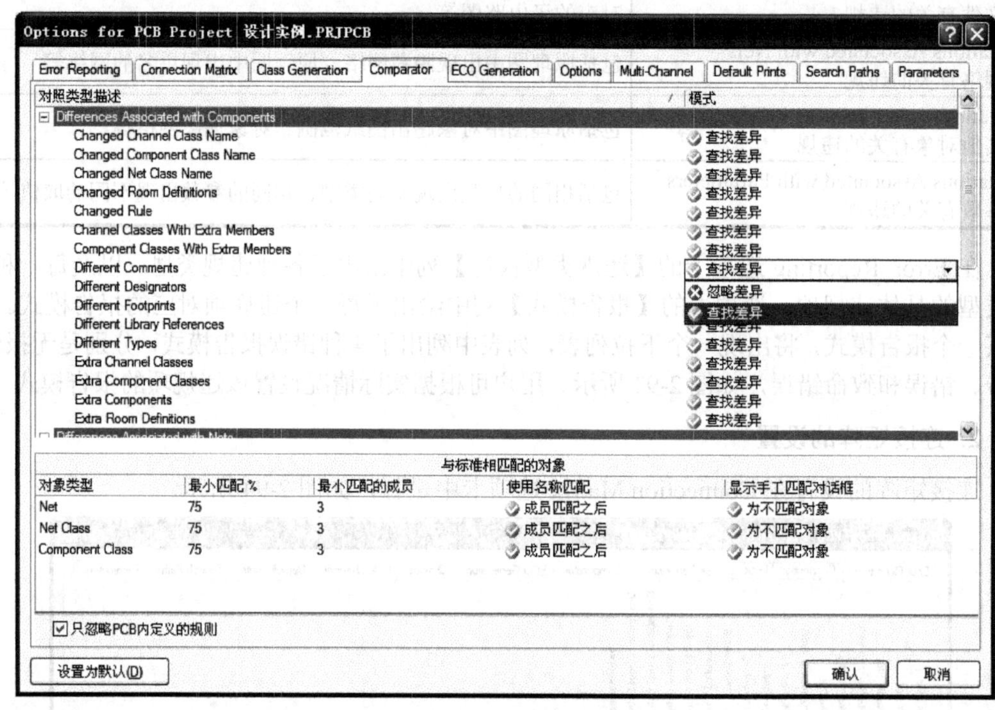

图 2-95　Comparator 选项卡

表 2-2　比较器变化类型

| 类　型 | 含　义 |
| --- | --- |
| Differences Associated with Components | 与元件有关的变化 |
| Differences Associated with Nets | 与网络有关的变化 |
| Differences Associated with Parameters | 与参数有关的变化 |
| Differences Associated with Physical | 与对象有关的变化 |

此外，在该选项卡下方的列表框中，还可以设置对象与标准的匹配程度，这一设置将作为判别差异是否产生的依据。

### 4. 生成工程变化订单的设置

在 Protel DXP 2004 SP2 中，当利用同步器在原理图编辑器和 PCB 编辑器之间传递同步信息时，系统将根据工程变化订单(ECO)中设定的参数来对项目文件进行检查。若发现项目文件中发生了符合设置的变化，则将打开工程变化订单对话框，向用户报告项目文件所发生的具体变化。

ECO 参数的设置在 ECO Generation 选项卡中进行，如图 2-96 所示。

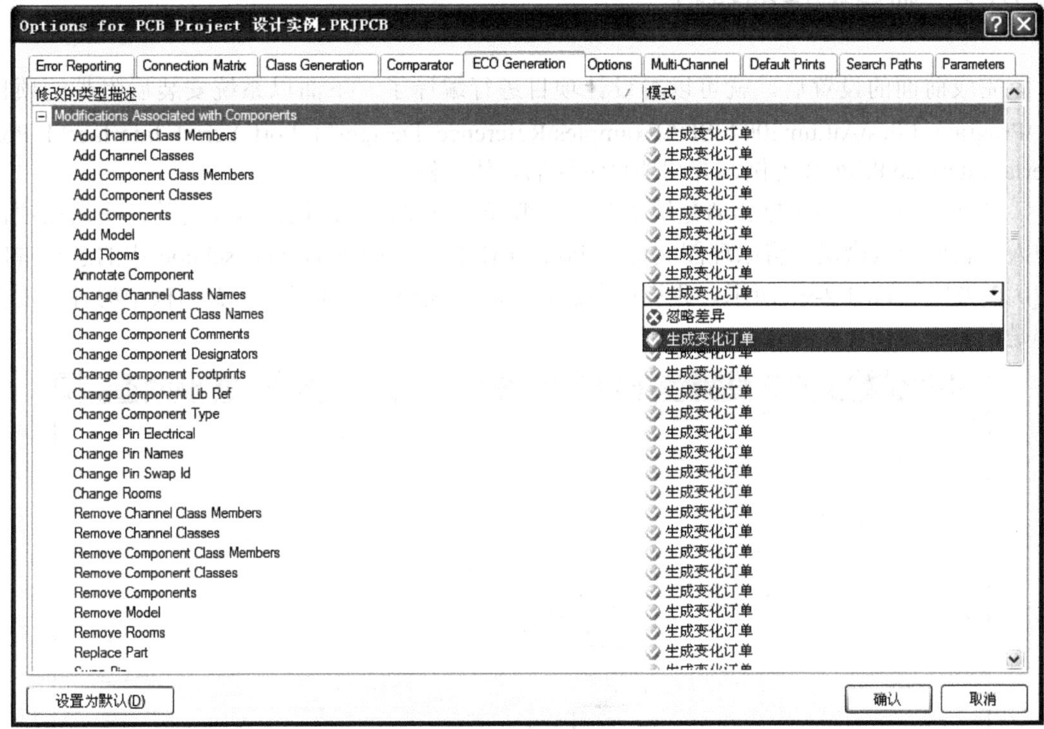

图 2-96　ECO Generation 选项卡

该选项卡的【修改的类型描述】列中给出了全部的 3 种更改类型，这些更改类型如表 2-3 所示。每一种更改类型又有若干更改项，单击某一更改项右边的更改模式，将出现一个下拉列表，下拉列表中有【忽略差异】和【生成变化订单】两个选项可选，如图 2-96 所示。用户可根据实际情况，选择这两项中的一项。

表 2-3　工程变化订单中的更改类型

| 类　型 | 含　义 |
| --- | --- |
| Modifications Associated with Components | 与元件有关的更改 |
| Modifications Associated with Nets | 与网络有关的更改 |
| Modifications Associated with Parameters | 与参数有关的更改 |

**特别提示**

对于初学者，因为对系统还不是很熟悉，最好不要随意更改项目管理选项对话框中的默认设置，以免造成不必要的麻烦。一旦更改，又想回到原始设置，可单击各选项卡左下角的【设置为默认】按钮。

## 2.10.2 项目编译的执行

完成前面的设置后，就可以对设计项目进行编译了。下面以系统安装后附带的项目 C:\Program Files\Altium2004 SP2\Examples\Reference Designs\4 Port Serial Interface\4 Port Serial Interface.PrjPCB 为例，介绍项目编译的具体过程。

打开该项目，为了更加清楚地了解项目编译的重要性，在执行编译之前，我们在项目中人为制造一些错误：将原理图文件 4 Port UART and Line Drivers.schdoc 中的总线端口 A[0..2]去掉，如图 2-97 所示。我们还发现，在项目编译前，【导航器】面板中的各个控件都是空的。

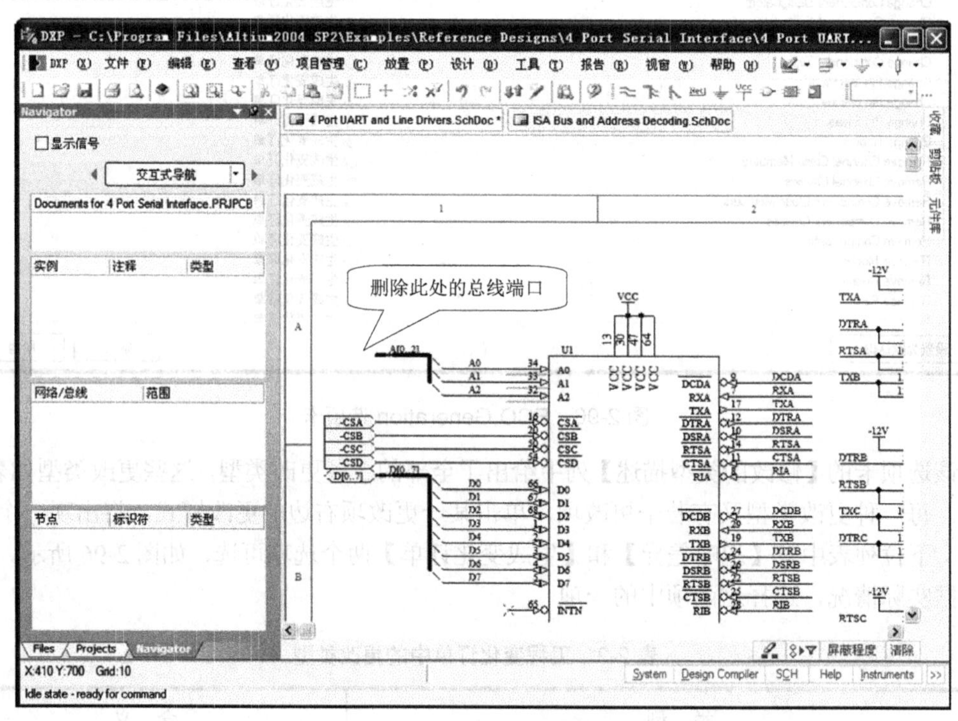


图 2-97 项目编译前的电路图

(1) 执行菜单命令【项目编译】→Compile PCB Project 4 Port Serial Interface.PrjPCB，系统开始对该项目进行编译。

(2) 完成编译后，如图 2-98 所示。此时在图上出现了 Messages 面板，面板上列出了项目原理图中的所有错误信息以及错误等级。同时，【导航器】面板上出现了项目中的原理图、元件、网络、端口等信息。

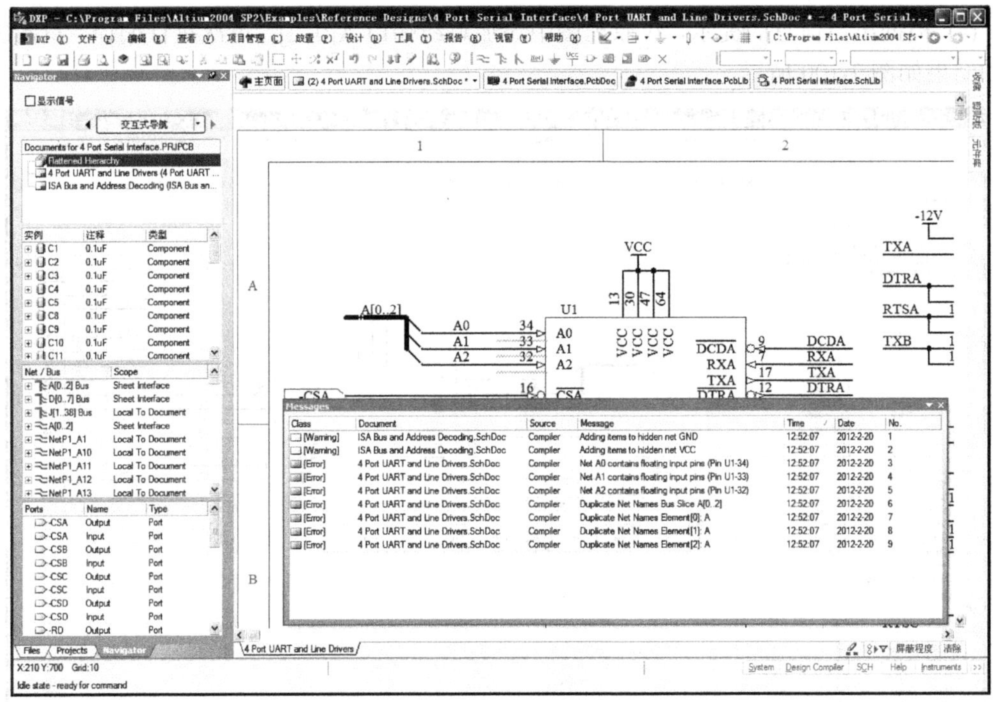


图 2-98　项目编译后的结果

(3) 双击 Messages 面板上的任一错误信息，将会弹出 Compile Errors(编译错误)面板，该面板显示与此错误有关的原理图信息。同时出错的原理图被打开，出错位置高亮显示，如图 2-99 所示。

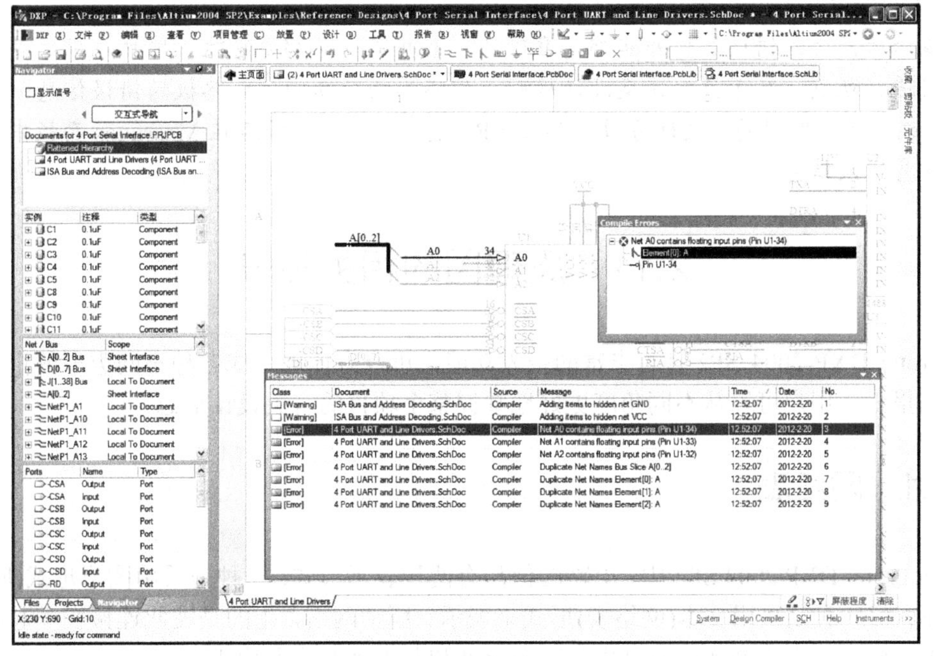


图 2-99　显示出错原因及位置

(4) 根据出错信息的提示，在原理图中添加总线端口 A[0..2]，再次执行编译，重新编译后的结果如图 2-100 所示。

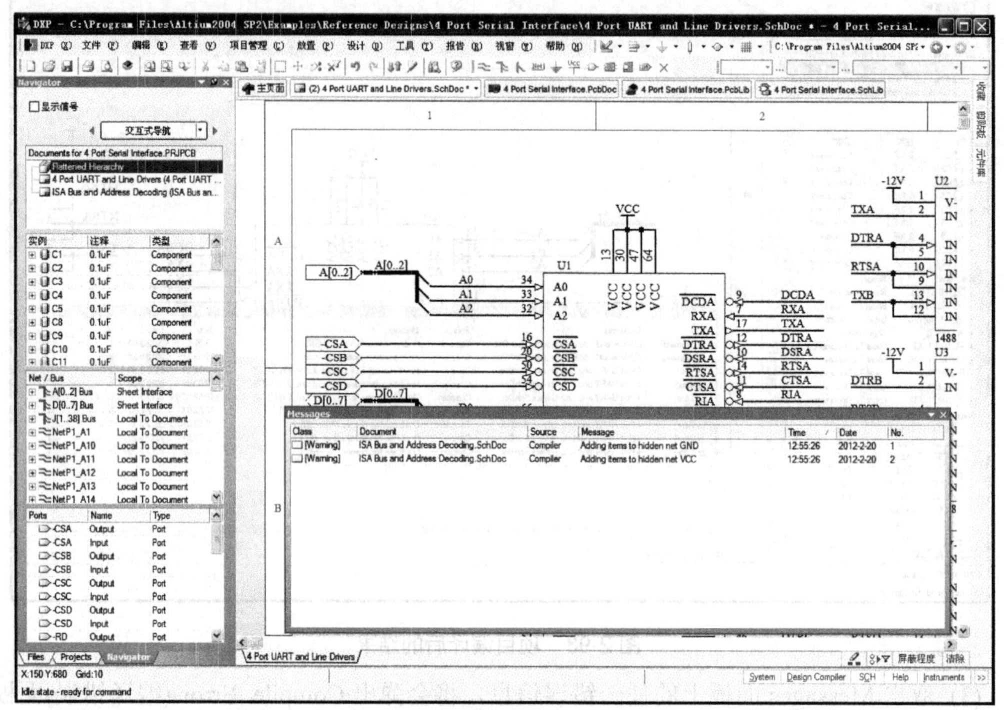

图 2-100 重新编译后的结果

## 特别提示

编译后产生的错误信息并非都是准确的，也并不一定都要修改。用户应根据设计的实际情况进行甄别。对于虽然违反设计规则，但不影响后续制作电路板的错误信息，可不予理会；或者在原理图的相关地方放置禁止 ERC 符号，这样编译后在 Messages 面板中就不会出现这些错误信息。

# 2.11 原理图的相关报表

Protel DXP 2004 SP2 具有丰富的报表功能，可以方便地生成各种不同类型的报表。借助这些报表，用户可以从不同角度更好地掌握整个项目的有关设计信息。

## 2.11.1 网络表

在 Protel DXP 2004 SP2 中，电路的信息有两种表示形式：一种是采用图形形式(原理图)来表示；另一种是采用文本(网络表)形式来表示。所谓网络，指的是彼此连接在一起的一组元件的引脚，一个电路实际上是由若干个元件和若干个网络所构成的。

### 1. 网络表的组成

网络表由元件声明和网络定义两个部分组成，如图 2-101 所示。元件声明用于确定电路中用到的元件的相关信息，包括元件的编号、PCB 封装形式和元件的一些属性描述，电路中的每个元件都要进行声明。网络定义用于确定电路中的连接信息，包括网络名称、连接到该网络上的引脚等，电路中的每个网络都要进行定义。

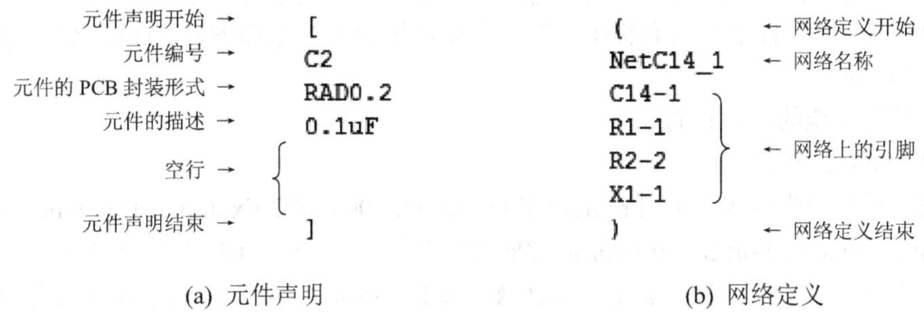


图 2-101　网络表的组成

### 2. 网络表的创建

对一个项目来说，网络表有两种：一种是基于某个原理图的网络表；另一种是基于整个项目的网络表。

1) 网络表选项设置

在创建网络表之前，首先要进行简单的选项设置。

(1) 打开项目和项目中的一个原理图，执行菜单命令【项目编译】→【项目管理系统】。

(2) 在打开的项目管理系统对话框中切换到 Options 选项卡，如图 2-102 所示。

图 2-102　Options 选项卡

该选项卡中的主要选项如下。

- 输出路径：用于显示各种生成文件的保存路径，单击最右边的图标，可以更改存放位置。

- 允许端口：该复选框用于设置是否允许用系统产生的网络名代替与电路输入/输出端口相关联的网络名。如果该项目只有一个原理图，不包含层次关系，可选中该复选框。
- 允许图纸入口命名网络：该复选框用于设置是否允许系统产生的网络名代替与图纸入口相关联的网络名。在层次电路中应选中该复选框。
- 追加图纸数到局部网络：该复选框用于设置产生网络时，是否允许系统自动将图纸编号添加到各个网络名称中。当一个项目包含多个原理图时，选中该复选框便于查找错误。

本例采用系统的默认设置。

2) 项目网络表的创建

下面以系统附带的项目 C:\Program Files\Altium2004 SP2\Examples\Reference Designs\4 Port Serial Interface\4 Port Serial Interface.PrjPCB 为例，介绍项目网络表的创建。

执行菜单命令【设计】→【设计项目网络表】→Protel，系统自动生成该项目的网络表，并保存在项目下的 Generated 文件夹中。双击打开刚才生成的网络表文件 4 Port Serial Interface.NET，如图 2-103 所示。

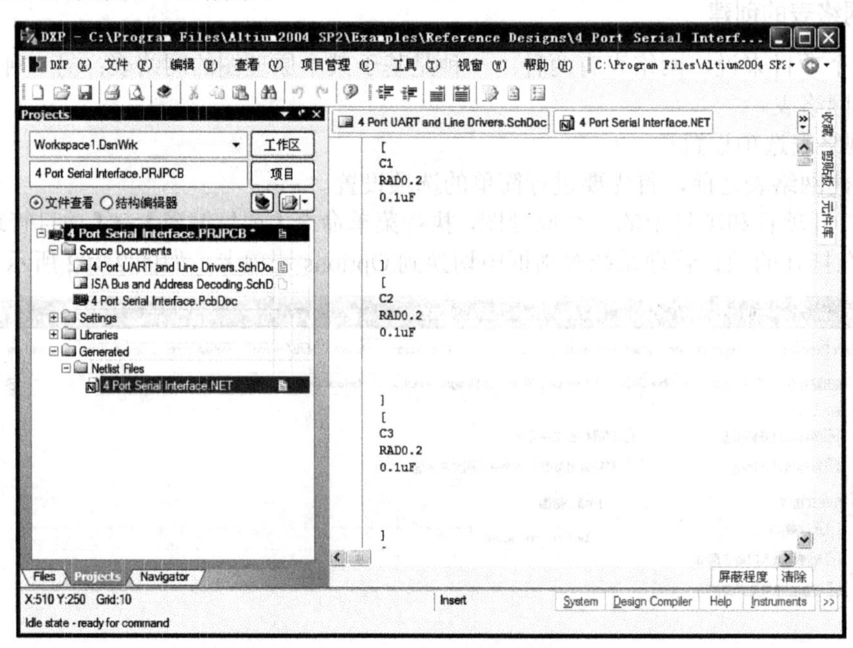


图 2-103　系统生成的项目网络表文件

3) 单个原理图网络表的创建

(1) 打开设计项目和要创建网络表的原理图。

(2) 执行菜单命令【设计】→【文档网络表】→Protel，系统即自动生成该原理图的网络表。

### 特别提示

如果项目中只有一个原理图，那么创建的项目网络表和原理图网络表是一样的；如果项目中有多个原理图，则项目网络表和原理图网络表是不同的。

## 2.11.2　元件报表

元件报表主要用来列出当前项目中所有元件的编号、封装形式、元件名等，相当于一份元件清单。根据这一报表，用户可以详细查看项目中元件的各类信息，还可以作为元件采购的参考。

下面以系统安装后附带的项目 C:\Program Files\Altium2004 SP2\Examples\Reference Designs\4 Port Serial Interface\4 Port Serial Interface. PrjPCB 为例，介绍元件报表的创建。

### 1. 元件报表的选项设置

(1) 打开项目 4 Port Serial Interface. PrjPCB 和该项目中的任一原理图，如 4 Port UART and Line Drivers.SchDoc。

(2) 执行菜单命令【报告】→Bill of Materials，弹出元件报表对话框，如图 2-104 所示。

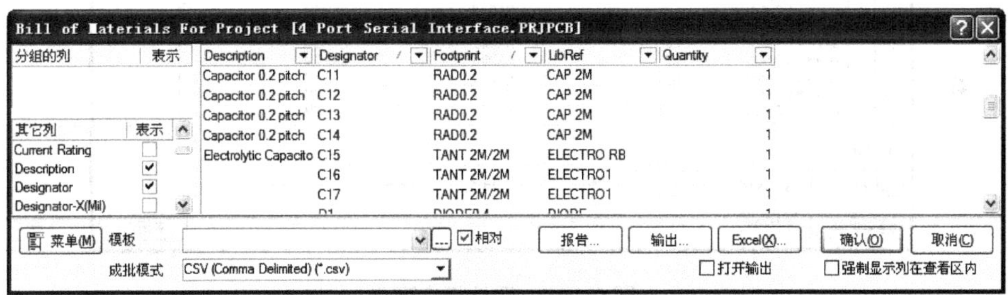


图 2-104　元件报表对话框

在该对话框中，可以对要创建的元件报表进行选项设置，具体如下。

- 分组的列：该列表用于设置元件的归类标准。可以将【其他列】中的某一属性信息拖到该列表中，则系统将以该信息为标准，对元件进行归类显示在元件报表中。
- 其它列：该列表列出了系统所能提供的所有元件属性信息，对于需要查看的信息，选中其右边相应的复选框，即可在报表中显示出来。
- 元件列表：根据【其他列】选中的属性信息，将项目中所有元件在这里一一列出。此外，在元件列表的每一栏中都有一个下拉按钮，单击该下拉按钮同样可以显示元件列表的显示内容。

在该对话框的下方，还有若干选项和按钮，它们的作用分别如下。

- 模板：该下拉列表框用于为元件报表设置显示模板。单击右边的下拉按钮，可以使用曾经用过的模板文件；单击按钮，可以重新选择。选择时，如果模板文件与元件报表在同一目录下，则可以选中右边的【相对】复选框，使用相对路径搜索，否则应将该复选框的选中状态去掉，使用绝对路径搜索。
- 成批模式：用于设置批处理文件的输出模式。单击按钮，可以根据需要选择不同的输出模式。
- 【菜单】：单击该按钮，弹出一个下拉菜单，可以进行相应的报表环境设置。
- 【报告】：单击该按钮，可以预览元件报表。

- 【输出】：单击该按钮，可以将元件报表保存到指定的文件夹中。
- 【Excel】：单击该按钮，系统将用 Excel 显示元件报表。
- 打开输出：选中该复选框，系统在创建元件报表后，会自动以相应程序打开。
- 强制显示列在查看区内：选中该复选框，系统将根据当前元件报表窗口的大小重新调整各栏宽度，使所有项目都可以显示出来。

2. 创建元件报表

元件报表的各个选项设置好后，就可以创建元件报表了。

(1) 单击元件报表对话框中的【报告】按钮，弹出【报告预览】对话框，如图 2-105 所示。通过下方的【全部】、【宽度】、100%按钮和显示比例文本框，可以缩放元件列表窗。

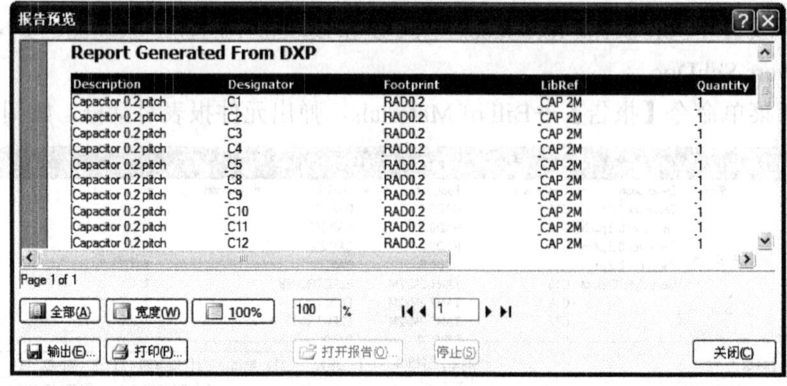


图 2-105　元件报表预览

(2) 单击【输出】按钮，可以保存该元件报表，同时【打开报告】按钮可用。单击【打开报告】按钮，将用 Excel 打开该报表，如图 2-106 所示。单击【打印】按钮，可以通过打印机打印输出该报表。

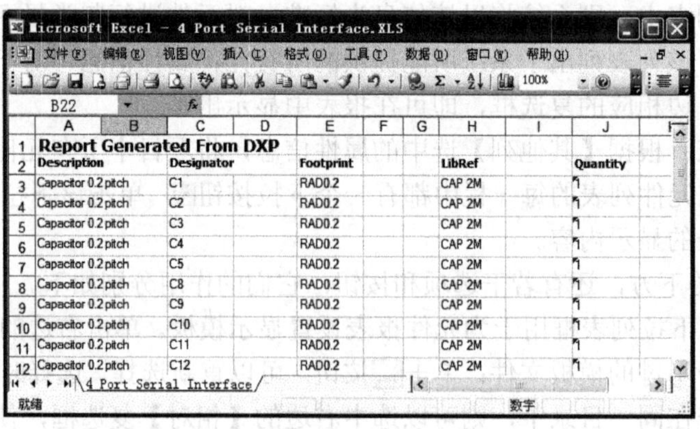


图 2-106　用 Excel 打开的元件报表

## 2.11.3　元件交叉报表

元件交叉报表主要用于将整个项目中的所有元件按照所属的原理图进行分组统计。元件交叉报表的创建和设置与元件报表类似。下面将以前面使用过的项目 4 Port Serial Interface. PrjPCB 为例，介绍其建立过程。

(1) 打开项目 4 Port Serial Interface. PrjPCB 和该项目中的任一原理图，如 4 Port UART and Line Drivers.SchDoc。

(2) 执行菜单命令【报告】→Components Cross Reference，弹出元件交叉报表对话框，如图 2-107 所示。该对话框用于对元件交叉报表进行选项设置，其设置和前面的元件报表相似。

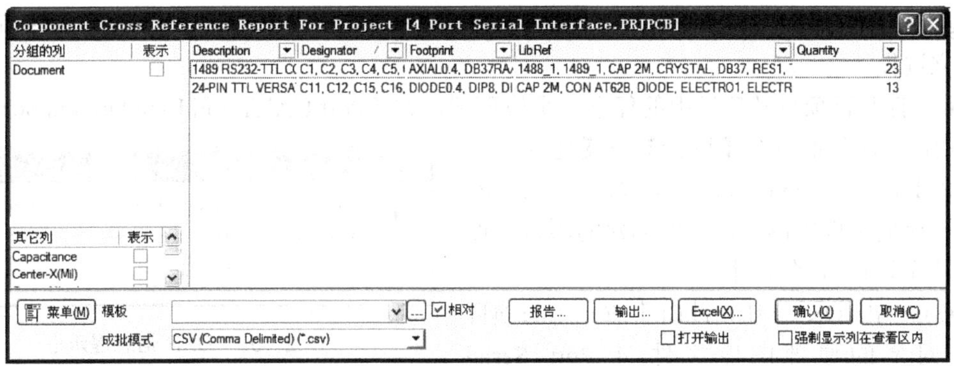


图 2-107　元件交叉报表对话框

(3) 单击该对话框中的【报告】按钮，弹出元件交叉报表预览对话框，如图 2-108 所示。

(4) 单击图 2-108 所示对话框中的【输出】按钮，可以保存该报表。单击【打印】按钮，可以通过打印机打印输出该报表。

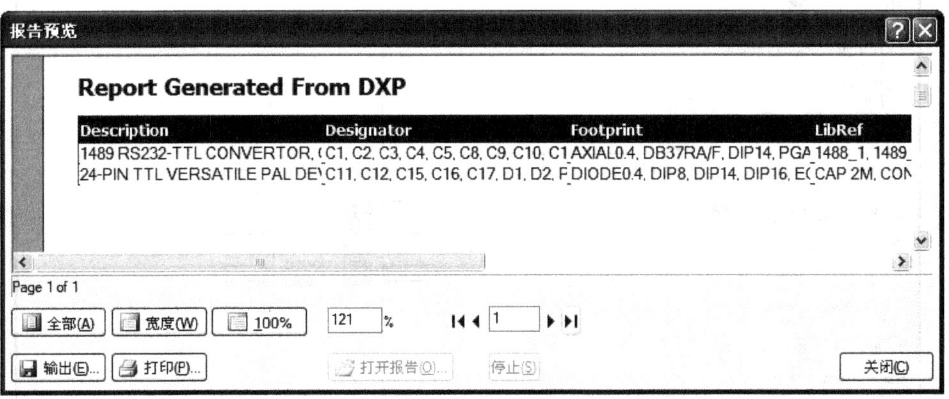


图 2-108　元件交叉报表预览

## 特别提示

元件交叉报表实际上是元件报表的一种，是以元件所属原理图为标准进行分类统计的一份元件清单。系统默认保存时，和元件报表采用相同的文件名，两者只能保存一个，用户可以通过设置不同的文件名进行保存。

## 2.12 建立项目的原理图元件库

完成项目设计后，可以将项目中用到的所有原理图元件存放在一个原理图元件库中，将所有 PCB 元件存放在一个 PCB 元件库中。这样，对项目的使用就不再受系统集成库的限制，而且便于元件的编辑、修改和管理。

这里以系统安装后附带的项目 C:\Program Files\Altium2004 SP2\Examples\Reference Designs\4 Port Serial Interface\4 Port Serial Interface. PrjPCB 为例，介绍项目的原理图元件库的建立过程。

(1) 打开该项目及项目中的任意一个原理图，如 4 Port UART and Line Drivers.SchDoc。

(2) 执行菜单命令【设计】→【建立设计项目库】，弹出 DXP 信息提示框，如图 2-109 所示。该提示框告诉我们，所创建的项目原理图元件库共有 16 个元件。

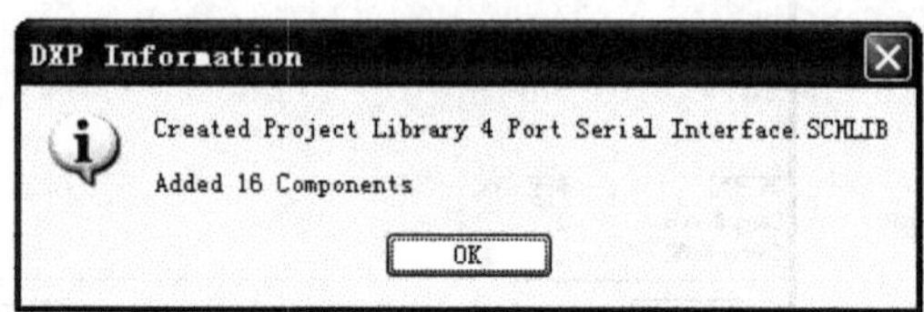


图 2-109 DXP 信息提示框

(3) 单击 OK 按钮，此时生成一个与项目文件同名的原理图库文件 4 Port Serial Interface.SCHLIB，并存放在项目下的 Libraries 文件夹中，如图 2-110 所示。

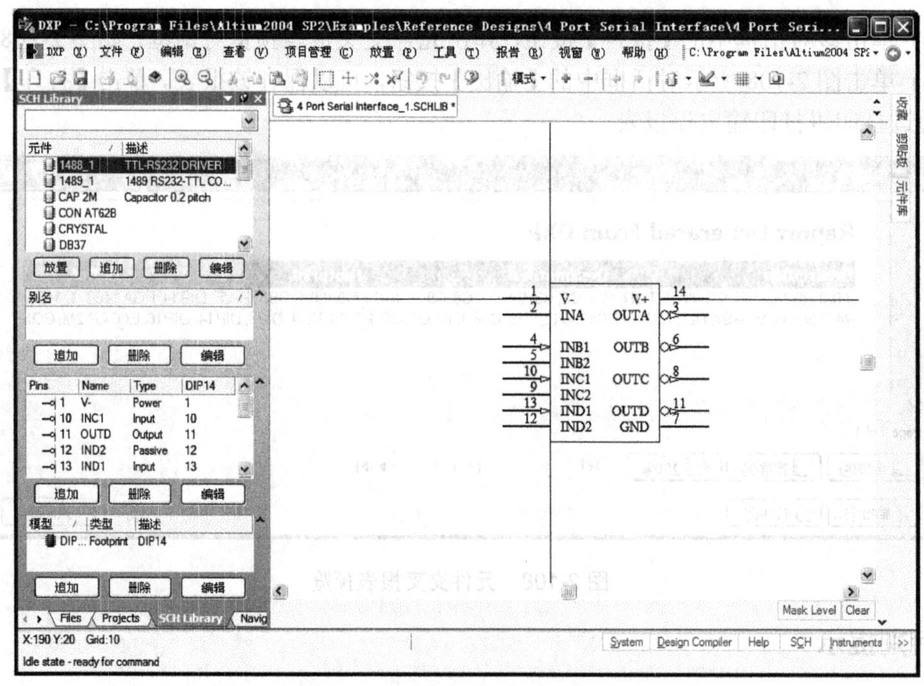

图 2-110 由项目生成的项目原理图元件库

### 任务实施

学习了原理图设计的相关知识后，接下来将以绘制图 2-1 所示原理图为例，详细介绍原理图的设计过程。

## 1. 建立设计文件

在 D 盘根目录下新建一个文件夹，命名为 STUDY。启动 Protel DXP 2004 SP2，新建一个项目文件和一个原理图文件，保存在该文件夹中，项目文件名为 MyDesign. PrjPCB，原理图文件名为 MySheet Sch Doc。此时文件夹如图 2-111 所示，设计管理器如图 2-112 所示。

图 2-111　保存了项目文件和原理图文件的文件夹

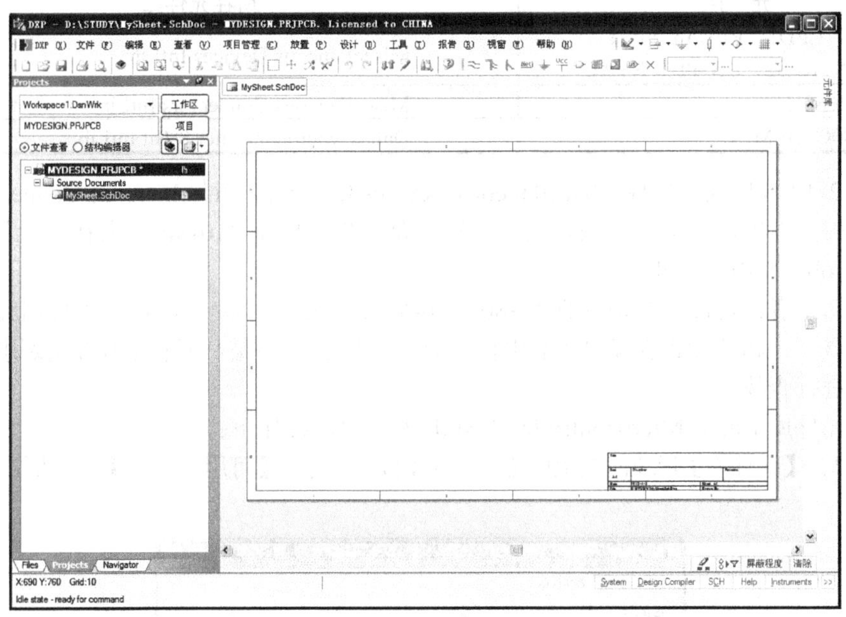


图 2-112　建立了项目文件和原理图文件的设计管理器

## 2. 设置图纸参数

执行菜单命令【设计】→【文档选项】，打开【文档选项】对话框。根据图 2-1 的情况，可将图纸设置为 A 号纸，取消系统标题栏。为了能看清楚图纸的栅格，将图纸颜色设置为基本颜色的 18 色，其他参数采用默认值。图纸参数的设置在第 2.3 节中作过介绍，读者可参考该部分内容。设置后的【文档选项】对话框如图 2-113 所示。

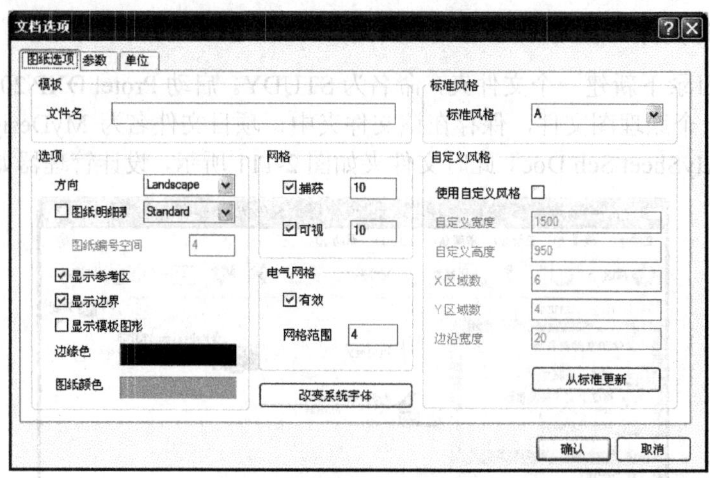


图 2-113　设置好图纸参数的【文档选项】对话框

### 3. 加载元件库

图 2-1 中各元件所在的元件库如表 2-4 所示。

表 2-4　各元件所在元件库

| 元　件 | 所在元件库 |
|---|---|
| Cap、LED1、RELAY-SPST、PNP、RES2、SW-PB、XTAL | Miscellaneous Devices.IntLib |
| Herder 2H | Miscellaneous Connectors.IntLib |
| DS80C310-MCL | Dallas Microcontroller 8-Bit.IntLib |

在表 2-4 中，集成元件库 Miscellaneous Devices.IntLib 和 Miscellaneous Connectors.IntLib 已经是可用元件库，不需再加载，需要加载的是元件 DS80C310-MCL 所在的元件库 Dallas Microcontroller 8-Bit.IntLib。

对于初学者，可能不知道元件 DS80C310-MCL 在哪一个库中，这时可使用元件库查找功能查找该库，相关知识在第 2.4 节中作过介绍。要注意的是，元件名中的-要用*来代替，否则无法进行查找。

加载元件库 Dallas Microcontroller 8-Bit.IntLib 的过程如下。

(1) 单击【元件库】管理面板上的【元件库】按钮，打开【可用元件库】对话框，如图 2-114 所示。



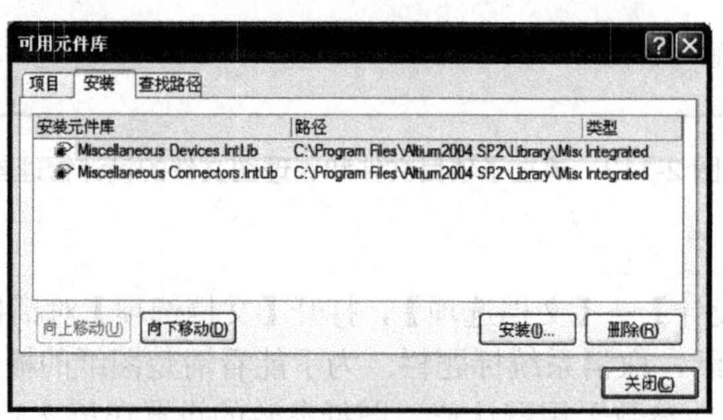


图 2-114　【可用元件库】对话框

(2) 单击【安装】按钮，弹出【打开】对话框，如图 2-115 所示。

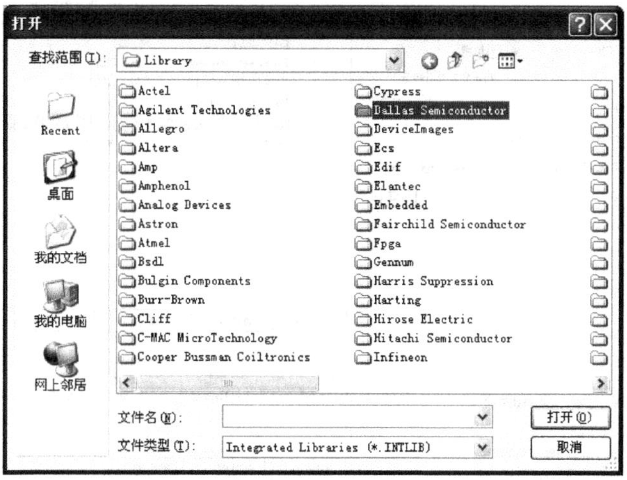

图 2-115　【打开】对话框

(3) 在【打开】对话框中双击 Dallas Semiconductor 文件夹，然后双击该文件夹中的库文件 Dallas Microcontroller 8-Bit.IntLib，即可将该库文件添加到【可用元件库】对话框中。

(4) 单击【可用元件库】对话框中的【关闭】按钮，返回原理图编辑器。

### 4. 放置和编辑元件

将用到的元件库全部加载到【元件库】管理面板中后，接下来的工作就是将元件放置在图纸上，调整元件的方向和位置，以及编辑元件的属性。

(1) 打开【元件库】管理面板，从可用元件库下拉列表框中选择集成元件库 Dallas Microcontroller 8-Bit.IntLib，在元件查询屏蔽下拉列表框中输入 DS80C310-MCL，此时元件列表中出现了该元件，如图 2-116 所示。

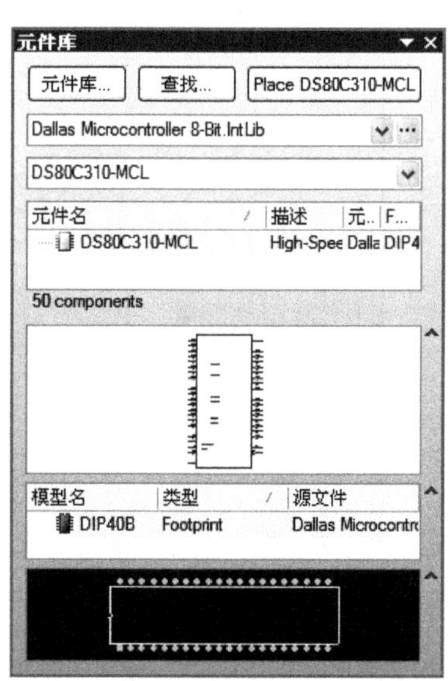


图 2-116　【元件库】管理面板

(2) 双击元件列表中的元件 DS80C310-MCL，此时光标变成了十字形，同时在十字光标处有一个元件的虚影随光标移动。

(3) 按 Tab 键，打开【元件属性】对话框。在该对话框中将元件编号设置为 U1，其他属性采用默认值，如图 2-117 所示。

(4) 设置好后，单击【确认】按钮，返回原理图编辑器。将光标移到图纸的中下部，单击鼠标，放下该元件。

(5) 用相同的方法将元件 R1、R20、C1、C2、C3、S1、Y1 等从元件库中取出，编辑属性并调整好方向，再根据图 2-1，将元件放置在图纸上，如图 2-118 所示。

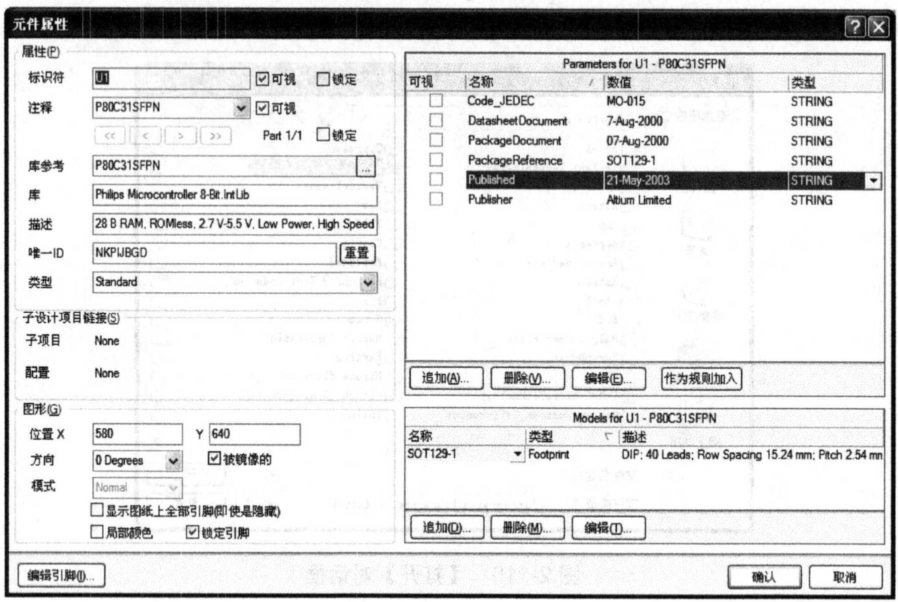


图 2-117 编辑元件属性

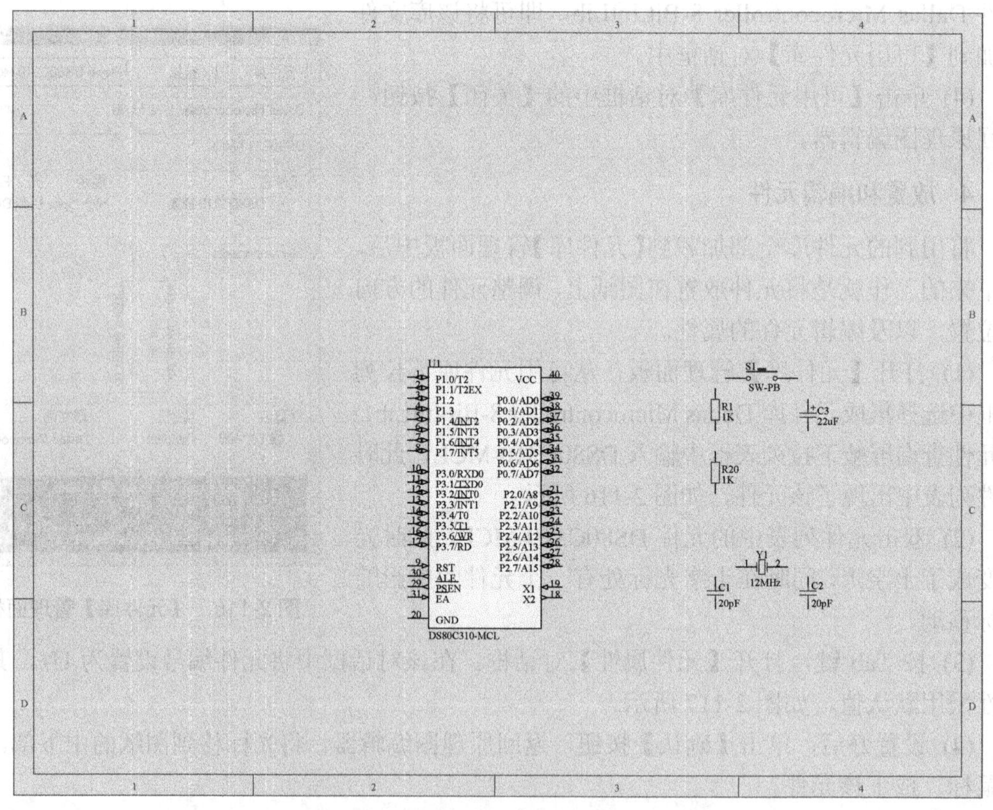


图 2-118 放置好部分元件后的原理图

## 5. 采用队列粘贴方法绘制相似的电路

分析图 2-1 可发现，该图有些电路非常相似，而且元件的编号也很有规律。例如，电路左下方的 8 个发光二极管支路，上方的 4 个继电器电路。因此可以考虑采用队列粘贴的方法来绘制这部分电路，这样可以大大提高绘图效率。

(1) 绘制图 2-1 左边发光二极管电路中的一条支路。将电阻编号设置为 R15，发光二极管的编号设置为 DS9，用画导线工具连好线后，在右边导线上放置网络标签 P18，画好的支路如图 2-119 所示。

(2) 选中该支路的全部图件，然后使用标准工具栏上的工具，将该支路剪切后存放在剪贴板上，为队列粘贴做准备。

(3) 单击绘图子工具栏上的队列粘贴工具，打开【设定粘贴队列】对话框。将该对话框中的各项按图 2-120 设置好后单击【确认】按钮，然后在图纸的左边单击鼠标，剪贴板中的电路被粘贴 8 次。完成本操作后的原理图如图 2-121 所示。

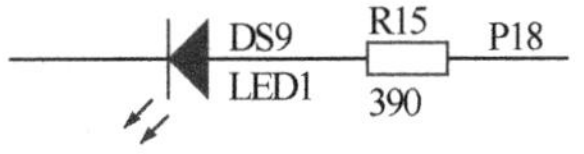


图 2-119　画好的二极管支路

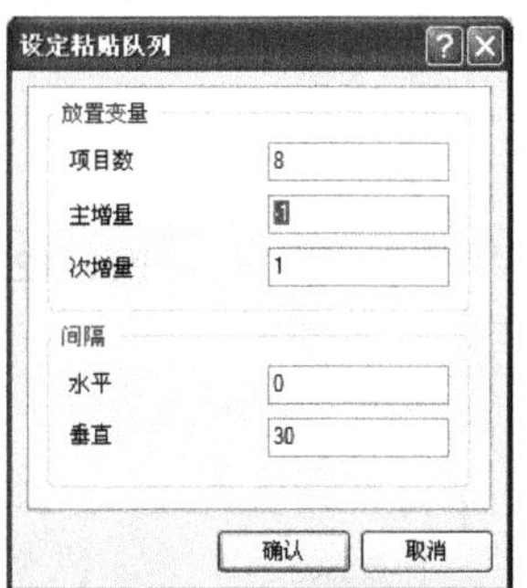


图 2-120　设置好的【设定粘贴队列】对话框

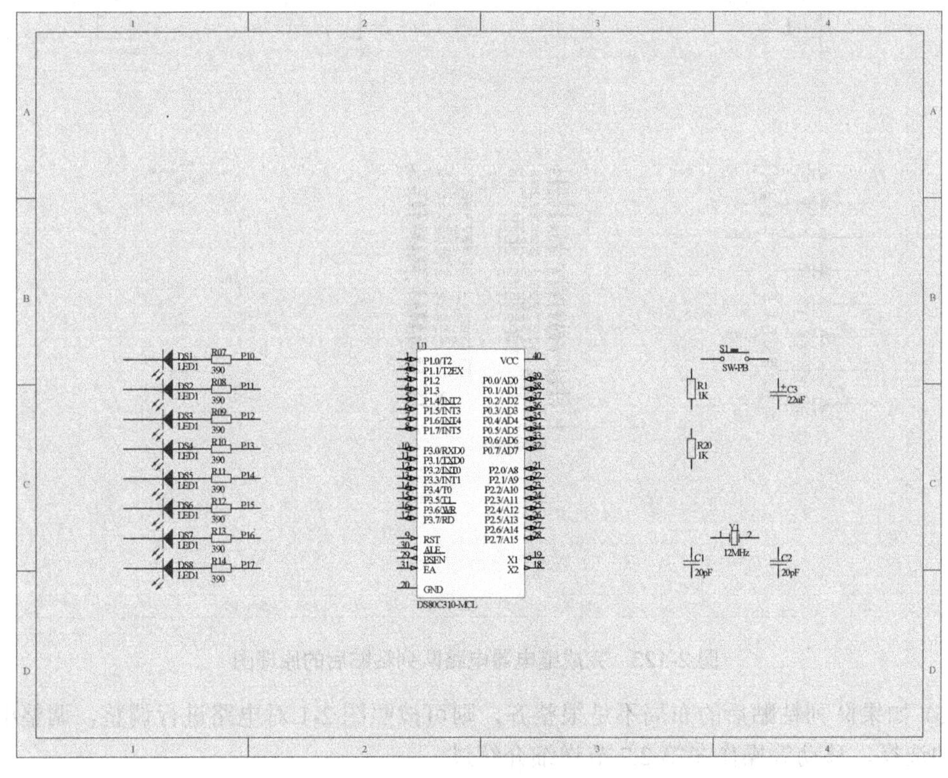

图 2-121　完成发光二极管电路队列粘贴后的原理图

(4) 绘制图 2-1 中的一组继电器电路，元件编号如图 2-122 所示。同样，将其剪切后在图纸上方水平方向进行队列粘贴。要注意的是，本次应将粘贴项目数设置为 4，主增量设置为 1，水平方向的间隔设置为 210，垂直方向的间隔设置为 0。完成本操作后的原理图如图 2-123 所示。

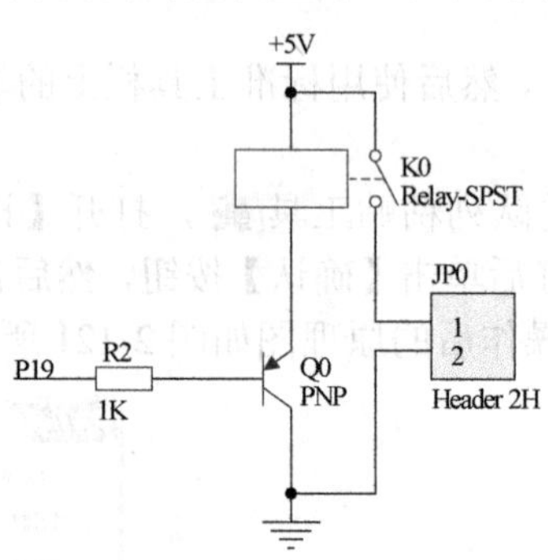


图 2-122 画好的一组继电器电路

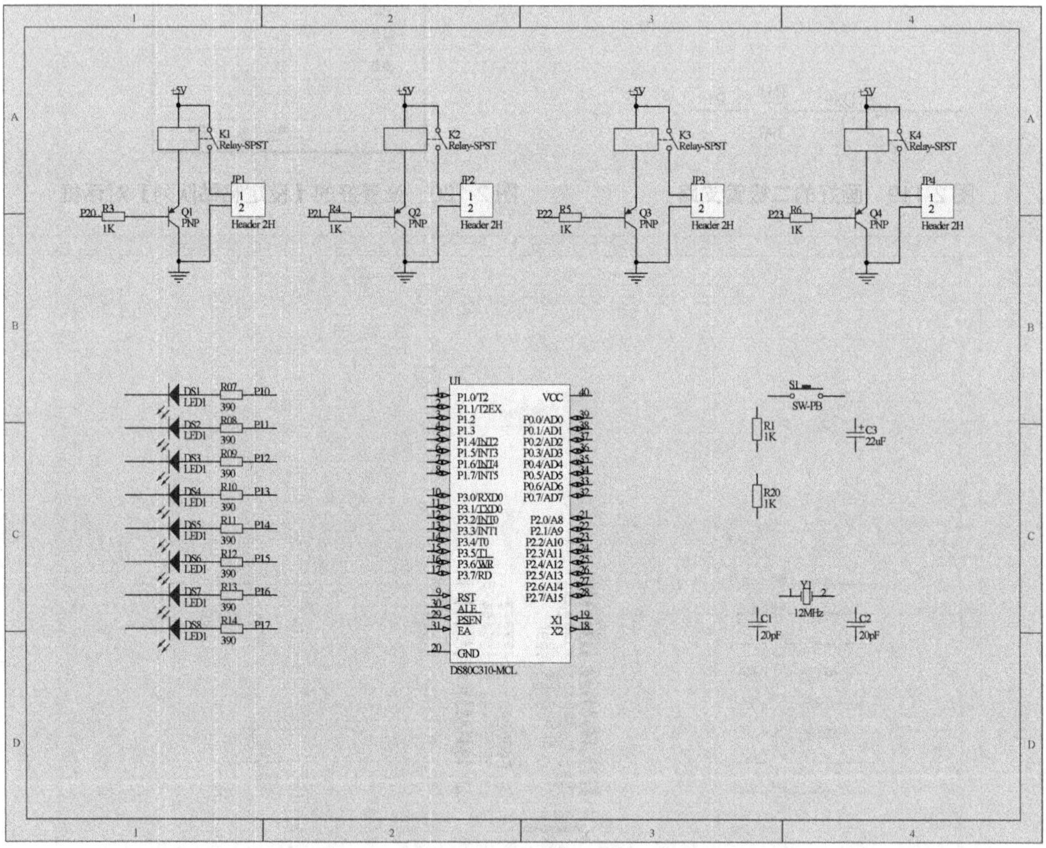

图 2-123 完成继电器电路队列粘贴后的原理图

(5) 如果队列粘贴后的布局不是很整齐，则可按照图 2-1 对电路进行调整，调整电路时用到的选择、移动等操作在第 2.7 节详细介绍过。

### 6. 完成电路的电气连接

按照图 2-1 在电路上放置导线、总线、总线入口、网络标签和电源等，在该过程中可灵活使用复制和粘贴操作，以提高绘图效率。这些操作在第 2.8 节中已经做了详细介绍，读者可参考相关内容。绘制好的电路如图 2-124 所示。

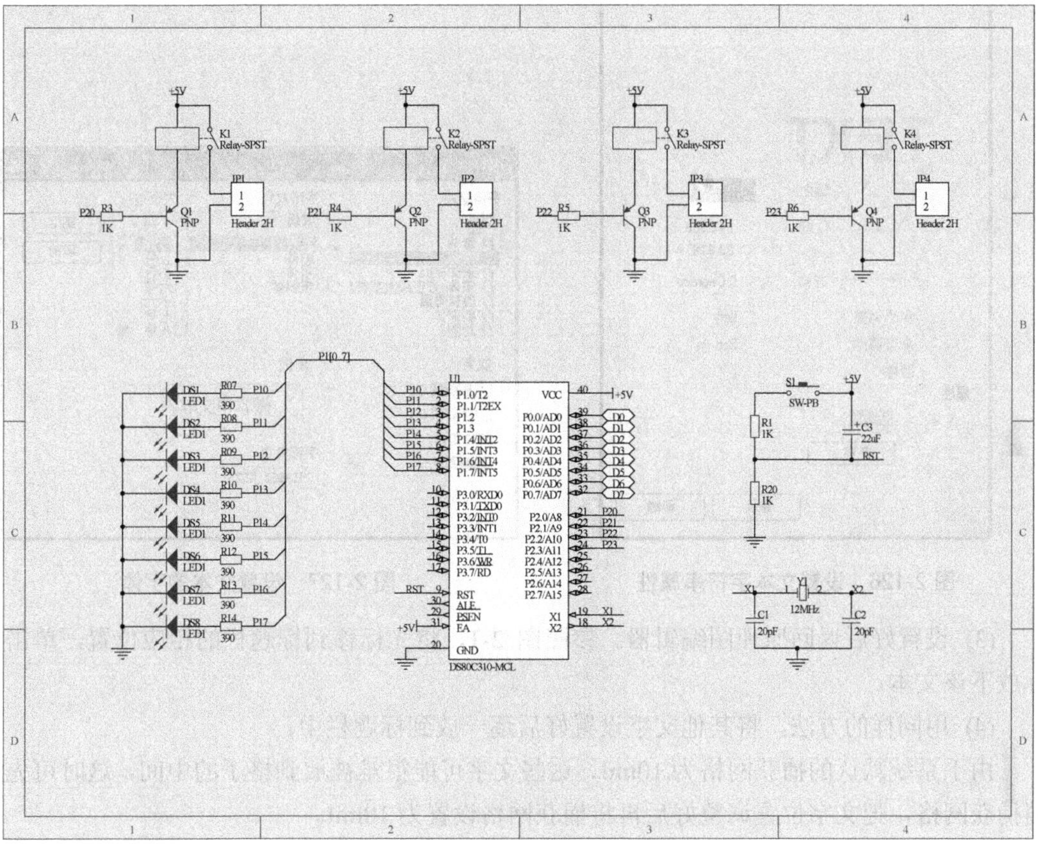

图 2-124　完成电气连接后的原理图

### 7. 制作标题栏

(1) 使用绘图工具栏的画直线工具，在图纸的右下角绘制标题栏的框线。绘制好的标题栏框线如图 2-125 所示。

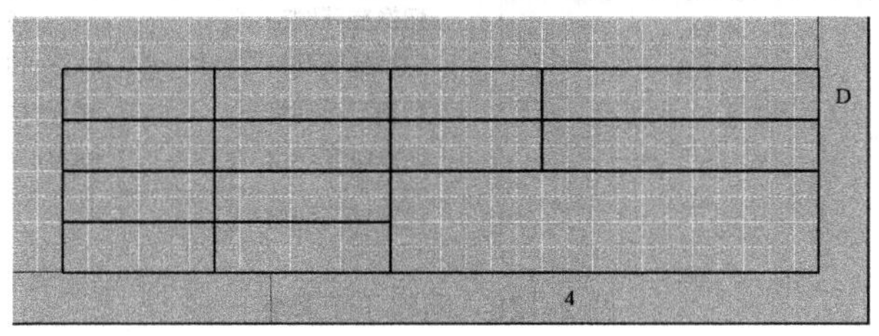


图 2-125　绘制好的标题栏框线

(2) 单击绘图工具栏上的放置文本字符串工具，再按 Tab 键，打开【注释】对话框。

在该对话框的【文本】框中输入“设计”，如图 2-126 所示。单击【变更】按钮，弹出【字体】对话框。在该对话框中选择字体为【宋体】，字形为【常规】，大小为【小四】，如图 2-127 所示。

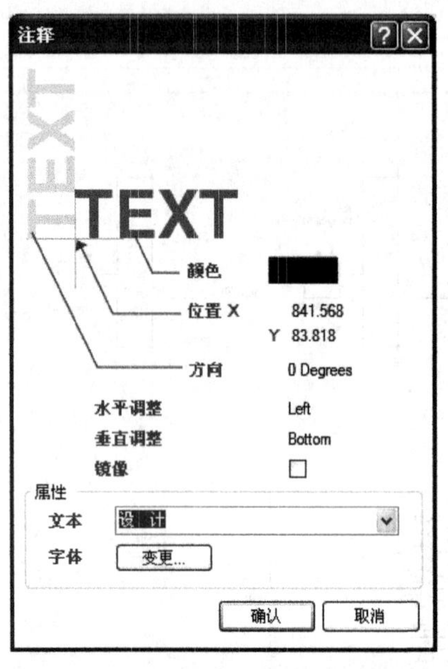


图 2-126　设置文本字符串属性

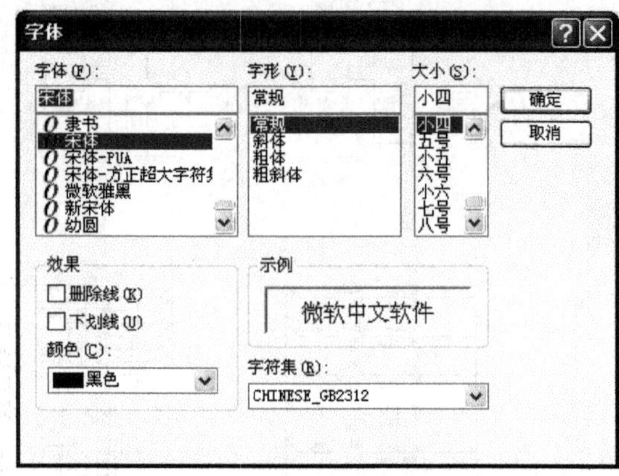


图 2-127　设置文本的字体

(3) 设置好后返回原理图编辑器。参照图 2-1，将光标移到标题栏的相应位置，单击鼠标放下该文本。

(4) 用同样的方法，将其他文字设置好后逐一放到标题栏中。

由于系统默认的捕获网格为 10mil，这些文字可能很难被放到格子的中间，这时可先取消捕获网格，把文字位置调整好后再将捕获网格设置为 10mil。

要改变捕获网格，可执行菜单命令【设计】→【文档选项】，打开【文档选项】对话框，在该对话框中可对捕获网格进行设置；也可通过实用工具栏中的网格子工具栏进行设置，如图 2-128 所示。

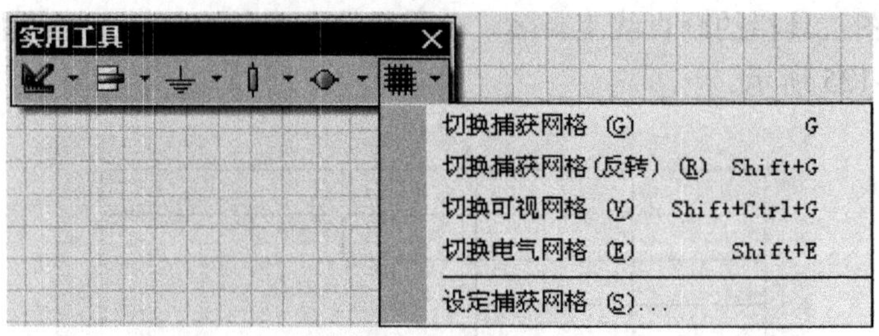


图 2-128　网格子工具栏

至此，我们已经完成了电路原理图的全部设计工作，最终原理图如图 2-129 所示。

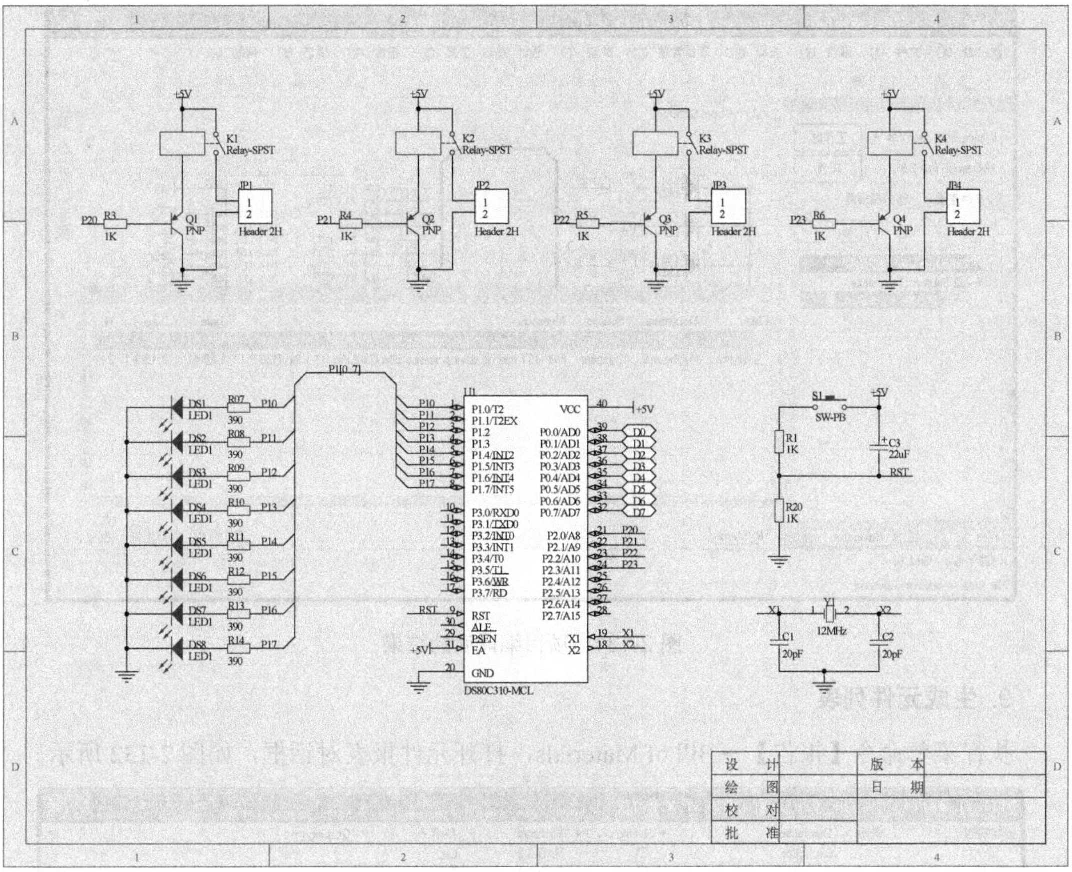

图 2-129　绘制好的原理图

## 8. 项目编译

绘制好原理图之后，要对项目进行编译，根据编译后产生的编译信息，检查原理图中是否存在错误，并对出错的地方进行改正。对于编译选项，一般采用系统的默认设置就可以了。

执行菜单命令【项目管理】→Compile PCB Project MyDesign. PrjPCB，将对项目 MyDesign. PrjPCB 执行编译操作。如果系统检查到错误，将会在编译后自动打开 Messages 面板，在该面板上显示了全部检查信息。如果系统没有检查到错误，将不直接打开 Messages 面板，用户若想了解编译结果，可单击位于设计界面右下角的面板管理中心的 System 标签，然后从弹出的菜单中选择 Messages 即可打开 Messages 面板，如图 2-130 所示。

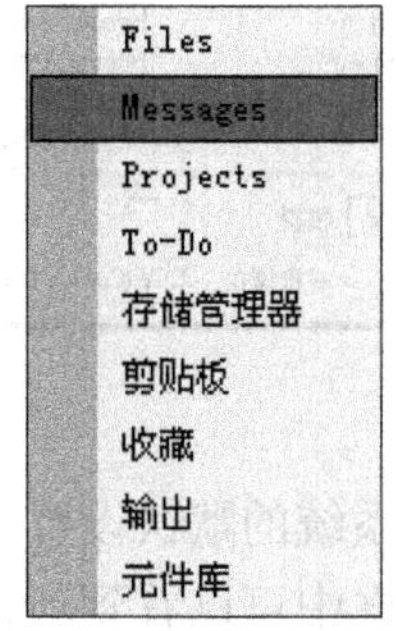


图 2-130　项目管理中心的 System 菜单

本项目编译后的结果如图 2-131 所示。由图中的 Messages 面板可知，该项目没有错误。

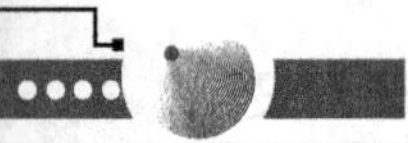

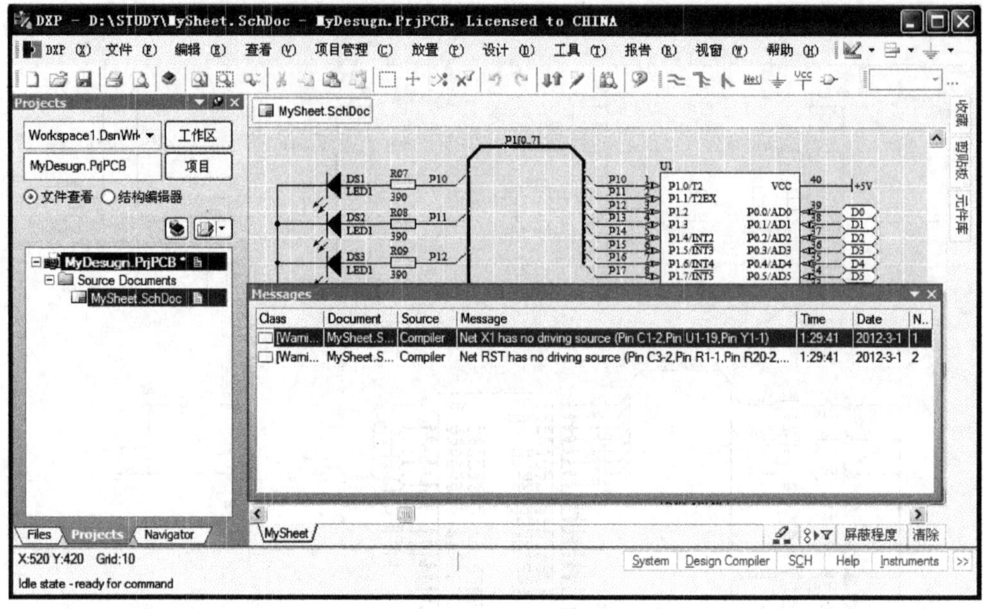


图 2-131　项目编译后的结果

## 9. 生成元件列表

执行菜单命令【报告】→Bill of Materials，打开元件报表对话框，如图 2-132 所示。

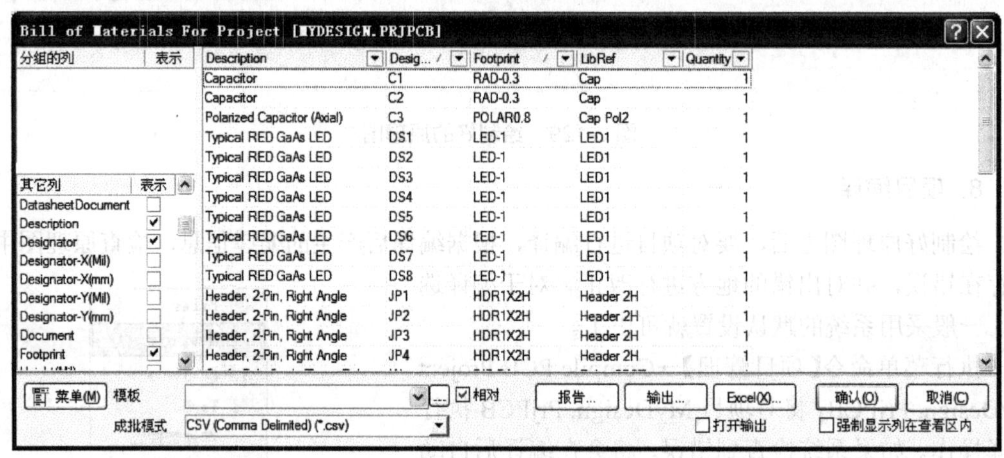


图 2-132　元件报表对话框

采用系统的默认设置。单击【报告】按钮，弹出【报告预览】对话框，如图 2-133 所示。在该对话框中可以看到项目所有元件的情况。单击【打印】按钮，打印元件列表；单击【输出】按钮，保存元件列表文件，此时图中的【打开报告】按钮可用，单击该按钮，打开刚才保存的报表文件，如图 2-134 所示。

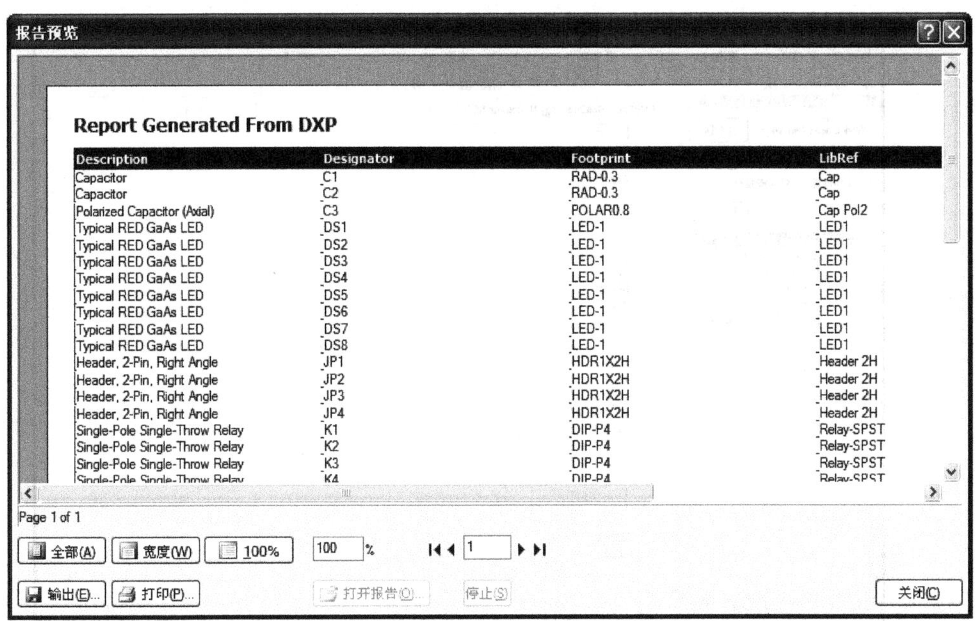

报告预览

Report Generated From DXP

| Description | Designator | Footprint | LibRef |
|---|---|---|---|
| Capacitor | C1 | RAD-0.3 | Cap |
| Capacitor | C2 | RAD-0.3 | Cap |
| Polarized Capacitor (Axial) | C3 | POLAR0.8 | Cap Pol2 |
| Typical RED GaAs LED | DS1 | LED-1 | LED1 |
| Typical RED GaAs LED | DS2 | LED-1 | LED1 |
| Typical RED GaAs LED | DS3 | LED-1 | LED1 |
| Typical RED GaAs LED | DS4 | LED-1 | LED1 |
| Typical RED GaAs LED | DS5 | LED-1 | LED1 |
| Typical RED GaAs LED | DS6 | LED-1 | LED1 |
| Typical RED GaAs LED | DS7 | LED-1 | LED1 |
| Typical RED GaAs LED | DS8 | LED-1 | LED1 |
| Header, 2-Pin, Right Angle | JP1 | HDR1X2H | Header 2H |
| Header, 2-Pin, Right Angle | JP2 | HDR1X2H | Header 2H |
| Header, 2-Pin, Right Angle | JP3 | HDR1X2H | Header 2H |
| Header, 2-Pin, Right Angle | JP4 | HDR1X2H | Header 2H |
| Single-Pole Single-Throw Relay | K1 | DIP-P4 | Relay-SPST |
| Single-Pole Single-Throw Relay | K2 | DIP-P4 | Relay-SPST |
| Single-Pole Single-Throw Relay | K3 | DIP-P4 | Relay-SPST |



图 2-133　【报告预览】对话框

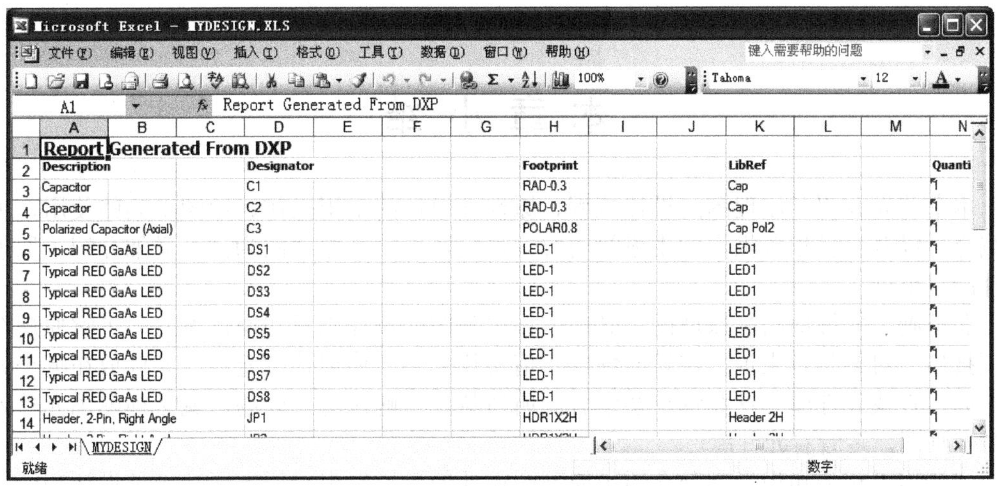

Microsoft Excel - MYDESIGN.XLS

Report Generated From DXP

| Description | Designator | Footprint | LibRef | Quanti |
|---|---|---|---|---|
| Capacitor | C1 | RAD-0.3 | Cap | 1 |
| Capacitor | C2 | RAD-0.3 | Cap | 1 |
| Polarized Capacitor (Axial) | C3 | POLAR0.8 | Cap Pol2 | 1 |
| Typical RED GaAs LED | DS1 | LED-1 | LED1 | 1 |
| Typical RED GaAs LED | DS2 | LED-1 | LED1 | 1 |
| Typical RED GaAs LED | DS3 | LED-1 | LED1 | 1 |
| Typical RED GaAs LED | DS4 | LED-1 | LED1 | 1 |
| Typical RED GaAs LED | DS5 | LED-1 | LED1 | 1 |
| Typical RED GaAs LED | DS6 | LED-1 | LED1 | 1 |
| Typical RED GaAs LED | DS7 | LED-1 | LED1 | 1 |
| Typical RED GaAs LED | DS8 | LED-1 | LED1 | 1 |
| Header, 2-Pin, Right Angle | JP1 | HDR1X2H | Header 2H | 1 |



图 2-134　元件报表

### 10. 生成项目网络表

执行菜单命令【设计】→【设计项目的网络表】→Protel，所生成的项目网络表如图 2-135 所示。

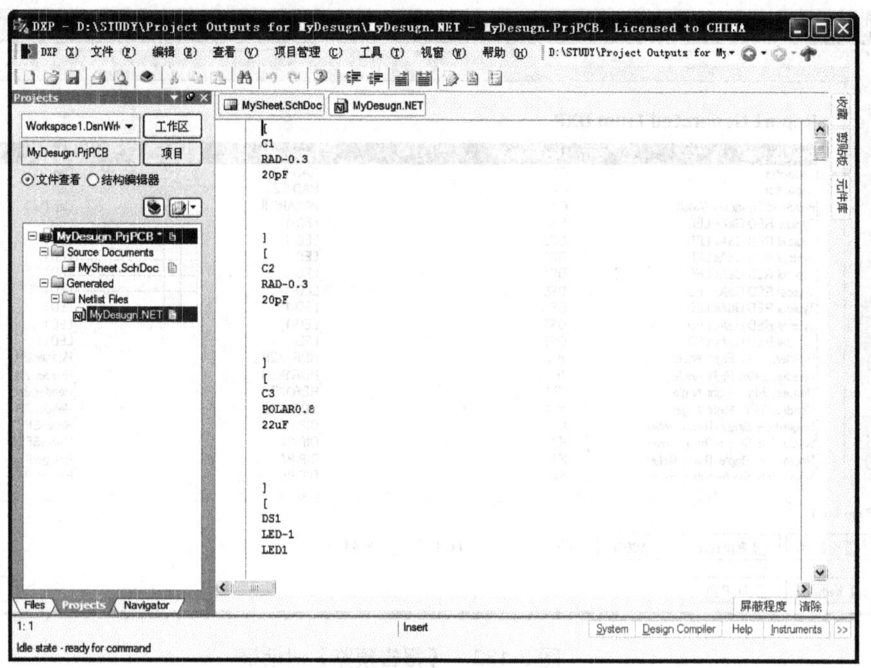

图 2-135　生成的项目网络表

# 本 章 小 结

本章首先介绍了原理图的设计流程、原理图设计的常用操作、绘图工具的使用、项目的编译，以及项目相关报表的生成等内容。最后还以一个原理图为例，详细介绍了原理图设计的整个过程。

要正确、熟练地绘制原理图，必须掌握原理图的设计工具和操作方法，了解原理图的绘图技巧。对初学者来说，比较麻烦的事情是找元件。要用什么元件？元件放在哪个元件库？如何查找元件库？这些都让初学者无所适从。要解决这一问题，就必须熟悉元件库，平时多画图，多看看元件库。

本章的“相关知识”部分介绍了原理图设计的各种知识。要实现某一种设计功能，往往有几种操作方法，初学者没必要记住每一种操作方法，只需记住最适合自己操作风格的方法就可以了。一般来说，使用工具栏工具比使用菜单命令要直观，使用快捷键可以提高绘图速度。但是要注意，在使用快捷键时，要关闭中文输入法。

对设计项目进行项目编译后给出的错误信息并不一定都是错误的，而有些严重的错误却无法检查出来。对于初学者，因为对绘图工具的使用不熟悉，可能会把画直线工具当成画导线工具来连接电气节点，或者把放置文本字符串的工具当成放置网络标签的工具来放置网络标签。这些错误，ERC 检查都无法检测出来。所以项目编译后的信息只能作为参考，最主要的还是对工具的用途一定要清楚，绘图时要仔细。

对本章的学习，如果想节省时间，在画图上快速入门，可以直接从第四部分“任务实施”开始，在画图过程中碰到问题，就到第三部分“相关知识”中去查找相应的操作方法。

# 思考与练习

(1) 设计电路原理图一般需要经过哪几步？

(2) 如何设置图纸参数？

(3) 如何实现画面的缩小和放大操作？有哪些方法？

(4) 如何选择元件？有哪些选择方法？

(5) 如何实现一个或多个元件的移动？

(6) 剪切和删除操作有哪些异同点？

(7) 如何进行粘贴、重复粘贴或队列粘贴？

(8) 如何放置导线、网络标签或端口？如何编辑它们的属性？

(9) 如何添加元件库？如果不清楚元件存放在在哪个元件库，怎样才能使用该元件？

(10) 配线工具栏和绘图工具栏两者中哪一个放置的图件有电气属性？使用时要注意什么问题？

(11) 如何进行项目编译，如何根据编译信息来排查错误？

(12) 网络表由哪几个部分组成？它有什么用？

(13) 如何创建项目元件列表？

(14) 如何创建项目元件库？

(15) 新建一个项目文件，在该项目下新建一个原理图文件，设置图纸参数为 A4 纸，水平放置，图纸颜色为基本 30 色，不使用系统标题栏。在图纸右下角绘制图 2-136 所示的标题栏，图中尺寸单位为 mil；文字为宋体、常规、小四。绘制图 2-137 所示原理图，完成后进行项目编译，最后生成网络表和项目元件列表。

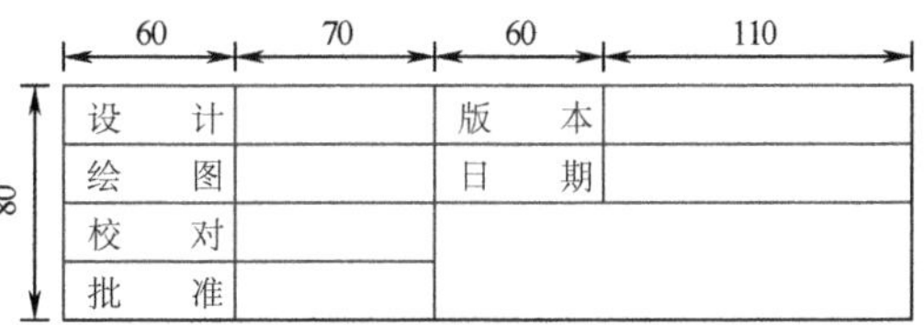


图 2-136　题(15)标题栏

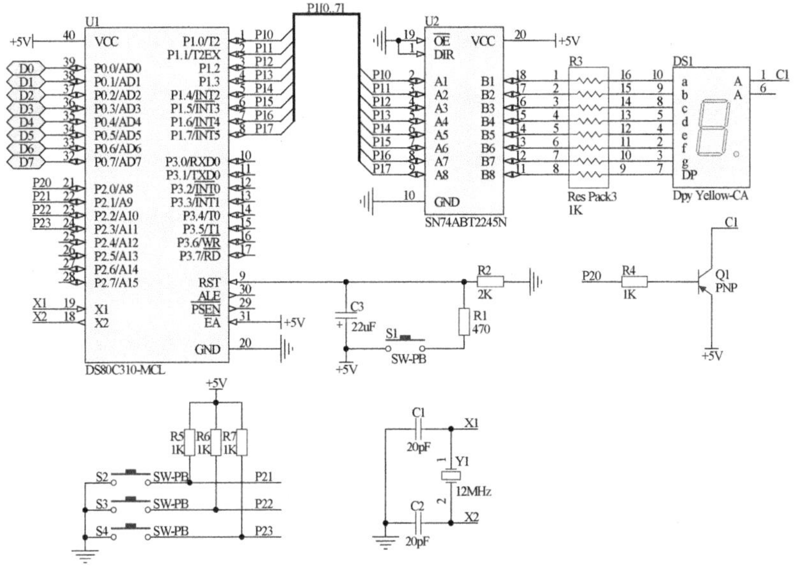


图 2-137　题(15)电路原理图

# 第 3 章

# 层次原理图设计

教学目标

- 掌握模板文件的设计和调用方法。
- 掌握自上而下及自下而上的层次电路设计方法。

在原理图设计中，对于比较简单的原理图，可以用一张图纸来表示。但是，如果原理图的元件较多，结构比较复杂，这时候如果用一张图纸来表示，在绘图时容易由于疏忽而造成一些错误，原理图的检查和修改也比较困难，而且不能直观、清晰地表达出原理图的结构，不便于交流。因此，对于复杂的电路，往往将其划分为几个简单的功能模块，用层次原理图来进行设计。

本章首先介绍模板文件的设计和调用，然后介绍层次原理图的设计方法，最后用一个例图详细介绍模板文件和层次原理图的整个设计过程。

**任务导入**

新建一个 PCB 项目 MyDesign. PrjPCB，首先在该项目下新建一个模板文件，文件名为 Mydot.Schdot；模板文件的图纸参数为 A 号图纸，水平放置，工作区颜色为 18 号色，边框颜色为 3 号色。在模板文件右下角设计一个标题栏，如图 3-1 所示。其中边框线为小号直线，颜色为 3 号色；文字的字体为仿宋_GB2312，常规字形，字的大小为四号，颜色为 3 号色；要求模板标题栏中的待填信息用字符串表示。再在该项目下进行层次原理图设计，母图文件名为环境采集.SchDoc，子图文件名为图 3-2～图 3-5 所示的模块名称。

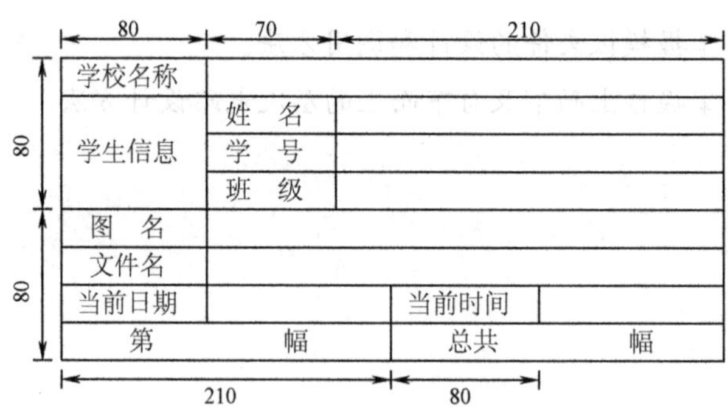


图 3-1　模板文件的标题栏

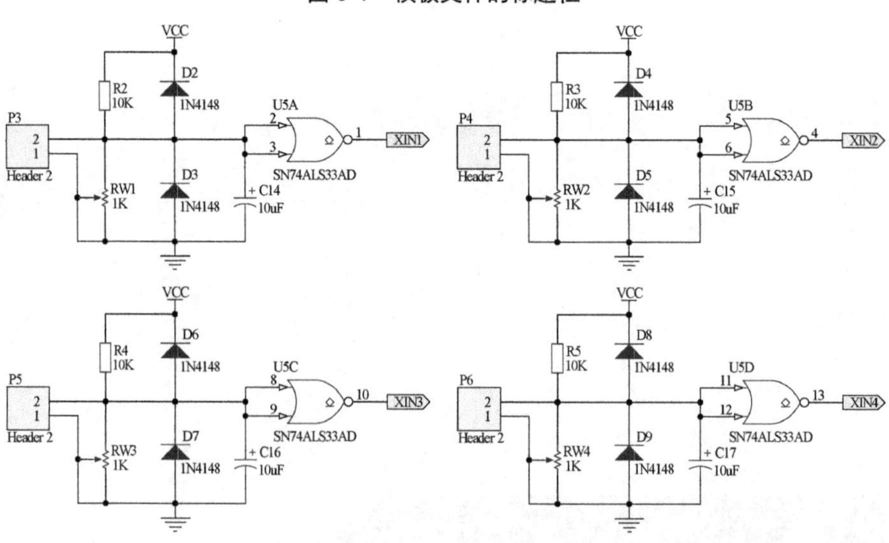


图 3-2　输入模块

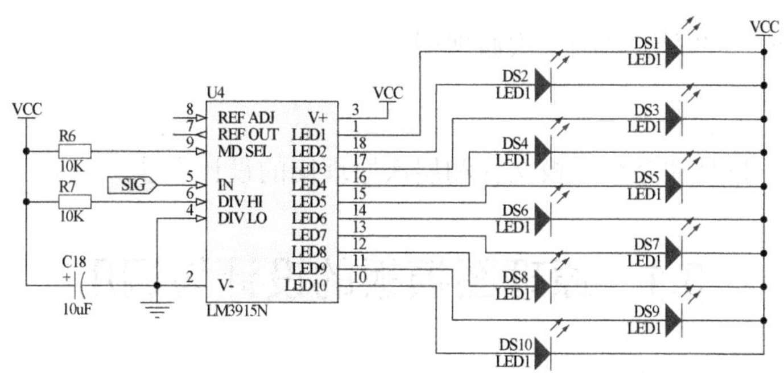


图 3-3　输出模块

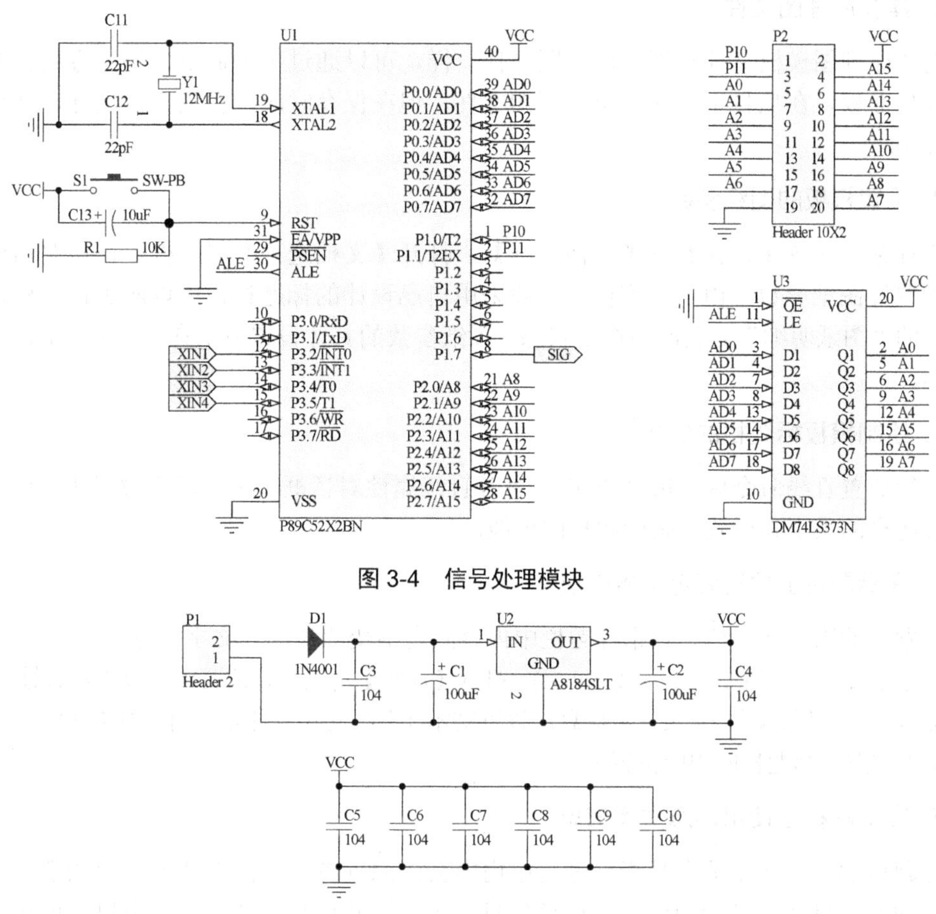


图 3-4　信号处理模块

图 3-5　电源模块

## 任务分析

完成本任务，首先要完成模板文件的设计，按任务要求设置模板的图纸参数。在图纸的右下角绘制图 3-1 所示的标题栏，图中已有的文字直接用文本工具A输入，并设置好字形和字号。在标题栏的待填信息处放置字符串，字符串的内容在文档选项对话框的“参数”选项卡中设置。然后建立层次原理图，母图的文件名为环境采集，4 个子图的文件名分别为输入模块、输出模块、信号处理模块和电源模块，每个原理图都调用这个模板。最后采用自上而下或自下而上的方法绘制层次原理图。

**相关知识**

在这一部分，将具体介绍模板文件和层次原理图的设计方法。

## 3.1 原理图模板的设计与调用

下面介绍原理图模板的具体设计过程。

### 1. 建立原理图文件

创建原理图模板文件和创建原理图文件一样，可以通过菜单命令、快捷方式、文件面板或项目面板，在项目下新建一个原理图文件，但在保存时应保存为模板文件，其扩展名为 SchDot。

### 2. 设置模板的图纸参数

执行菜单命令【设计】→【文档选项】，打开【文档选项】对话框。在该对话框中按要求设置好图纸参数。由于在模板上一般采用自己设计的标题栏，所以应去掉文档选项对话框中的“图纸明细”复选框的选中状态。图纸参数的具体设置方法在第 2.3 节中已做了详细介绍。

### 3. 绘制模板标题栏的框线

执行放置直线命令后，按 Tab 键，打开直线属性对话框。按要求修改直线属性，然后根据标题栏的大小和样式绘制标题栏的框线。

### 4. 在标题栏上放置固定文本信息

标题栏的固定文本信息是指标题栏中内容固定不变的那部分文字信息。

执行放置文本字符串命令，按 Tab 键，打开【注释】对话框，按要求修改文本属性。例如，在“文本”下拉列表框中输入文本信息，设置文本颜色，更改文本的字体、字形和字号等，然后将文本放置在标题栏的相应位置上。

### 5. 在标题栏上使用动态文本信息

标题栏的动态文本信息是指标题栏中内容会随原理图文件的变化而变化的那部分文字信息。动态信息往往是标题栏中的待填信息，由于这些信息是变化的，所以一般用字符串来表示。

1) 在标题栏上放置字符串

单击绘图子工具栏上的A工具，按 Tab 键，打开【注释】对话框。按要求修改文本属性，例如设置文本颜色，更改文本的字体、字形和字号等。单击文本框右边的▾按钮，从弹出的下拉菜单中选择要使用的字符串，如图 3-6 所示。Protel DXP 2004 SP2 原理图设计系统中可用字符串及其含义如表 3-1 所示。

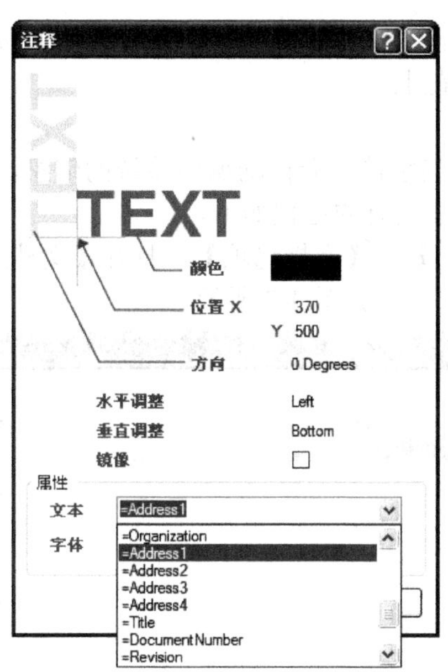


图 3-6 【注释】对话框中的字符串

表 3-1 原理图所用字符串及其含义

| 字 符 串 | 含 义 |
|---|---|
| =CurrentTime | 当前系统时间 |
| =CurrentDate | 当前系统日期 |
| =Time | 文档创建时间 |
| =Date | 文档创建日期 |
| =DocumentFullPathAndName | 文档名称(带完整路径) |
| =DocumentName | 文档名称(不带路径) |
| =ModifiedDate | 最后修改日期 |
| =ApprovedBy | 图纸审核人 |
| =CheckedBy | 图纸检验人 |
| =Author | 电路设计人 |
| =CompanyName | 公司名称 |
| =DrawnBy | 绘图人 |
| =Engineer | 工程师 |
| =Organization | 组织/机构/单位名称 |
| =Address1 | 地址或其他相关信息 |
| =Address2 | |
| =Address3 | |
| =Address4 | |
| =Title | 电路标题 |
| =DocumentNumber | 文档编号 |
| =Revision | 版本号 |
| =SheetNumber | 图纸编号 |
| =SheetTotal | 图纸总数 |
| =Rule | 规则 |
| =ImagePath | 映像路径 |

设置好文本属性后，单击【注释】对话框中的【确认】按钮，返回模板图纸，并将该字符串放在标题栏的相应位置上。

2) 字符串信息的设置

放置好字符串之后，有些字符串会自动调用系统的信息，而有些字符串的信息则必须由用户进行设置。设置字符串信息的过程如下。

(1) 执行菜单命令【设计】→【文档选项】，打开【文档选项】对话框。

(2) 切换到【参数】选项卡，如图 3-7 所示。

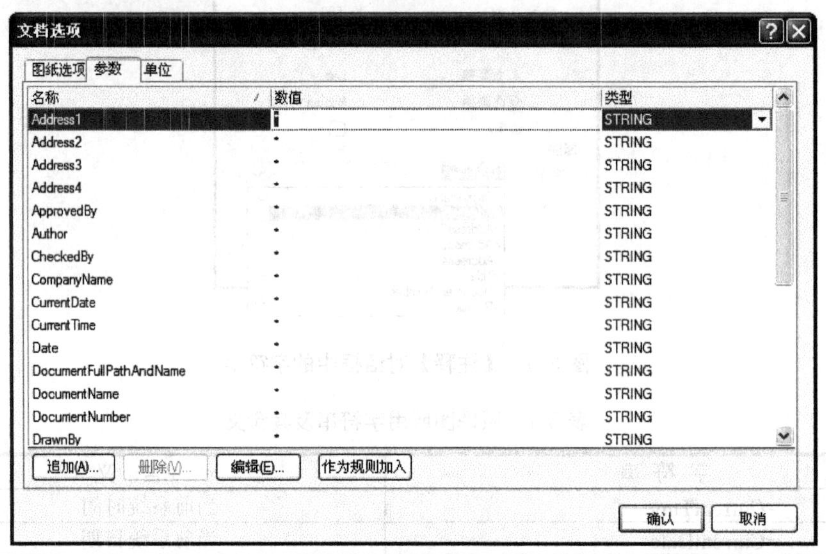


图 3-7 【参数】选项卡

(3) 单击要设置信息的字符串右边的【数值】列，然后输入字符串的相关信息。

此外，用户还可以自定义字符串，其过程如下。

(1) 执行菜单命令【设计】→【文档选项】，打开【文档选项】对话框并切换到【参数】选项卡，如图 3-7 所示。

(2) 单击“参数”选项卡中的【追加】按钮，弹出【参数属性】对话框，如图 3-8 所示。

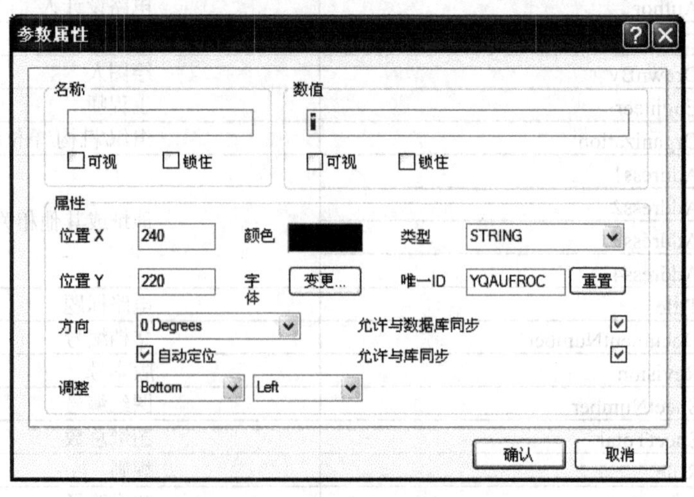


图 3-8 【参数属性】对话框

(3) 在该对话框的【名称】文本框中输入自定义字符串的名称，在【数值】文本框中输入字符串的相关信息。

(4) 单击图 3-8 中的【确认】按钮，返回文档选项选项卡。这样就自定义了一个字符串，它的使用方法与系统字符串相同。

3) 显示字符串信息

放置字符串并设置好字符串信息后，执行下面的操作，可以将字符串的信息显示出来。

(1) 执行菜单命令【工具】→【原理图优先设定...】，打开原理图【优先设定】对话框，如图 3-9 所示。

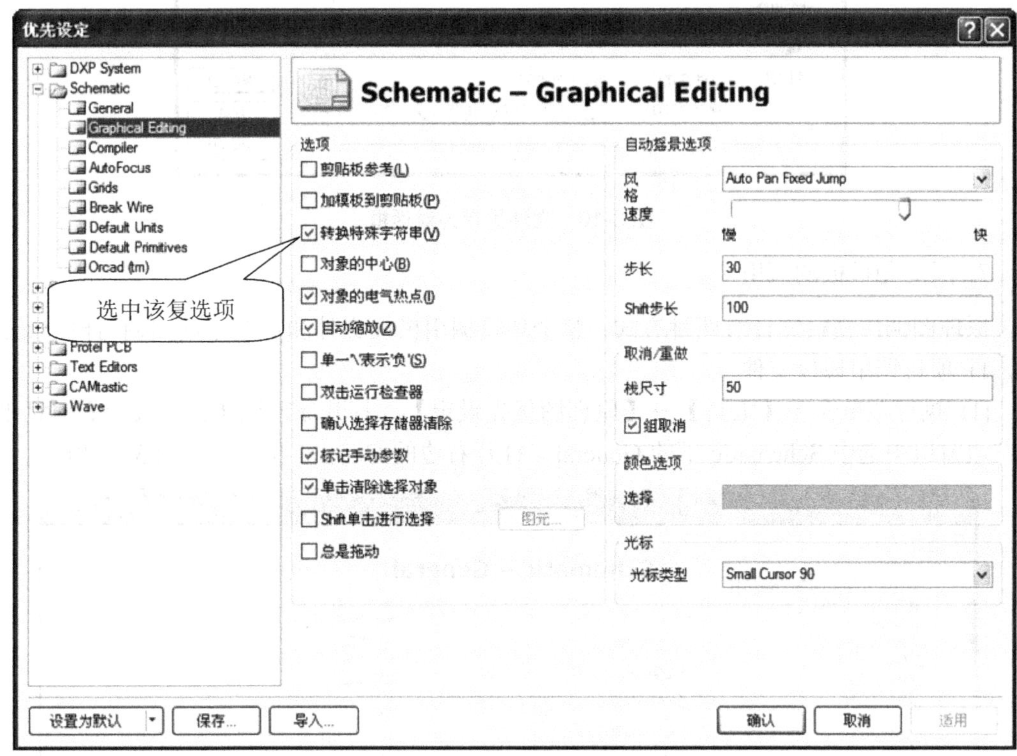


图 3-9　原理图【优先设定】对话框

(2) 从左边窗口中选中 Schematic 下的 Graphical Editing，打开右边的 Schematic-Graphical Editin 窗口，选中其中的【转换特殊字符串】复选框，如图 3-9 所示。

(3) 单击【确认】按钮，返回原理图编辑器。此时标题栏中的字符串将显示出所设定的信息。

### 6. 保存模板文件

完成模板文件的设计后，执行菜单命令【文件】→【另存为】，打开文件另存为对话框，如图 3-10 所示。

在该对话框的【保存在】下拉列表框中设置模板文件的保存位置；在【文件名】框中输入模板文件的文件名，扩展名为.SchDot；从【保存类型】下拉列表框中选择保存类型为 Advanced Schematic Template。至此，便完成了模板文件的制作。

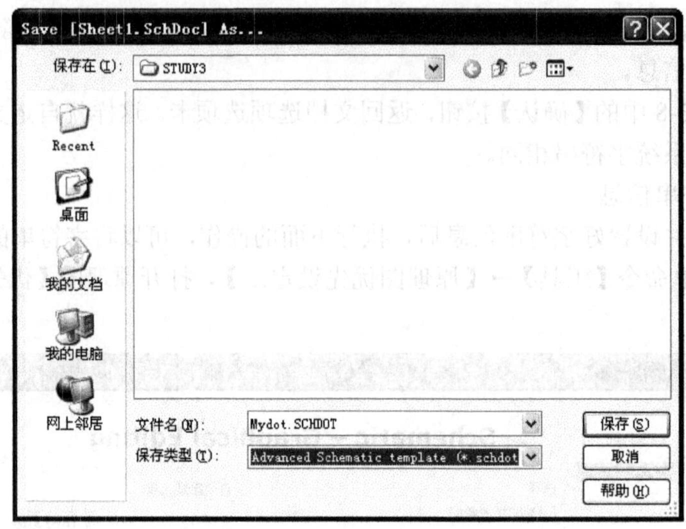


图 3-10　文件另存为对话框

## 7. 原理图模板的调用

原理图调用模板文件有两种方式：整个项目调用模板文件和单个原理图调用模板文件。

1) 项目调用模板文件

(1) 执行菜单命令【工具】→【原理图优先设定】，打开原理图【优先设定】对话框。在左边窗口中选中 Schematic 下的 General，打开右边的 General 窗口，如图 3-11 所示。

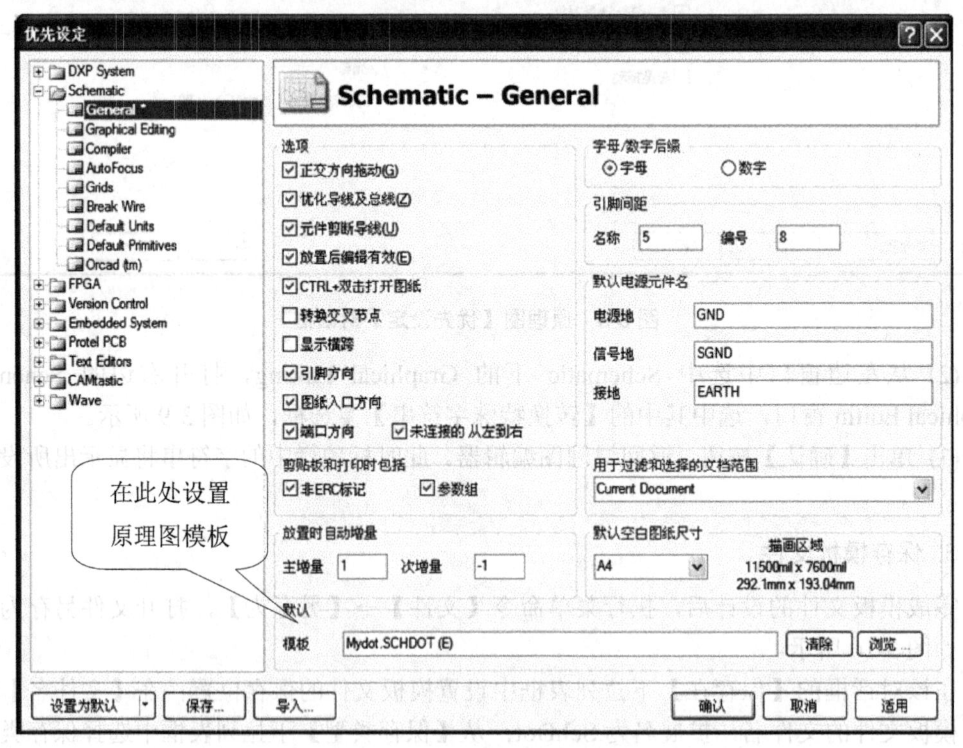


图 3-11　设置原理图系统模板

(2) 在 General 窗口下方的【默认】选项组中，单击【模板】单行框右边的【浏览】按钮，在弹出的对话框中选择模板文件。完成模板文件选择后，单击图 3-11 中的【确认】按钮，返回原理图设计系统。此后新建的原理图将全部调用刚刚设定的模板文件。

若想删除系统模板文件，可单击图 3-11【默认】选项组中的【清除】按钮，即可删除已设定的系统模板文件。

2) 单个原理图调用原理图模板

(1) 执行菜单命令【设计】→【模板】→【设定模板文件名】，弹出【打开】对话框，如图 3-12 所示。

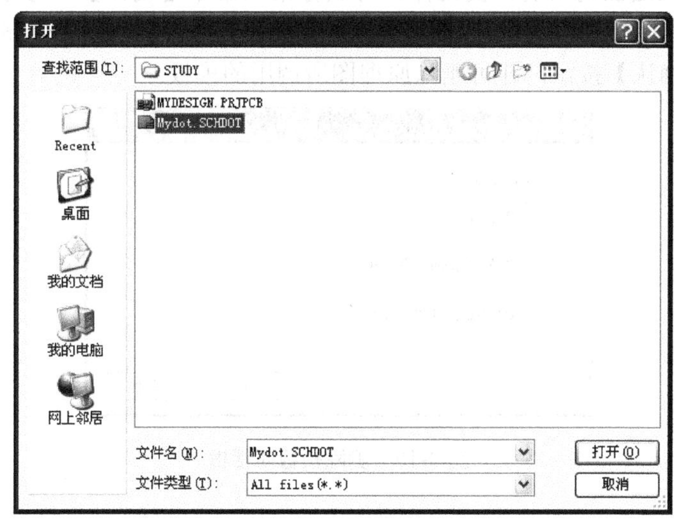


图 3-12　选择模板文件

(2) 在该对话框中选择模板文件后，单击【打开】按钮，弹出【更新模板】对话框，如图 3-13 所示。在该对话框中选择更新模板的范围和动作目的。

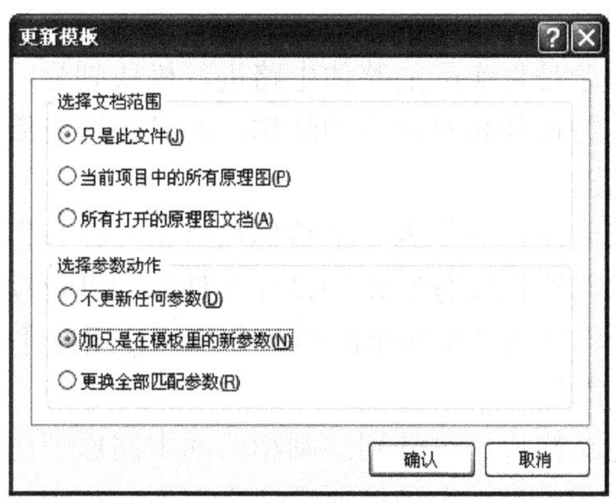


图 3-13　【更新模板】对话框

(3) 单击【确认】按钮，弹出 DXP Imformation 提示框，提示调用模板文件的原理图数量，如图 3-14 所示。

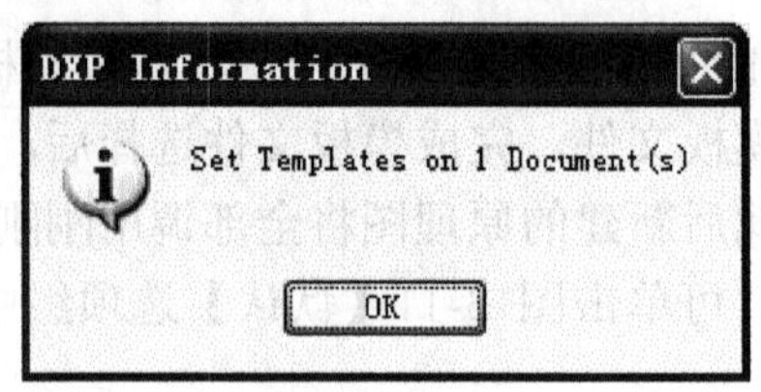


图 3-14　DXP Imformation 对话框

(4) 单击 OK 按钮，完成原理图模板的调用。

若想删除原理图已调用的模板文件，可执行菜单命令【设计】→【模板】→【删除当前模板】，弹出删除模板对话框，如图 3-15 所示。在该对话框中选择要删除模板的原理图范围后，单击【确认】按钮，即可删除原理图所调用的模板。

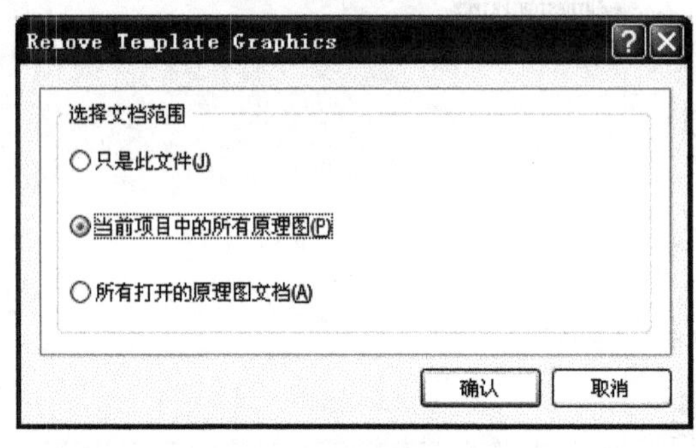


图 3-15　删除模板对话框

# 3.2　层次原理图的基本概念

## 3.2.1　层次原理图

层次原理图的设计理念是将实际的整体电路进行模块划分，划分的原则是每一个电路模块都应该有明确的功能特征和相对独立的结构，而且还要有简单、统一的接口，便于各个电路模块之间的电气连接。

对于一个复杂的系统电路，可作为一个整体项目来设计。根据电路的功能，将其划分为若干个电路模块，每个电路模块分别作为设计文件添加到该项目中。这样，就把一个复杂的大型电路原理图设计转变成多个简单的小型电路原理图设计。这种模块化的设计方法，使得电路层次清晰，设计简便。

针对每一个具体的电路模块，可分别绘制相应的电路原理图，该原理图称为子图，而各个模块之间的连接关系则是由一个顶层原理图来实现，这个顶层原理图称为母图。母图主要由若干个方块电路(又称为图纸符号)组成，用来表示各个电路模块之间的连接关系，描述整体电路的功能结构。图 3-16 是一个层次原理图的母图。

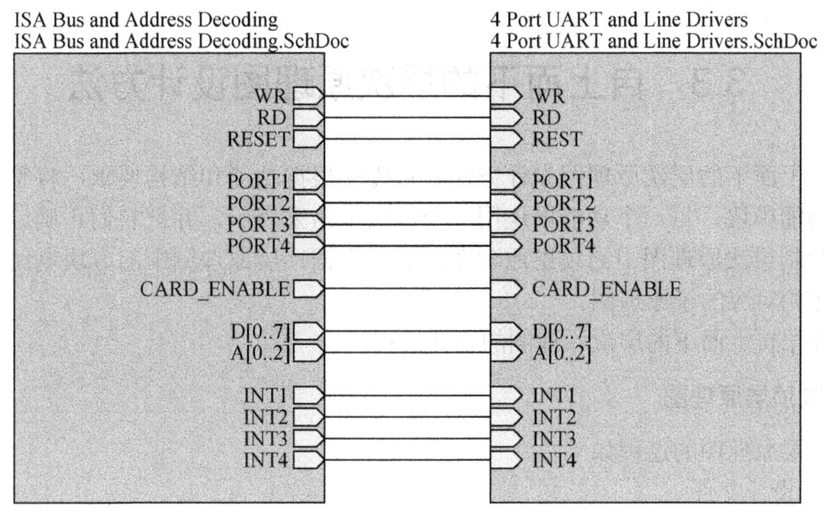


图 3-16　层次原理图母图

图 3-17 是一个典型二级层次原理图的结构，它由一个顶层原理图(母图)、一个子系统和两个子原理图组成，它们构成了第一级。子系统又由一个子系统顶层原理图和两个下一层的原理图组成，构成了第二级。Protel DXP 2004 SP2 的层次原理图设计功能强大，能够实现多层的层次化设计。

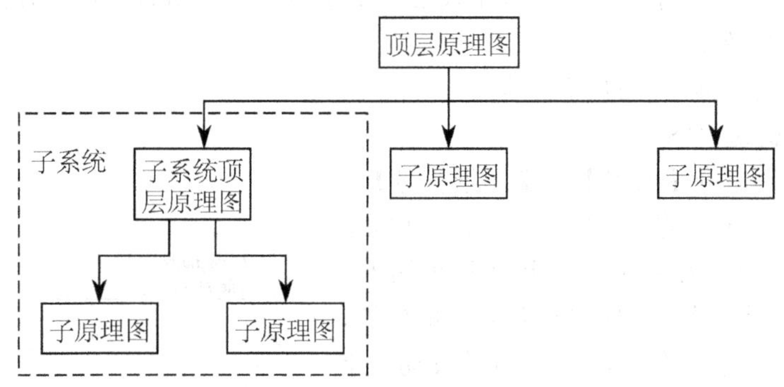


图 3-17　二级层次原理图结构

## 3.2.2　层次原理图的两种设计方法

层次原理图的设计实际上就是对顶层原理图和若干个子原理图分别进行设计的过程。设计过程的关键在于不同层次原理图之间信号的正确传递，这一点是通过在不同层的原理图中放置名称相同的输入/输出端口来实现的。

层次原理图的设计方法主要有两种：一种是先设计顶层原理图，再设计底层原理图，也就是自上而下的设计方法；另一种是先设计底层原理图，再设计顶层原理图，也就是自下而上的设计方法。

## 3.3 自上而下的层次原理图设计方法

采用自上而下的层次原理图设计方法，首先应根据功能和结构要求，将整体电路划分为若干个功能模块。每一个功能模块用一个方块电路来表示，并把它们正确地连接起来，也就是先绘制层次原理图中的顶层原理图，然后根据顶层原理图中的方块电路，分别创建和绘制与之相对应的子原理图。

下面介绍自上而下的层次原理图的设计过程。

### 1. 绘制顶层原理图

绘制顶层原理图的过程如下。

1) 建立设计文件

新建一个项目文件，并在该项目下新建一个原理图文件。

2) 设置原理图的图纸参数

执行菜单命令【设计】→【文档选项】，打开【文档选项】对话框，并在该对话框中设置图纸参数。如果已设计好原理图模板文件，可直接调用模板文件。

3) 放置方块电路

在层次原理图中，每一个方块电路代表一个子原理图。执行下面操作之一，进入放置方块电路的命令状态。

- 单击配线工具栏上的工具。
- 使用快捷键 P+S。
- 执行菜单命令【放置】→【图纸符号】。

进入放置方块电路的命令状态后，光标变成了十字形，同时在十字光标处出现一个填充色为绿色的方块电路的虚影。移动十字光标到合适的位置，单击鼠标确定方块电路的左上顶点。继续移动十字光标，在方块电路的大小合适时，再次单击鼠标，确定方块电路的右下角顶点。这样就放下了一个方块电路，如图 3-18 所示。

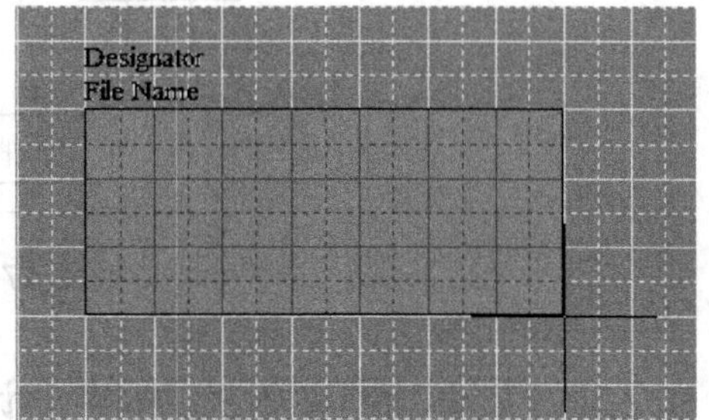

图 3-18　放置方块电路

4) 编辑方块电路属性

双击方块电路，或者在放下方块电路之前按 Tab 键，打开【图纸符号】对话框，如图 3-19 所示。

该对话框的各选项含义如下。

- 边缘宽：方块电路边框线的宽度。单击其右边文本框，有 4 个选项可以选择，分别是 Smallest、Small、Medium 和 Large。
- 边缘色：方块电路边框线的颜色。单击其右边的颜色按钮，然后在弹出的【选择颜色】对话框中，可选择新的颜色。
- 填充色：方块电路内部填充区的填充颜色。同样可通过单击颜色按钮进行修改。

- 画实心：该复选框用于设置方块电路的内部是否使用填充，选中表示使用填充，否则表示不使用。
- 位置：方块电路左上角在图纸上的坐标，单位 mil。
- X-尺寸 X/Y-尺寸：分别表示方块电路的宽和高，单位 mil。
- 标识符：该窗口用于输入方块电路的名称，其作用和普通原理图中元件编号相似。
- 文件名：该窗口用于输入方块电路所代表的下层子原理图的文件名。

在上面的选项中，标识符和文件名是必须输入的，其他选项一般不做修改。

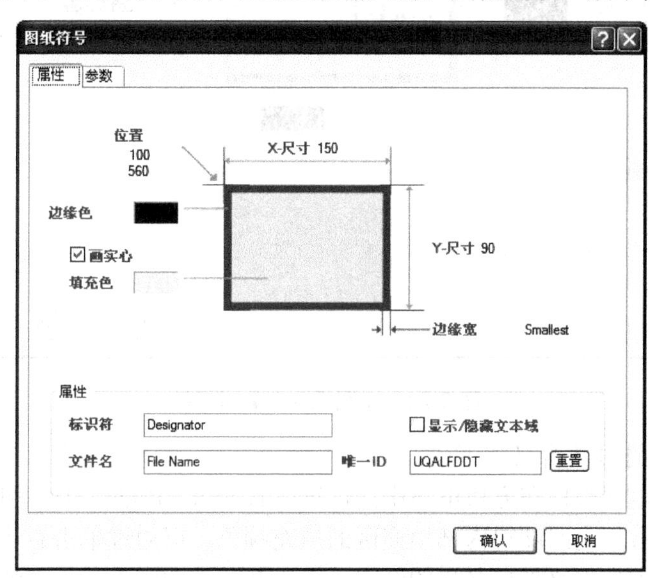


图 3-19　【图纸符号】对话框

5) 放置方块电路端口

方块电路端口是方块电路之间连接的通道，它放置在方块电路边缘的内侧。执行下面操作之一，进入放置方块电路端口的命令状态。

- 单击配线工具栏上的工具。
- 使用快捷键 P+A。
- 执行菜单命令【放置】→【加图纸入口】。

进入放置方块电路端口的命令状态后，光标变成了十字形。移动十字光标到方块电路的内部单击，此时出现了一个方块电路端口的虚影。移动十字光标到合适位置再次单击鼠标，即可放下一个方块电路端口，如图 3-20 所示。

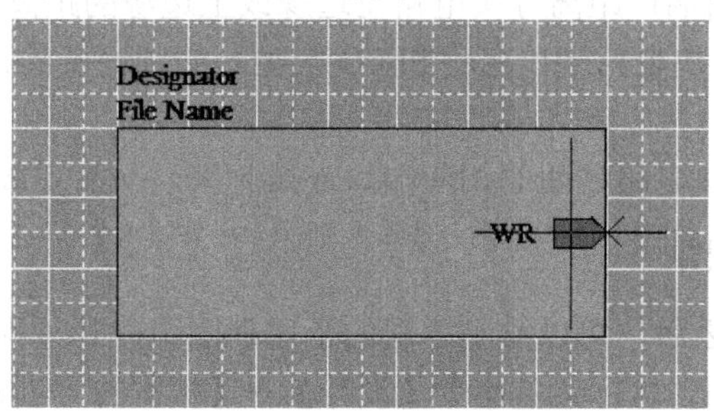


图 3-20　放置方块电路端口

6) 编辑方块电路端口属性

双击方块电路端口，或者在放下方块电路端口之前按 Tab 键，打开【图纸入口】对话框，如图 3-21 所示。

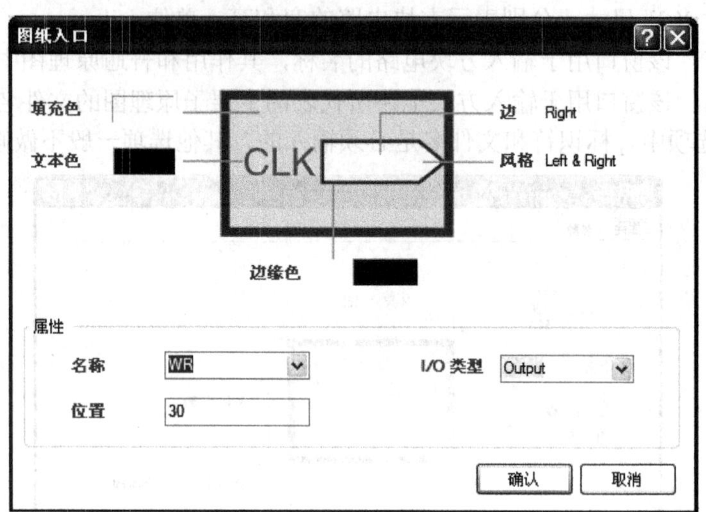


图 3-21 【图纸入口】对话框

该对话框中各选项的含义如下。

- 边：方块电路端口在方块电路中的位置，有 Left、Right、Top 和 Bottom 4 个选项。
- 填充色：方块电路端口内部填充区的填充颜色。可通过单击右边的颜色钮修改。
- 文本色：方块电路端口名称的颜色。单击其右边的颜色钮，在弹出的【选择颜色】对话框中选择新的颜色。
- 边缘色：方块电路端口边框线的颜色。单击其右边的颜色钮，在弹出的【选择颜色】对话框中选择新的颜色。
- 风格：方块电路端口的外形，可用来示意性表示端口的信号流向。单击其右边文本可选择不同的风格，共有 None(Horizontal)、Left、Right、Left & Right、None(Vertical)、Top、Bottom、Top & Bottom 等 8 种。
- 名称：该项用于输入方块电路端口的名称。
- I/O 类型：该项用于设置方块电路端口的输入/输出属性，有 Unspecified(未定义端口)、Output(输出端口)、Input(输入端口)和 Bidirectional (双向端口) 4 种 I/O 类型可选。
- 位置：方块电路端口距离方块电路左边缘或上边缘的距离，单位 mil。

在上面的选项中，方块电路端口名称和 I/O 类型是必须设置的，其他选项一般不做修改。

7) 连线

用导线或总线把方块电路之间的相应端口连接起来，从而完成顶层原理图的绘制。

### 2. 绘制下层子原理图

绘制好顶层原理图之后，可以绘制下层的子原理图了，其过程如下。

(1) 打开顶层原理图。执行菜单命令【设计】→【根据符号创建图纸】，此时光标变成十字形。

(2) 移动十字光标，在某一个方块电路上单击鼠标，弹出一个确认提示框，如图 3-22 所示。

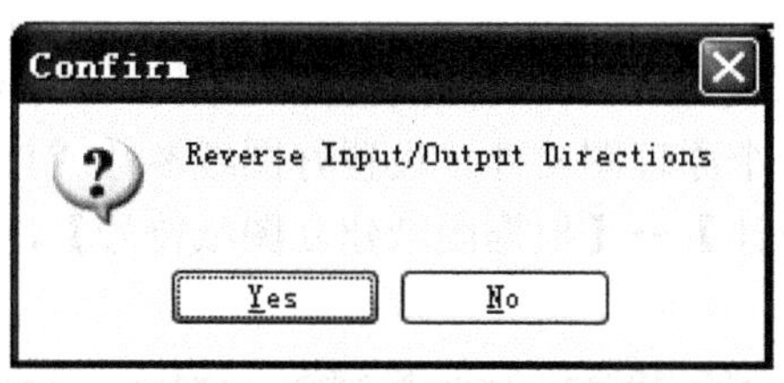


图 3-22　反转端口输入/输出特性确认框

该确认框询问，在即将建立的下层子原理图中是否反转 I/O 端口的输入/输出特性。若单击 Yes 按钮，则在建立的子原理图中，端口的输入/输出特性会与相应的方块电路端口的输入/输出特性相反；反之，如果单击 No 按钮，则在建立的子原理图中，端口的输入/输出特性会与相应的方块电路端口的输入/输出特性相同。

(3) 重复第(2)步，创建所有方块电路的子原理图。

### 特别提示

为了保证子原理图之间端口的 I/O 特性不产生混乱，在由方块电路建立子原理图时，应全部选择反转端口 I/O 特性，或者全部选择不反转 I/O 特性，不要一部分反转而另一部分不反转。

(4) 使用绘制普通原理图的方法，绘制各个子原理图。

完成全部子原理图的绘制后，也就完成了整个层次电路的设计。

## 3.4　自下而上的层次原理图设计方法

采用自下而上的层次原理图设计方法，首先要将整体电路划分为若干个功能模块，依次绘出各个功能模块所对应的子原理图，然后根据子原理图在顶层原理图上建立对应的方块电路，最后用导线或总线对方块电路进行连接。

下面介绍自下而上的层次原理图的设计过程。

### 1. 建立设计文件

新建一个项目文件，并在该项目下新建各个功能模块的子原理图文件。

### 2. 设置原理图的图纸参数

执行菜单命令【设计】→【文档选项】，打开【文档选项】对话框，并在该对话框中设置图纸参数。如果已设计好模板文件，可直接调用模板文件。

### 3. 设计子原理图

根据各个功能模块的机体功能，绘制相应的子原理图。在子原理图上，对和其他子原理图有连接关系的导线或元件引脚，应放置输入/输出端口。子原理图中的输入/输出端口也是子原理图和顶层原理图进行电气连接的重要通道。

### 4. 绘制顶层原理图

绘制好各个子原理图图之后，可以绘制顶层原理图了，具体过程如下。

(1) 在原项目下新建一个原理图文件，设置好图纸参数或直接调用原理图模板。

(2) 执行菜单命令【设计】→【根据图纸建立图纸符号】，打开选择文件放置对话框，如图 3-23 所示。

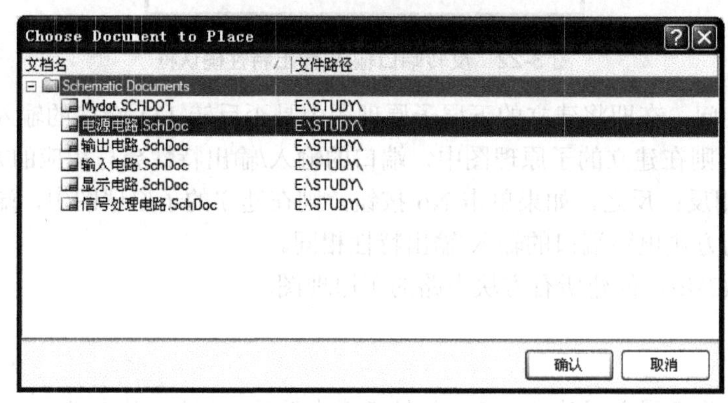


图 3-23　选择原理图生成方块电路对话框

该对话框中列出了该项目下除了当前母图之外的其他所有原理图文件，可以选择里面的原理图在当前母图中创建方块电路。

(3) 选择好原理图后单击【确认】按钮，或者直接双击该原理图，弹出一个和前面一样的反转端口输入/输出特性的确认提示框，如图 3-22 所示。

(4) 用相同的方法，将图 3-23 中的所有子原理图都在当前原理图中生成方块电路。

(5) 用导线或总线把方块电路之间的相应端口连接起来，从而完成顶层原理图的绘制。

经过上面几步，完成了自下而上的层次原理图的整个设计过程。

## 任务实施

掌握了前面相关知识介绍的模板文件和层次原理图的设计方法后，我们可以完成本章任务导入所给的任务。

### 1. 建立设计项目

(1) 在 D 盘根目录下新建一个文件夹，命名为 STUDY3。

(2) 启动 Protel DXP 2004 SP2，执行菜单命令【文件】→【创建】→【项目】→【PCB 项目】，新建一个 PCB 项目，并将该项目文件以 MyDesign. PrjPCB 为名，保存在 STUDY3 文件夹中。

### 2. 设计模板文件

(1) 执行菜单命令【文件】→【创建】→【原理图】，在项目 MyDesign.PrjPCB 下新建一个原理图文件。

(2) 执行菜单命令【设计】→【文档选项】，打开【文档选项】对话框。按第 3.1 节的任务要求，设置模板文件的图纸参数：A 号图纸，水平放置，工作区颜色为 18 号色，边框颜色为 3 号色。设置好相关参数的【文档选项】对话框如图 3-24 所示。

图 3-24　设置好图纸参数的【文档选项】对话框

(3) 使用绘图工具栏上的画直线工具，在图纸的右下角按图 3-1 所示的格式和大小绘制标题栏框线。

(4) 单击绘图工具栏上的工具，进入放置文本字符串的命令状态，按 Tab 键，打开【注释】对话框。

在该对话框的【文本】框中输入【学校名称】；单击【颜色】右边的色块，在弹出的【选择颜色】对话框中选中【基本】选项卡的 3 号色。设置后的注释对话框如图 3-25 所示。

单击【字体】右边的【变更】按钮，打开【字体】对话框。按要求选择字体为仿宋_GB2312，字形为常规，字号为四号，如图 3-26 所示。

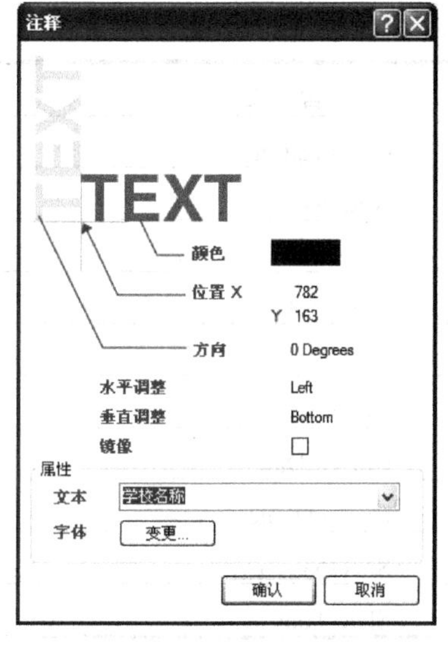


图 3-25　【注释】对话框

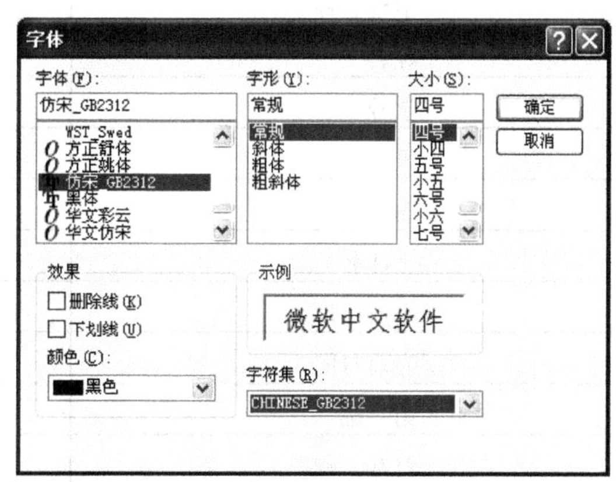


图 3-26　【字体】对话框

设置好文本的属性后返回模板图纸，将字符串放在标题栏的相应格子上。用相同的方法，放入其他固定文本信息。在【文档选项】对话框中取消捕获网格或减小捕获网格值，然后将标题栏中的文本调整到各个格子的中间。调整后的标题栏如图 3-27 所示。

(5) 单击绘图工具栏上的A工具，进入放置文本字符串的命令状态。按 Tab 键，打开【注释】对话框。单击【文本】框右边的下拉按钮，选择字符串=Organization，如图 3-28 所示。由于第一次放置文本时已设置好其他参数，所以直接单击【确认】按钮。返回模板图纸。移动十字光标，将字符串放在标题栏的【学校名称】右边的空格子中。

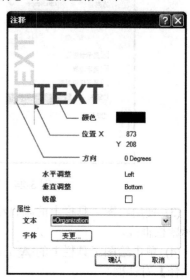

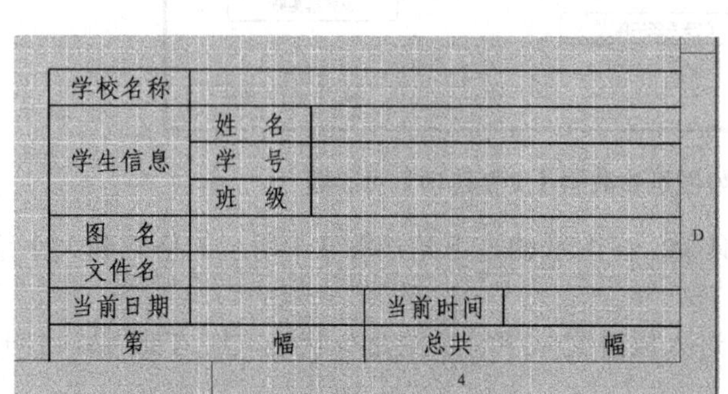

学校名称
学生信息
姓 名
学 号
班 级
图 名
文件名
当前日期
当前时间
第 幅
总共 幅
D
4


图 3-27 调整好固定文本信息位置后的标题栏



图 3-28 选择好字符串的【注释】对话框

用相同的方法，将其他空字符串一一放好，并调整好字符串的位置。各个待填信息使用的字符串如表 3-2 所示。放置好字符串并调整好位置后的标题栏如图 3-29 所示。

表 3-2 标题栏中各个待填信息所使用的字符串

| 字 符 串 | 含 义 |
|---|---|
| 学校名称 | =Organization |
| 姓名 | =Address1 |
| 学号 | =Address2 |
| 班级 | =Address3 |
| 图名 | =Title |
| 文件名 | =DocumentName |
| 当前日期 | =CurrentDate |
| 当前时间 | =CurrentTime |
| 第 幅 | =SheetNumber |
| 总共 幅 | =SheetTotal |

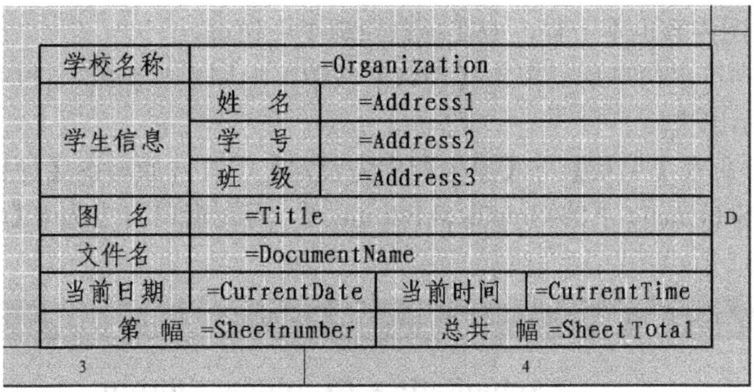

| 学校名称 | =Organization | | |
|---|---|---|---|
| 学生信息 | 姓　名 | =Address1 | |
| | 学　号 | =Address2 | |
| | 班　级 | =Address3 | |
| 图　名 | =Title | | |
| 文件名 | =DocumentName | | |
| 当前日期 | =CurrentDate | 当前时间 | =CurrentTime |
| 第　幅 | =Sheetnumber | 总共　幅 | =SheetTotal |

图 3-29　在各待填信息处放置字符串后的标题栏

(6) 执行菜单命令【设计】→【文档选项】，打开【文档选项】对话框。切换到【参数】选项卡，在该选项卡中输入相关字符串的信息。例如，Address1 输入“张三”，Address2 输入 01，Address3 输入“10 电子信息”，Organization 输入“广东工贸职业技术学院”，SheetTotal 输入 5，如图 3-30 所示。

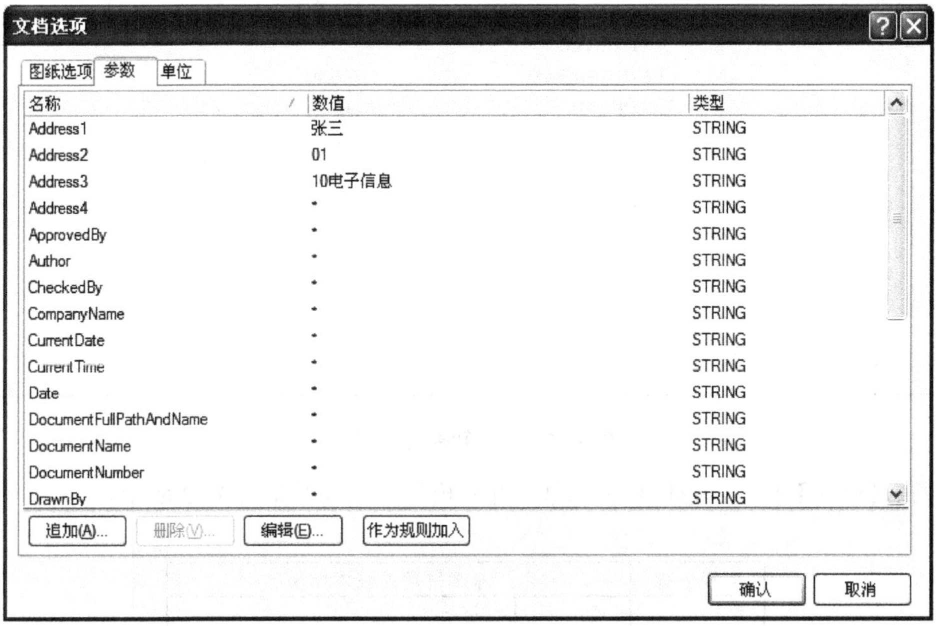

文档选项

图纸选项　参数　单位

| 名称 | 数值 | 类型 |
|---|---|---|
| Address1 | 张三 | STRING |
| Address2 | 01 | STRING |
| Address3 | 10电子信息 | STRING |
| Address4 | * | STRING |
| ApprovedBy | * | STRING |
| Author | * | STRING |
| CheckedBy | * | STRING |
| CompanyName | * | STRING |
| CurrentDate | * | STRING |
| CurrentTime | * | STRING |
| Date | * | STRING |
| DocumentFullPathAndName | * | STRING |
| DocumentName | * | STRING |
| DocumentNumber | * | STRING |
| DrawnBy | * | STRING |

追加(A)...　删除(V)...　编辑(E)...　作为规则加入

确认　取消

图 3-30　设置字符串信息

在使用 Protel DXP 2004 SP2 的系统字符串时，有些字符串将自动调用系统信息，无须做任何设置。例如=CurrentDate、=CurrentTime、=DocumentName 等；有些字符串则要求用户手动设置相关信息，例如=Address1～=Address4、=Organization、=Title 等。

因为模板文件是提供给各个原理图调用的，所以对于需手动设置的字符串，必须是所有原理图都相同的那些信息，才在模板文件中输入；而对原理图不同，信息也不同的字符串，则在调用模板后在各自的子原理图中设置。例如，本例的=Organization (学校名称)、=Address1 (姓名)、=Address2 (学号)、=Address3 (班级)和=SheetTotal，对每一张子原理图都是相同的，所以应在模板文件中设置这些字符串信息；而=Title (图名)和=SheetNumber (第幅)对不同的原理图内容也不一样，应在各自原理图中设置。

设置好这些字符串信息后，单击【确认】按钮，返回模板图纸，此时标题栏中的字符串信息还没有显示出来。

(7) 执行菜单命令【工具】→【原理图优先设定】，打开原理图【优先设定】对话框。从窗口左边选择 Schematic 下的 Graphical Editing 项，再在窗口右边选中【转换特殊字符串】复选框，如图 3-31 所示。

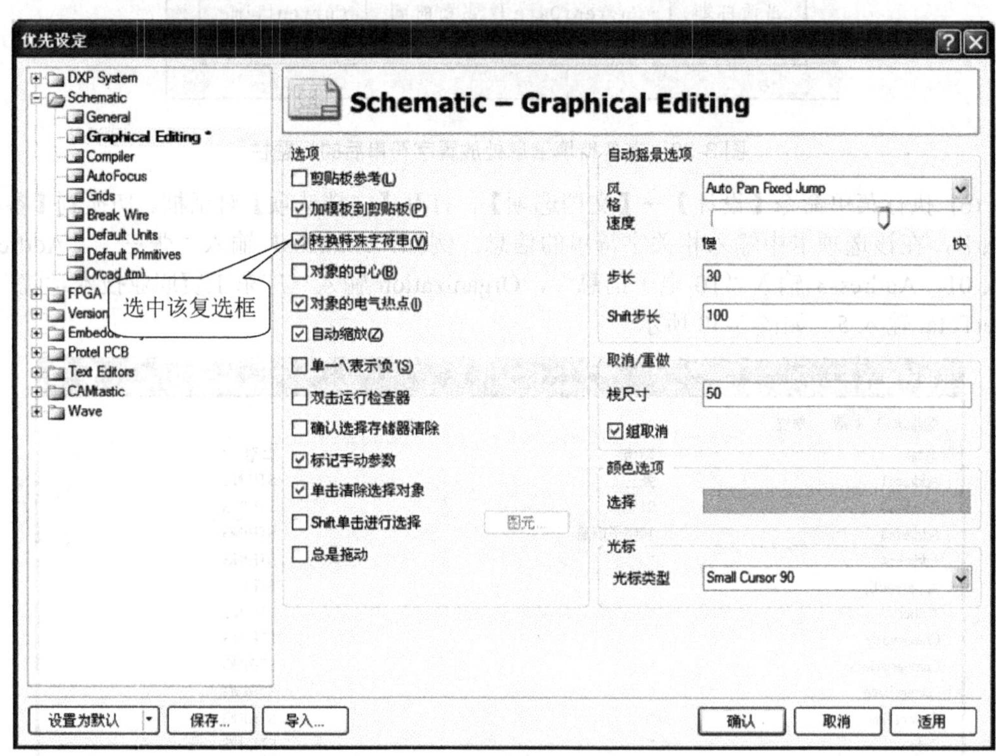


图 3-31 设置转换特殊字符串

单击【确认】按钮，返回模板图纸，此时模板的标题栏如图 3-32 所示。

| 学校名称 | 广东工贸职业技术学院 | | |
|---|---|---|---|
| 学生信息 | 姓 名 | 张三 | |
| | 学 号 | 01 | |
| | 班 级 | 10电子信息 | |
| 图 名 | * | | |
| 文件名 | MYDOT.SCHDOT | | |
| 当前日期 | 2012-2-26 | 当前时间 | 15: 07: 43 |
| 第 * 幅 | | 总共 5 幅 | |

图 3-32 转换特殊字符串后的标题栏

(8) 执行菜单命令【文件】→【保存】，打开保存文件对话框。从【保存在】下拉列表框中选择模板文件的保存位置。单击该对话框下方的【保存类型】下拉列表框右边的下拉按钮，然后从弹出的下拉菜单中选择 Advanced Schematic template。在文件名框中输入 Mydot.SchDot，如图 3-33 所示。单击【保存】按钮，完成模板文件的保存。

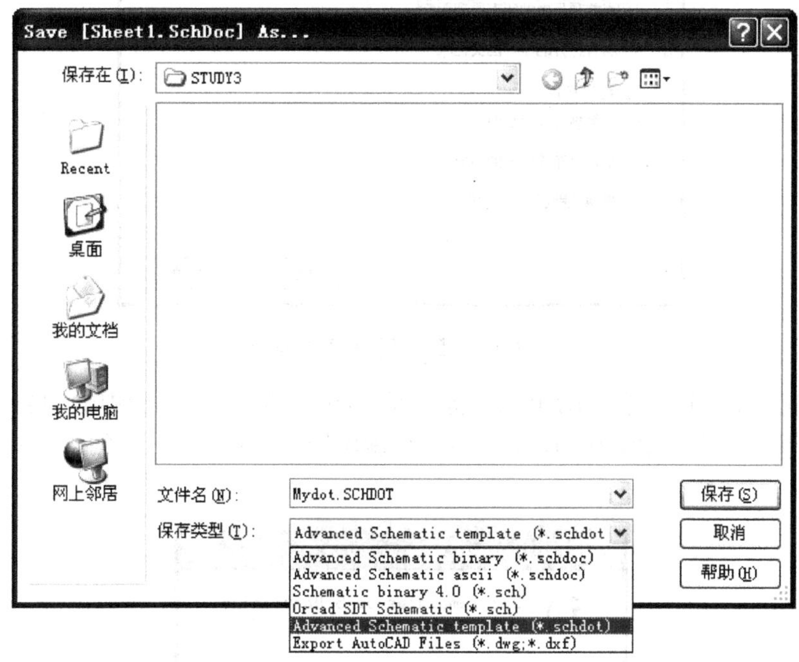


图 3-33　保存模板文件

至此就完成了本任务的模板文件的设计。

### 3. 设计层次原理图

设计层次原理图有自上而下和自下而上两种方法，本任务采用自下而上的方法来进行层次电路设计。

1) 绘制子原理图

(1) 新建子原理图。

在当前项目 MyDesign.PrjPCB 下新建 5 个原理图文件，将其保存到 STUDY3 文件夹中，文件名分别为输入模块.SchDoc、输出模块.SchDoc、信号处理模块.SchDoc、电源模块.SchDoc 和环境采集.SchDoc。

(2) 调用模板文件。

执行菜单命令【设计】→【模板】→【设定模板文件名】，在弹出的打开模板文件对话框中双击要调用的模板文件，弹出【更新模板】对话框。在该对话框的【选择文档范围】选项组中选中【当前项目中的所有原理图】单选按钮，在【选择参数动作】选项组中选择【更换全部匹配参数】单选按钮，如图 3-34 所示。

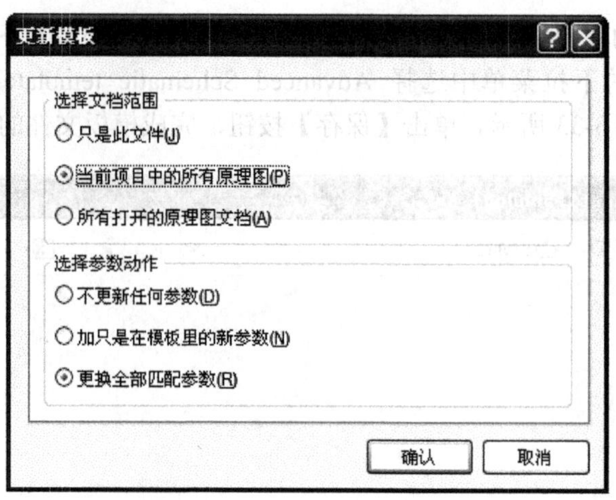


图 3-34 【更新模板】对话框

单击【确认】按钮，弹出 DXP 信息提示框，如图 3-35 所示。提醒用户共有 5 个原理图文件调用该模板。单击 OK 按钮，返回原理图编辑器。此时，项目下的 5 个原理图都调用了该模板。

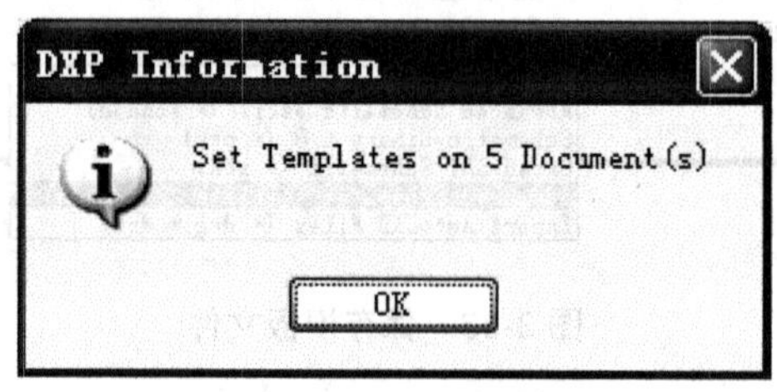


图 3-35 调用模板信息提示框

(3) 设置各个原理图的自有动态信息。

依次打开各个原理图，然后执行菜单命令【设计】→【文档选项】，打开【文档选项】对话框。切换到【参数】选项卡，再按表 3-3 所示设置 Title 和 SheetNumber 的信息。

表 3-3 各个原理图的自有动态信息

| 原理图文件 | 自有动态信息 | |
|---|---|---|
| | 图名(Title) | 原理图编号(SheetNumber) |
| 输入模块.SchDoc | 输入模块 | 1 |
| 输出模块.SchDoc | 输出模块 | 2 |
| 信号处理模块.SchDoc | 信号处理模块 | 3 |
| 电源模块.SchDoc | 电源模块 | 4 |
| 环境采集.SchDoc | 环境采集 | 5 |

这样就完成了所有原理图私有动态信息的设置。

(4) 绘制输入模块。

将输入模块中各个元件所在的元件库载入原理图编辑器，各元件所在的元件库如表 3-4 所示。把元件取出后，按照图 3-2 把元件摆放好，然后对电路进行电气连接。由于该模块中的 4 组电路的输出端和信号处理模块有电气连接关系，所以应在这些输出端放置端口，端口名称和图 3-2 中该处的网络标号相同，分别为 XIN1、XIN2、XIN3 和 XIN4。绘制好的输入模块如图 3-36 所示。

表 3-4　输入模块各元件所在元件库

| 元件 | 所在元件库 |
|---|---|
| Cap pol1、Diode 1N4148、RES2、RPot | Miscellaneous Devices.IntLib |
| Herder 2 | Miscellaneous Connectors.IntLib |
| SN74ALS33AD | TI Logic Gate 1.IntLib |

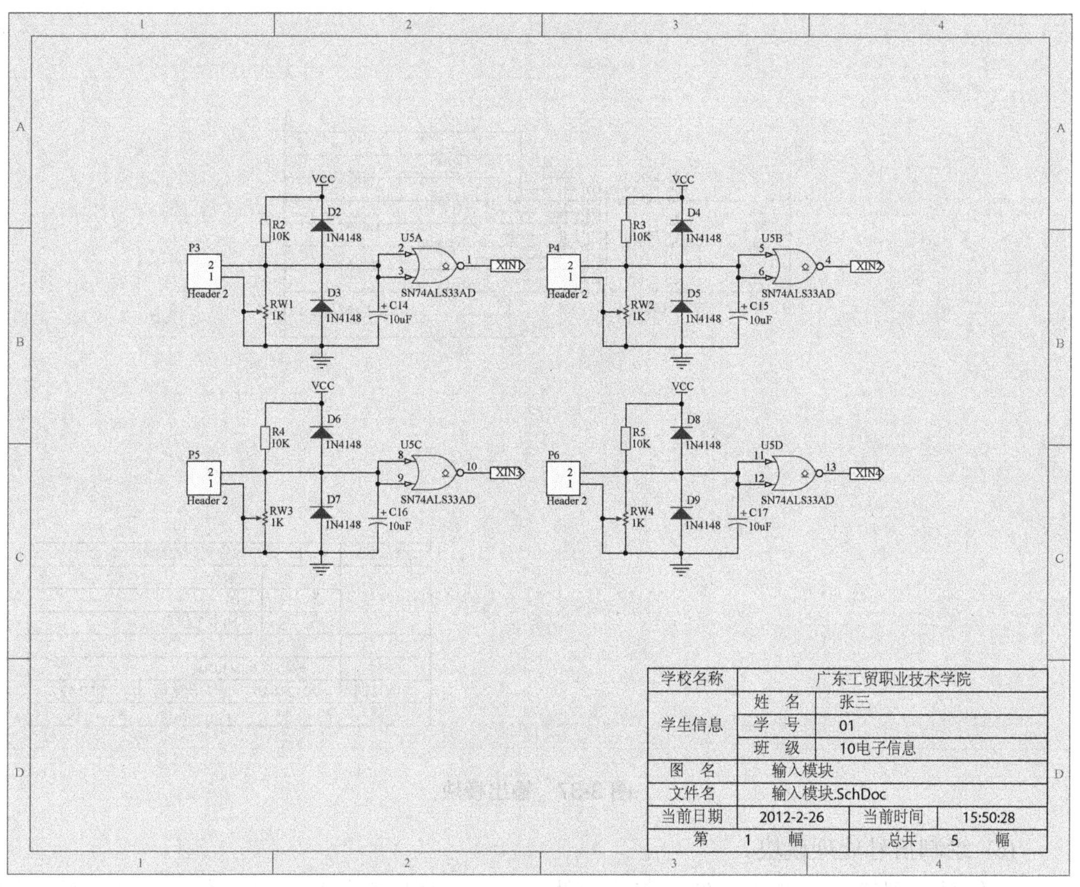


图 3-36　输入模块

(5) 绘制输出模块。

将输出模块中各个元件所在的元件库载入原理图编辑器，各元件所在的元件库如表 3-5 所示。把元件取出后，按照图 3-3 把元件摆放好，然后对电路进行电气连接。由于模块中元件 U4 的 5 脚和信号处理模块有电气连接关系，所以在该引脚处放置一个端口，端口名称和图 3-2 中该处的网络标号相同，为 SIG。绘制好的输出模块如图 3-37 所示。

表 3-5　输出模块各元件所在元件库

| 元　件 | 所在元件库 |
|---|---|
| Cap pol1、LED1、RES2 | Miscellaneous Devices.IntLib |
| LM3915N | NSC Interface Display Driver.IntLib |

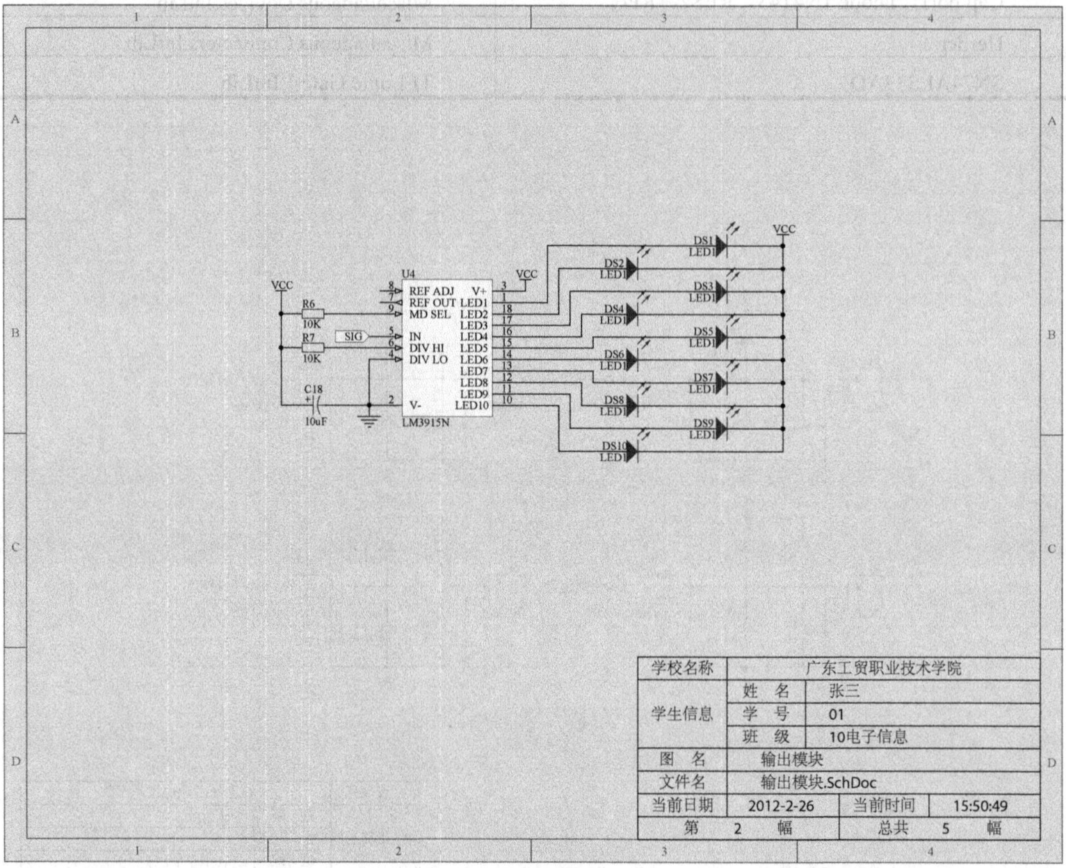

图 3-37　输出模块

(6) 绘制信号处理模块。

将信号处理模块中各个元件所在的元件库载入原理图编辑器，各元件所在的元件库如表 3-6 所示。把元件取出后，按照图 3-4 把元件摆放好，然后对电路进行电气连接。由于该模块中的元件 U1 有 5 个引脚分别与输入模块和输出模块的相关元件有电气连接，所以在这些引脚放置 I/O 端口，端口名称和图 3-4 中该处的网络标号相同，分别为 XIN1、XIN2、XIN3、XIN4 和 SIG。绘制好的信号处理模块如图 3-38 所示。

表 3-6 信号处理模块各元件所在元件库

| 元 件 | 所在元件库 |
|---|---|
| Cap、Cap pol1、RES2、 SW-PB、XTAL | Miscellaneous Devices.IntLib |
| Header 10X2 | Miscellaneous Connectors.IntLib |
| P89C52X2BN | Philips Microcontroller 8-Bit.IntLib |
| DM74LS373N | NSC Logic Latch.IntLib |

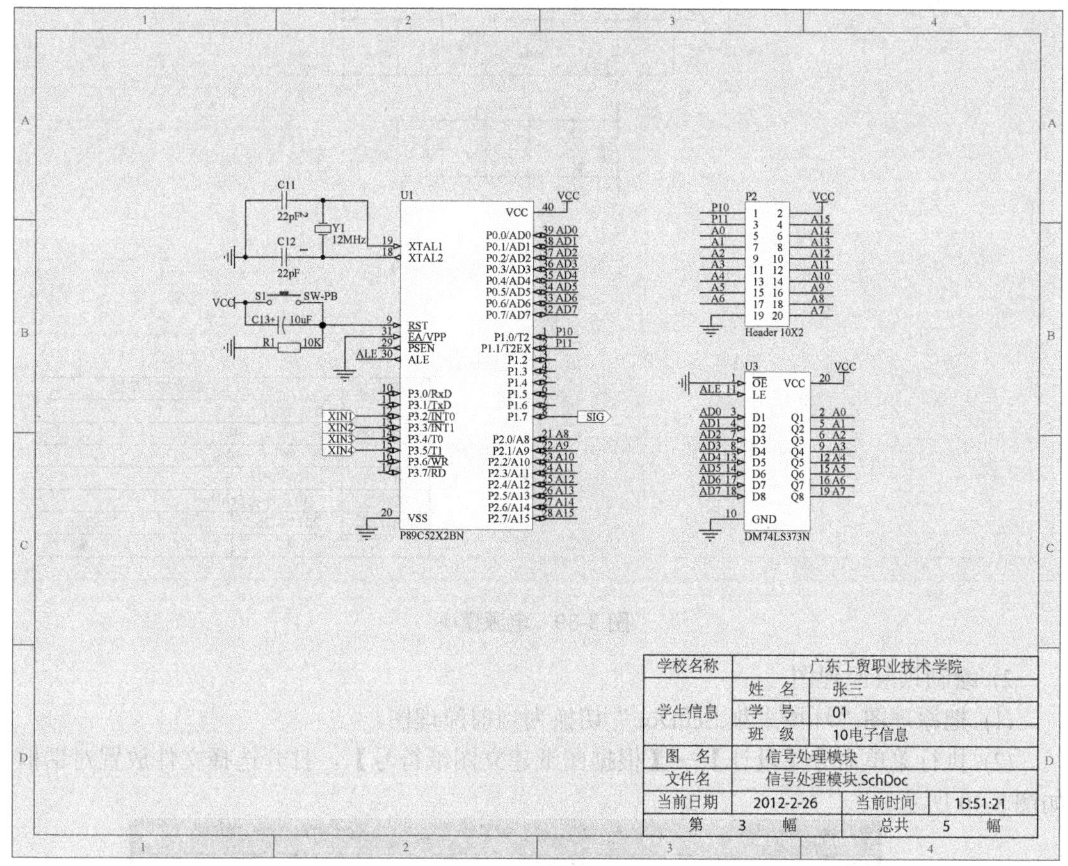

图 3-38 信号处理模块

(7) 绘制电源模块。

将电源模块中各个元件所在的元件库载入原理图编辑器，各元件所在元件库如表 3-7 所示。把元件取出后，按照图 3-5 把元件摆放好，然后对电路进行电气连接。该模块输出的电源和接地与其他模块有电气连接关系，电源和地本身就是端口，电源的网络标号为 VCC，接地的网络标号为 GND，所以该模块可以不放置端口。绘制好的电源模块如图 3-39 所示。

表 3-7 电源模块各元件所在元件库

| 元 件 | 所在元件库 |
|---|---|
| Cap、Cap pol1、Diode 1N4001 | Miscellaneous Devices.IntLib |
| Header 2 | Miscellaneous Connectors.IntLib |
| A8184SLT | Allegro Power Mgt Voltage Regulator.IntLib |

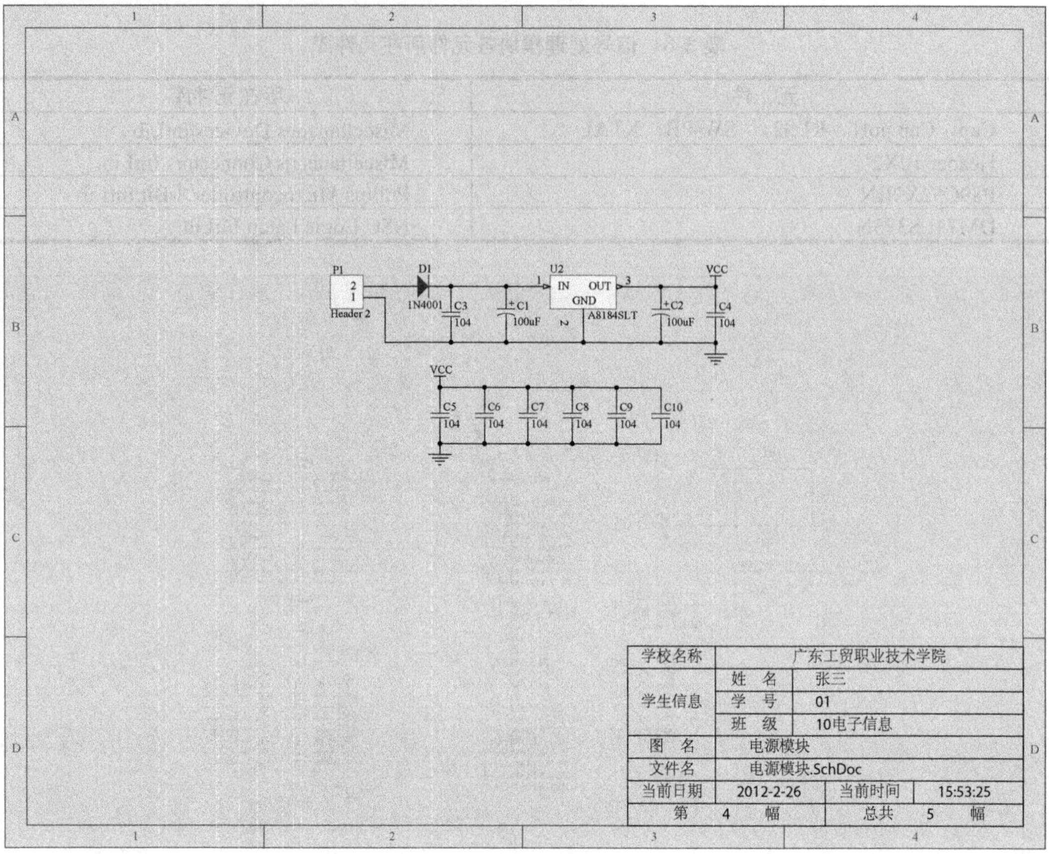

| 学校名称 | 广东工贸职业技术学院 | | |
|---|---|---|---|
| 学生信息 | 姓　名 | 张三 | |
| | 学　号 | 01 | |
| | 班　级 | 10电子信息 | |
| 图　名 | 电源模块 | | |
| 文件名 | 电源模块.SchDoc | | |
| 当前日期 | 2012-2-26 | 当前时间 | 15:53:25 |
| 第　4　幅 | | 总共　5　幅 | |

图 3-39　电源模块

2) 绘制顶层原理图

(1) 把原理图“环境采集.SchDoc”切换为当前原理图。

(2) 执行菜单命令【设计】→【根据图纸建立图纸符号】，打开选择文件放置对话框，如图 3-40 所示。

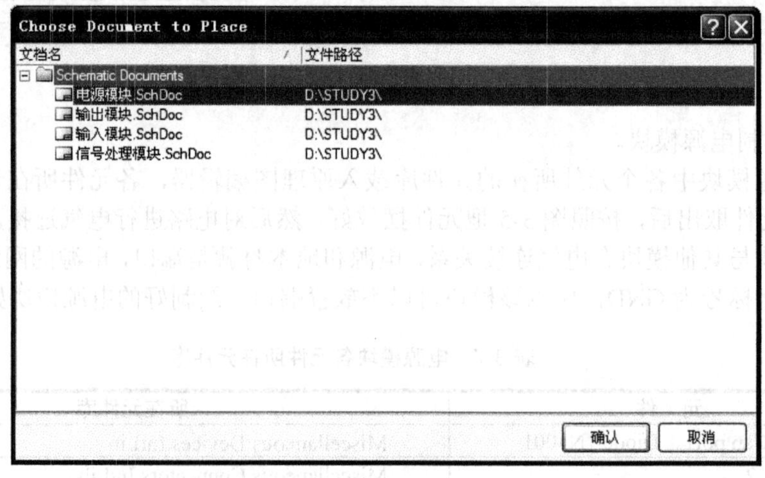


图 3-40　选择文件放置对话框

双击该对话框中的“电源模块.SchDoc”，弹出一个反转端口输入/输出特性确认提示框，如图 3-41 所示。单击 No 按钮，将方块电路在原理图“环境采集.SchDoc”中放下。

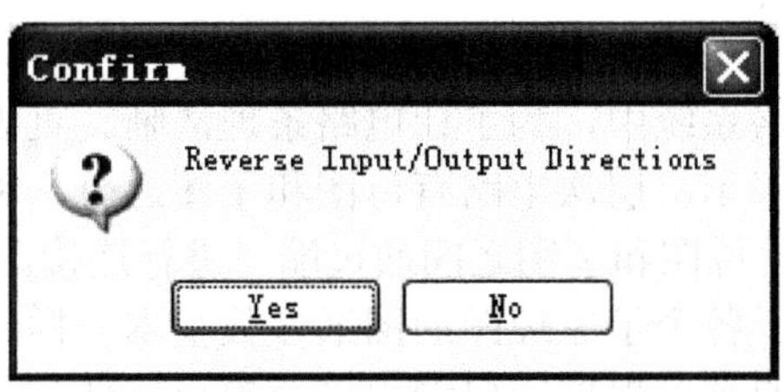


图 3-41 反转端口输入/输出特性确认框

(3) 用相同的方法，将其他 3 个子原理图对应的方块电路也放置在原理图“环境采集.SchDoc”中。

(4) 调整好各个方块电路的位置。用鼠标拖动内部端口，将其移动到合适位置。用画导线工具将各个同名端口连接起来。

完成后的顶层原理图“环境采集.SchDoc”如图 3-42 所示。这样我们就完成了“任务导入”所要求的全部设计。

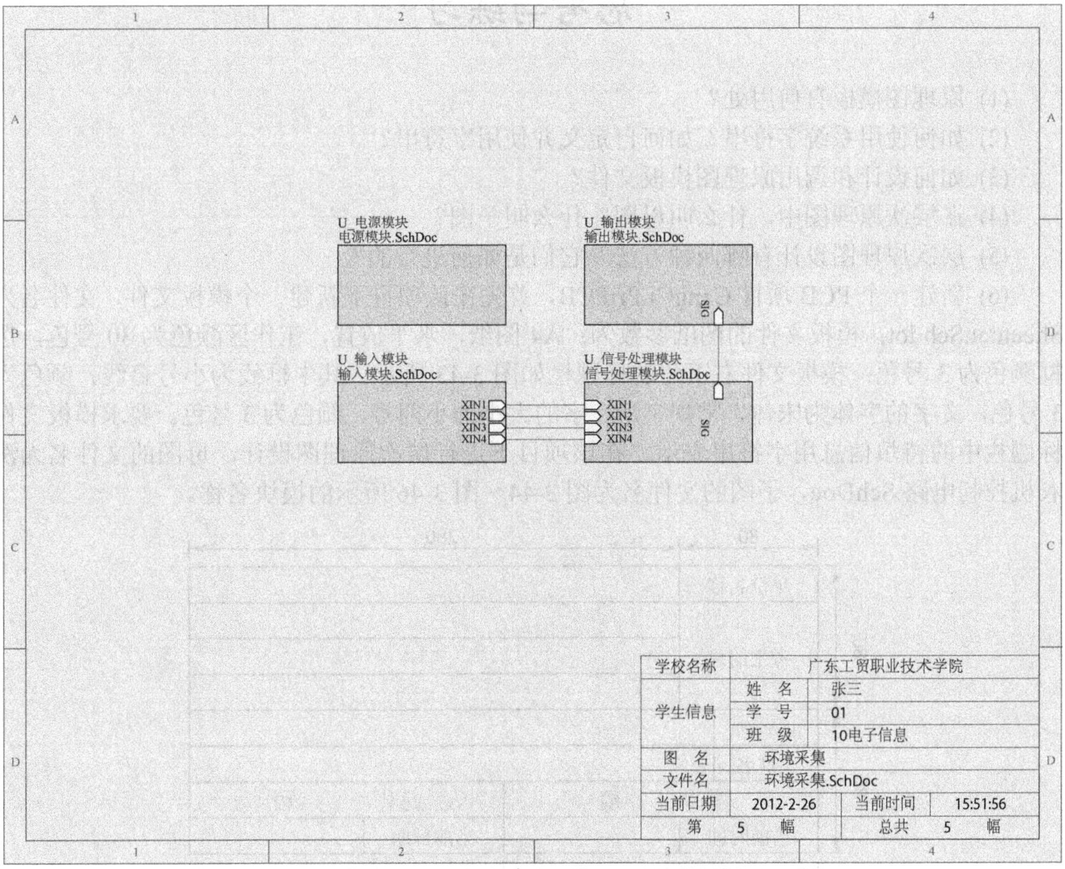

| 学校名称 | 广东工贸职业技术学院 | | |
|---|---|---|---|
| 学生信息 | 姓 名 | 张三 | |
| | 学 号 | 01 | |
| | 班 级 | 10电子信息 | |
| 图 名 | 环境采集 | | |
| 文件名 | 环境采集.SchDoc | | |
| 当前日期 | 2012-2-26 | 当前时间 | 15:51:56 |
| 第 5 幅 | | 总共 5 幅 | |

图 3-42 绘制好的顶层原理图

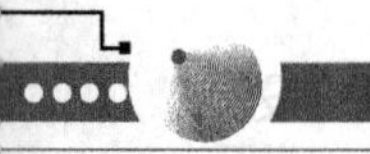



# 本章小结

在元件较多的复杂电路系统中，为了让电路条理清晰、直观，往往将其按功能划分为几个模块，用层次电路来表示。层次电路有母图和子图之分，母图中包含有方块电路，每个方块电路代表一个子图，母图和子图之间通过端口进行连接。

在层次原理图中，由于各个子原理图的图纸参数基本一样，为了设计的方便，往往制作一个模板文件，让各个原理图根据需要调用这个模板文件，这样省去每张图纸都要进行参数设置的麻烦，提高了设计效率。

本章首先讲述了模板文件的设计和调用的操作方法，接着叙述层次原理图自上而下和自下而上两种设计方法，最后通过完成一个层次原理图的设计任务，用实例详细介绍了模板文件和层次原理图的整个设计过程。

对本章的学习，可以直接从第 4 部分“任务实施”开始，当在设计过程中碰到问题时，再到第 3 部分“相关知识”中查找相应的操作方法。

# 思考与练习

(1) 原理图模板有何用处？

(2) 如何使用系统字符串？如何自定义并使用字符串？

(3) 如何设计和调用原理图模板文件？

(4) 在层次原理图中，什么叫母图？什么叫子图？

(5) 层次原理图设计有哪两种方法？它们是如何进行的？

(6) 新建一个 PCB 项目 CengCi.PrjPCB，首先在该项目下新建一个模板文件，文件名为 Sheetdot.Schdot；模板文件的图纸参数为：A4 图纸，水平放置，工作区颜色为 30 号色，边框颜色为 3 号色；模板文件右下角的标题栏如图 3-43 所示。其中框线为小号直线，颜色为 3 号色，文字的字体为宋体，常规字形，字的大小为小四号，颜色为 3 号色。要求模板文件标题栏中的待填信息用字符串表示。在该项目下进行层次原理图设计，母图的文件名为洗衣机控制电路.SchDoc，子图的文件名为图 3-44～图 3-46 所示的模块名称。



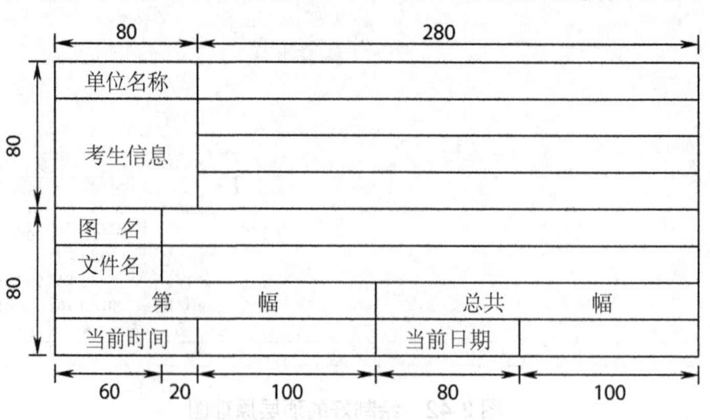


图 3-43 题(6)标题栏

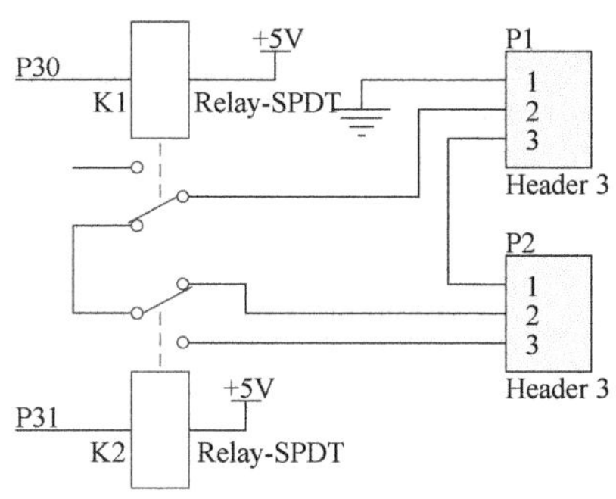


图 3-44　控制模块

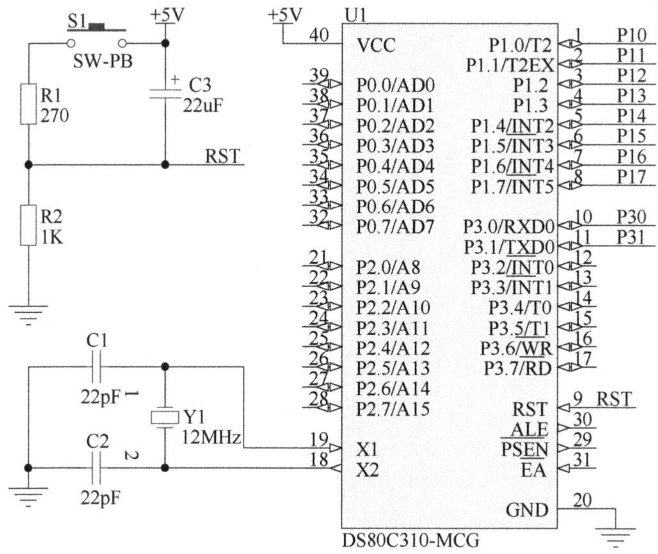


图 3-45　CPU 模块

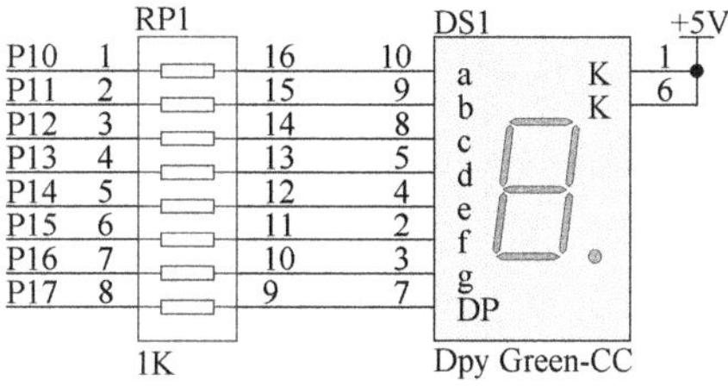


图 3-46　显示模块

# 第 4 章

# 原理图元件制作

教学目标

- 熟悉原理图元件库编辑器。
- 熟悉制作原理图库元件的流程。
- 熟练制作原理图库元件，并能在原理图中使用自己制作的元件。

在进行原理图设计时，必须将所用到的元件从元件库中取出，然后才能进行电气连接，因此可以说原理图元件是原理图的组成细胞。随着电子技术的发展，新元件层出不穷，此外还有一些非标准化的元件，虽然 Protel DXP 2004 SP2 的元件库非常丰富，但它不可能包罗所有的元件。在原理图设计过程中，当用户在元件库中找不到所需要的元件时，就需要自己动手制作这些元件，并使用在原理图中。

本章首先介绍原理图库文件编辑器，然后介绍库元件的制作方法，最后用两个实例详细介绍原理图单一元件和多子件元件的制作过程。

**任务导入**

建立一个文件夹，命名为 STUDY4。新建一个 PCB 项目，并在该项目下新建一个原理图库文件，都保存在该文件夹中，分别命名为 MyDesign.PrjPCB 和 MySchlib.SchLib。在原理图库文件中制作如图 4-1 所示的元件：①共阳极七段数码管 7SEG CA；②四-二输入与非门 74LS00；③与 74LS00 功能、引脚排列相同的元件 74ALS00 和 74S00。其中四-二输入与非门的电源脚 VCC 为 14 脚，接地脚 GND 为 7 脚，这两个引脚都为隐藏引脚。

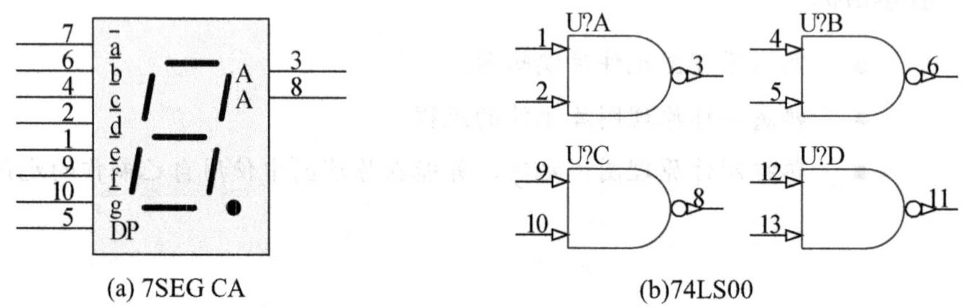

(a) 7SEG CA　　(b)74LS00

**图 4-1　原理图元件制作例图**

**任务分析**

完成本任务，首先要熟悉原理图库编辑器，了解原理图元件的构成，然后在库文件中建立新元件，在编辑窗口绘制元件图，放置好元件的引脚，最后设置元件的属性。

**相关知识**

电路原理图主要由原理图元件和电气连接图件构成，可见原理图元件是原理图的组成细胞。虽然 Protel DXP 2004 SP2 具有丰富的元件库，但由于电子技术的快速发展，新元件会不断地推出，而且还有一些非标准化元件存在。在原理图的实际设计过程中，有时在元件库中可能找不到我们所需要的元件，这时我们可以使用原理图元件库编辑器，自己动手制作这些元件，并使用在原理图中。在这一部分，将介绍原理图元件的制作流程，原理图元件库编辑器的组成，原理图元件的构成以及原理图元件的制作方法。

## 4.1　原理图元件的设计步骤

在 Protel DXP 2004 SP2 中，原理图元件的设计一般要经过如图 4-2 所示的几个步骤。

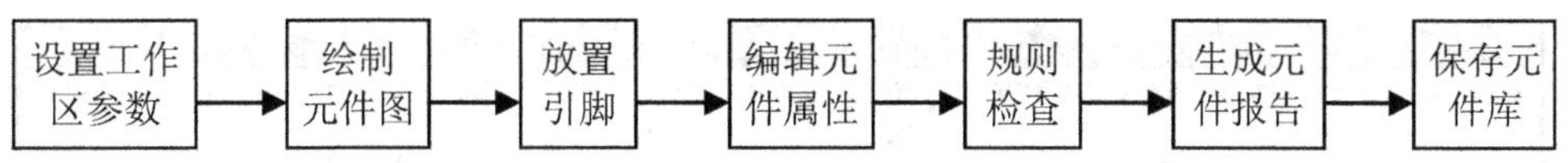


图 4-2　原理图元件的设计流程

1. 设置工作区参数

设置工作区图纸的风格、尺寸、方向以及捕获网格和可视网格等。

2. 绘制元件图

绘制原理图元件的元件图。

3. 放置引脚

执行放置引脚命令，编辑并放下元件的所有引脚。

4. 编辑元件属性

设置元件的默认编号、元件名、元件的描述和其他元件参数。

5. 规则检查

对库文件进行规则检查，根据检查报告排除错误。

6. 生成元件报告

生成单个元件或整个元件库的报告文件。

7. 保存元件库

将库文件保存好，以便日后使用。

# 4.2　原理图库文件编辑器

## 4.2.1　启动原理图库文件编辑器

使用下面方法都可以启动原理图库文件编辑器。

- 新建一个原理图库文件之后，系统会自动打开该文件。
- 双击已存在的原理图库文件。

## 4.2.2　原理图库文件编辑器的组成

打开原理图库文件后就进入了原理图库文件编辑器，如图 4-3 所示。它由菜单栏、工具栏、工作面板、工作区、面板管理中心、状态栏和命令状态行等组成。

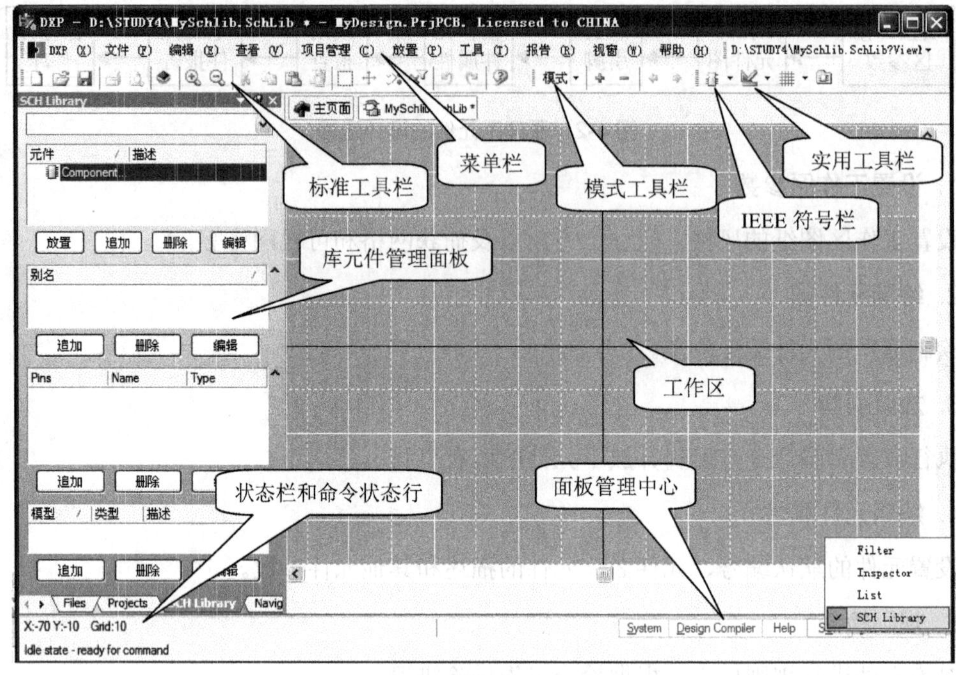


图 4-3　原理图库文件编辑器

## 1. 菜单栏

菜单栏有文件、编辑、查看、项目管理、放置、工具、报告等菜单，存放有与文件操作和原理图元件制作等相关命令，如图 4-4 所示。

DXP (X)　文件 (F)　编辑 (E)　查看 (V)　项目管理 (C)　放置 (P)　工具 (T)　报告 (R)　视窗 (W)　帮助 (H)

图 4-4　菜单栏

## 2. 工具栏

有标准工具栏、实用工具栏、模式工具栏和快速导航器。

1) 标准工具栏

标准工具栏可进行文件操作，画面操作，以及图件的剪切、复制、粘贴、选择、移动等操作，如图 4-5 所示。

图 4-5　标准工具栏

2) 实用工具栏

实用工具栏有 4 个子工具栏，分别是 IEEE 符号子工具栏、绘图子工具栏、网格设置子工具栏和模式管理器，如图 4-6 所示。

图 4-6　实用工具栏

3) 模式工具栏

模式工具栏用于添加、删除或切换元件的模式，如图 4-7 所示。元件的模式有普通模式、狄摩根模式和 IEEE 模式 3 种。在创建原理图元件时，普通模式是必须制作的，其他两种模式可以不制作。

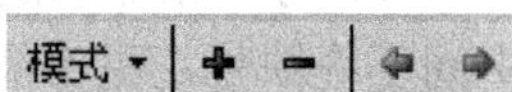


图 4-7　模式工具栏

### 3. 库元件管理面板

用于管理所制作的原理图库元件，具体将在后面介绍。

### 4. 状态栏和命令状态行

用于显示当前光标在图纸上的坐标，捕获栅格的大小以及正在执行的命令，其中图纸坐标的原点在图纸的十字线中心。执行菜单命令【查看】→【状态栏】，可以打开或关闭状态栏；执行菜单命令【查看】→【显示命令行】，可以打开或关闭命令行。

### 5. 面板管理中心

用于开启或关闭各种工作面板。当用户不小心搞乱了工作面板时，通过执行菜单命令【查看】→【桌面布局】→Default，即可恢复初始界面。

### 6. 工作区

工作区是进行原理图元件设计的地方，它被一个十字线分成了 4 个区域，坐标原点在十字线中心。由于元件的参考点就是坐标原点，所以在制作元件时，元件应放在坐标原点，也就是十字线中心附近。

## 4.3　原理图元件的构成

原理图元件由元件图、元件引脚和元件属性 3 个部分组成，如图 4-8 所示。

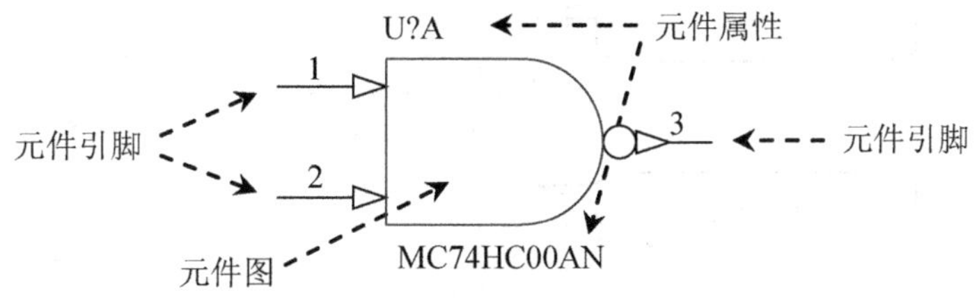


图 4-8　元件的组成

### 1. 元件图

元件图是元件的主体部分，用于形象地表现元件的功能，本身没有实际电气意义。一般用绘图工具栏或放置菜单上不具有电气意义的相关工具或命令来绘制。

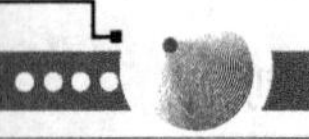



2. 元件引脚

元件引脚是元件的主要电气部分，这部分不但要给人看，更重要的是给原理图设计系统“看”，它是元件最重要的组成部分。每一只引脚都有引脚编号和引脚名称，在原理图中，用导线连接的引脚往往用“元件编号_引脚号”来命名这个网络。对于某一个元件，其引脚编号一般是从 1 开始，依次增 1，中间不许缺号，更不能有两个或两个以上的引脚共用一个编号。每一个引脚有且只有一个电气节点，这个电气节点位于引脚的末端，它用于在原理图中与导线、网络标号或端口做电气连接。在放置引脚时，引脚末端(有电气节点的一端)应背离元件图，而引脚的首端(没有电气节点的一端)应靠近元件图。

3. 元件属性

元件的属性包括看得见的元件编号、元件名称，还有看不见的元件封装、元件描述等。制作好元件后，一般要设置元件的默认编号、元件名称，还可以设置元件的一些说明信息。

## 4.4 原理图库元件管理面板

原理图库文件编辑器中有一个专门的库元件管理面板，用于管理库文件中的所有元件，它由元件查询屏蔽框、元件列表框、元件别名框、引脚列表和其他模型列表框组成，如图 4-9 所示。

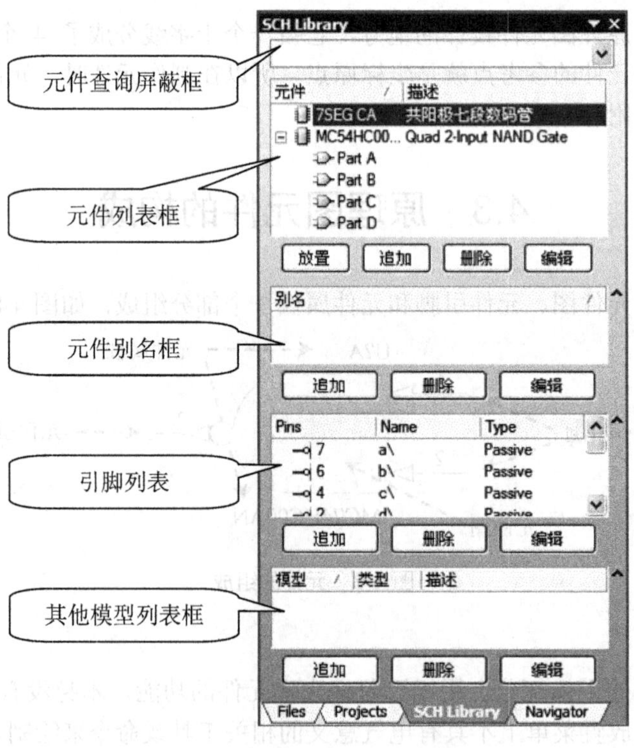


图 4-9 原理图库元件管理面板

### 1. 元件查询屏蔽框

查询元件库中的元件时，可在该框中输入元件名称或元件名称的部分字符，只有符合查询条件的元件才在元件列表中显示出来。利用它可以提高元件的查找效率。

### 2. 元件列表框

该框列出元件库中符合查询条件的所有元件。当元件查询屏蔽框为空时，将列出元件库中的所有元件。

### 3. 元件别名框

选中元件列表框中的某个元件后，在元件别名框中会显示出和该元件功能及引脚排列相同的其他元件，这些元件就叫该元件的别名元件。在制作元件时，别名元件不需重新绘制，在元件别名框中追加就可以了。在原理图中使用别名元件时，直接调用主元件的原理图符号。

### 4. 引脚列表框

显示元件列表框中选中的元件的所有引脚，包括引脚号、引脚名和引脚的电气类型等。

### 5. 其他模型列表框

用于显示元件列表框中选中元件的其他模型，例如 PCB 封装模型、信号完整性分析模型和仿真模型等。

这些框的下方都有【追加】、【删除】和【编辑】按钮，分别用于添加、删除和编辑相应框中的对象。在元件列表框的下方还有一个【放置】按钮，用于将元件列表框中选中的元件放置到最后打开的原理图中。

## 4.5　图纸参数的设置

执行菜单命令【工具】→【文档选项】，打开【库编辑器工作区】对话框，如图 4-10 所示。该对话框可设置图纸的尺寸、方向、模式，工作区和图纸边框的颜色，可视网格和捕获网格，以及边界和隐藏引脚的显示情况等。

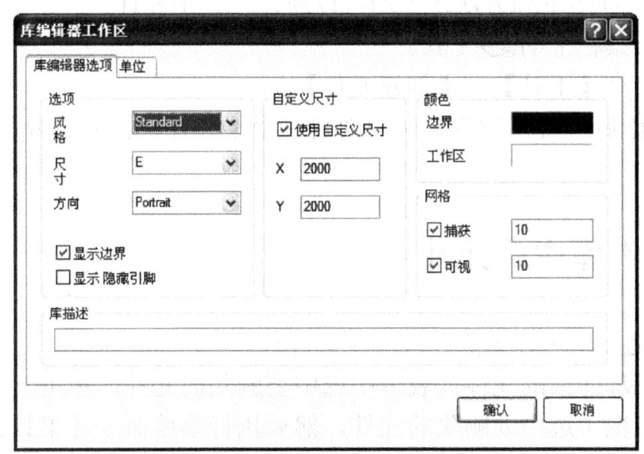


图 4-10　【库编辑器工作区】对话框

# 4.6 原理图元件的创建和删除

## 4.6.1 创建原理图元件

使用下面每一种方法都可以在库文件中创建一个新的原理图元件。

- 单击绘图子工具栏上的工具。
- 单击库元件管理面板上元件列表框下方的【追加】按钮。
- 执行菜单命令【工具】→【新建】。

执行其中一种操作，打开一个对话框，提示用户输入新建元件的元件名，如图 4-11 所示。输入元件名后单击【确认】按钮，就可以在元件库中创建一个新元件。

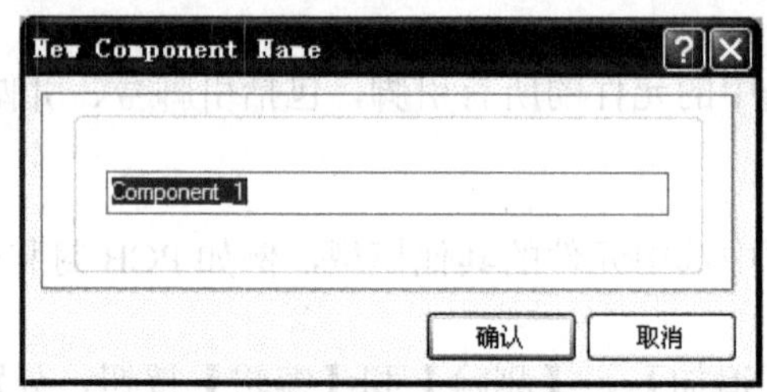


图 4-11 输入新元件的元件名

## 4.6.2 创建原理图元件的子元件

有些元件，特别是 IC 元件，在一个芯片上集成了多个功能相同的子元件，这种元件称为多子件元件。一些门电路元件，例如 74LS00(四-二输入与非门)就在同一块 IC 芯片上集成了 4 个功能一样的二输入端的与非门，它就是一个多子件元件。对于多子件元件，每个子元件都必须单独绘制，在每一张图纸上只能绘制一个子元件，绘制好前面的子元件后，需要新建一个子元件。使用下列方法之一均可以新建一个子元件。

- 单击绘图工具栏上的工具。
- 执行菜单命令【工具】→【创建元件】。

执行上面的操作后，将在当前元件中新建一个子元件，同时打开另一张空白图纸供用户制作子元件。

## 4.6.3 删除元件库中的元件

使用下列方法之一均可以删除元件库中的元件。

- 从库元件管理面板的元件列表框中选中要删除的元件，单击下方的【删除】按钮。
- 从元件列表框中选中要删除的元件，然后执行菜单命令【工具】→【删除元件】。

执行上面的操作后，将打开一个确认删除元件提示框，提示用户确认删除该元件，如图 4-12 所示。

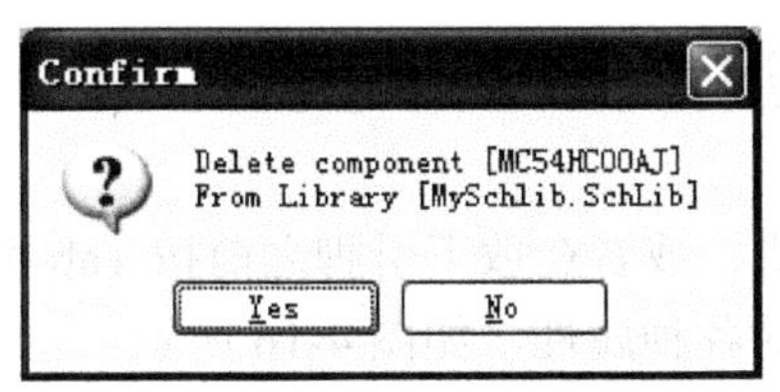


图 4-12　确认删除元件提示框

# 4.7　原理图元件的制作

## 4.7.1　绘制元件图

绘制元件图可以使用绘图子工具栏的相关工具或放置菜单的相关菜单命令。绘图子工具栏如图 4-13 所示，放置菜单如图 4-14 所示，这些绘图工具的使用方法和原理图编辑器中的相应工具基本一致。

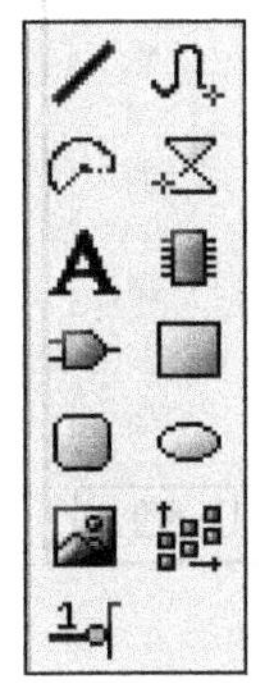

图 4-13　绘图子工具栏

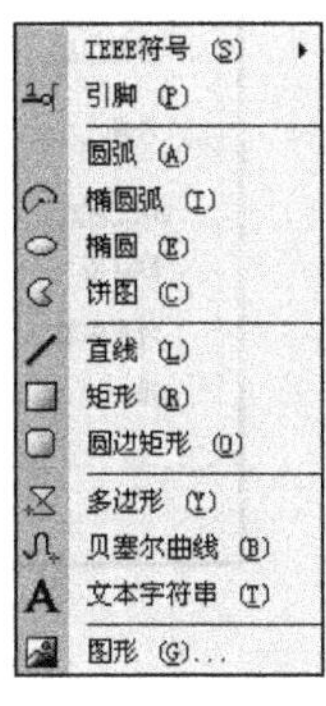


图 4-14　放置菜单

## 4.7.2　放置引脚

执行下面任意一种操作，进入放置引脚命令状态。

- 单击绘图子工具栏上的工具。
- 执行菜单命令【放置】→【引脚】。

进入放置引脚命令状态后，光标变成十字形，同时在十字光标上有一个引脚的虚影，如图 4-15 所示。

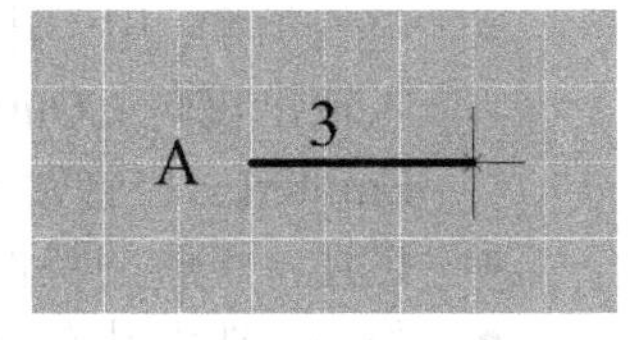


图 4-15　放置引脚

移动十字光标到合适位置，单击鼠标可以放下一个引脚；移动十字光标，可继续放置引脚；右击鼠标或按 Esc 键，可取消放置引脚的命令状态。

### 特别提示

十字光标所在一端为引脚末端，有一个电气节点，在原理图中用于与其他电气节点连接。在放置引脚时，该端应背离元件图。另一端为引脚首端，没有电气节点，该端应靠近元件图。

## 4.7.3 编辑元件引脚属性

放下引脚之后双击该引脚，或者在放下引脚之前按 Tab 键，打开【引脚属性】对话框，在该对话框中可以设置引脚的各种属性，如图 4-16 所示。

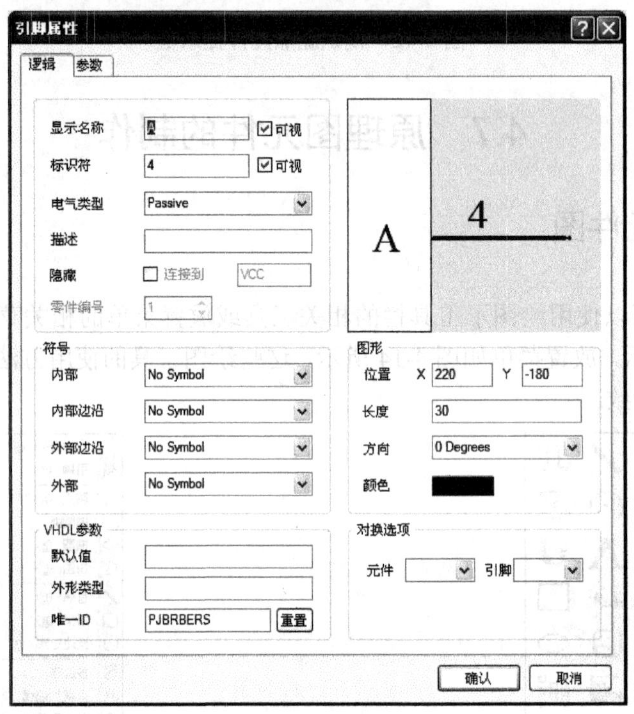


图 4-16 【引脚属性】对话框

该对话框中各选项的含义如下。

- 显示名称：用于设置引脚名称。选中后面的【可视】复选框，则在原理图中将显示该引脚名称，否则不显示。如果引脚名上面带有非号，则在每个字符后面加一个\。
- 标识符：用于设置引脚编号。选中后面的【可视】复选框，则在原理图中将显示该引脚编号，否则不显示。
- 电气类型：用于选择引脚的电器类型。单击右边的下拉按钮，有 Input(输入)、IO(输入输出双向)、Output(输出)、OpenCollector(集电极开路)、Passive(被动)、HiZ(高阻)、Emitter(三极管发射极)和 Power(电源或地)等项可供选择。
- 描述：引脚的特性说明。
- 隐藏：选中其右边的复选框，该引脚将被隐藏起来，在图纸上看不到。此时【连接到】右边的文本框可用，用户可在此输入该引脚在原理图中连接的网络名称。

【符号】选项组中的各选项含义如下。

- 内部：引脚在元件图内部的 IEEE 符号。单击其右边的下拉按钮可以选择不同选项，有 No Symbol(无符号)、Postponed Output(延时输出)、Open Collector(集电极开路)、Pulse(脉冲)、HiZ(高阻)、Schmitt(施密特)等。
- 内部边沿：引脚在元件图内部边沿的 IEEE 符号。有 No Symbol(无符号)和 Clock(时钟)两种可供选择。

- 外部边沿：引脚在元件图外部边沿的 IEEE 符号。有 No Symbol(无符号)、Dot(非号)、Active Low Input(低电平有效输入)和 Active Low Output(低电平有效输出)可供选择。
- 外部：引脚在元件图外部的 IEEE 符号。单击其右边的下拉按钮，可以选择不同选项，有 No Symbol、Right Left Signal Flow、Left Right Signal Flow、Analog Signal In、Digital Signal In 等。

选择不同符号后，在该对话框右上角可以浏览该符号的形状。

此外，在【图形】选项组中还可以设置引脚在图纸上的位置，引脚的长度，引脚的放置方向和颜色等。

## 4.7.4　编辑元件属性

完成元件绘制后，一般都要设置元件的属性。从库元件管理面板的元件列表框中选择待编辑元件后，执行下面两种操作之一，均可以打开库元件属性对话框，如图 4-17 所示。

图 4-17　库元件属性对话框

- 单击元件列表窗下方的【编辑】按钮。
- 执行菜单命令【工具】→【元件属性】。

在该对话框中可以设置元件的默认编号、注释、元件在库中的名称、元件的描述信息和类型等，可以追加、删除或编辑元件的其他参数，还可以追加、删除或编辑元件的其他模型。

该对话框中各选项的含义如下。

- Default Designator：元件被放置到原理图图纸上之后的初始编号，一般输入“字母+？”。选中右边的【可视】复选框，将在原理图编辑器的图纸上显示该项。
- 注释：库元件型号说明。

- 库参考：元件在元件库中的名称。
- 描述：对元件性能、特征的一些说明。
- 显示图纸上全部引脚(即使是隐藏)：该复选框用于设置是否显示图纸上元件的全部引脚，包括隐藏引脚。
- 锁定引脚：用于设置当元件被放置在原理图图纸上后，引脚是否与元件图锁定在一起。选中该项，则引脚和元件图锁定在一起成为一个整体。

### 特别提示

在制作原理图元件时，应将元件图和元件引脚放在图纸上的十字线中心附近。另外，如果引脚名上面带有-（非号），则在输入其名称时，应在带有-号的字符后面都加上\。

## 4.8 复制已有元件到用户元件库

制作原理图元件，除了上面介绍的自己绘制之外，还可以将其他元件库中的相似元件复制到自己的元件库中，对其进行一些修改而成为自己的元件。

这里以复制集成库 Motorola Logic Counter.IntLib 中的元件 MC74HC163N 到项目 MyDesign.PrjPCB 下的用户元件库 MySchLib.SchLib 为例，下面介绍整个操作过程。

(1) 打开项目文件 MyDesign.PrjPCB 和该项目文件下的目标元件库 MySchlib.SchLib，如图 4-18 所示。

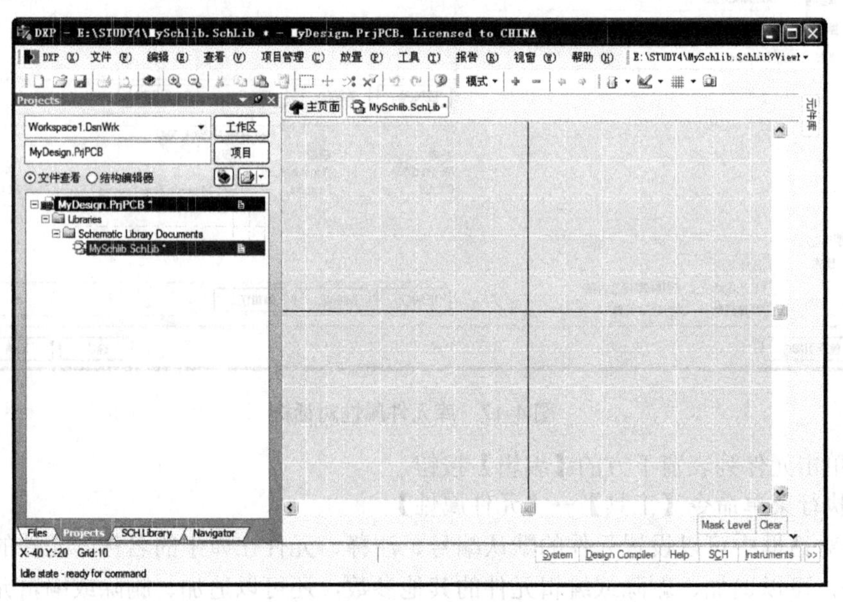

图 4-18　打开目标元件库

(2) 执行菜单命令【文件】→【打开】，弹出选择文件打开对话框。按路径 C:\Program Files\Altium2004 SP2\Library\Motorola 设置查找范围，如图 4-19 所示。

21世纪高职高专电子信息类实用规划教材

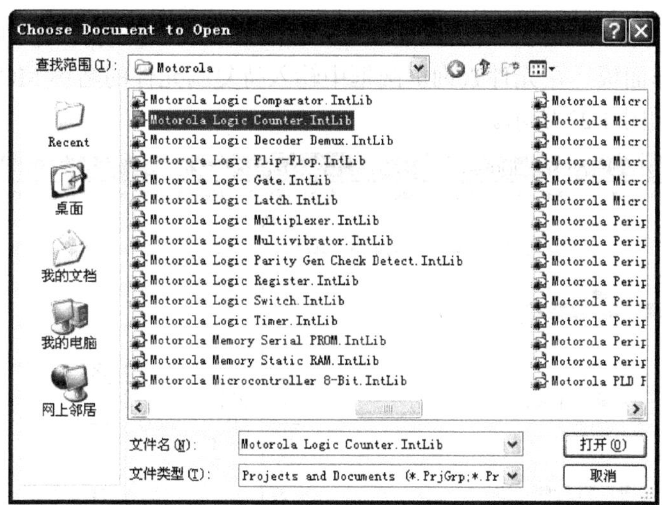


图 4-19　选择文件打开对话框

(3) 双击该对话框中的源库 Motorola Logic Counter.IntLib，弹出【抽取源码或安装】提示框，如图 4-20 所示。

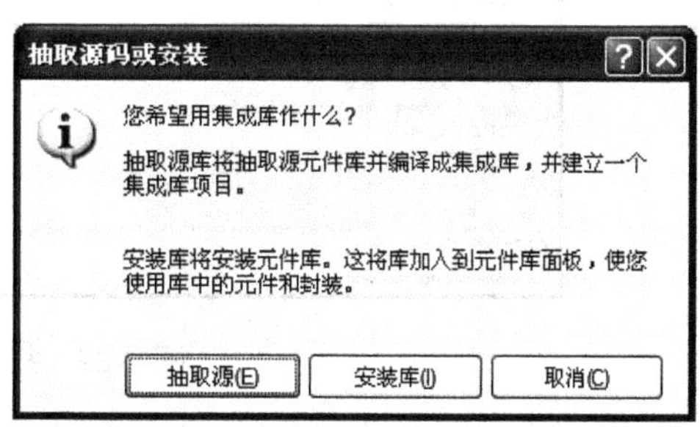


图 4-20　【抽取源码或安装】提示框

该对话框对“抽取源”和“安装库”作了说明。我们的目的是将源库 Motorola Logic Gate.IntLib 中的元件 MC74HC163N 复制到目标库 MySchlib.SchLib 中，所以单击该提示框中的【抽取源】按钮。此时库文件编辑器如图 4-21 所示，由图可见源库作为一个集成库文件包项目被打开了。

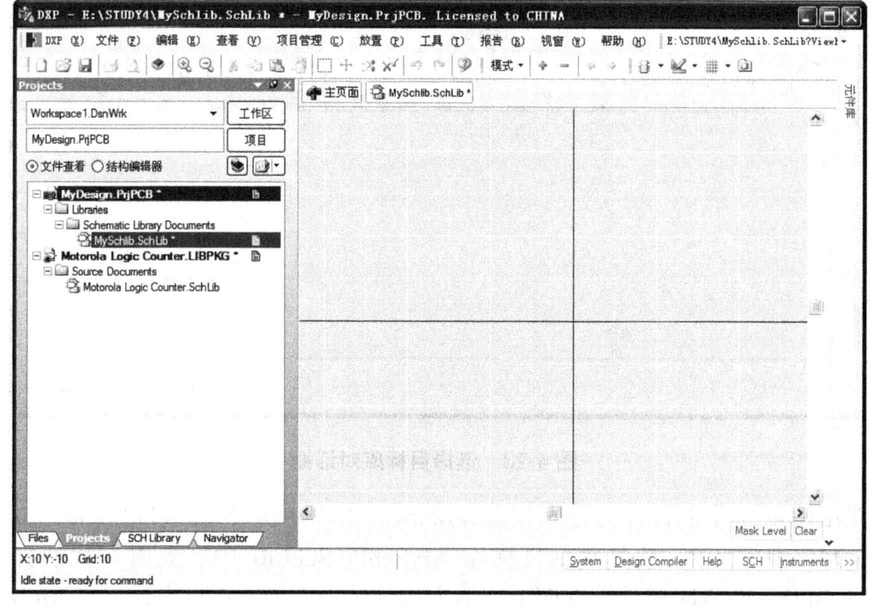


图 4-21　抽取源之后的库文件编辑器

(4) 在项目面板中双击源库 Motorola Logic Counter.SchLib，打开该库后将库元件管理面板切换为当前工作面板，在元件查询屏蔽框中输入待复制元件的名称 MC74HC163N，此时的库文件编辑器如图 4-22 所示。

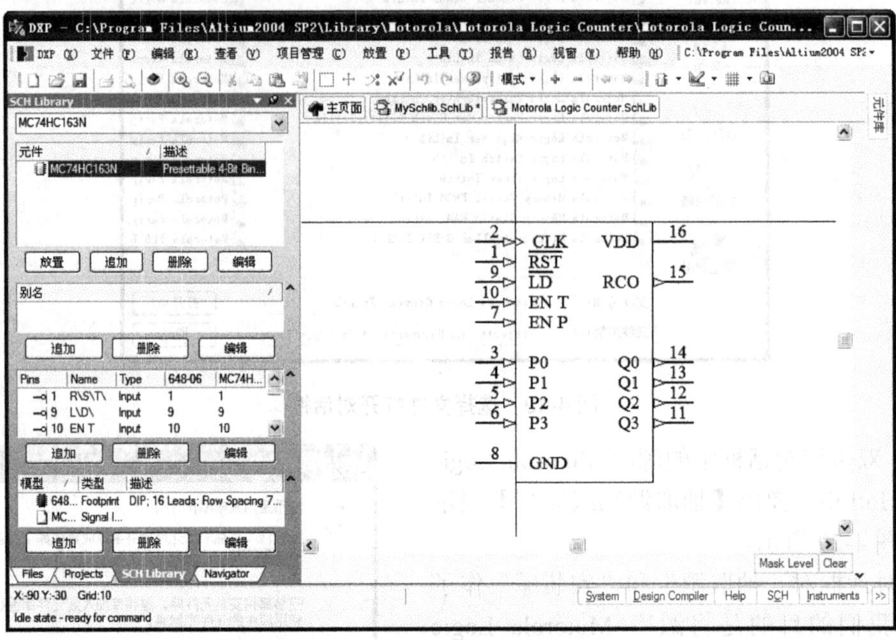

图 4-22　打开源库并选中待复制元件

(5) 在库元件管理面板中选中待复制元件，如图 4-22 所示。执行菜单命令【工具】→【复制元件】，将弹出选择目标库对话框，如图 4-23 所示。

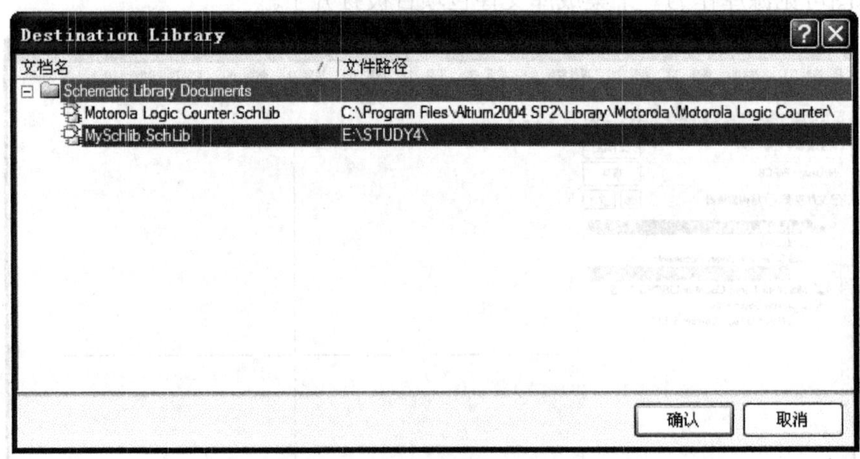


图 4-23　选择目标库对话框

(6) 双击图 4-23 中的目标元件库 MySchlib.SchLib，则源库 Motorola Logic Counter.IntLib 中的元件 MC74HC163N 被复制到目标库 MySchlib.SchLib 中。此时，我们打开目标库 MySchlib.SchLib，并将库元件管理面板切换为当前工作面板，可以发现元件 MC74HC163N 已被复制到目标库中，如图 4-24 所示。

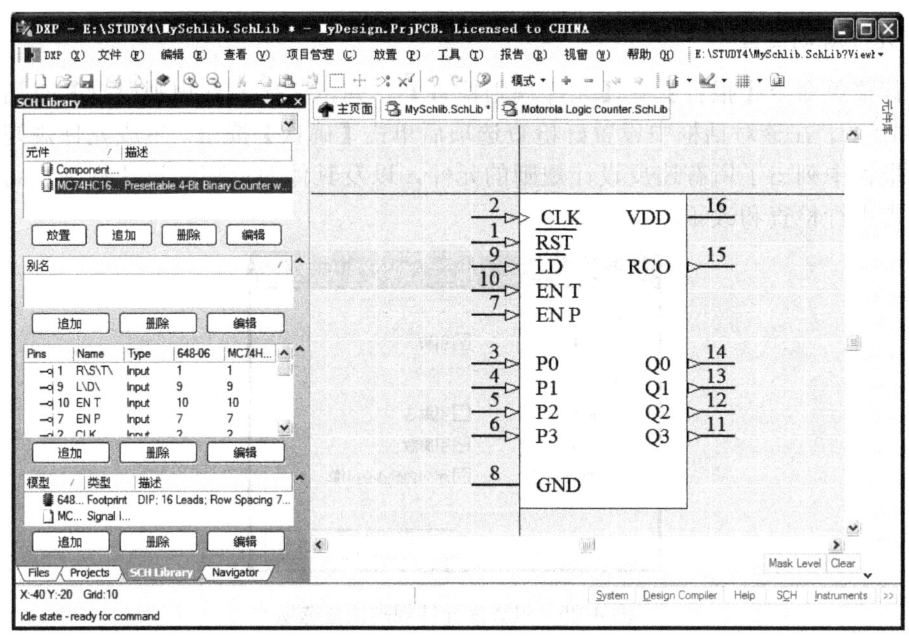

图 4-24　完成元件复制后的目标库

# 4.9　在原理图中使用自己制作的元件

制作好元件后，就可以在原理图中使用这些元件了。从库元件管理面板的元件列表框中选择要放置到原理图中的元件，然后单击元件列表框下方的【放置】按钮，可以将元件放置到原理图中。如果元件库和原理图在同一个项目下，那么可以在原理图的元件库面板中直接选择和放置元件。如果元件库和原理图不在同一个项目下，则可以用第 2 章介绍的加载元件库的方法，将自己制作的元件库载入原理图编辑器中，使其成为可用的元件库。

# 4.10　原理图库的相关报告

完成原理图库设计后，可以生成某个元件或整个库的报告文件，还可以对原理图库进行元件规则检查，排查制作过程中的错误。

### 1. 生成元件报告

从库元件管理面板的元件列表框中选择一个元件，例如选中元件 MC54HC73J，然后执行菜单命令【报告】→【元件】，将生成元件报告。在报告中列出了元件名，元件组成情况，元件的引脚名、引脚编号和引脚电气类型等。

### 2. 生成元件库报告

执行菜单命令【报告】→【元件库】，将生成元件库报告。在报告中列出了该元件库中的元件数量，所有元件的名称和描述信息等。

### 3. 元件规则检查

执行菜单命令【报告】→【元件规则检查】，弹出【库元件规则检查】对话框，如图 4-25 所示。在该对话框中设置好检查选项后单击【确认】按钮，生成元件规则检查报告，该报告中列出了所有违反设计规则的元件，以及具体违反哪些设计规则，用户可根据该报告进行检查和改正。

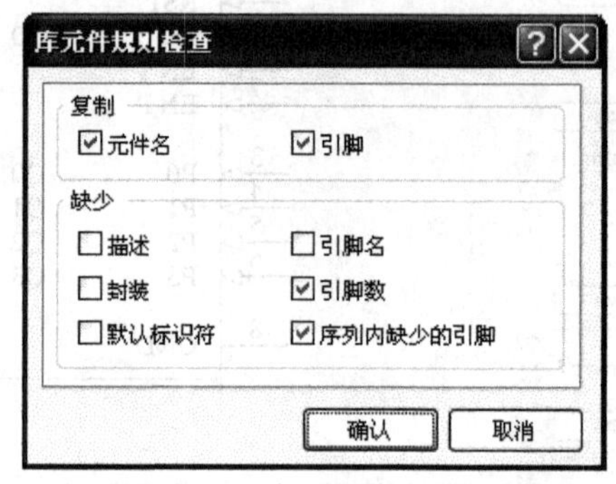


图 4-25　设置库元件规则检查选项

## 任务实施

在学习了基本知识后，就可以完成任务导入所给的任务了。

### 1. 建立设计文件

在 D 盘根目录下创建一个文件夹，命名为 STUDY4。启动 Protel DXP 2004 SP2，新建一个 PCB 项目，并在该项目下新建一个原理图库文件，都保存在该文件夹中，分别命名为 MyDesign.PrjPCB 和 MySchlib.SchLib。

### 2. 制作库元件

1) 制作元件 7SEG CA

元件 7SEG CA 是一个共阳极的七段数码管，其制作过程如下。

(1) 执行菜单命令【工具】→【文档选项】，在打开的文档选项对话框中将工作区颜色设置为基本色的 18 色。

(2) 选中库元件管理面板上元件列表框中的 Component (元件库建立后就存在)，然后执行菜单命令【工具】→【重新命名元件】，打开重命名元件对话框，如图 4-26 所示。

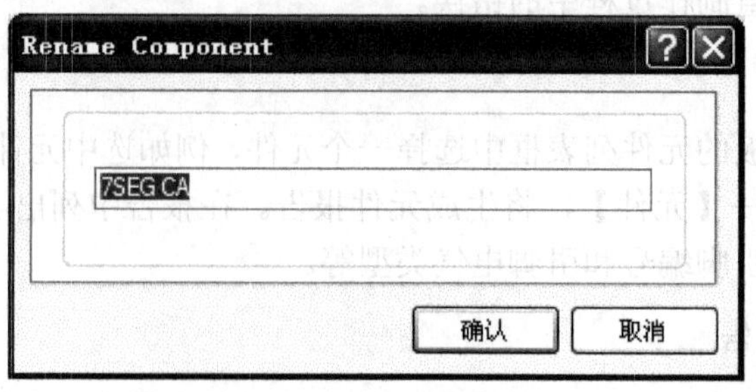


图 4-26　重命名元件对话框

输入元件名后单击【确认】按钮，此时元件列表框中显示该元件已改名为 7SEG CA。

(3) 单击绘图子工具栏中的▣工具，在工作区的十字线中心附近放下一个直角矩形，如图 4-27 所示。

(4) 单击绘图子工具栏中的╱工具，修改其属性，将线宽修改为 Large，然后在直角矩形内部绘制一个 8 字符号，如图 4-28 所示。放置直线时，可取消捕获网格，完成后重新设置好捕获网格。

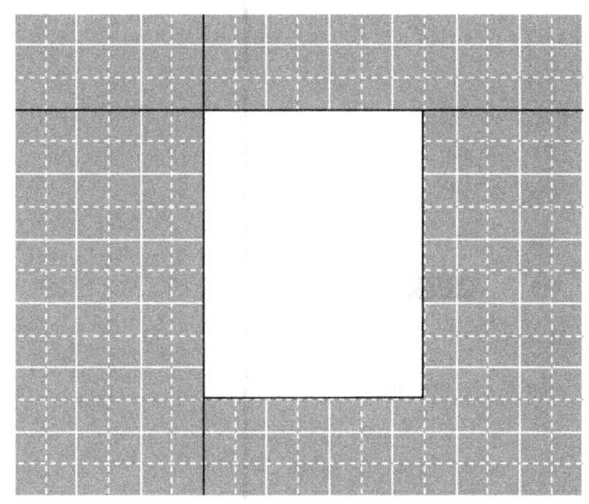

图 4-27　绘制直角矩形

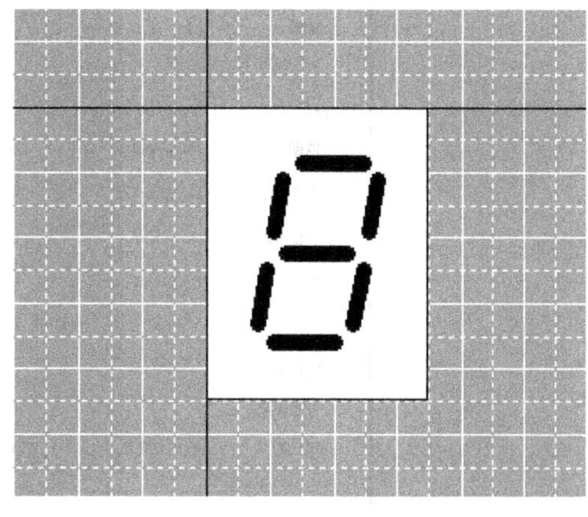

图 4-28　用画直线工具画好 8 字

(5) 单击绘图子工具栏中的⬭工具，在直角矩形右下角放置一个实心圆。修改其属性，将其 X 轴和 Y 轴半径设置为 3mil，填充色修改为基本颜色 229 色，这样实心圆的边框色和填充色将是一样的。放好该实心圆后的图形如图 4-29 所示。

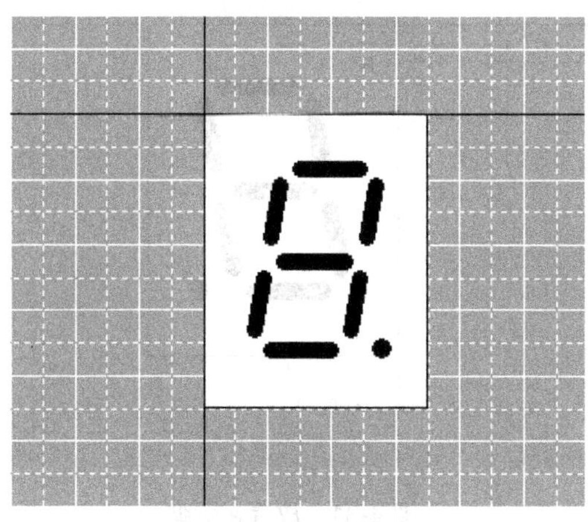

图 4-29　放置实心小圆点

(6) 单击绘图子工具栏中的引脚工具，按 Tab 键，打开【引脚属性】对话框。在【显示名称】文本框中输入 a\，在【标识符】文本框中输入 7，如图 4-30 所示。然后移动十字光标，在直角矩形的左上角放下该引脚，注意十字光标所在一侧应背离元件图，如图 4-31 所示。

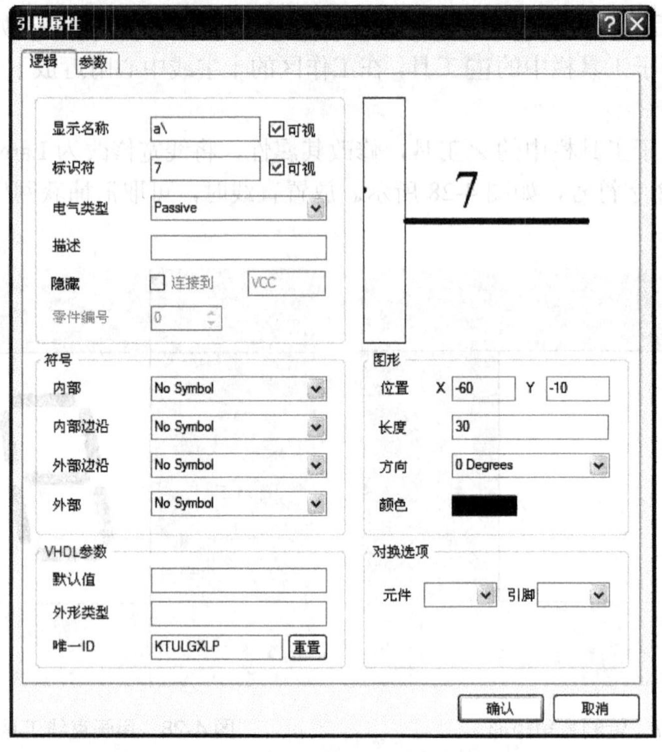


图 4-30 设置 $\overline{a}$ 引脚属性

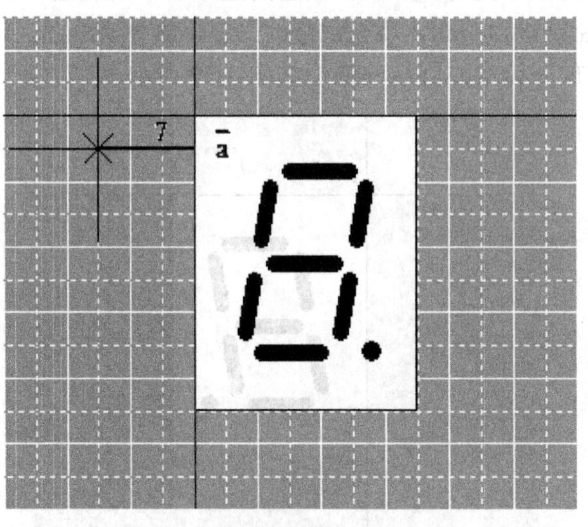


图 4-31 放置 $\overline{a}$ 引脚

(7) 按照图 4-1(a)所示，依次放下其他引脚，其中元件右边的两个 A 脚的电气类型设置为 Power，其他引脚的电气类型设置为 Passive。放置好全部引脚后的元件如图 4-32 所示。

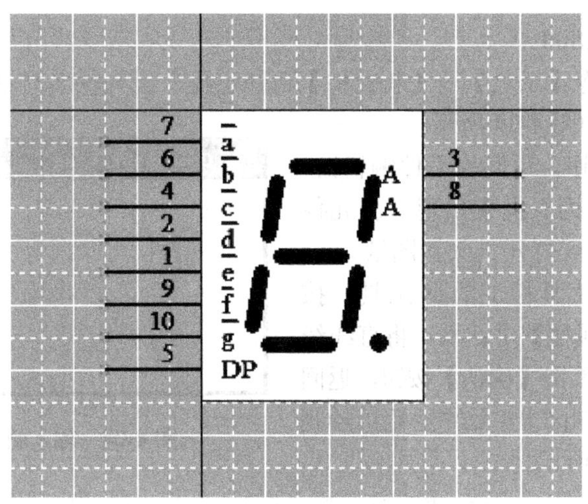


图 4-32　放置全部引脚后的元件

(8) 从库元件列表框中选择刚制作好的元件，然后单击窗口下方的【编辑】按钮，打开【元件属性】对话框。在该对话框的 Defalt Designator 文本框中输入元件在原理图中使用时的默认编号 DS?，在【注释】下拉列表框中输入 7SEG CA，在【描述】文本框中输入“共阳极七段数码管”，如图 4-33 所示。

至此，我们完成了元件 7SEG CA 的制作。

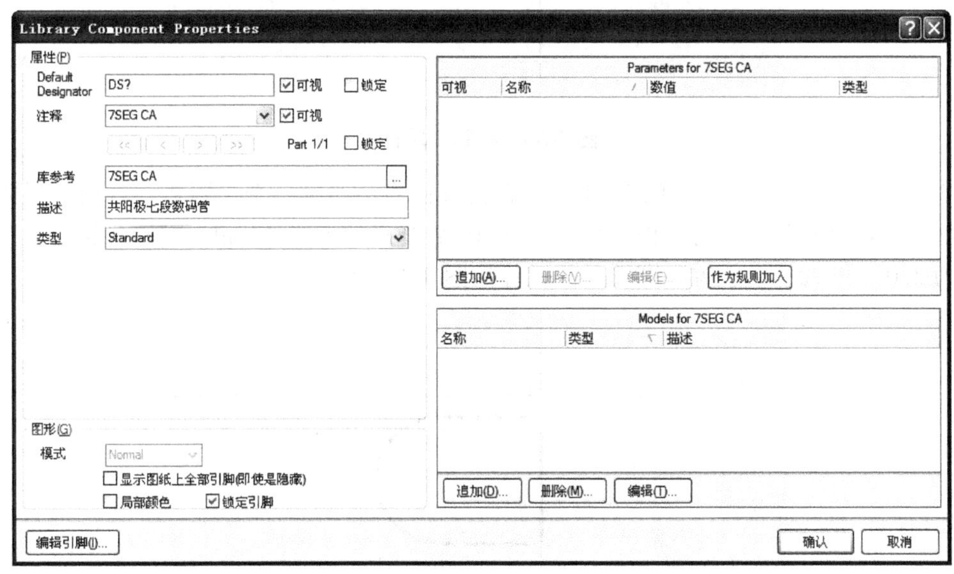


图 4-33　编辑元件 7SEG CA 的属性

### 特别提示

在制作原理图元件时，不要在图纸上放置元件的默认编号、元件名或注释信息，这些内容是在编辑元件属性时设置的。在原理图中使用元件时，系统会自动将元件的相关参数在原理图上显示出来。

2) 制作元件 74LS00

(1) 执行菜单命令【工具】→【新元件】，弹出输入新元件名对话框，在该对话框中输入元件名 74LS00，如图 4-34 所示。

单击【确认】按钮，返回库文件编辑器，此时可发现在库元件列表框中出现了新元件 74LS00，同时在绘图区打开一张新图纸。

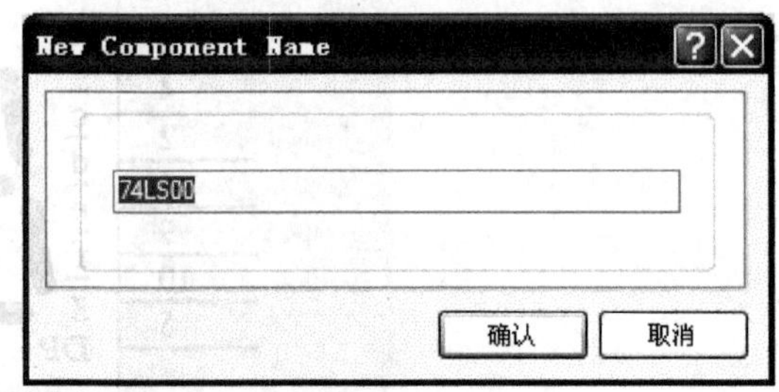

图 4-34 输入新建元件的元件名

(2) 单击绘图子工具栏上的 工具，按 Tab 键，打开【直线属性】对话框。将直线线宽修改为 Small，再单击【确认】按钮，返回库文件编辑器。在绘图区十字线中心附近绘制三段直线，如图 4-35 所示。

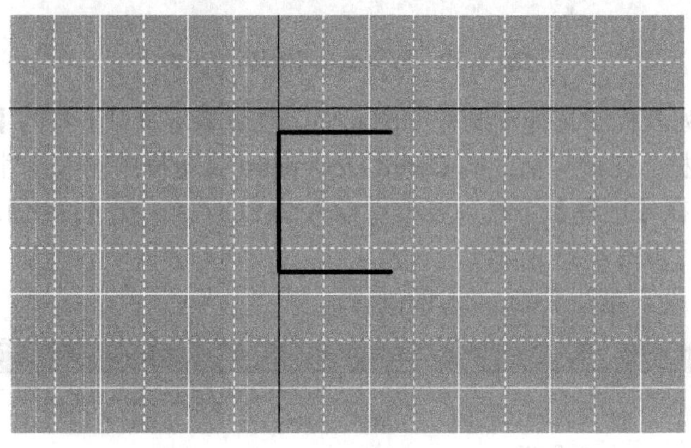
图 4-35 绘制 3 段直线

(3) 单击绘图子工具栏中的 工具，在直线的右边绘制一个半圆弧，若该圆弧放置不是很规整，可打开其属性对话框，将 X 半径和 Y 半径修改为 15mil，起始角和结束角分别设置为 270° 和 90° ，放置好圆弧后的元件如图 4-36 所示。

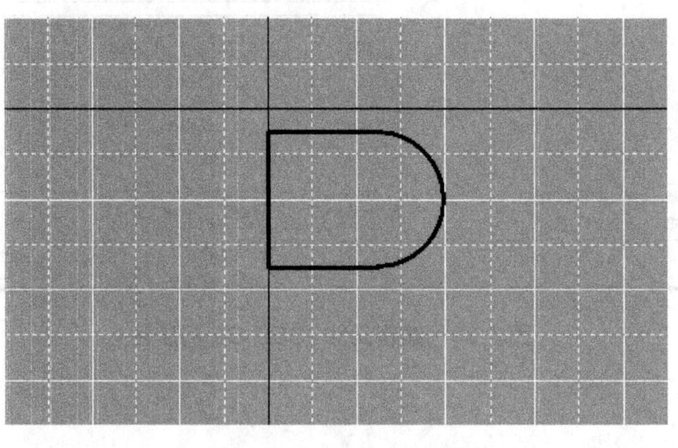
图 4-36 绘制半圆弧

(4) 单击绘图子工具栏上的 工具，按 Tab 键，打开【引脚属性】对话框。在【显示名称】文本框中输入 1A，并去掉其右边【可视】复选框的选中状态；在【标识符】文本框中输入 1；从【电气类型】下拉列表框中选择 Input；将引脚长度设置为 20mil，如图 4-37 所示。设置好后返回库文件编辑器，移动十字光标，在元件图的左上角放下该引脚，注意十字光标所在一侧背离元件图，如图 4-38 所示。

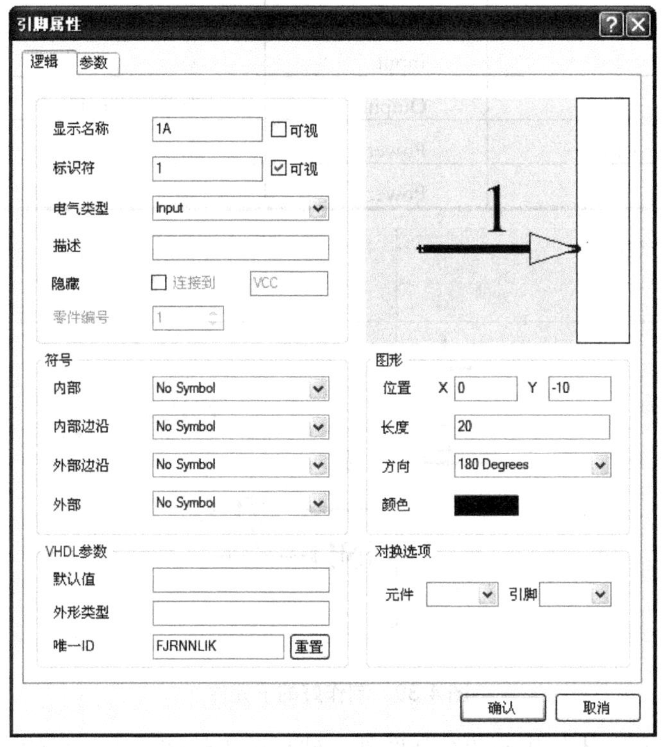


图 4-37　设置 1A 引脚属性

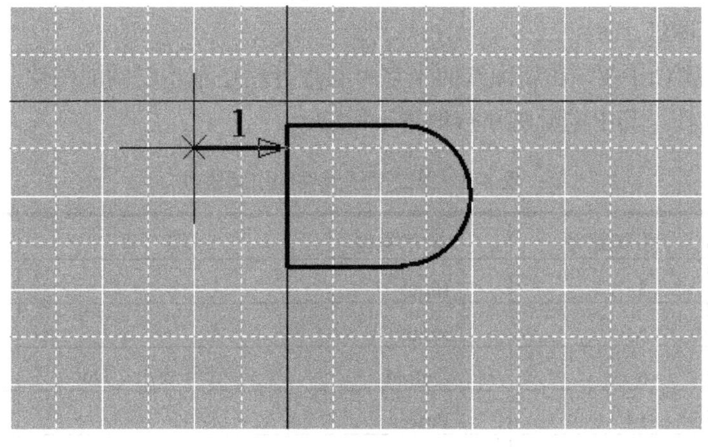


图 4-38　放置 1A 引脚

(5) 根据图 4-1(b)所示，用相同的方法将引脚 1B、1Y、VCC、GND 在图纸上放置好，这些引脚的属性如表 4-1 所示，其中电源脚 VCC 和接地脚 GND 可放在元件的下方。放下这些引脚后的元件如图 4-39 所示。

表 4-1　第一个子元件的引脚属性

| 引 脚 名 | 引脚编号 | 电气类型 | 符　号 | 引脚长度/mil |
|---|---|---|---|---|
| 1A | 1 | Input | 无 | 20 |
| 1B | 2 | Input | 无 | 20 |
| 1Y | 3 | Output | 外部边沿：Dot | 20 |
| VCC | 14 | Power | 无 | 20 |
| GND | 7 | Power | 无 | 20 |

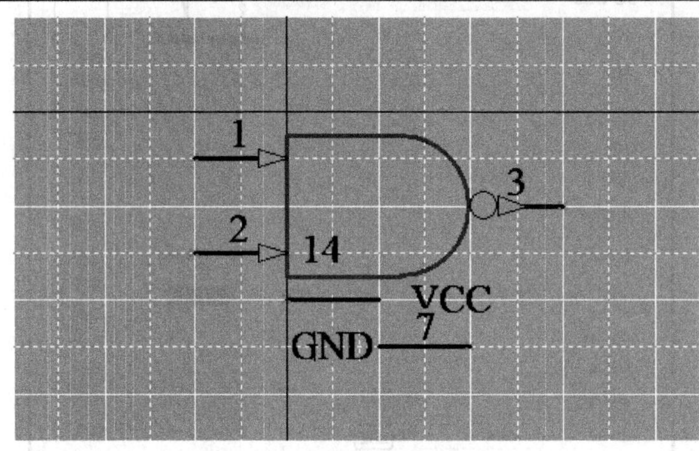


图 4-39　制作好的子元件 1

(6) 选中并复制刚才制作好的全部图件，然后单击绘图子工具栏的工具，此时库元件列表窗中的元件 74LS00 下多了一个子元件，这两个子元件分别用 PartA 和 PartB 表示，同时打开一张新图纸。

(7) 按快捷键 Ctrl+V，在新图纸的十字中心附近粘贴刚才复制的图件，然后按表 4-2 修改相关引脚的属性，其中电源脚和接地脚不需修改。

表 4-2　第二个子元件的引脚属性

| 引 脚 名 | 引脚编号 | 电气类型 | 符　号 | 引脚长度/mil |
|---|---|---|---|---|
| 2A | 4 | Input | 无 | 20 |
| 2B | 5 | Input | 无 | 20 |
| 2Y | 6 | Output | 外部边沿：Dot | 20 |
| VCC | 14 | Power | 无 | 20 |
| GND | 7 | Power | 无 | 20 |

(8) 用相同的方法创建、粘贴、修改子元件 3 和子元件 4，它们的引脚属性分别如表 4-3 和表 4-4 所示。此时在元件列表框中的 74LS00 共有 4 个子元件。

表 4-3　第三个子元件的引脚属性

| 引 脚 名 | 引脚编号 | 电气类型 | 符　号 | 引脚长度/mil |
|---|---|---|---|---|
| 3A | 10 | Input | 无 | 20 |
| 3B | 9 | Input | 无 | 20 |
| 3Y | 8 | Output | 外部边沿：Dot | 20 |
| VCC | 14 | Power | 无 | 20 |
| GND | 7 | Power | 无 | 20 |

表 4-4　第四个子元件的引脚属性

| 引 脚 名 | 引脚编号 | 电气类型 | 符　号 | 引脚长度/mil |
|---|---|---|---|---|
| 4A | 13 | Input | 无 | 20 |
| 4B | 12 | Input | 无 | 20 |
| 4Y | 11 | Output | 外部边沿：Dot | 20 |
| VCC | 14 | Power | 无 | 20 |
| GND | 7 | Power | 无 | 20 |

(9) 将全部子元件的 VCC 脚和 GND 脚都设置为隐藏状态。方法是双击该引脚，打开引脚属性对话框，选中该对话框中【隐藏】右边的复选框，如图 4-40 所示。

图 4-40　设置 VCC 脚为隐藏状态

(10) 从库元件列表框中选择刚制作好的元件 74LS00，然后单击【编辑】按钮，打开【元件属性】对话框。在该对话框的 Defalt Designator 文本框中输入元件在原理图中使用时的默认编号 U?，在【注释】文本框中输入 74LS00，在【描述】文本框中输入“四-二输入与非门”。单击【确认】按钮，完成元件属性的编辑。

3) 建立别名元件 74ALS00 和 74S00

从库元件管理面板的库元件列表框中选择元件 74LS00，然后单击元件别名框下方的【追加】按钮，弹出追加新别名元件对话框。在该对话框中输入 74ALS00，如图 4-41 所示。用同样方法追加另一个别名元件 74S00。

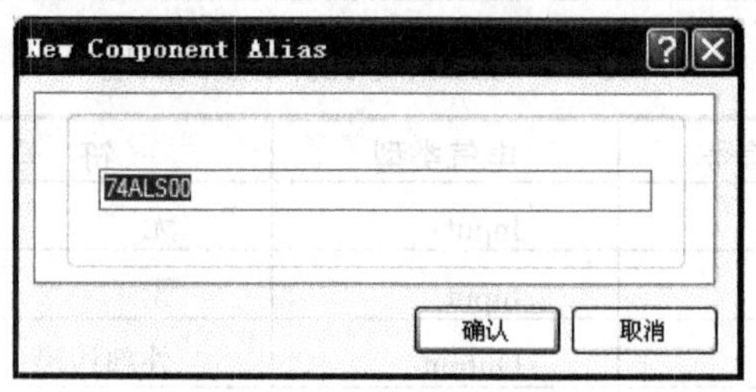


图 4-41　追加新别名元件对话框

至此，我们完成了本任务所要求的元件的制作，最终库元件编辑器如图 4-42 所示。

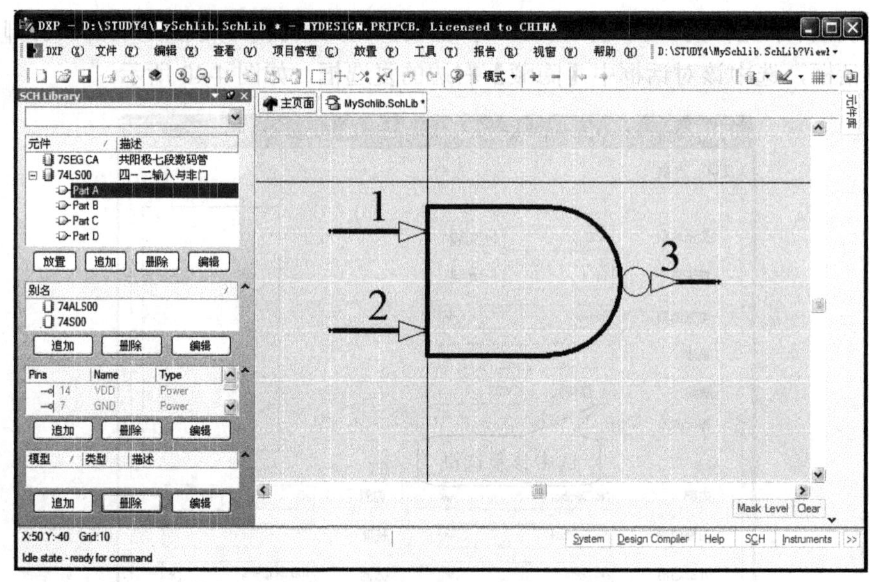


图 4-42　完成全部设计后的库元件编辑器

## 特别提示

制作多子件元件，特别是 IC 类的多子件元件，每一个子元件都必须放置电源脚和接地脚，不能只在第一个元件放置。制作这类元件时，如果只在第一个子元件放置电源脚和接地脚，而在使用该元件时没有用上第一个子元件，那么该元件将不会接通电源和地。

### 3. 元件规则检查

执行菜单命令【报告】→【元件规则检查】，弹出【库元件规则检查】对话框，如图 4-43 所示。单击【确认】按钮，系统将对元件库中的元件进行设计规则检查，并给出相应的检查报告，如图 4-44 所示。

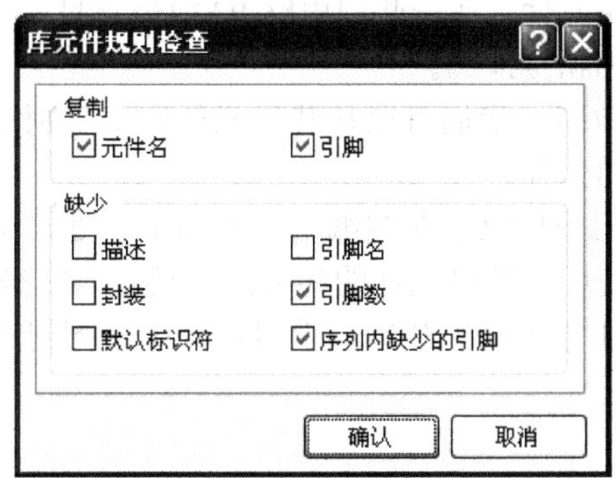


图 4-43　【库元件规则检查】对话框

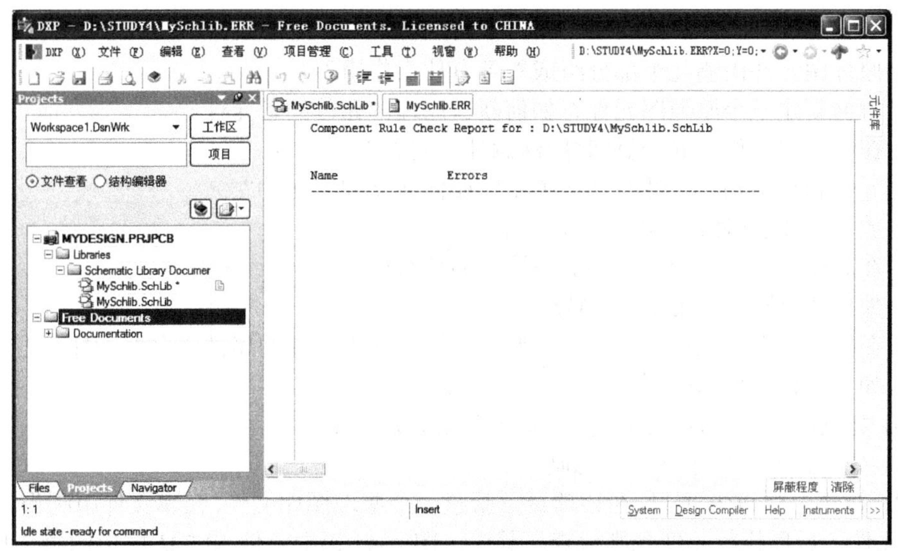


图 4-44　库元件规则检查报告

由图 4-44 可知，我们所设计的元件没有违反设计规则。

## 本 章 小 结

原理图元件是电路原理图的组成细胞，有了元件才能进行原理图设计。虽然 Protel DXP 2004 SP2 中有丰富的元件库，但它不可能包罗所有的元件。在设计原理图时，如果我们在元件库中找不到所需的元件，就必须自己动手制作这些元件。

原理图元件由元件图、元件引脚和元件属性三部分组成。其中元件图由一些没有电气属性的图件构成，只用于形象、直观地对元件的功能、属性做一些辅助说明。元件引脚是原理图元件的电气部分，用于在原理图中进行电气连接。元件引脚只在末端有一个电气节点，放置引脚时，该端应背离元件图，而让引脚首端靠近元件图。元件属性是指元件的默认编号、元件描述、元件的其他模型以及元件的一些参数。元件的属性在【元件属性】对话框中设置，制作元件时不要在图纸上放置属性信息。

原理图元件有单一元件和多子件元件之分，多子件元件是指一个元件上包含多个功能、结构一样的且各自独立的子元件，在一些门电路 IC 中最常见。在制作多子件的 IC 元件时，每一个子件都要放置电源脚和接地脚。

为了提高制作元件的效率，我们可以从其他元件库中复制元件到我们的元件库中，对它做一些修改就成为自己的元件。

原理图编辑器中图纸的坐标原点在图纸十字线的中心处，制作元件时，元件必须位于坐标原点的附近，因为在使用元件时元件的参考点就是这里的坐标原点。

本章的学习可以从"任务实施"开始，学习过程中碰到问题，再到"相关知识"寻找具体的操作方法。

## 思考与练习

(1) 原理图元件由哪几个部分组成？各有什么作用？

(2) 如何新建一个原理图元件？如何新建原理图元件的子元件？

(3) 在制作多子件的 IC 元件时应注意什么问题？

(4) 元件和它的别名元件有什么关系？如何建立别名元件？

(5) 放置元件引脚时应注意什么问题？

(6) 在制作元件时，应将元件放在图纸的什么地方？

(7) 如何让引脚名称带上- (非)号？

(8) 在制作原理图元件时，是否需要在图纸上放置元件的属性信息？为什么？

(9) 如何进行元件的规则检查？

(10) 如何将其他元件库的元件复制到自己的元件库中？

(11) 如何在原理图中使用自己制作的元件？

(12) 新建一个 PCB 项目，在该项目下新建一个原理图库文件。在库文件中制作如图 4-45 所示的元件，最后执行元件规则检查。其中，图 4-45(d)中元件 SL73J 的电源脚 VDD 为 4 号脚，接地脚 GND 为 11 号脚；图 4-45(e)中元件 OC38AN 的电源脚 VCC 为 14 号脚，接地脚 GND 为 7 号脚。这两个元件的电源脚和接地脚都是隐藏引脚。

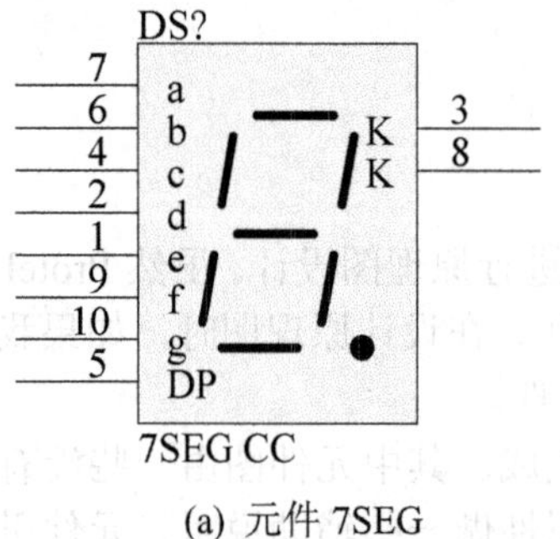


(a) 元件 7SEG

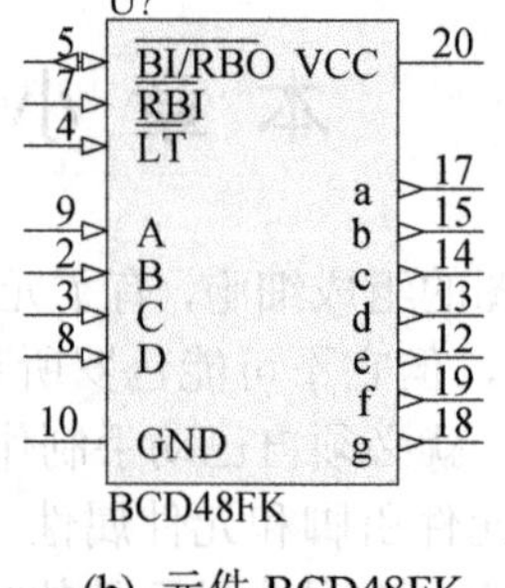


(b) 元件 BCD48FK

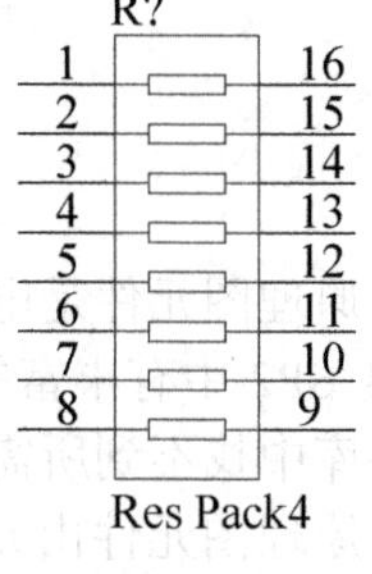


(c) 元件 Res Pack4

图 4-45　题(12)元件

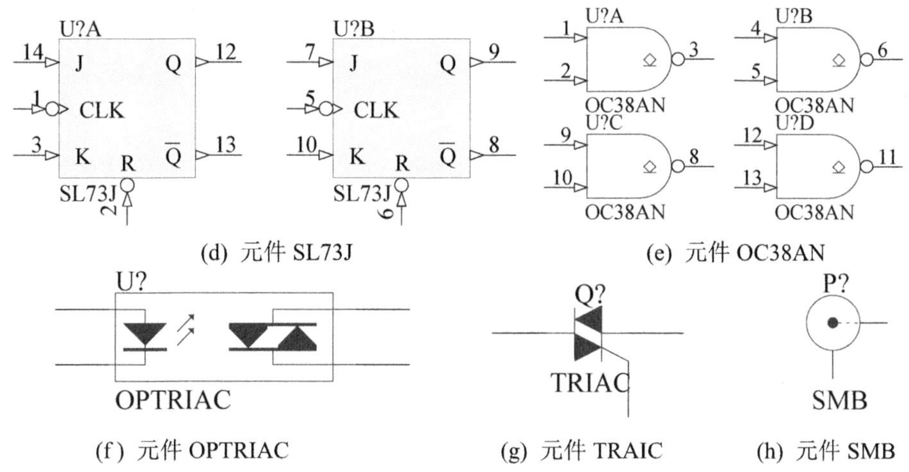


(d) 元件 SL73J　(e) 元件 OC38AN

(f) 元件 OPTRIAC　(g) 元件 TRAIC　(h) 元件 SMB

图 4-45 (续)

# 第 5 章

# 印制电路板设计

教学目标

- 熟悉 PCB 编辑器。
- 了解 PCB 设计系统的参数设置。
- 掌握手工规划 PCB 和利用向导创建 PCB 的方法。
- 了解 PCB 布线规则的设置，能采用自动布线和手工布线方法对 PCB 进行布线。
- 熟练掌握 PCB 设计的常用操作，能完成双面板的设计。

印制电路板简称印制板或电路板，是用来实现电路中各种元件的连接，具有电气特性的一块板子。原理图只是从原理上给出了元件的电气连接，其功能的最终实现还要依赖于印制电路板。

本章首先介绍有关 PCB 的基础知识，接着介绍 PCB 参数的设置和 PCB 的规划，然后介绍 PCB 设计的常用操作及规则设置，最后用一个实例详细介绍 PCB 设计的整个过程。

**任务导入**

利用第 2 章所完成的原理图，设计出一块 PCB，要求：①双面矩形板，大小自定；②将电源和接地网络加宽到 40mil。

**任务分析**

完成本任务，首先利用向导或手工方式建立一个 PCB 文件并打开，设置好 PCB 中的相关参数和规则，然后将原理图设计信息导入 PCB 编辑器，并对元件进行布局，最后采用自动布线和手工布线的方法对 PCB 进行布线。

**相关知识**

这部分将介绍 PCB 的基础知识、PCB 的设计原则、设计 PCB 的常用操作等。这些内容也是熟练设计 PCB 的前提条件。

## 5.1 印制电路板基础知识

### 5.1.1 印制电路板

印制电路板(printed circuit board，PCB)简称为印制板、电路板或 PCB，它由实现元件连接的铜膜导线，实现板层之间绝缘性能的绝缘板，实现元件安装的焊盘，以及实现不同层导线连接的过孔等组成，用于实现电路元件之间的电气连接。

### 5.1.2 印制电路板的结构类型

从结构上看，印制电路板可分为单面板、双面板和多层板 3 种。

**1. 单面板**

单面板(Single-Sided Board)是只有一个布线层，另一面用于放置元件的电路板，如图 5-1 所示。一般将电路板的底层(Bottom Layer)作为布线层，也称为焊锡面；而将另一面用于安装元件，称为元件面。

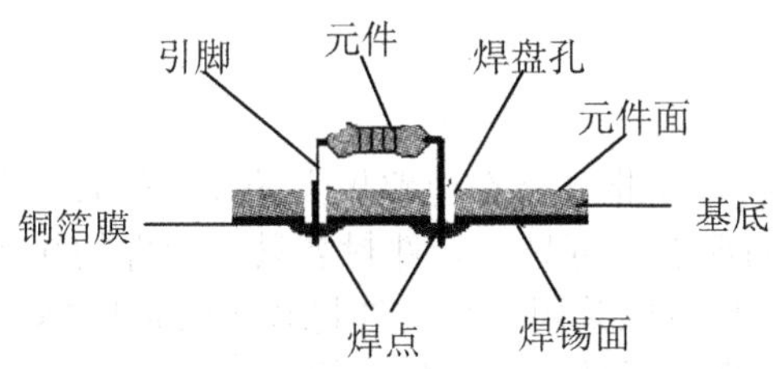


图 5-1　单面板结构

## 2. 双面板

双面板(Double-Sided Boards)有顶层(Top Layer)和底层(Bottom Layer)两个布线层，如图 5-2 所示。顶层主要用于放置元件，称为元件面；底层主要用于布线，称为布线面或焊锡面。双面板的两面都可以覆铜，都可以布线，而且可通过过孔实现两个层面上导线的互通，所以相对于单面板，双面板的布线比较容易实现。

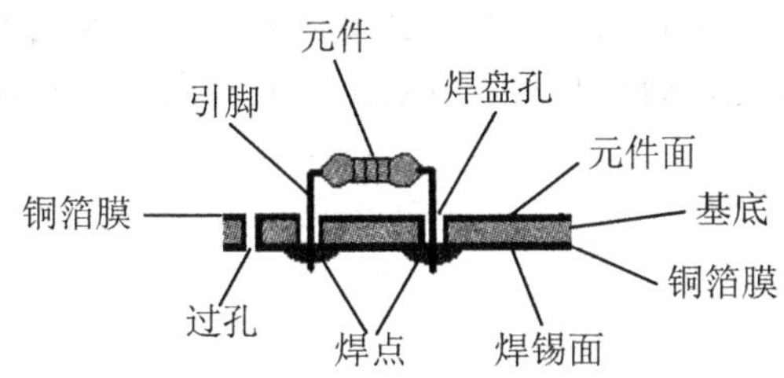


图 5-2　双面板结构

## 3. 多层板

多层板(Multi-Layer Boards)就是包含多个电气层的电路板。多层板除了顶层和底层之外，还包括中间层、内部电源或接地层等，各个电气层之间用绝缘层隔开。随着电子技术的高速发展，电子产品越来越精密，电路板也越来越复杂，多层板的应用越来越广泛。图 5-3 是一个四层电路板，它包括顶层和底层两个信号层、一个内部电源层、一个内部接地层。

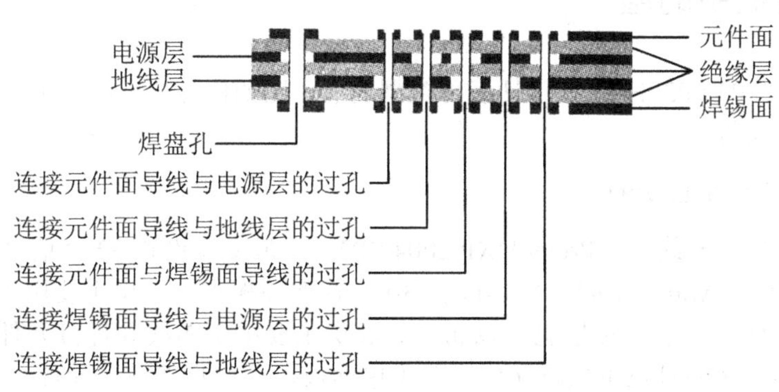


图 5-3　四层板结构

### 5.1.3 元件封装

元件封装又称为 PCB 元件，是指元件在电路板上的安装位置，包括元件的轮廓线和用于安装元件、连接元件引脚的焊盘。可见，元件封装只是元件的轮廓和焊盘的位置，它仅仅是一个空间概念，不同的元件可以共用一个元件封装。Protel DXP 2004 SP2 中使用的是系统集成库，它已为每一个原理图元件指定了相应的元件封装。

元件的封装形式可以分为两大类，即插入式元件封装(简称插入式元件)和表面粘贴式(SMT)元件封装(简称表贴式元件)。对于插入式元件封装，在安装元件时，必须将元件引脚插入元件封装的焊盘孔，到电路板的另一面进行引脚焊接。可见插入式元件封装的焊盘贯穿整个电路板，其焊盘必须放置在多层(Multi-Layer)上。对于表面粘贴式元件封装，安装元件时其焊盘是贴在电路板的表面，所以它的焊盘必须放在电路板的顶层或底层，一般在电路板的顶层。

**特别提示**

插入式元件的焊盘和表贴式元件焊盘的主要区别：①插入式元件有焊盘孔，表贴式元件没有焊盘孔；②插入式元件的焊盘放在多层上，表贴式元件的焊盘放在顶层或底层，一般是在顶层。

### 5.1.4 铜膜导线

铜膜导线简称为导线，用于在电路板上连接各个焊盘。印制电路板的布线设计就是用铜膜导线取代飞线，实现元件焊盘之间的电气连接。

将原理图设计信息导入 PCB 编辑器之后，会用各个元件的元件封装来取代原来的原理图元件，用焊盘来取代原来的原理图元件的引脚。在有连接关系的焊盘之间会出现一些细线，这些线称为飞线。飞线和导线有本质区别，飞线只是在形式上表示各个焊盘之间具有连接关系，本身没有电气属性；导线则能够实现焊盘之间的电气连接。

### 5.1.5 电路板中的层

Protel DXP 2004 SP2 的 PCB 包括多种类型的层，比如信号层、内部电源/接地层、机械层、丝印层、多层等。

#### 1. 信号层(Signal Layer)

信号层主要用于布线。在 Protel DXP 2004 SP2 中，最多可设置 32 个信号层，包括顶层、底层和 30 个中间层(Mid-Layer1～Mid-Layer30)。在双面板中，顶层主要用于放置元件，称为元件层或元件面。当然，顶层也可以布线。底层主要用于布线和焊接元件，称为布线层或焊锡面。当然，必要时也可放置元件。对于单面板，顶层只能放置元件，不能布线。

#### 2. 内部电源/接地层(Internal Planes)

内部电源/接地层简称为内电层，主要用来铺设电源和接地线，可以提高电路板抗电磁干扰(EMI)能力和稳定性。在 Protel DXP 2004 SP2 中，最多可设置 16 个内电层。

### 3. 机械层(Mechanical Layer)

机械层是承载电路板的轮廓(物理边界)、外形尺寸，以及电路板制作、装配所需信息的层面。在 Protel DXP 2004 SP2 中，最多可设置 16 个机械层。

### 4. 屏蔽层(Mask Layer)

屏蔽层是助焊层(Paste Mask)和阻焊层(Solder Mask)的总称，包括顶层助焊层、底层助焊层、顶层阻焊层和底层阻焊层 4 个层。电路板上，在助焊层焊点位置涂覆一层助焊剂，可提高焊盘的可焊性。阻焊层的作用刚好相反，它留出焊点的位置，而用阻焊剂将电路板的其他位置覆盖。由于阻焊剂不粘焊锡，甚至可以排开焊锡，焊接时可以防止焊锡溢出落在不希望着锡的部位，避免造成短路。可见，在电路板上这两种层是一种互补关系。

### 5. 丝印层(Silkscreen Layer)

丝印层包括顶层丝印层(Top Overlay)和底层丝印层(Bottom Overlay)。它们的作用就是在电路板的顶层或底层上印上一些文字或符号，比如元件标号、元件外形轮廓、公司名称等。在设计电路板时，需要在哪个层面显示相关信息，就打开相应的丝印层。如果两面都要显示，则同时打开两个丝印层。

### 6. 其他层面(Other Layer)

1) 禁止布线层(Keep-OutLayer)

禁止布线层用于定义放置元件和导线的区域范围，它定义了电路板的电气边界。在进行自动布线时，元件和导线必须放置在禁止布线层划定的区域内。

2) 钻孔引导层(Drill Duide)和钻孔视图层(Drill Drawing)

钻孔引导层和钻孔视图层是两个提供钻孔图和钻孔位置信息的层。钻孔引导层主要是为了与老的电路板制作工艺兼容而保留的钻孔信息。对现代制作工艺而言，多数是通过钻孔视图层提供钻孔参考文件。

3) 多层(Multi-Layer)

多层代表所有的信号层，在多层上放置的图件会自动放置到所有的信号层上。在电路板中，插入式焊盘和过孔就放在多层上。

## 5.1.6　焊盘和过孔

### 1. 焊盘(Pad)

焊盘的作用是在安装元件时用于焊接元件的引脚，实现导线和元件的引脚的电气连接。焊盘有插入式和表贴式两种类型。

插入式焊盘有孔化和非孔化两种，孔化焊盘的焊盘孔内壁上敷设金属铜，除了具有焊盘的作用之外，还具有过孔的作用；非孔化焊盘的焊盘孔内壁上没有敷设金属铜，不能作为过孔使用。

Protel DXP 2004 SP2 元件库中给出了一系列大小和形状不同的插入式焊盘，比如圆形、方形、八角形等。选择元件焊盘的类型必须综合考虑该元件的形状、大小、布置形式、振动、受热情况、受力方向等因素。需要时可以使焊盘的长和宽的尺寸不一样，这样又衍生出长圆形、矩形和长八角形焊盘。各种不同类型的插入式焊盘形状如图 5-4 所示。对于发热严重、受力较大的焊盘，在设计电路板时应添加泪滴。

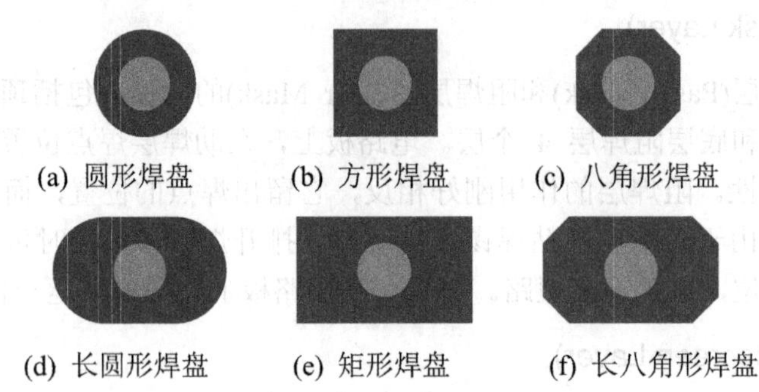


图 5-4　插入式焊盘类型

插入式圆形焊盘的大小是指焊盘的直径和内孔的孔径，如图 5-5 所示。焊盘内孔直径的确定，必须从元件引脚直径和公差尺寸、焊锡层厚度、孔径公差、孔的金属电镀层厚度等几个方面综合考虑。焊盘的内孔直径一般不小于 0.6mm，直径小于 0.6mm 的孔不易加工。通常情况下，以元件的金属引脚直径值加上 0.2～0.4mm 作为焊盘内孔直径。

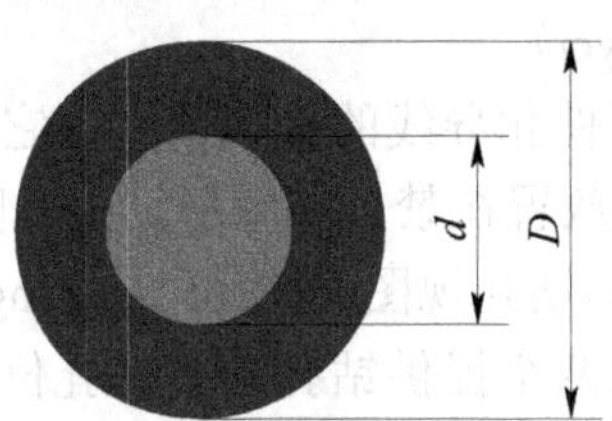


图 5-5　圆形焊盘直径和孔径

当焊盘直径为 1.5mm 时，为了增加焊盘的抗剥程度，可采用长度不小于 1.5mm，宽度为 1.5mm 的长圆形焊盘，此种焊盘在集成电路中很常见。

对于较大或较小焊盘的直径，可用下列公式选取。

- 孔径小于 0.4mm 时，$D/d$=0.5～3。
- 孔径大于 2mm 时，$D/d$=1.5～2。

双面印制板的焊盘尺寸应遵循下面的最小尺寸原则。

- 非过孔最小焊盘尺寸，$D-d$=1.0mm。
- 过孔最小焊盘尺寸，$D-d$=0.5mm。

从有利于生产的角度出发，在一块电路板上，一种焊盘直径最好对应一种焊盘孔径，尽量不要出现一种焊盘直径有好几种孔径，或一种孔径对应几种焊盘直径的情况。例如，电路板上直径为 60mil 的焊盘有些孔径为 30mil，有些为 28mil；或者孔径为 30mil 的焊盘，有些直径为 60mil，有些为 65mil。这样不利于电路板的生产。

### 2. 过孔(Via)

过孔的形状和圆形焊盘相似，它是多层印制板的重要组成部分。电路板生产时，钻孔的费用通常占整个 PCB 制板费用的 30%～40%。从作用上来看，过孔可以分成两大类：一是用做各层之间的电气连接；二是用做器件的固定和定位。从工艺制程上来说，过孔可分为三类，即通孔(Through Via)、盲孔(Blind Via)和埋孔(Buried Via)。

通孔穿透整个电路板的所有板层，可用于实现顶层和底层的电气互联或作为元件的安装定位孔。通孔在工艺上易于实现，成本较低，在电路板中使用最广泛。

盲孔位于印制电路板的顶层或底层表面，用于实现电路板的表层导线和某一个内层导线的连接。

埋孔位于印制电路板的内部，用于实现两个内层导线的电气连接，它不会延伸到电路板的表面。

过孔的大小由两个尺寸决定：一是过孔的钻孔(Drill Hole)直径，称为孔径；二是钻孔周围焊盘区的直径，称为过孔直径。

在进行高速、高密度的 PCB 设计时，设计者总是希望过孔越小越好，这样可以在电路板上留出更多的布线空间。过孔越小，其自身的寄生电容也越小，更适合高速电路。但是过孔的尺寸减小，也带来了制板成本的增加，况且过孔的尺寸不可能无限制地减小，它受到钻孔和电镀等工艺技术的限制：孔越小，加工难度越大，需要花费的时间越多，也越容易偏离中间位置。当孔的深度超过钻孔直径的 6 倍时，就无法保证孔壁能均匀镀铜，所以钻孔的直径必须大于孔深的 1/6。一般 PCB 厂家提供的钻孔直径最小只能达到 8mil。

# 5.2　印制电路板设计的基本原则

印制电路板设计的好坏对电路的抗干扰能力影响很大。在进行 PCB 设计时，必须遵循 PCB 设计的一般原则，并符合抗干扰设计的要求。要使电子电路获得最佳性能，元件的布局和导线的布设是很重要的。为了设计出质量好、造价低的 PCB，在进行 PCB 设计时应遵循下面介绍的一般性原则。

## 5.2.1　布局基本原则

在对 PCB 进行布局时，首先要考虑 PCB 尺寸的大小。PCB 尺寸过大，印制导线长，阻抗增加，抗噪声能力下降，成本也会增加；PCB 尺寸过小，则散热性能不好，且邻近导线容易相互干扰。确定 PCB 尺寸之后，再确定特殊单元的位置。最后根据电路功能单元，对电路的全部元件进行布局。

### 1. 确定特殊单元位置的原则

(1) 尽可能缩短高频元件之间的连线，设法减小它们的分布参数和相应的电磁干扰。易受干扰的元件不能距离太近，输入和输出元件应尽量远离。

(2) 某些元件或导线之间可能有较高的电位差，应加大它们之间的距离，以免放电造成意外短路。带强电的元件应尽量布置在调试时人手不易触及的地方。

(3) 重量超过15g的元件，应当用支架加以固定，然后焊接。那些又大又重、发热量高的元件，不宜装在电路板上，而应装在整机的机箱底板上，且考虑散热问题。热敏元件应远离发热元件。

(4) 对电位器、可调电感、可变电容器、微动开关等可调元件的布局，应考虑整机的结构要求。若是机内调节，应放在电路板上方便调节的地方；若是机外调节，其位置要与调节旋钮在机箱面板上的位置相适应。

**2. 整体元件布局原则**

在根据电路的功能单元对电路的全部元件进行布局时，应符合以下原则。

(1) 按照电路的信号流向安排电路各个功能单元的位置，使布局便于信号流通，并使信号尽可能保持一致的方向。

(2) 以每个功能电路的核心元件为中心，围绕它进行元件布局。元件应均匀、整齐、紧凑地排列在电路板上，尽量减少和缩短各元件之间的连接导线。

(3) 对于高频电路，应考虑元件之间的参数分布，尽可能使元件平行排列。这样，不但美观、整齐，而且焊接容易，易于实现批量生产。

(4) 位于电路板边缘的元件，离电路板边缘的距离一般不小于2mm。电路板的最佳形状为矩形，长度为3∶2或4∶3。当电路板的尺寸大于200mm×150mm时，应考虑电路板的机械强度是否足够。

(5) 在使用IC座时，一定要注意IC座上定位槽的放置方位是否正确，并注意各个IC脚的位置是否有错。例如，从焊接面上看，第一只脚只能位于IC座的右下角或左上角，而且紧靠定位槽。

(6) 板厚可以按照推荐指定。对于FR4材料，标准板厚为0.062inch(1.575mm)，其他典型板厚有0.010inch(0.254mm)、0.031inch(0.787mm)和0.092inch(2.337mm)。

## 5.2.2 布线基本原则

布线的方法以及布线的结果对PCB性能的影响都很大，布线一般要遵循以下原则。

**1. 输入和输出端导线的处理**

输入和输出端的导线应尽量避免相邻平行。最好添加线间地线，以免发生反馈耦合。

**2. 导线宽度选择**

印制电路板导线的最小宽度，主要由导线与绝缘基板间的粘附强度和流过它的电流值所决定。导线宽度应以既能满足电气性能要求又便于生产为宜，它的最小值由承受的电流大小而定，但最小不宜小于0.2mm(8mil)。

在高密度、高精度的印制电路板中，导线的宽度和间距一般可取0.3mm。导线宽度在大电流情况下还要考虑其温升，单面板实验证明：当铜箔厚度为50μm，导线宽度为1～1.5mm，通过电流为2A时，温升很小，因此一般选用1～1.5mm宽度的导线就可以满足设计要求而不致引起电路板的温升。一般信号线可按1A/mm来估算导线宽度。

印制导线的公共地线应尽可能地粗，若有可能，应使用大于2mm的导线。这在带有微处理器的电路中尤为重要，因为当地线过细时，由于电流的变化，地电位会产生波动，微处理器定时信号的电平不稳，会使噪声容限劣化。

在 DIP(Dual In-line Package，双列直插式)封装的 IC 引脚之间走线，可应用 10-10 与 12-12 原则，即当两个焊盘之间通过两根导线时，焊盘直径可设为 50mil，线宽和线距都为 10mil；当两脚之间只通过 1 根导线时，焊盘直径可设为 64mil，线宽和线距都为 12mil。

表 5-1 列出了线宽和电流的关系，可在 PCB 布线时参考。

表 5-1　线宽和电流的关系

| 电流/A | 1oz 铜的线宽/mil | 2oz 铜的线宽/mil | 单位长度电阻/(mΩ/inch) |
|---|---|---|---|
| 1 | 10 | 5 | 52 |
| 2 | 30 | 15 | 17.2 |
| 3 | 50 | 25 | 10.3 |
| 4 | 80 | 40 | 6.4 |
| 5 | 110 | 55 | 4.7 |
| 6 | 150 | 75 | 3.4 |
| 7 | 180 | 90 | 2.9 |
| 8 | 220 | 110 | 2.3 |
| 9 | 260 | 130 | 2.0 |
| 10 | 300 | 150 | 1.7 |

### 3. 印制电路板导线的拐角模式

在印制电路板上，导线的拐弯模式有图 5-6 所示的 5 种。其中，采用圆弧过度对 PCB 的性能最好，而直角拐弯在高频电路中会影响 PCB 的电气特性。

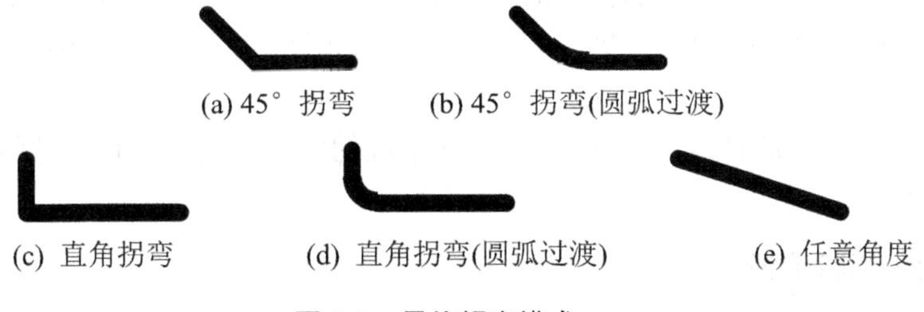


图 5-6　导线拐弯模式

### 4. 导线的间距

相邻导线的间距必须满足电气安全要求，而且要便于操作和生产。在允许条件下，导线间的间距应尽量宽些，可使间距大于 0.5mm。当然，0.254mm 的导线间距对很多 PCB 制造商来说也没有问题。最小间距至少要能适应承受的电压，这个电压一般包括工作电压、附加波动电压以及其他原因引起的峰值电压。

在布线密度较低时，信号线的间距可适当加大。对高低电平悬殊的信号线，应尽可能短并且加大它们之间的间距。

表 5-2 列出了在不同电压下的导线或导体的推荐间距。由表 5-2 可知，电压不同、导线所在的位置不同，其间距也有所不同。

表 5-2　在不同电压下的导线或导体的推荐间距

| 电压峰值/V | PCB 内部/mm | PCB 外部(<3050m)/mm | PCB 外部(>3050m)/mm |
|---|---|---|---|
| 0～15 | 0.05 | 0.1 | 0.1 |
| 16～30 | 0.05 | 0.1 | 0.1 |
| 31～50 | 0.1 | 0.6 | 0.6 |
| 51～100 | 0.1 | 0.6 | 1.5 |
| 101～150 | 0.2 | 0.6 | 3.2 |
| 151～170 | 0.2 | 1.25 | 3.2 |
| 171～250 | 0.2 | 1.25 | 6.4 |
| 251～300 | 0.2 | 1.25 | 12.5 |
| 301～500 | 0.25 | 2.05 | 12.5 |

### 5.2.3　印制电路板的抗干扰措施

#### 1. 电源线设计

根据电路板的允许电流，尽量加粗电源线宽度，减小环路电阻。同时，使电源线、接地线的走向和信号流方向一致，这样有利于增强抗噪声能力。

#### 2. 接地线设计

(1) 数字地与模拟地分开。若电路板上既有逻辑电路又有模拟电路，应使它们尽量分开。信号频率小于 1MHz 的低频电路的接地应尽量采用单点并联接地，当实际接线有困难时，可部分串联后再并联接地。高频电路宜采用多点串联接地，地线应短而粗，高频元件周围尽量使用栅格状的大面积覆铜。

(2) 接地线应尽量加粗。接地线太细，接地电位会有明显的波动，使抗噪声性能降低。应将接地线加粗，使它能通过三倍于印制电路板的允许电流。如有可能，接地线应在 2mm 以上。

(3) 将接地线构成闭环路。只由数字电路组成的印制电路板，将其地线构成闭环，能提高抗噪声能力。

#### 3. 使用大面积覆铜

印制电路板上的大面积覆铜有两种作用：一是散热，二是可以减小地线阻抗，并且可屏蔽电路板的信号交叉干扰，以提高电路系统的抗干扰能力。使用覆铜时要注意，在使用大面积的实心覆铜时，应在覆铜区内部开窗口，因为电路板的基板和铜箔之间的粘合剂长时间受热，会产生挥发性气体，若使用大面积实心覆铜，使得所产生的气体无法排除，热量不易散发，致使铜箔膨胀脱落。为避免这种情况出现，在使用覆铜时可选择栅格状的覆铜。

## 5.3　PCB 的设计流程

完成原理图设计后，就可以进行 PCB 设计了，要完成 PCB 设计，一般需要经过图 5-7 所示的几个步骤。

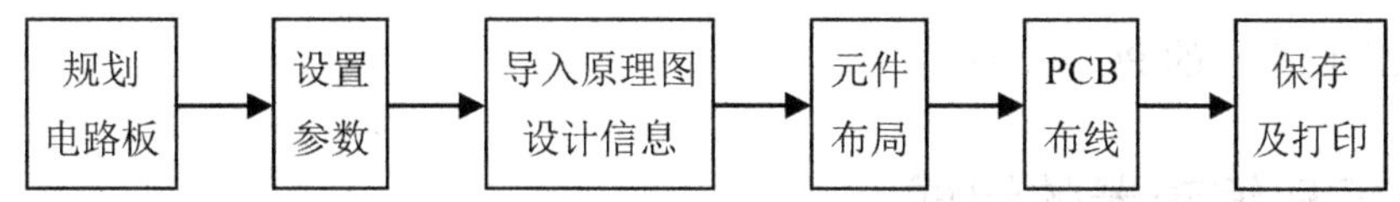


图 5-7　PCB 的设计流程

#### 1. 规划电路板

在绘制印制电路板之前，用户要对电路板有一个初步规划。比如，电路板的形状和尺寸、使用的板层和数量等。

#### 2. 设置参数

设置参数是电路板设计中非常重要的步骤。设置参数主要是设置元件的布局参数、层参数、布线参数等。一般来说，大多数参数采用默认值即可。

#### 3. 导入原理图设计信息

完成将原理图的电路信息转换为 PCB 的电路信息，主要包括元件(Components)和网络(Nets)的转换。

#### 4. 元件布局

所谓布局，就是将元件摆放到电路板的合适位置上。元件布局有自动布局和手工布局两种方式，自动布局是使用 Protel DXP 2004 SP2 的自动布局器，按照一定的算法对元件进行布局；手工布局是用户亲自动手，将元件摆放到合适的位置上。自动布局的速度快，但难以达到满意的结果；手工布局速度相对较慢，布局的效果取决于设计者的知识和经验水平。对于简单的电路，一般采用手工布局就可以了；对于复杂的电路，可采用自动布局和手工调整的方法。元件的布局非常重要，布局效果不好，既降低电路板的性能和抗干扰能力，又会影响后面的布线。

#### 5. PCB 布线

完成元件布局后就可以进行布线了。电路板的布线就是将元件引脚之间的连接飞线转换为铜膜导线。布线有自动布线和手工布线之分，自动布线是使用自动布线工具进行布线，用户只须在自动布线前设置好布线规则就可以了，所以其速度非常快，但布线的效果很难达到最佳；手工布线则是用户亲自动手，逐一将连接飞线转换为铜膜导线，速度比较慢，布线的效果取决于设计人员的知识和经验水平。对于比较复杂的电路，可以采用先自动布线，再手工调整的方法。

#### 6. 保存及打印

完成设计后，将设计结果保存起来，再用打印机打印输出 PCB 图。

## 5.4　Protel DXP 2004 SP2 的 PCB 编辑器

### 5.4.1　启动 PCB 编辑器

使用下面任一方法均可启动 PCB 编辑器。

- 新建一个 PCB 文件之后，系统会自动打开该文件。

- 双击已存在的 PCB 文件。

## 5.4.2 PCB 编辑器的组成

如图 5-8 所示，PCB 编辑器由菜单栏、工具栏、工作面板，工作区、面板管理中心以及状态栏和命令状态行等组成。

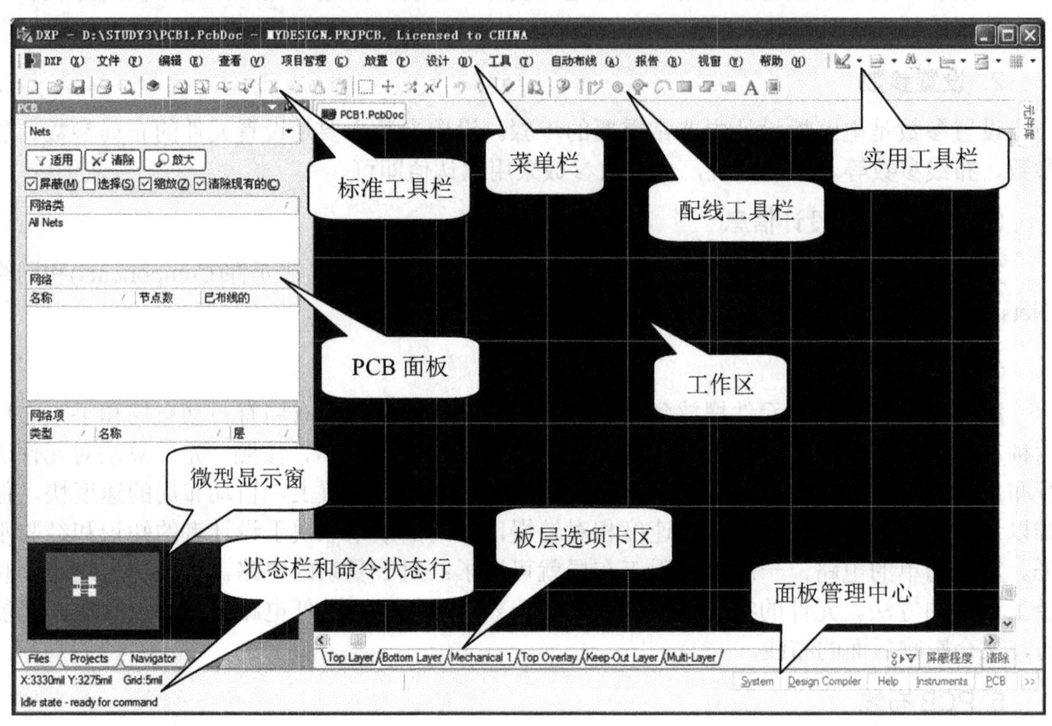


图 5-8 PCB 编辑器

### 1. 菜单栏

菜单栏中有文件、编辑、查看、项目管理、放置、设计、工具、自动布线、报告等菜单。存放有文件操作以及 PCB 布局、布线的相关命令，如图 5-9 所示。其中，自动布线菜单是 PCB 编辑器所独有的。

DXP (X) 文件 (F) 编辑 (E) 查看 (V) 项目管理 (C) 放置 (P) 设计 (D) 工具 (T) 自动布线 (A) 报告 (R) 视窗 (W) 帮助 (H)

图 5-9 菜单栏

### 2. 工具栏

工具栏有标准工具栏、配线工具栏、实用工具栏、过滤器、快速导航器等。

1) 标准工具栏

标准工具栏用于文件操作，画面操作，以及图件的剪切、复制、粘贴、选择、移动等操作，如图 5-10 所示。

图 5-10　标准工具栏

2) 配线工具栏

配线工具栏用于放置导线、焊盘、过孔、圆弧、矩形填充、铜区域、覆铜等，此外还可以放置元件、字符串等，如图 5-11 所示。

图 5-11　配线工具栏

3) 实用工具栏

实用工具栏有 6 个子工具栏，分别是绘图子工具栏、调准子工具栏、查找选择子工具栏、放置尺寸子工具栏、放置 Room 空间子工具栏和网格设置子工具栏，如图 5-12 所示。

图 5-12　实用工具栏

4) 过滤器

过滤器如图 5-13 所示，可用于快速查看网络和元件。从左边的过滤网络框中选择某个网络后，该网络高亮显示在工作区中。从中间的过滤元件框中选择某个元件后，该元件高亮显示在工作区中。从右边的下拉列表框中选择过滤器，然后单击按钮，被选中的网络或元件将被最大化显示在工作区中；单击按钮，将清除过滤状态，恢复正常的显示状态。

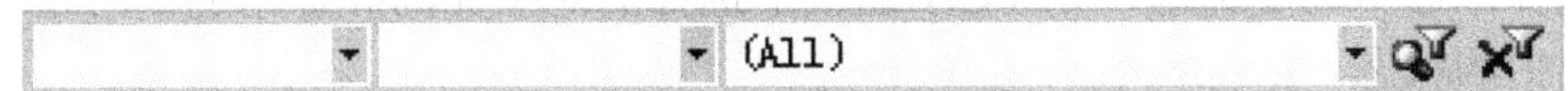

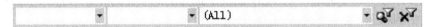

图 5-13　过滤器

5) 快速导航器

快速导航器如图 5-14 所示。在进行 PCB 编辑时，各种操作都会被记录下来，通过它可以找到以前的操作画面。

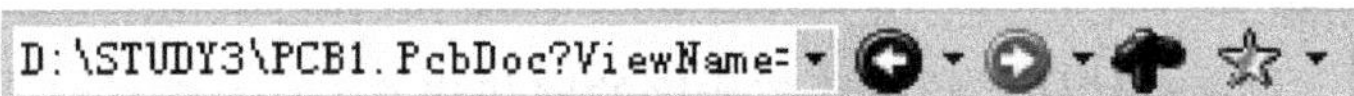


图 5-14　快速导航器

### 3. 工作面板

大部分工作面板与前面的原理图编辑器相同，其中 PCB 面板是 PCB 编辑器独有的工作面板，面板上有 Nets、Components、Rules、From-To Editor 和 Split Plane Editor 等 5 项及一些按钮和复选框。利用该面板可以按照网络、元件、规则等对 PCB 进行浏览和编辑，还可以进入 From-To Editor 和 Split Plane Editor。

图 5-15 为分别选择 Nets(网络)、Components(元件)和 Rules(规则)时的 PCB 面板。在 PCB 面板上选择各种对象后，这些对象将在工作区高亮显示。在 PCB 面板的下方有一个微型窗口，该窗口示意地显示 PCB 在工作区中的位置，将光标放在微型窗口的白色矩形框上，按

住鼠标左键拖动，可以移动工作区中的 PCB。

(a) 网络类

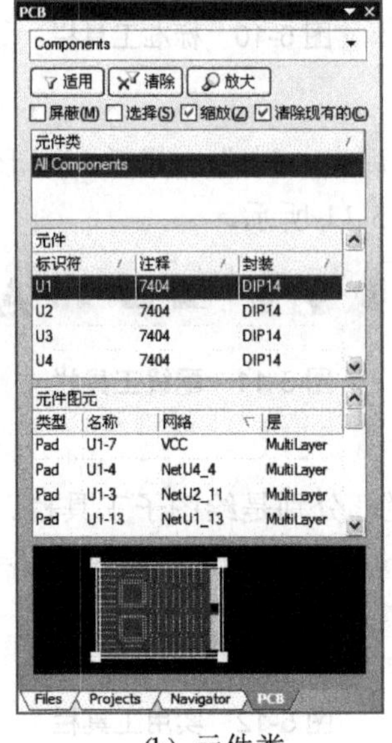


(b) 元件类

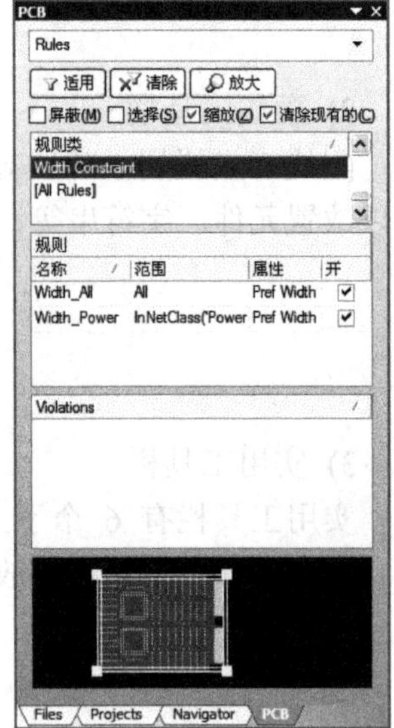


(c) 规则类

图 5-15　PCB 面板

PCB 面板上各个复选框和按钮的作用如下。

- 屏蔽：选中该复选框，将高亮显示 PCB 面板上选择的对象，其他对象被屏蔽(变暗)，屏蔽的程度可单击工作区右下角【屏蔽程度】标签进行设置。
- 选择：选中该复选框，则 PCB 面板上选择的对象在高亮显示的同时，还将处于被选中的状态。
- 缩放：选中该复选框，系统将自动调整显示比例，将 PCB 面板上选择的对象最大化显示在工作区中。
- 清除现有的：选中该复选框，则每次在 PCB 面板上选择新对象时，上一次选择的对象将退出高亮状态；不选该项时，每次选择的对象都处于高亮状态，依次累积。
- 【适用】：在更改 PCB 面板上的参数或复选框后，单击该按钮可进行刷新，使用新设置的功能。
- 【清除】：单击该按钮，将清除工作区的屏蔽状态。
- 【放在】：单击该按钮，将光标移入工作区后，光标变成一个矩形放大框，放大框包围区域的内容将在 PCB 面板下方的微型窗口中放大显示出来。

### 4. 状态栏和命令状态行

用于显示当前光标在工作区的坐标和捕获网格的大小以及正在执行的命令，其中工作区坐标原点在工作区的左下角。执行菜单命令：【查看】→【状态栏】，可以打开或关闭状态栏；执行菜单命令：【查看】→【显示命令行】，可以打开或关闭命令行。

### 5. 面板管理中心

用于开启或关闭各种工作面板。当用户不小心搞乱了工作面板时，通过执行菜单命令【查看】→【桌面布局】→Default，即可恢复初始界面。

### 6. 工作区

工作区是进行 PCB 设计的地方，所有设计工作都在这里进行。

### 7. 板层选项卡区

在工作区的下方有一些标签，这些标签就是 PCB 的板层选项卡。在 PCB 中，各种图件都是分层放置的，要在某个层放下一个图件，首先单击该层的板层选项卡，将其切换为当前层。初学者往往会在这一点上犯错，应特别注意。

## 5.5　PCB 系统参数的优先设定

进入 PCB 编辑环境后，执行菜单命令【工具】→【优先设定】，打开【优先设定】对话框，如图 5-16 所示。该对话框包括 General、Display、Show/Hide、Default 和 PCB 3D 五个参数设置页。

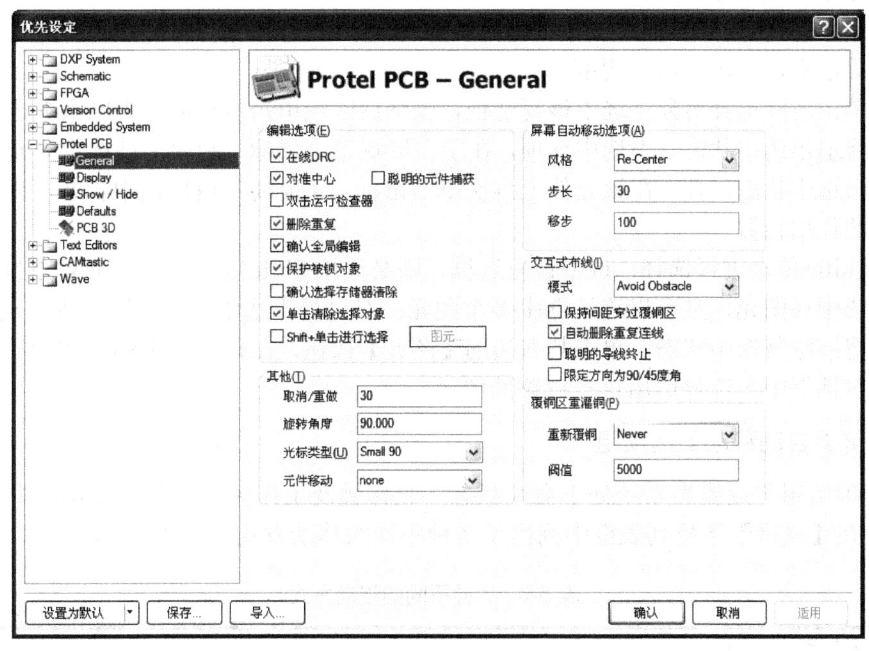


图 5-16　PCB 参数【优先设定】对话框

### 5.5.1　General 设置页

在【优先设定】对话框左边窗口中选中 Protel PCB 下的 General，打开 Protel PCB-General 参数设置页，如图 5-16 所示。

#### 1.【编辑选项】选项组

该选项组的各个设置项如下。

- 在线 DRC：在线设计规则检查。选中该复选框，则在布局和布线过程中对违反设计规则的操作提出警示，相关图元变成绿色。

- 对准中心：选中该项，同时选中右边的【聪明的元件捕获】复选框，将光标放在元件上按住鼠标左键时，则十字光标自动跳到距离最近的焊盘的孔心上；若取消选中【聪明的元件捕获】复选框，则十字光标将跳到元件参考焊盘的孔心上。若取消选中该复选框，将光标放在元件上按住鼠标左键时，则十字光标将停在原处，不跳动到其他地方。
- 双击运行检查器：选中该复选框，在元件上双击将打开检查器；取消选中该复选框，在元件上双击，则打开【元件属性】对话框。
- 删除重复：选中该复选框，在导入原理图设计信息时，对编号重复的元件，系统只保留一个，其他全部删除。
- 确认全局编辑：选中该复选框，在 PCB 中进行全局编辑时，系统会弹出一个确认全局编辑提示框，对用户进行提醒。
- 保护被锁对象：选中该复选框，则被设定为锁定的对象既不能移动、不能被选中，也不能被删除，处于保护状态。
- 确认选择存储器清除：选中该复选框，在清除选择存储器时，系统将弹出一个确认提示框，对用户进行提醒。
- 单击清除选择对象：选中该复选框，在空白区域单击鼠标时，则原来被选中的元件将退出选中状态。不选中该项，在空白区域单击鼠标，则原来被选中的元件不会退出选中状态，必须在该元件上再次单击鼠标，才能使其退出选中状态，和切换选择的作用相似。
- Shift+单击进行选择：选中该复选框，则必须按 Shift 键，同时单击某一图元，才能选中该图元，且可以连续选中多个图元；对已处于选中状态的图元进行这一操作，将清除其选中状态。单击其右边的【图元】按钮，在打开的【Shift+单击进行选择】对话框中可选择适用这一设置的图元。

### 2.【屏幕自动移动】选项组

该选项组用于设置当系统处于命令状态，光标触及工作区边缘时，工作区中画面的移动方式。在【风格】下拉列表框中列出了 7 种不同的移动方式，如表 5-3 所示。

表 5-3　7 种不同的移动方式

| 移动方式 | 含 义 |
|---|---|
| Adaptive | 自适应方式，在其下面的速度文本框中可设置移动速度 |
| Disable | 禁止画面移动 |
| Re-Center | 十字光标触及工作区边缘时，该点被移动到工作区中间 |
| Fixed Size Jump | 按固定速度移动画面，速度在步长和移步两个文本框中设定 |
| Shift Accelerate | 按 Shift 键，画面将加速移动 |
| Shift Decelerate | 按 Shift 键，画面将减速移动 |
| Ballistic | 根据光标超出工作区边缘的程度来决定移动速度，越远移动越快 |

### 3.【交互式布线】选项组

该选项组用于设定交互式布线模式，也就是在布线过程中，碰到前方障碍物时的处理方式。在【模式】下拉列表框中有 3 个选项，分别是 Ignore Obstacle(忽略障碍)、Avoid Obstacle(避开障碍)和 Push Obstacle(推开障碍)。

- 保持间距穿过覆铜区：选中该复选框，可以在一个多边形覆铜区中走线，多边形覆铜可以根据【覆铜区重灌铜】选项组的设置重新覆铜。
- 自动删除重复连线：选中该复选框，如果 PCB 上两个电气点之间原来已有连接导线，用户又在这两个点之间连接另一根导线，那么将删除原来的导线，保留最后连接的导线。
- 聪明的导线终止：取消选中该复选框时，导线断线端点处以实型飞线显示未连接线。选中该复选框，则对那些仍有其他连接方式的线以实型飞线显示连接到网络中的最近的点，对断线则以点划飞线显示连接。
- 限定方向为 90/45 度角：选中该复选框，交互式布线的导线走向为 90 度和 45 度。

#### 4.【覆铜区重灌铜】选项组

该选项组用于设置多边形覆铜被移动时重新覆铜的方式。【重新覆铜】下拉列表框中有 3 个选项：Never、Threshold 和 Always，它们的作用分别如下。

- Never：选中该项，当移动多边形覆铜时，将弹出一个确认提示框，如图 5-17 所示。该提示框询问用户是否根据新位置的焊盘、过孔和导线等情况重新覆铜。
- Threshold：选中该项，当移动多边形覆铜的距离超过下方【阈值】的设定值时，将弹出图 5-17 所示的确认提示框，否则不询问而自动根据新位置的焊盘、过孔和导线等情况重新覆铜。
- Always：选中该项，当移动多边形覆铜时，不询问而自动根据新位置的焊盘、过孔和导线等情况重新覆铜。

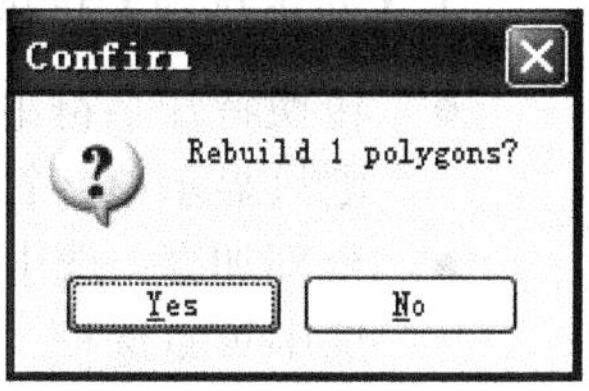

图 5-17　重覆铜确认提示框

#### 5.【其他】选项组

- 取消/重做：用于设置对已完成操作的撤销和重做的次数。
- 旋转角度：用于设置对图元做旋转操作时，每旋转(逆时针)一次的步长值，单位为度；如果同时按 Shift 键，则将按所设定的步长顺时针旋转。
- 光标类型：用于选择光标处于命令状态时的显示形式，有 Large 90、Small 90 和 Small 45 三种。
- 元件移动：用于设定在对元件做拖动操作(通过执行菜单命令【编辑】→【移动】→【拖动】实现)时，元件焊盘上的连接导线是否一起移动。选中 None，则只移动元件；选中 Connected Tracks，则元件焊盘的连接导线将随焊盘一起移动。

## 5.5.2　Display 设置页

在图 5-16 所示的对话框左边选中 Protel PCB 下的 Display，打开 Protel PCB-Display 参数设置页，如图 5-18 所示。

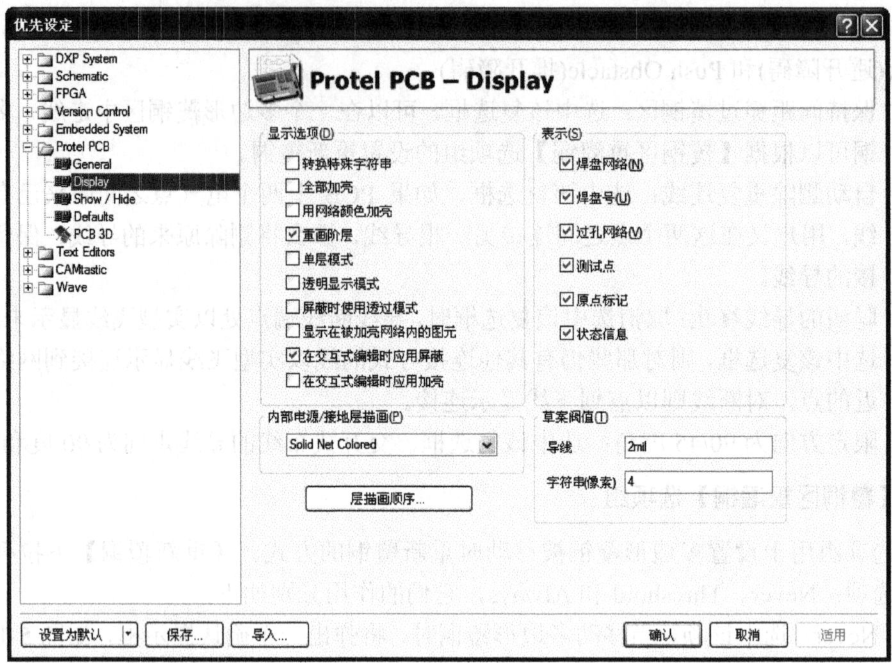


图 5-18　Display 设置页

### 1.【显示选项】选项组

- 转换特殊字符串：选中该复选框，系统将把特殊字符串所代表的信息显示出来；否则只显示该字符串本身。
- 全部加亮：选中该复选框，则被选中的对象将以设定的选择色全部高亮显示；取消选中该复选框，则被选中的对象只有轮廓用设定的颜色高亮显示。
- 用网络颜色加亮：选中该复选框，当执行菜单命令【编辑】→【选择】→【网络】，选中某一网络时，将使用为该网络指定的加亮颜色高亮显示网络内图元；取消选中该复选框，则使用默认加亮颜色高亮显示网络内的图元。
- 重画阶层：选中该复选框，则在切换工作区的板层时，系统自动刷新显示当前板层；否则须用 End 键或 Alt+End 组合键来进行刷新。
- 单层模式：选中该复选框，则在工作区只显示当前被激活的板层中的图件。由于多层代表所有信号层，在这种情况下，多层上的图件在所有信号层中都能显示出来；若取消选中该复选框，则所有板层的图件都同时被显示出来。
- 透明显示模式：选中该复选框，将采用透明模式显示 PCB 上的各个图元。在这种显示模式下，当 PCB 上不同层的图元交叠时，下层的图元不会被上层的图元完全遮盖，而是呈现透明的显示特性。使用这种显示模式的前提条件是板的颜色被设置为黑色，且图纸被隐藏起来。
- 屏敝时使用透过模式：选中该复选框，则在使用过滤器时，被屏蔽的图元将使用透明显示模式。
- 显示在被加亮网络内的的图元：在单层显示模式下选中该复选框时，则被加亮网络内的隐藏层和当前层的图元都显示出来；取消选中该复选框，则只显示当前层上的同网络图元。在多层显示模式下，该项不起作用。

- 在交互式编辑时应用屏蔽：选中该复选框，则在交互式编辑时，系统将采用屏蔽模式，以突出本次操作有关的图元。例如在进行交互式布线时，除了该导线所在网络上的所有图元之外，其他图元都被屏蔽。
- 在交互式编辑时应用加亮：选中该复选框，则在交互式编辑时，系统将采用加亮模式，使相关图元呈现高亮状态。例如在进行交互式布线时，该导线所处网络上的所有图元都被高亮显示。

### 2.【表示】选项组

- 焊盘网络：选中该复选框，将在工作区中显示每个焊盘所属的网络名称。
- 焊盘号：选中该复选框，将在工作区中显示每个焊盘的编号。
- 过孔网络：选中该复选框，将在工作区中显示每个过孔所属的网络名称。
- 测试点：若选中该复选框，则工作区中被设置为测试点的焊盘或过孔上将显示测试点的名称。
- 原点标记：选中该复选框，将在工作区中显示绝对原点标记或相对原点标记。
- 状态信处：显示 PCB 状态信息。

### 3. 内部电源/接地层描画选项组

该选项组用于设置内部电源或接地层的分割区域，是以板层色轮廓(空心)显示(Outlined Layer Colored)，还是以网络色轮廓(空心)显示(Outlined Net Colored)，或者以网络色实心显示(Solid Net Colored)。

### 4.【草案阈值】选项组

该选项组用于设置 PCB 上的线和字符显示方式转换的阈值，具体如下。

- 导线：线条在草案显示模式(在 Show/Hide 设置页中设置)下所有小于或等于右边文本框中设置值的线，将以细实线显示；大于右边文本框中设置值的线，将以草图轮廓(空心)的方式显示。
- 字符串：在当前放大级别情况下，所有小于右边文本框中像素值的文本将以一个轮廓矩形框的形式显示，只有大于该像素值的字符才能清晰显示。

### 5.【层描画顺序】按钮

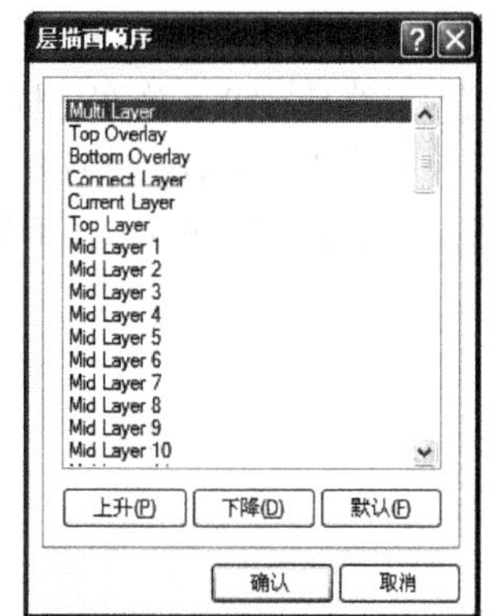


图 5-19　【层描画顺序】对话框

单击该按钮，将弹出【层描画顺序】对话框，如图 5-19 所示。该对话框用于设置当工作区中显示多个板层时，各板层的描画顺序，用户可通过下方的按钮更改板层的描画顺序。

## 5.5.3　Show/Hide 设置页

在图 5-16 所示对话框左边选中 Protel PCB 下的 Show/Hide，打开 Protel PCB-Show/Hide 参数设置页，如图 5-20 所示。

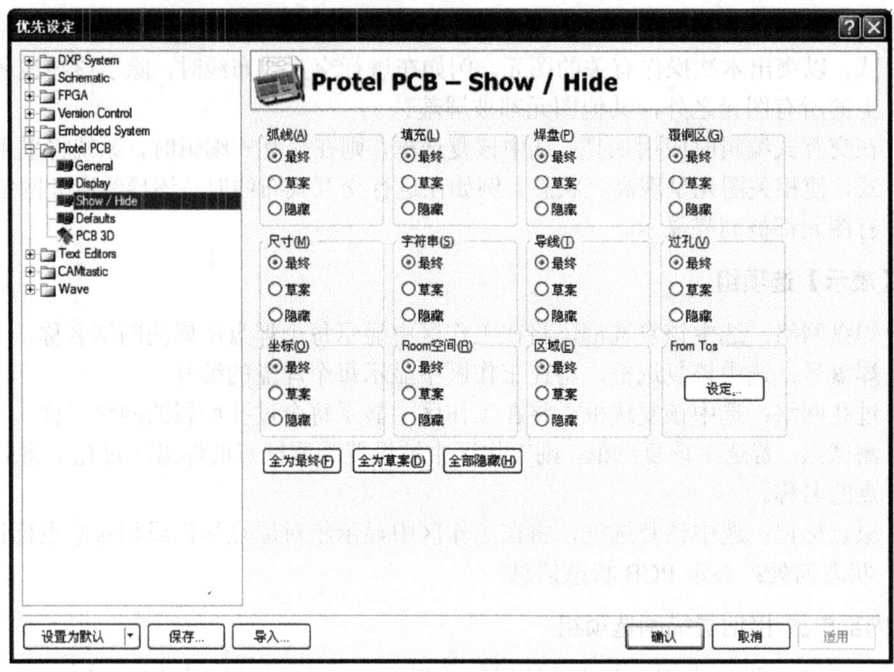


图 5-20　Show/Hide 设置页

在该设置页，可设置弧线、填充、焊盘、覆铜区等对象的显示模式，每一个对象都有最终(精细)、草案(粗略)和隐藏 3 种显示模式可选。其中：选中最终(精细)显示模式，该对象将按照设定的大小实心显示；选中草案(粗略)显示模式，该对象将以草图轮廓显示；选中隐藏显示模式，该对象将被隐藏，不显示出来。通过下方的 3 个按钮，可将所有对象都设置为最终(精细)、草案(粗略)或隐藏显示模式。

单击 From Tos 选项组的【设定】按钮，弹出【From To 显示设定】对话框，如图 5-21 所示。在该对话框中，可设置 From To 飞线和焊盘的显示模式。

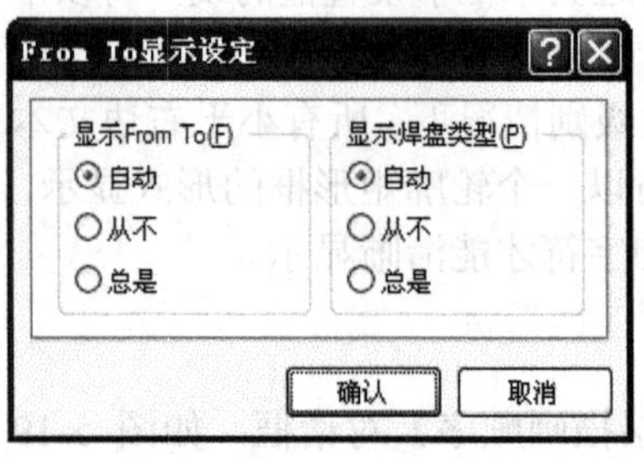


图 5-21　【From To 显示设定】对话框

## 5.5.4　Defaults 设置页

在图 5-16 所示对话框左边选中 Protel PCB 下的 Defaults，打开 Protel PCB-Defaults 参数设置页，如图 5-22 所示。

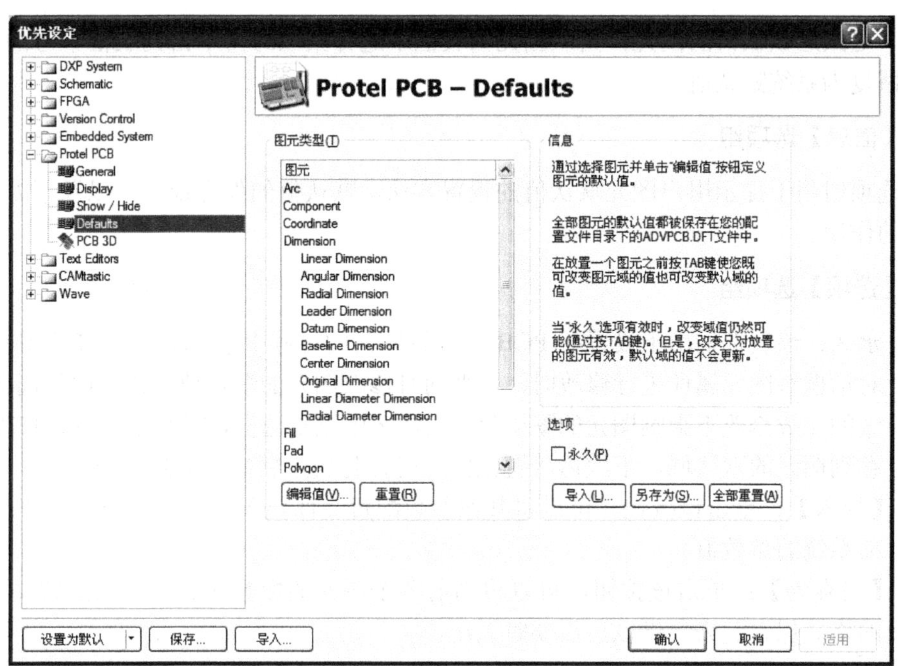


图 5-22　Defaults 设置页

该设置页用于设置 PCB 设计中用到的各种对象的默认值。

### 1.【图元类型】选项组

该选项组的图元列表框中列出了全部可设置默认值的图元，包括圆弧(Arc)、元件(Component)、坐标(Coordinate)、尺寸标注(Dimension)、矩形填充(Fill)、焊盘(Pad)、覆铜(Polygon)、字符串(string)、线(Track)、过孔(Via)和内嵌电路板(Embedded Board)。

从图元列表框中选择某一图元，然后单击列表框下方的【编辑值】按钮，或直接双击该图元，将弹出该图元的默认值设置对话框。在该对话框中可设置图元的各种默认值，此后在 PCB 中放置该种图元时，将采用这一设置值。图 5-23 为圆弧的默认值设置对话框。

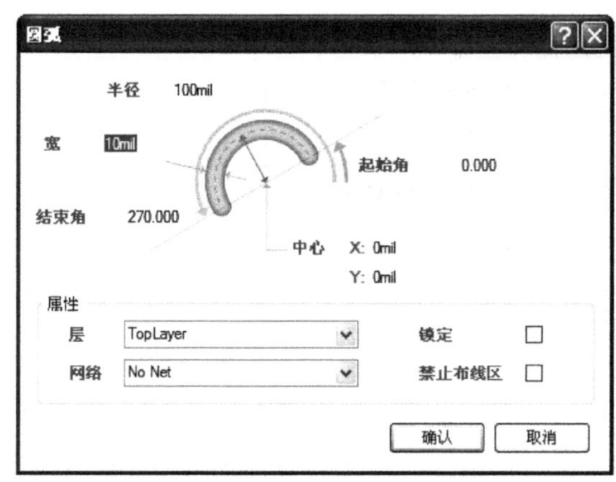


图 5-23　圆弧默认值设置对话框

对于更改过默认值的图元，当从图元列表框中选择某项时，单击列表框下方的【重置】按钮，恢复为系统默认值。

2.【信息】选项组

该选项组用于提示用户图元默认值的设置方法、默认值的保存地方，以及下方【永久】复选框的作用。

3.【选项】选项组

- 永久：该复选框用于设置在 PCB 上放置图元的过程中按 Tab 键，打开图元的属性对话框对图元属性进行修改时，是否同时修改图元的默认值。选中该复选框，则所做的参数修改不影响图元的默认值；取消选中该复选框，则所作的参数修改将被保存到图元的默认域，下次再放置该图元时，将使用新的参数默认值。
- 【导入】：单击该按钮，可以将其他参数配置文件导入到当前系统中，使之成为当前系统的参数值。
- 【另存为】：单击该按钮，可以将当前各个图元的参数配置以参数配置文件*.DFT的格式保存起来，供以后需要时调用。
- 【全部重置】：单击该按钮，则将所有图元的用户默认值恢复为系统默认值。

## 5.5.5 PCB 3D 设置页

在图 5-16 所示对话框左边选中 Protel PCB 下的 PCB 3D，打开 Protel PCB-PCB 3D 参数设置页，如图 5-24 所示。

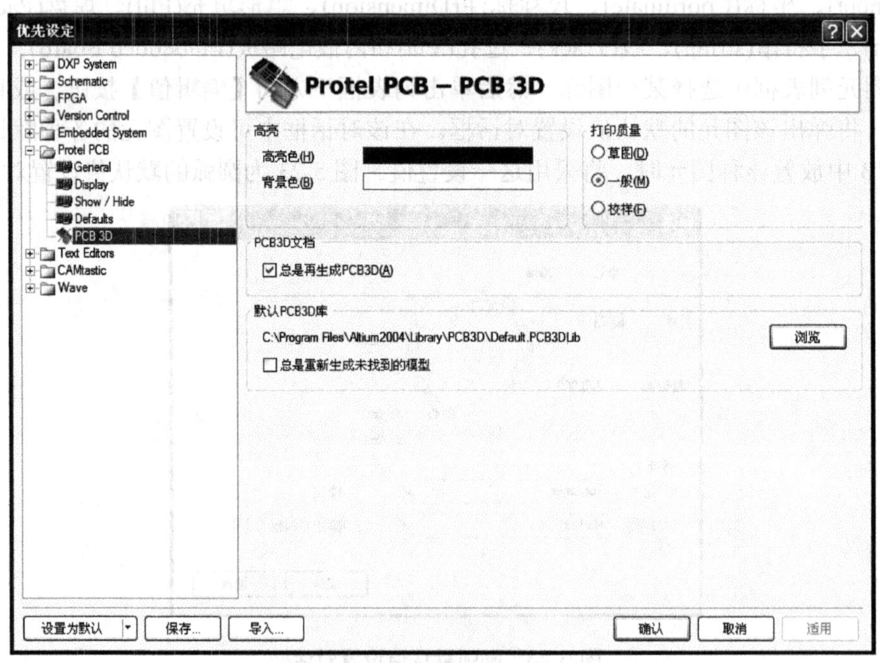


图 5-24　PCB 3D 设置页

21世纪高职高专电子信息类实用规划教材

该设置页用于设置 PCB 设计的 3D 效果图参数，包括高亮色的色彩选择、打印质量选择、PCB 3D 文档生成设置和 PCB 3D 库设置等。

对某个设置页的参数进行修改后，单击【保存】按钮，可将该设置页的参数设置存放为*.DXPPrf 文件；单击【导入】按钮，可将以前保存的参数设置文件*.DXPPrf 直接导入；单击【设置为默认】按钮，可以将该设置页的参数恢复为系统默认值。

# 5.6　PCB 工作环境设置

## 5.6.1　PCB 编辑器的坐标系统

在 PCB 的工作区中，无论放置元件还是进行布线，都和位置密切相关，所以应熟悉 PCB 的坐标系统，特别是绝对原点和相对原点的设置，公/英制单位的切换等。

### 1. 显示坐标

坐标的显示由状态栏实现，它位于编辑器的左下角，用于实时显示光标在工作区中的坐标值和 PCB 的捕获栅格值，英制单位为 mil，公制单位为 mm，如图 5-25 所示。执行菜单命令【查看】→【状态栏】，可以切换状态栏的开启和关闭状态。

X:3980mil Y:6030mil　Grid:10mil

(a) 英制单位

X:102.87mm Y:153.416mm　Grid:0.254mm

(b) 公制单位

图 5-25　状态栏

公/英制单位的切换可在【PCB 板选择项】对话框中设置，但最简单的方法是按 Q 键来实现切换。

### 2. 绝对原点和相对原点

系统默认的原点在工作区的左下角，该原点称为绝对原点。但绝对原点不方便我们看图和计算尺寸，所以在设计 PCB 时，用户经常将原点设置在其他地方，称为相对原点。

设置相对原点的过程如下。

(1) 执行菜单命令【编辑】→【原点】→【设定】，光标变成十字形。

(2) 将十字光标移到工作区的合适位置，单击鼠标。

这样就在鼠标单击位置上设置了相对原点。如果发现该原点位置还是不合适，重复上述操作，可更改相对原点的位置。

执行菜单命令【编辑】→【原点】→【重置】，可取消当前的相对原点，恢复绝对原点。

自动布局和自动布线都是以系统的绝对原点进行计算的，用户最好将 PCB 布置在绝对原点右上方的不远处。在 PCB 设计中，为了计算方便，可以将 PCB 的左下角设置为相对原点。

要在工作区上显示原点标记，可打开【优先设定】对话框的 Display 参数设置页，如图 5-18 所示。在该设置页中选中【表示】选项组中的【原点标记】复选框，此后即可在工作区中显示原点标记⊗。

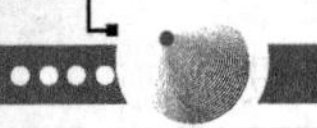


### 3. 自定义位置的设定和跳转

当 PCB 比较大时，可以在 PCB 的某些特殊位置放置自定义的位置标记，以便光标能快速跳转到这些位置标记上。

1) 在 PCB 上自定义位置

执行菜单命令【编辑】→【跳转到】→【设定位置标记】→…，最多可以在工作区中设定 10 个位置标记。

2) 快速跳转到指定位置

执行菜单命令【编辑】→【跳转到】→【位置标记】→…，光标可以快速跳转到指定的位置标记上。

## 5.6.2 PCB 板选择项设置

执行菜单命令【设计】→【PCB 板选择项】，或者在工作区右击鼠标，然后从弹出的右键菜单中选择【选择项】→【PCB 板选择项】，打开【PCB 板选择项】对话框，如图 5-26 所示。各个选项组的设置作用如下。

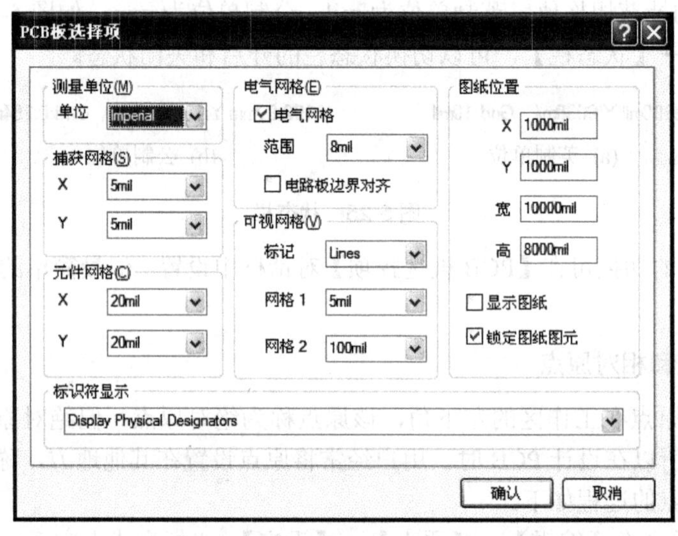


图 5-26 【PCB 板选择项】对话框

### 1. 测量单位

用于设置在 PCB 中使用的计量单位，有公制(Metric)和英制(Imperial)两种单位可选，其中公制的基本单位为 mm，英制的基本单位为 mil。

单击【单位】框右边的下拉按钮，可选择一种作为计量单位。由于元件封装的参数多数为英制单位 mil 的整数值，例如 DIP(双列直插式)封装的焊盘间距为 100mil，为了 PCB 设计的方便，一般选用英制单位作为计量单位。

公制单位和英制单位的换算关系是：1inch=1000mil≈25.4mm。切换测量单位更为常用、方便的操作方法是通过按 Q 键来实现。

### 2. 捕获网格

用于设置系统处于命令状态时，十字光标在工作区移动的步长，可分别设置水平方向(X)和垂直方向(Y)的移动步长值。一般来说，将水平和垂直方向的移动步长值设置为 5mil 或 10mil 比较合适。

更改捕获网格值更为常用的方法是通过实用工具栏的网格子工具栏来实现，其方法是单击网格子工具栏，从弹出的菜单中选择或设置，如图 5-27 所示。

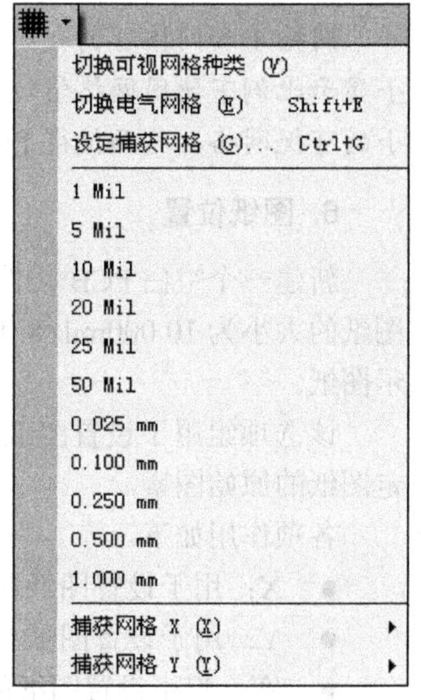


图 5-27　网格子工具栏

### 3. 元件网格

用于设置移动元件时，在水平方向和垂直方向的移动步长。元件网格设置合适，可以使元件的排列更为容易、整齐。一般来说元件网格值应接近或略大于捕获网格值，这样可使手工布线时的走线更易于操作。元件网格的默认值在水平方向和垂直方向都为 20mil。

### 4. 电气网格

电气网格是 PCB 编辑器提供的一种电气格点，它定义了被移动的电气对象能够作用于或者跳动到其他电气对象上的范围。对用户来说，电气网格看不到，但在绘图时能感觉到。选中该选项组的【电气网格】复选框，将启用电气网格。电气网格启用后，在 PCB 上进行布线时，光标会自动搜寻周围的电气节点，例如导线、焊盘、过孔等，当在它的搜寻范围内出现电气节点时，光标会自动跳到该节点上。它的搜寻范围在【范围】框中设置，单位为 mil。

### 特别提示

在设计 PCB 时，最好启用电气网格，且将电气网格值设置为比捕获网格值略小，例如捕获网格值设置为 10mil，可将电气网格设置为 5～10mil。这样在布线时，十字光标会自动搜寻周围电气节点，既可提高布线效率，又可避免导线虚接。另外，电气网格值和捕获网格值应小于元件封装的焊盘间距，否则会给布线带来不必要的麻烦。

### 5. 可视网格

可视网格是 PCB 上提供的作为视觉参考的网格线或网格点。在该选项组的【标记】框中选择可视网格的类型，有 Dots(点状)和 Line(线状)两种类型。

在 PCB 上最多可以设置两个可视网格，分别是网格 1 和网格 2，在它们右边的下拉列表框中可设置网格的大小。可视网格的显示与否，在板层和颜色对话框中设置，这部分内容将在第 5.7.1 节介绍。

特别提示

网格 1 和网格 2 的大小应有一定差距，一般为 5～20 倍比较合适。这样在 PCB 处于较小显示比例下使用网格值较大的可视网格，而当 PCB 的显示比例比较大时，使用网格值较小的可视网格，从而使得 PCB 在不同的缩放比例下，都有可视网格显示。

6. 图纸位置

新建一个空白 PCB 文件后，其默认参数是：工作区的大小为 100 000mil×100 000mil，图纸的大小为 10 000mil×8 000mil，PCB 的大小为 6 000mil×4 000mil，默认在工作区中不显示图纸。

该选项组用于设置图纸在工作区中的位置和大小，是否在工作区中显示图纸，是否锁定图纸的原始图素。

各项作用如下。

- X：用于设置图纸左下角在工作区中相对于绝对原点的 X 轴坐标值。
- Y：用于设置图纸左下角在工作区中相对于绝对原点的 Y 轴坐标值。
- 宽：用于设置图纸的宽度。
- 高：用于设置图纸的高度。
- 显示图纸：选中该复选框，将在工作区中显示图纸，图纸的默认颜色为白色。
- 锁定图纸图元：选中该复选框，将锁定图纸的原始图素。

7. 标识符显示

用于选择在文件中是显示物理标识符还是显示逻辑标识符。该选项应用于多通道设计过程中。

## 5.7 规划 PCB

规划 PCB 包括规划 PCB 的板层、PCB 的大小、形状、电气边界等工作。有手工和向导两种规划 PCB 的方法。

### 5.7.1 手工规划 PCB

下面介绍手工规划 PCB 的过程。

1. 新建一个空白 PCB 文件

打开已创建的 PCB 项目，执行菜单命令【文件】→【创建】→【PCB 文件】；或打开项目面板，单击面板上的【项目】按钮，然后从弹出的菜单中选择【追加新文件到项目中】→PCB，都可以新建一个空白 PCB 文件，并打开该文件，进入 PCB 编辑器。

新建的空白 PCB 文件为双面板结构，默认打开的板层有两个信号层(Top Layer、Bottom Layer)、一个机械层(Mechanical 1)、一个丝印层(Top Overlay)、禁止布线层(Keet-Out Layer)

和多层(Multi-Layer)，如图 5-28 所示。通过【图层堆栈管理器】以及【板层和颜色】对话框，可调整板层结构。

Top Layer / Bottom Layer / Mechanical 1 / Top Overlay / Keep-Out Layer / Multi-Layer

图 5-28　新建 PCB 的板层选项卡

## 2. 设置信号层和内电层

执行菜单命令【设计】→【层堆栈管理器】；或者在工作区右击鼠标，执行弹出的菜单命令【选择项】→【层堆栈管理器】，都可以打开【图层堆栈管理器】对话框，如图 5-29 所示。

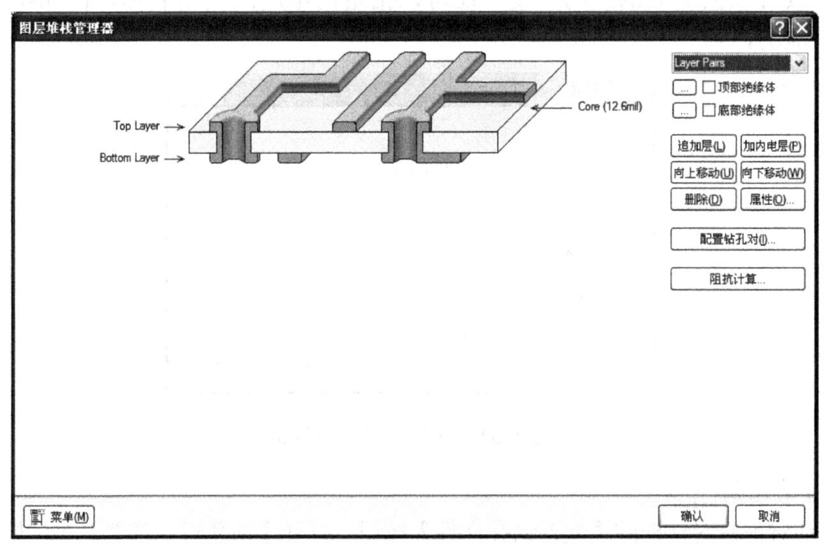


图 5-29　图层堆栈管理器

1) 添加信号层

在该对话框的示意图中选中一个层作为参考层，然后单击【追加层】按钮，将在参考层下方添加一个信号层，如果参考层为底层，则在其上方添加一个信号层。新添加的信号层从中间层 1(Midlayer 1)开始，最多可添加 30 个中间层。

2) 添加内部电源/接地层

在该对话框的示意图中选中一个层作为参考层，然后单击【加内电层】按钮，将在参考层下方添加一个内部电源/接地层(简称内电层)，如果参考层为底层，则在其上方添加一个内电层。新添加的内电层从内电层 1(InternalPlane 1)开始，最多可添加 16 个内电层。

3) 更改信号层和内电层的堆栈次序

首先选中需要更改叠放顺序的板层，然后单击【向上移动】按钮，可将该板层向上移动一层；单击【向下移动】按钮，则可将该板层向下移动一层。

4) 删除板层

选中要删除的板层，然后单击【删除】按钮，弹出一个删除板层确认提示框，如图 5-30 所示。单击 Yes 按钮，选中的板层将被删除。

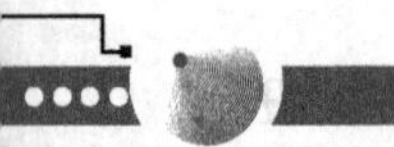



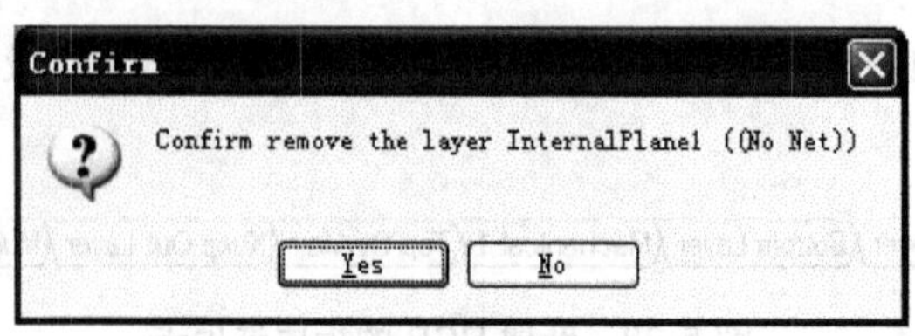


图 5-30　删除板层确认提示框

5) 编辑板层属性

在图 5-29 所示对话框的示意图中选择一个板层，然后单击【属性】按钮；或在示意图中直接双击该板层的名称，弹出【编辑层】对话框，如图 5-31 所示。在该对话框中可更改板层名称，设置该板层上铜膜的厚度。还可以指定内电层的网络名称，例如指定它作为电源层或者接地层。

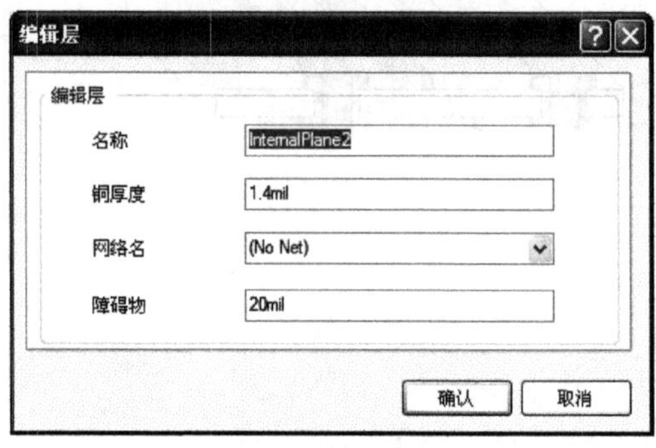


图 5-31　编辑内电层对话框

6) 配置钻孔属性

单击堆栈管理器对话框的【配置钻孔文件】按钮，打开【钻孔对管理器】对话框，如图 5-32 所示。

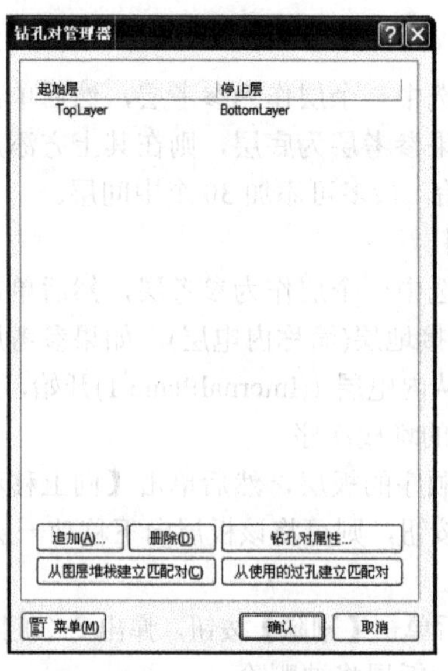


图 5-32　钻孔对管理器

钻孔对的设置决定了 PCB 上可以添加的钻孔类型。单击【追加】按钮，可添加钻孔对；选中某个钻孔对，然后单击【删除】按钮，可删除该钻孔对；选中某个钻孔对(除顶层-底层钻孔对之外)，然后单击【钻孔对属性】按钮，可编辑钻孔对属性，即设定其起始层和终止层；单击【从图层堆栈建立匹配对】按钮，可根据图层堆栈情况，建立图层堆栈所支持的钻孔对；单击【从使用的过孔建立匹配对】按钮，将根据已放置的过孔的属性来建立钻孔对。

7) 阻抗计算

单击图 5-29 所示图层堆栈管理器中的【阻抗计算】按钮，打开【阻抗公式编辑器】对话框，如图 5-33 所示。

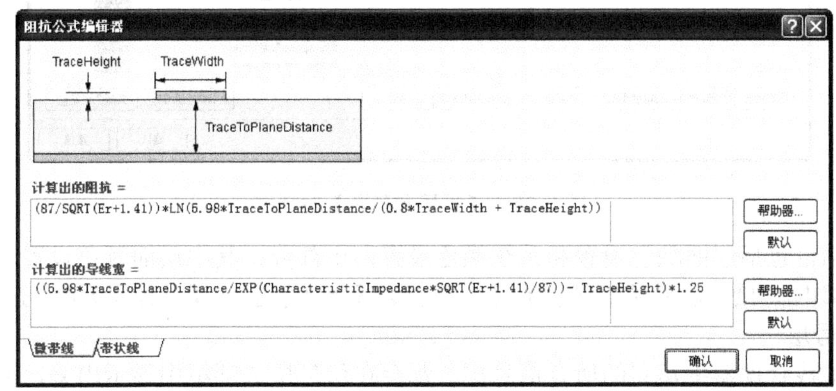


图 5-33　阻抗公式编辑器

在该编辑器中，可根据导线的宽度、厚度、距离电源层的距离等参数来计算阻抗。分别单击该对话框中的【帮助器】按钮，在打开的公式编辑帮助器中可以修改阻抗计算公式或导线宽度计算公式；单击【默认】按钮，则恢复为默认计算公式。

8) 在顶层或底层添加绝缘体

选中图 5-29 所示【图层堆栈管理器】对话框右上角的【顶部绝缘体】或【底部绝缘体】复选框，将在电路板的顶层或底层添加绝缘层。单击复选框左边的...按钮，打开【介电性能】对话框，如图 5-34 所示。在该对话框中可设置绝缘层的材料、厚度和介电常数。

图 5-34　【介电性能】对话框

### 3. 设置板层和颜色

添加了信号层和内电层后，并没有马上在工作区中显示出这些板层，还需要在板层和颜色对话框中进行设置。

执行下面操作之一，都可以打开【板层和颜色】对话框，如图 5-35 所示。

- 按下 L 键。
- 执行菜单命令【设计】→【PCB 板层次颜色】。
- 在工作区中右击鼠标，执行弹出的菜单命令【选择项】→【PCB 板层次颜色】。

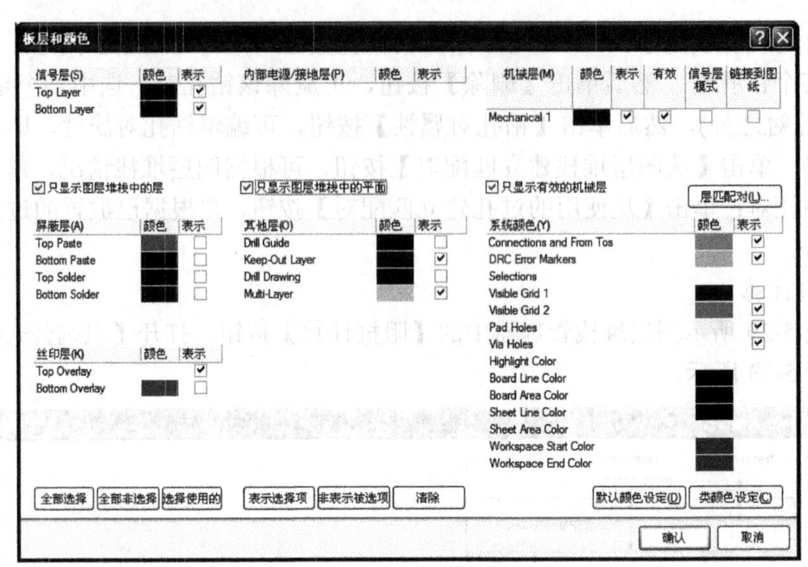


图 5-35 【板层和颜色】对话框

该对话框包括层面颜色设置和系统颜色设置两个部分，其中层面颜色设置包括【信号层】【内部电源/接地层】【机械层】【屏蔽层】【丝印层】和【其他层】6 个选项组。

1) 信号层

在层堆栈管理器中建立的所有信号层，都会在信号层选项组中显示出来，但要使某一信号层显示在工作区中，则必须选中该信号层右边的【表示】复选框。单击某一信号层右边的颜色块，打开【选择颜色】对话框，为该板层设置新的显示颜色。

如果不选中信号层选项组下方的【只显示图层堆栈中的层】复选框，则将显示全部 32 个信号层，但只有那些已经在图层堆栈管理器中添加的信号层，才能选中其【表示】复选框，并在工作区中使用。

2) 内部电源/接地层

在内部电源/接地层选项组显示了在层堆栈管理器中建立的所有内电层，但要使某一内电层显示在工作区中，则必须选中该内电层右边的【表示】复选框。单击某一内电层右边的颜色块，打开【选择颜色】对话框，为该内电层设置新的显示颜色。

如果取消选中内部电源/接地层【只显示图层堆栈中的平面】复选框，则将显示全部 16 个内电层，但只有那些已经在图层堆栈管理器中添加的内电层，才能选中其【表示】复选框，并在工作区中使用该层。

3) 机械层

机械层选项组显示了所有有效机械层，如果不选中该选项组下方的【只显示有效机械层】复选框，则将显示全部 16 个机械层。要在 PCB 上使用某一机械层，只要同时选中该机械层右边的【表示】和【有效】复选框即可。

4) 屏蔽层、丝印层和其他层

这几个选项组的设置情况相似，要在 PCB 上使用某一层，只要选中该层右边的【表示】复选框即可；单击某一层右边的颜色块，可更改该层的显示颜色。

5) 系统颜色和显示设置

系统颜色选项组列出了系统各种对象的显示颜色，以及在 PCB 上是否使用该对象。单击某一对象右边的颜色块，可更改该对象的颜色；选中该对象右边的【表示】复选框，将在 PCB 上使用该对象。

- Connections and From Tos：连接和 From-To 飞线。
- DRC Error Markers：设计规则检测的错误标记。
- Selections：PCB 上图件被选中后的颜色。
- Visible Grid 1：可视网格 1。
- Visible Grid 2：可视网格 2。
- Pad Holes：焊盘内孔。
- Via Holes：过孔内孔。
- Highlight Color：高亮显示颜色。
- Board Line Color：PCB 边界线颜色。
- Board Area Color：PCB 内部区域颜色。
- Sheet Line Color：图纸边界线颜色。
- Sheet Area Color：图纸页面颜色。
- Workspace Start Color：工作区起始端颜色。
- Workspace End Color：工作区终止端颜色。

Protel DXP 2004 SP2 提供了两套默认的板层和系统颜色设定方案，它们分别为默认颜色和经典颜色。单击图 5-35 所示对话框右下角的【默认颜色设定】按钮，将启用 Protel DXP 2004 SP2 提供的默认颜色，单击【类颜色设定】按钮，则将启用经典颜色。

### 特别提示

对于初学者，建议不要随便更改板层和系统的默认颜色。如果这些颜色设置不合适，可能影响 PCB 的正常显示，不利于进行 PCB 设计。此外，各个板层固定使用一种颜色的好处是，当用户不小心将图元放错板层时，可根据图元显示的颜色，及时发现错误。

#### 4. 规划 PCB 的物理边界

实际上，PCB 的物理边界就是 PCB 的外形轮廓。在 PCB 编辑器中，可使用菜单命令来对 PCB 的形状和大小进行编辑和修改。

1) 重定义 PCB 的物理边界

具体操作过程如下。

(1) 执行菜单命令【设计】→【PCB 板形状】→【重定义 PCB 板形状】，系统进入重定义 PCB 板形状的命令状态。此时工作区的背景变成黑色，PCB 变成绿色，光标变成十字形。

(2) 移动十字光标到工作区的合适位置，单击鼠标，确定 PCB 的一个顶点。

(3) 移动十字光标到工作区的合适位置，单击鼠标，确定 PCB 的第二个顶点。

(4) 继续移动十字光标到其他合适地方，依次单击鼠标，确定 PCB 的其他顶点。

(5) 右击鼠标，退出命令状态。

经过上面几步，即可重新定义 PCB 的形状，如图 5-36 所示。

2) 移动 PCB 顶点

如果对 PCB 的形状不满意，还可以对其进行修改，具体操作过程如下。

(1) 执行菜单命令【设计】→【PCB 板形状】→【移动 PCB 顶】，系统进入移动 PCB 顶点的命令状态。此时工作区的背景变成黑色，PCB 变成绿色，且在其边界上出现一些控制点，光标变成十字形，如图 5-37 所示。

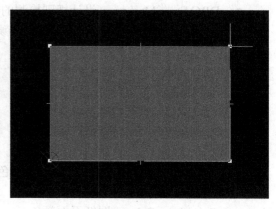

图 5-36 重定义 PCB 形状

图 5-37 移动 PCB 顶点

(2) 将十字光标放在需要移动的顶点上，单击鼠标，移动光标到合适的位置再次单击鼠标，确定新顶点的位置。

(3) 用同样的方法，移动其他需要移动的顶点。

(4) 右击鼠标，退出命令状态。

经过上面几步，即可完成 PCB 顶点的移动，从而改变 PCB 的形状和大小。

3) 根据事先绘制的边界线定义 PCB 物理边界

事先绘制一个封闭的边界线，然后执行本命令，可将该边界线定义为 PCB 的物理边界。具体操作过程如下。

(1) 在工作区中用画直线工具或画弧线工具绘制一个封闭图形。

(2) 选中封闭图形中的全部直线和弧线。

(3) 执行菜单命令【设计】→【PCB 板形状】→【根据选定元件定义】。

经过上面几步，即可将事先绘制的边界线定义为 PCB 的物理边界。

4) 移动 PCB

如果 PCB 在工作区中的位置不合适，通过本命令，可将其移动到合适位置。具体操作过程如下。

(1) 执行菜单命令【设计】→【PCB 板形状】→【移动 PCB 板形状】，系统进入移动 PCB 的命令状态。此时工作区的背景变成黑色，PCB 变成绿色，在工作区出现一个和 PCB 形状、大小相同的白色封闭边界线，光标变成十字形，且位于该白色边界线的一个顶点上，如图 5-38 所示。

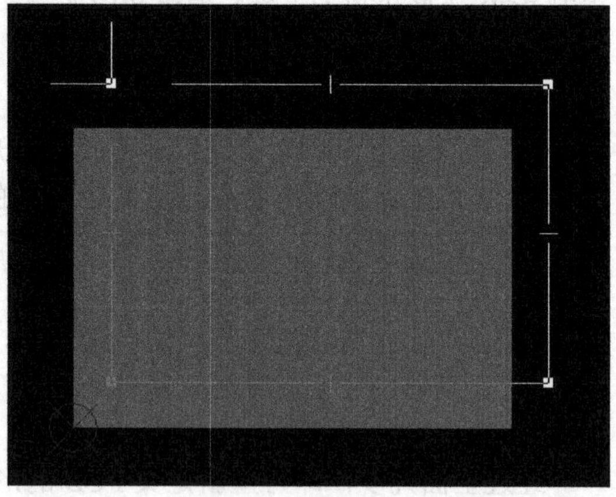

图 5-38 移动 PCB

(2) 移动十字光标到工作区的合适位置，单击鼠标，确定 PCB 的新位置。

此外，在将 PCB 放在新位置之前，按空格键，可旋转 PCB；按 X 键，可将 PCB 作水平对调；按 Y 键，可将 PCB 做垂直对调。

#### 5. 规划 PCB 的电气边界

PCB 的电气边界是在禁止布线层(Keep-Out Layer)上规划的，它设定了元件和导线的放置区域。在进行系统自动布局和自动布线之前，必须事先在 PCB 上规划电气边界。

手工规划 PCB 电气边界的过程如下。

(1) 单击工作区下方的 Keep-Out Layer 板层选项卡，将禁止布线层切换为当前层。

(2) 执行菜单命令【放置】→【禁止布线区】→【导线】，进入放置直线的命令状态。

(3) 移动十字光标到合适位置，单击鼠标，确定电气边界的起点。

(4) 移动十字光标到其他合适位置，单击鼠标，确定电气边界的其他顶点。

(5) 右击鼠标或按 Esc 键，退出放置直线的命令状态。

如果电气边界中有弧线，可使用【禁止布线区】菜单中的画弧线命令进行绘制。同样，必须将弧线放置在禁止布线层上。

使用【禁止布线区】菜单中的放置直线或弧线命令，可在 PCB 的禁止布线层上放置边界线，这些边界线被自动赋予禁止布线区的属性。打开这些图元的属性对话框，可发现对话框中的【禁止布线区】复选框已自动处于选中状态，如图 5-39 所示。

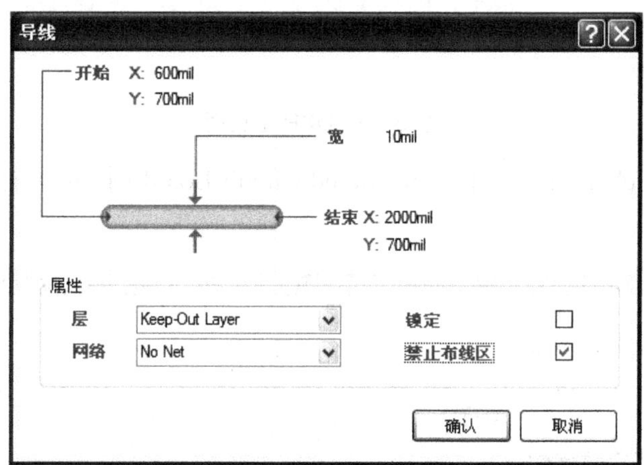


图 5-39　禁止布线层的导线属性

实际上，使用菜单命令【放置】→【直线】，或者单击绘图子工具栏的工具，同样可以在禁止布线层上规划电气边界，但用这些方法放置的直线并不直接具有禁止布线区的属性，需要打开其属性对话框，选中【禁止布线区】复选框，才使其具有禁止布线区的属性，也才能够作为电气边界使用。

### 5.7.2　使用向导创建 PCB

除了手工建立和规划 PCB 之外，还可以使用 PCB 向导来创建 PCB 文件。在创建 PCB 的过程中，还可同时完成 PCB 的物理边界、电气边界的规划，板层和一些布线规则的设置。

利用向导创建 PCB 的过程如下。

(1) 执行菜单命令【查看】→【主页】，打开 Protel DXP 2004 SP2 的主页，如图 5-40 所示。

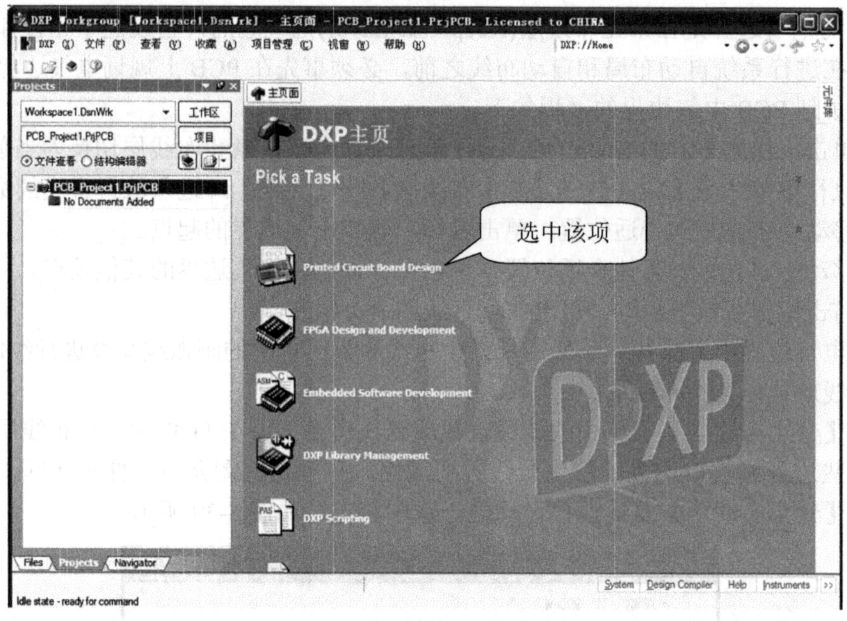


图 5-40　DXP 主页面

(2) 在主页的 Pick a Task 栏中单击 Printed Circuit Board Design，打开 PCB 设计页面，如图 5-41 所示。

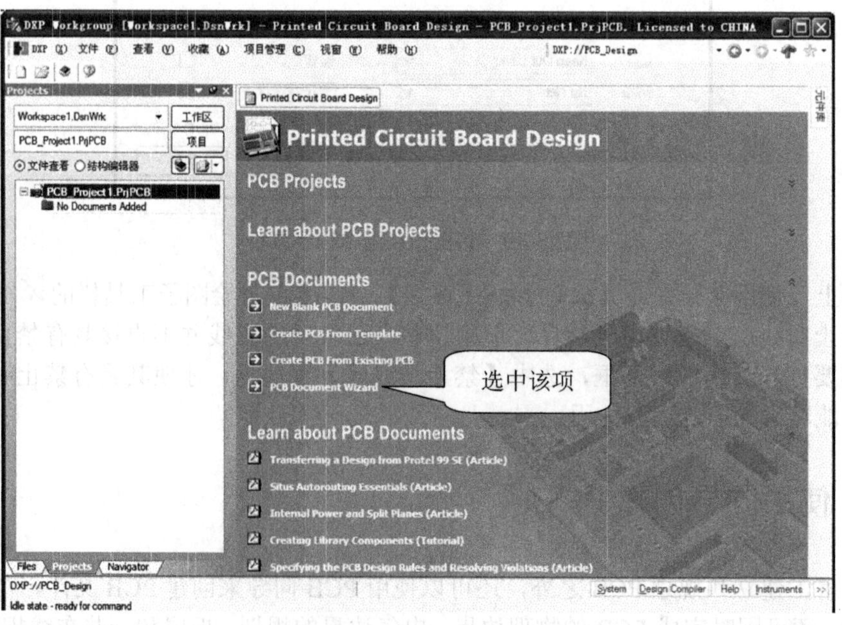


图 5-41　PCB 设计页面

(3) 在 PCB 设计页面中单击 PCB Documents 栏的 PCB Document Wizard，进入【PCB 板向导】对话框，如图 5-42 所示。

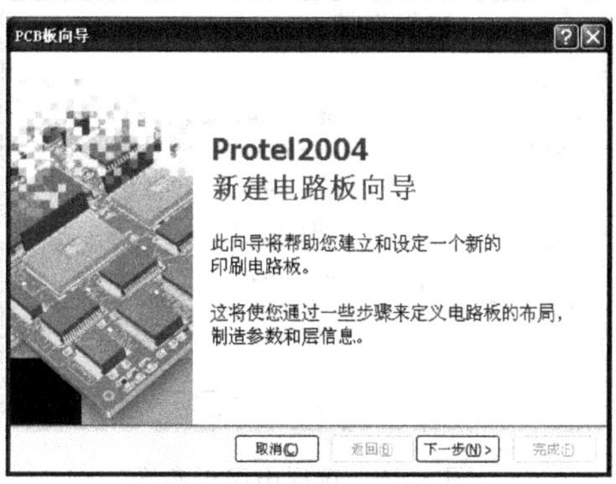


图 5-42　进入 PCB 向导

(4) 单击【下一步】按钮，进入【选择电路板单位】页面，如图 5-43 所示。在该页面中选择 PCB 使用的计量单位，一般选择英制单位。

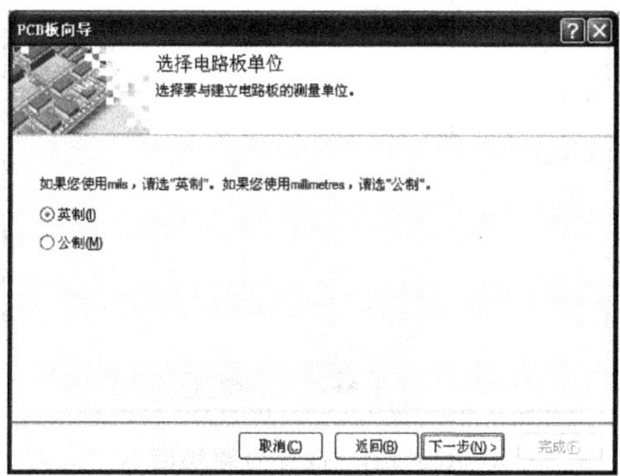


图 5-43　选择电路板单位

(5) 单击【下一步】按钮，进入【选择电路板配置文件】页面，如图 5-44 所示。在该页面中选择某一种标准电路板配置文件或用户自定义电路板。

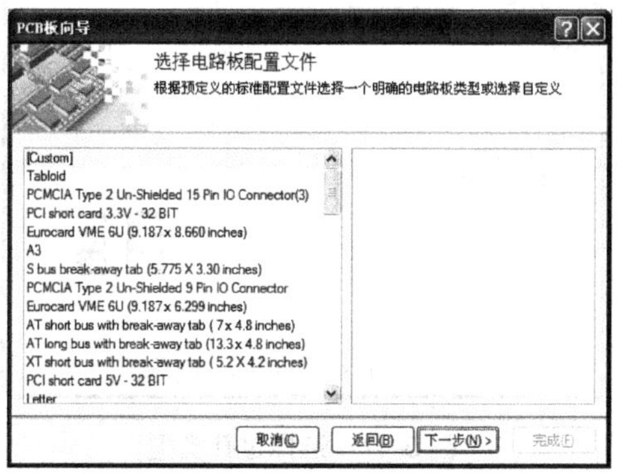


图 5-44　选择电路板配置文件

(6) 单击【下一步】按钮，进入【选择电路板详情】页面，如图 5-45 所示。在该页面中可设置电路板形状、大小、尺寸线、物理边界和电气边界的距离以及是否使用标题栏等。

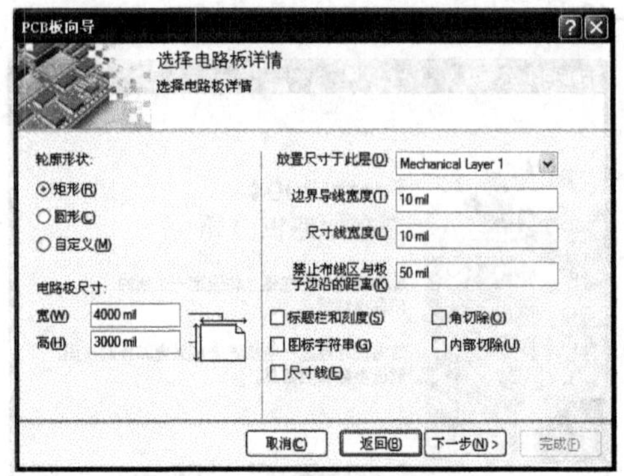

图 5-45　选择电路板参数

(7) 单击【下一步】按钮，进入【选择电路板层】页面，如图 5-46 所示。在该页面中可设置电路板中使用的信号层和内电层的数量。

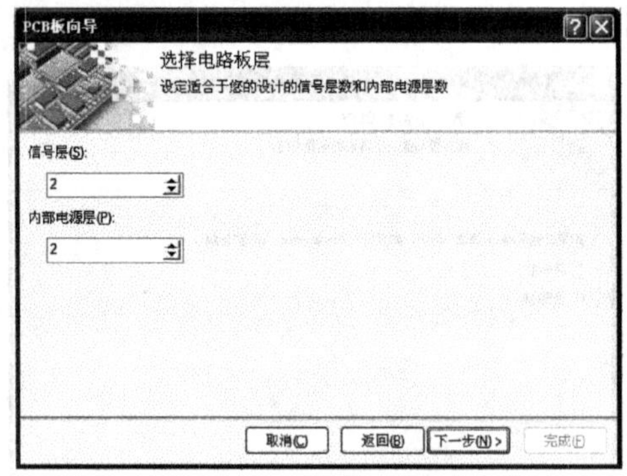

图 5-46　选择电路板层

(8) 单击【下一步】按钮，进入【选择过孔风格】页面，如图 5-47 所示。在该页面中选择电路板上使用的过孔的类型。

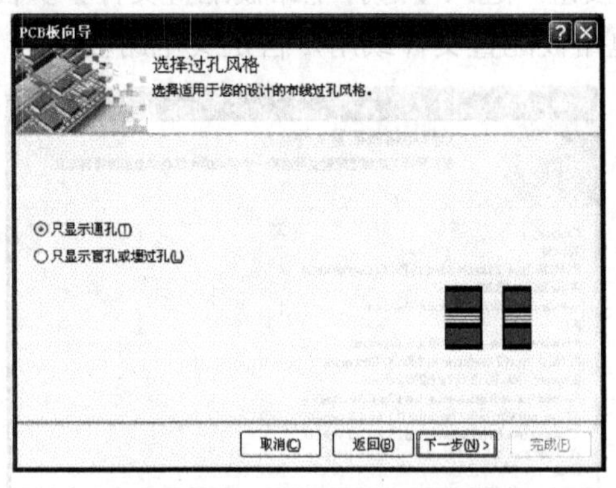

图 5-47　选择过孔类型

(9) 单击【下一步】按钮，进入【选择元件和布线逻辑】页面。在该页面中选择电路板上的元件主要是表贴式元件还是插入式元件。如果是表贴式元件，则选择是否在电路板的两面都放置元件，如图 5-48 所示；如果是插入式元件，则选择两个相邻焊盘之间允许通过的导线数量，如图 5-49 所示。

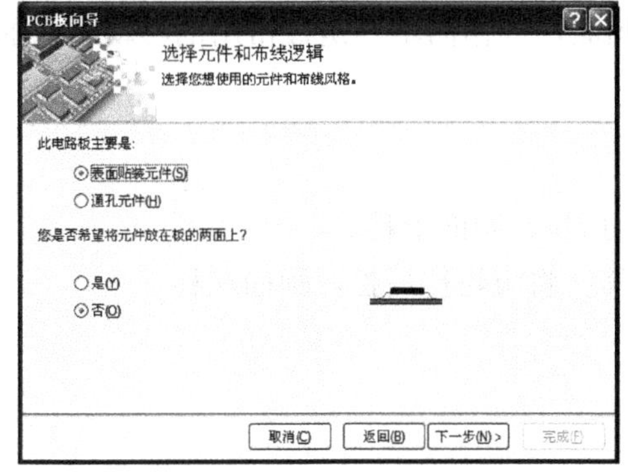


图 5-48　选择表贴式元件布线逻辑

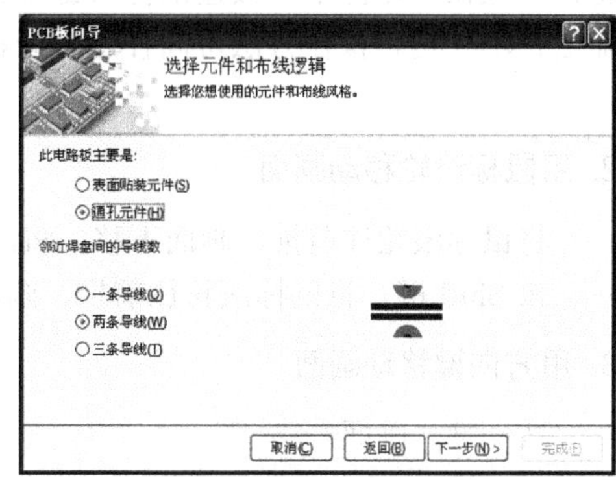


图 5-49　选择插入式元件布线逻辑

(10) 单击【下一步】按钮，进入【选择默认导线和过孔尺寸】页面，如图 5-50 所示。在该页面中设置最小导线尺寸、最小过孔尺寸和导线间的最小间距。

(11) 单击【下一步】按钮，进入电路板向导完成页面，如图 5-51 所示。

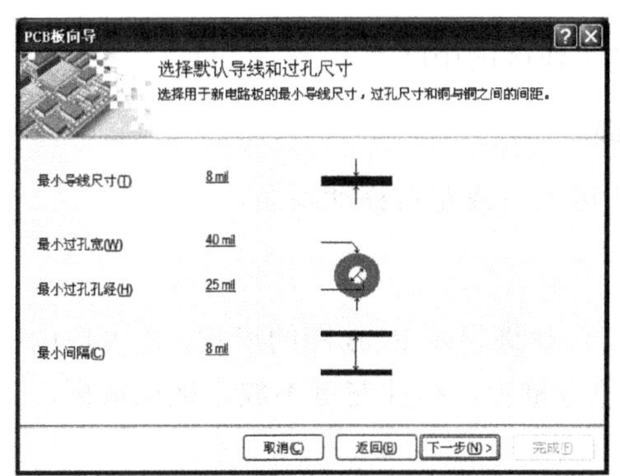


图 5-50　选择默认导线和过孔尺寸

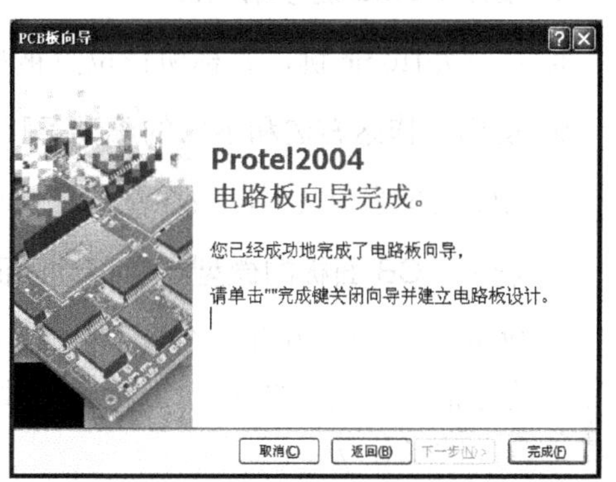


图 5-51　完成电路板创建

单击【完成】按钮，系统将根据前面的设置，创建了一个默认文件名为 PCB1.PcbDoc 的 PCB 文件。

# 5.8　PCB 编辑器的画面管理

画面管理是指工作平面的移动、缩放、刷新、切换当前板层等操作，它们都是设计 PCB 的常用操作。

## 5.8.1　画面的移动

在工作区内移动画面有以下操作方法。

#### 1. 用游标手移动画面

将光标放在工作区中，按住鼠标右键不放，在光标变成一个手形符号后拖动鼠标，画面将随之移动。这种操作方法可向任意方向移动画面，操作简单，是最常用的移动画面的方法。

#### 2. 用鼠标滚轮移动画面

- 将鼠标滚轮往前推，画面下移；将滚轮往后拉，画面上移。
- 按 Shift 键，将鼠标滚轮往前推，画面右移；将滚轮往后拉，画面左移。

#### 3. 用方向键移动画面

- 按←键，画面右移。
- 按→键，画面左移。
- 按↑键，画面下移。
- 按↓键，画面上移。

如果同时按住 Shift 键，将加快光标的移动速度。

#### 4. 使用 Home 键移动画面

每按一次 Home 键，光标所在位置被移动到工作区的中间。

#### 5. 使用工作区右边和下方的滚动条移动画面

将光标放在滚动条上，按住左键并拖动，即可上下或左右移动画面。

#### 6. 利用 PCB 面板的微型窗口移动画面

在 PCB 面板的下方有一个微型窗口，该窗口示意地显示 PCB 图的形状，在窗口中有一个白色的方框，如图 5-52 所示。将光标放在白色方框上，按住左键不放，拖动鼠标，工作区中的画面随之移动。

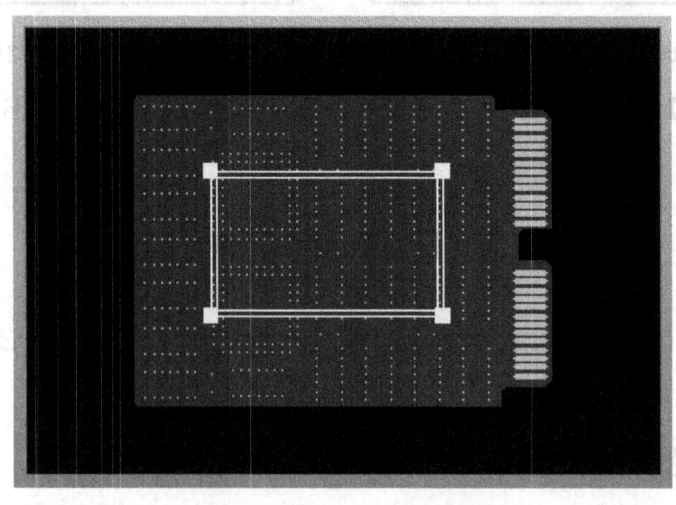

图 5-52　PCB 面板的微型窗口

## 5.8.2 画面的缩放

在工作区内缩放画面有以下操作方法。

### 1. 用 Ctrl 键+鼠标滚轮缩放画面

按住 Ctrl 键，将鼠标滚轮往上推，光标所在位置不动，画面放大；将鼠标滚轮往下拉，光标所在位置不动，画面缩小。

### 2. 用快捷键缩放画面

将光标放在工作区中，按 Page Up 键，则光标所在位置不动，画面放大；按 Page Down 键，则光标所在位置不动，画面缩小。如果同时按 Shift 键，将降低缩放比例，称为精缩放；反之，如果同时按 Ctrl 键，将增大缩放比例，称为粗缩放。

### 3. 使用菜单命令缩放画面

1) 显示整个文件

执行菜单命令【查看】→【整个文件】，整个 PCB 文件的所有图件都将最大化显示在工作区中，这些图件包括 PCB 图、标题栏、尺寸标注安装孔等。

2) 显示整张图纸

执行菜单命令【查看】→【整张图纸】，整个图纸页面将最大化显示在工作区中。需要说明的是，建立了 PCB 文件后，默认不显示图纸，要在工作区中显示图纸，可执行菜单命令【设计】→【PCB 板选择项】，打开【PCB 板选择项】对话框，如图 5-26 所示。在该对话框的【图纸位置】选项组中，选中【显示图纸】复选框。

3) 显示整个 PCB 图

执行菜单命令【查看】→【整个 PCB 板】，整个 PCB 图中的所有图件都将最大化显示在工作区中。

4) 显示指定区域

显示指定区域的操作步骤如下。

(1) 执行菜单命令【查看】→【指定区域】，鼠标光标变成十字形。

(2) 移动十字光标到要显示区域的一个顶点上，单击鼠标确定。

(3) 继续移动十字光标，此时出现一个白色虚线框，当白色虚线框包围整个目标区域后，单击鼠标，则虚线框所包围的区域将最大化显示在工作区中。

5) 显示指定点周围区域

显示指定点周围区域的操作步骤如下。

(1) 执行菜单命令【查看】→【指定点周围区域】，鼠标光标变成十字形。

(2) 移动十字光标到要显示区域的中心位置，单击鼠标左键确定。

(3) 继续移动十字光标，此时出现一个以该点为中心、向外扩展的白色虚线框，当虚线框包围整个目标区域后单击鼠标，则虚线框所包围的区域将最大化显示在工作区中。

6)显示选定的对象

显示选定对象的操作步骤如下。

(1) 选中要显示的全部对象。

(2) 执行菜单命令【查看】→【选定对象】，则被选中的对象将最大化显示在工作区中。

7) 显示过滤器指定的对象

显示过滤器指定对象的操作步骤如下。

(1) 利用过滤器选择对象。

(2) 执行菜单命令【查看】→【过滤对象】，则过滤器中选择的对象将最大化显示在工作区中。

8) 全屏显示

执行菜单命令【查看】→【全屏显示】，工作区将处于全屏显示状态，此时编辑器上的所有工作面板都被关闭。若要恢复原来显示状态，只须再次执行该菜单命令即可。

在【查看】菜单中还有【放大】、【缩小】和【摇镜头】等命令，它们分别和快捷键 Page Up、Page Down 和 Home 的作用相同，但由于执行菜单命令时鼠标在菜单上，操作效果不好，建议不使用这 3 个菜单命令。

**4. 使用工具栏工具缩放画面**

在标准工具栏上有 4 个缩放工具，如图 5-53 所示。它们的作用分别如下。

图 5-53　缩放工具

- 工具：该工具用于将整个 PCB 的所有图件最大化显示在工作区中，和菜单命令【查看】→【整个文件】的作用相同。
- 工具：该工具用于显示指定区域，它的作用和操作过程都与菜单命令【查看】→【指定区域】的作用相同。
- 工具：该工具用于显示选中的对象，它的作用与操作过程都与菜单命令【查看】→【选定对象】的作用相同。
- 工具：该工具用于显示过滤器指定的对象，它的作用和操作过程都与菜单命令【查看】→【过滤对象】的作用相同。

## 5.8.3　画面的刷新

在设计 PCB 的过程中，有时某些操作会使工作区的图件出现扭曲变形，为了使画面恢复正常显示状态，可对画面进行刷新操作。刷新操作有下面两种方法。

- 按 End 键。
- 执行菜单命令【查看】→【更新】。

### 5.8.4　切换当前板层

PCB 上的图件是分层放置、同时显示的(除单层显示模式之外)，用相同的放置工具或放置命令，在不同板层上放置的图件，其属性是完全不同的。在放下图件之前，首先要将目标板层切换为当前层。

#### 1. 在放置命令状态下切换板层

如果已处于放置图件命令下，则可用下面的方法切换板层。

- 按数字键盘上的*键，可以在所有信号层之间轮流切换。
- 按数字键盘上的+键，可以自左向右在所有板层之间轮流切换。
- 按数字键盘上的-键，可以自右向左在所有板层之间轮流切换。

#### 2. 执行放置命令前切换板层

执行放置图件命令之前切换当前板层，除了上面的方法之外，更直接的方法是用鼠标单击工作区下方目标板层的板层选项卡。

## 5.9　PCB 的编辑操作

PCB 的编辑操作包括图件的选择和撤销选择，图件的复制、剪切、删除和粘贴，以及图件的移动、旋转、翻转等。Protel DXP 2004 SP2 很好地兼容了 Windows 的一些操作方法，这些操作易学易用。

### 5.9.1　图件的选择

在 PCB 设计过程中，经常要对某些图件进行选择操作，被选中的图件将高亮显示。常用的选择操作有方法如下。

#### 1. 直接用鼠标选择图件

1) 选择单个图件

将光标移到待选图件上，单击鼠标，即可选中该图件。

2) 选择多个图件

将光标移到待选图件的一个角上，按住鼠标左键不放，拖动鼠标，此时出现一个白色虚线框，当白色虚线框完全包围所有待选图件时松开鼠标，即可选中被白色虚线框完全包围的所有图件。

3) 使用切换选择选中多个图件

按住 Shift 键，然后将光标移到图件上单击，则原来未选中的图件将被选中，原来处于选中状态的图件将被撤销选中状态，这一操作称为切换选择。在选择放置比较分散的图件时，使用这一操作非常方便。

### 2. 使用标准工具栏的▢工具选择图件

单击标准工具栏上的▢工具，光标变成十字形，移动十字光标到待选图件的一个角上，单击鼠标确定移动十字光标，此时出现一个白色虚线框，当白色虚线框包围所有待选图件时再次单击鼠标，即可选中被白色虚线框完全包围的所有图件。

### 3. 使用菜单命令或快捷键选择图件

1) 选择区域内对象

- 菜单命令：【编辑】→【选择】→【区域内对象】。
- 快捷键：E+S+I。

该命令跟使用选择工具▢选择图件的操作过程和作用相同。

2) 选择区域外对象

- 菜单命令：【编辑】→【选择】→【区域外对象】。
- 快捷键：E+S+O。

进入命令状态后，光标变成十字形，移动十字光标到不希望选中的图件的一个角上，单击鼠标确定。移动十字光标，此时出现一个白色虚线框，当白色虚线框完全包围所有不希望选中的图件时再次单击鼠标，即可选中被白色虚线框完全包围的图件之外的其他所有图件。

3) 选择全部对象

- 菜单命令：【编辑】→【选择】→【全部对象】。
- 快捷键：Ctrl+A 或 E+S+A。

执行操作后，工作区中的所有图件都将被选中。

4) 选择 PCB 上的所有图件

- 菜单命令：【编辑】→【选择】→【板上全部对象】。
- 快捷键：Ctrl+B 或 E+S+B。

执行操作后，PCB 边界内及边界上的所有图件都将被选中。

5) 选择网络中对象

- 菜单命令：【编辑】→【选择】→【网络中对象】。
- 快捷键：E+S+N。

进入命令状态后，光标变成十字形，移动十字光标到工作区中单击待选网络，或者单击空白处，弹出一个网络名对话框，如图 5-54 所示。在该对话框中输入待选网络的名称后，单击【确认】按钮。即可选中该网络上的全部电气图件，包括导线、焊盘和过孔，但不包括覆铜。

图 5-54 输入待选网络的名称

6) 选择连接的铜

- 菜单命令：【编辑】→【选择】→【连接的铜】。
- 快捷键：Ctrl+H 或 E+S+P。

进入命令状态后，光标变成十字形，移动十字光标到工作区中单击某个电气图件，即可选中与该图件具有电气连接关系的其他所有电气图件，包括导线、焊盘和过孔、覆铜、铜区域和矩形填充等。

7) 选择物理连接

- 菜单命令：【编辑】→【选择】→【物理连接】。
- 快捷键：E+S+C。

PCB 上的物理连接是指两个焊盘之间的电气连接，物理连接上的电气图件包括导线、焊盘、过孔等。执行上面的操作，进入命令状态后光标变成十字形。移动十字光标到工作区中单击某一物理连接上的一个电气图件，比如导线、焊盘或过孔等，即可选中该连接上的所有电气图件。

8) 选择元件的全部物理连接

菜单命令：【编辑】→【选择】→【元件连接】。

进入命令状态后，光标变成十字形，移动十字光标到工作区中单击目标元件，或者单击空白处，弹出一个元件编号对话框，如图 5-55 所示。在该对话框中输入目标元件的编号后，单击【确认】按钮，即可选中该元件所有焊盘的物理连接。

图 5-55　输入目标元件的编号

9) 选择连接到元件上的全部网络

菜单命令：【编辑】→【选择】→【元件网络】。

进入命令状态后，光标变成十字形，移动十字光标到工作区中单击目标元件，或者单击空白处，弹出一个元件编号对话框，如图 5-55 所示。在该对话框中输入目标元件的编号后，单击【确认】按钮，即可选中连接到该元件上的所有网络。

10) 选择 Room 中的连接

菜单命令：【编辑】→【选择】→【Room 中的连接】。

进入命令状态后，光标变成十字形，单击工作区中的某一个 Room，即可选中完全处于 Room 中的所有连接导线。

11) 选择当前层上的全部对象

- 菜单命令：【编辑】→【选择】→【层上的全部对象】。
- 快捷键：E+S+Y。

执行操作后，当前层上的所有对象都处于选中状态。

12) 选择当前文件上的所有独立图件

- 菜单命令：【编辑】→【选择】→【自由对象】。
- 快捷键：E+S+F。

执行操作后，当前文件上的所有独立图件，比如焊盘、过孔、导线、字符串等都处于选中状态，而组合图件，比如元件、尺寸标注、覆铜等不包括在内。

13) 选择当前文件上所有被锁定的图件

- 菜单命令：【编辑】→【选择】→【全部锁定对象】。
- 快捷键：E+S+K。

执行操作后，当前文件上所有被锁定的图件都处于选中状态。图件的锁定在其属性对话框中设置。

14) 选择 PCB 上所有没对准网格的焊盘

- 菜单命令：【编辑】→【选择】→【离开网格的焊盘】。

- 快捷键：E+S+G。

执行操作后，所有未对准网格的焊盘都处于选中状态。

15) 切换选择

- 菜单命令：【编辑】→【选择】→【切换选择】。
- 快捷键：E+S+T。

进入命令状态后，光标变成十字形，单击工作区中的某一图件，如果该图件原来未被选中，则处于选中状态；如果该图件原来已处于选中状态，则撤销其选中状态。

## 5.9.2 撤销图件的选中状态

撤销图件的选中状态有如下操作方法。

### 1. 直接用鼠标撤销图件的选中状态

- 在被选中图件之外的地方单击鼠标，将撤销所有图件的选中状态。
- 按住 Shift 键，将光标移到处于选中状态的图件上单击鼠标，可撤销该元件的选中状态。

### 2. 使用标准工具栏的工具，撤销全部图件的选中状态

单击标准工具栏中的工具，即可撤销工作区中所有被选中的图件的选中状态。

### 3. 使用菜单命令撤销图件的选中状态

在菜单命令【编辑】→【取消选择】下，有几个撤销选择的命令，如图 5-56 所示。通过这些命令，可撤销不同情况下图件的选中状态，其操作方法和相应的选择命令相似。

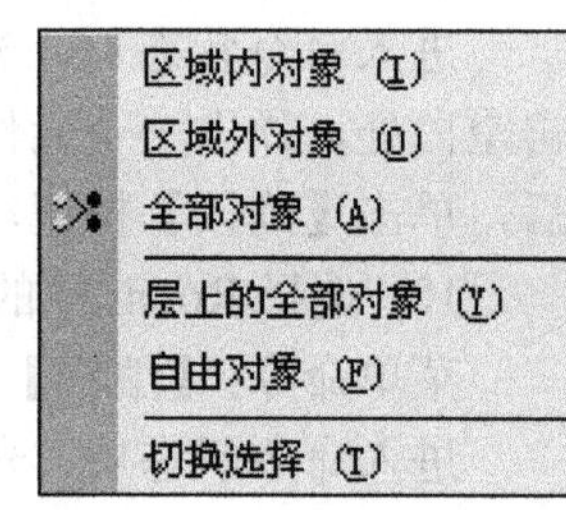


图 5-56　取消选择菜单

## 5.9.3 图件的复制、剪切和删除

### 1. 图件的复制

先选中要复制的图件，然后执行下面 3 种操作之一，均可进入复制图件的命令状态。

- 单击标准工具栏上的工具。
- 执行菜单命令【编辑】→【复制】。
- 使用快捷键 E+C 或 Ctrl+C。

进入复制图件命令状态后，光标变成十字形，移动十字光标，在合适的位置单击鼠标，确定参考点。这样图件被复制在剪贴板上，为粘贴做好准备。选择的参考点应在被复制的图件上，或被复制图件的周围，这样方便后面的粘贴操作。

### 2. 图件的剪切

先选中要剪切的图件，然后执行下面 3 种操作之一，均可进入剪切图件的命令状态。

- 单击标准工具栏上的工具。
- 执行菜单命令【编辑】→【裁剪】。
- 使用快捷键 E+T 或 Ctrl+X。

进入剪切图件的命令状态后，光标变成十字形，移动十字光标，在合适的位置单击鼠标，确定参考点。这样图件就被复制到剪贴板上，为粘贴做好准备。选择的参考点应在被剪切的图件上，或被剪切图件的周围，这样方便后面的粘贴操作。

#### 3. 图件的删除和清除

Protel DXP 2004 SP2 的 PCB 编辑器提供了两种删除图件的操作：删除和清除。这两种操作的执行效果一样，但操作过程有所不同。在执行清除操作之前，必须先选中要清除的图件，而删除操作无须事先选中图件。

1) 清除图件

先选中要清除的图件，然后执行下面操作之一，即可将被选中的图件从工作区中清除掉。

- 执行菜单命令【编辑】→【清除】。
- 使用快捷键 Delete。

2) 删除图件

执行下面操作之一，将进入删除图件的命令状态。

- 执行菜单命令【编辑】→【删除】。
- 使用快捷键 E+D。

进入删除图件的命令状态后，光标变成十字形，将十字光标移到要删除的图件上单击，即可删除该图件，右击鼠标或按 Esc 键，可退出删除图件的命令状态。

#### 特别提示

剪切、删除和清除操作都能使被操作对象从工作区中消失，但剪切操作将被操作对象复制到剪贴板上，而删除和清除操作都不会将被操作对象复制到剪切板上。

### 5.9.4　图件的粘贴

图件的粘贴有一般粘贴、橡皮图章粘贴、队列粘贴和特殊粘贴。在编辑 PCB 时，可根据具体情况，选择不同的粘贴操作。

#### 1. 一般粘贴

首先复制或剪切要进行粘贴的图件，将其存放在剪贴板中，然后执行下面操作之一，进入一般粘贴命令状态。

- 单击标准工具栏上的工具。
- 执行菜单命令【编辑】→【粘贴】。
- 使用快捷键 E+P 或 Ctrl+V。

进入一般粘贴的命令状态后，光标变成十字形，同时在十字光标上出现了将要粘贴图件的虚影(十字光标所在点就是剪切或复制时选择的参考点)，将十字光标移到目标位置，单击鼠标即可完成图件的粘贴。这种粘贴操作，每执行一次命令只能粘贴一次图件，若需对该图件进行多次粘贴，可使用橡皮图章粘贴操作。

### 2. 橡皮图章粘贴

这种粘贴方法不需要事先复制或剪切图件，只须选中要进行粘贴的图件，然后执行下面操作之一，即可进入橡皮图章粘贴的命令状态。

- 单击标准工具栏上的工具。
- 执行菜单命令【编辑】→【橡皮图章】。
- 使用快捷键 E+B 或 Ctrl+R。

进入橡皮图章粘贴的命令状态后，光标变成十字形，移动十字光标到被选中的图件上或被选中图件的周围，单击鼠标，确定参考点。此时在十字光标上出现了将要进行橡皮图章粘贴的图件的虚影，十字光标所在点就是刚才点击的参考点。移动十字光标到合适位置，单击鼠标，即可完成一次粘贴，继续移动十字光标，连续单击鼠标，可多次粘贴该图件。这种粘贴操作，就像在纸上重复盖章，所以称为橡皮图章粘贴。

### 3. 队列粘贴

队列粘贴操作可以实现在一次操作中多次粘贴图件，其操作过程如下。

复制或剪切要进行粘贴的图元，然后单击绘图子工具栏的队列粘贴工具，打开【设定粘贴队列】对话框，如图 5-57 所示。

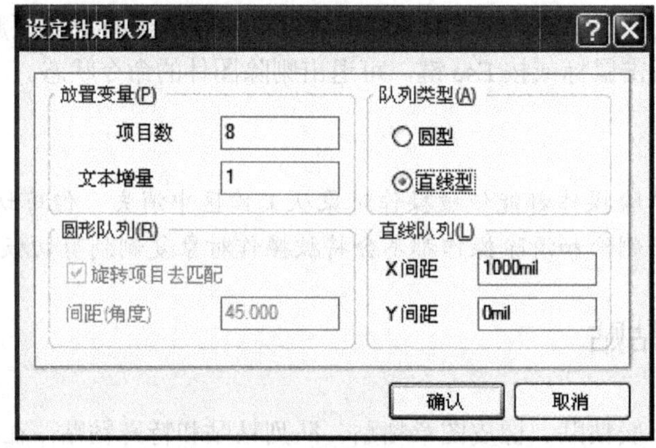


图 5-57 【设定粘贴队列】对话框

该对话框有 4 个选项组，各选项组的作用如下。

1)【放置变量】选项组

- 项目数：用于设置图件的粘贴次数。
- 文本增量：用于设置每粘贴一次，元件编号的增量。

2)【队列类型】选项组

该选项组用于选择图件是粘贴成直线型还是圆型。选择【圆型】单选按钮，则圆形队列选项组可用，而直线队列选项组不可用；选择【直线型】单选按钮，则直线队列选项组可用，而圆形队列选项组不可用。

3) 圆形队列选项组

该选项组用于设置在做圆形队列粘贴时，每旋转多少度粘贴一次图件，角度值在【间距(角度)】文本框中设置。

4) 直线队列选项组

该选项组用于设置在做直线队列粘贴时，在水平方向和垂直方向各移动多少距离粘贴一次图件，移动距离值分别在【X 间距】和【Y 间距】文本框中设置。

设定好对话框中的各项参数后，单击【确认】按钮，此时光标变成十字形。移动十字光标，到目标位置处进行队列粘贴。

如果是圆形队列粘贴，则先单击鼠标，确定圆心，然后移动十字光标到合适处，再次单击鼠标，确定圆形粘贴队列的半径和粘贴第一个图件的位置。

如果是直线型粘贴队列，则移动十字光标到目标位置处，单击鼠标即可。需要注意的是，直线型队列的粘贴方向是：自左向右，自下而上。

### 4. 特殊粘贴

使用前面的粘贴方法，图件被粘贴在原来的板层上，而且图件的网络连接等属性都被取消了。如果粘贴的是元件，并且希望保持网络连接关系，那么可使用特殊粘贴操作。

在使用特殊粘贴操作之前，首先要复制或剪切待粘贴的图件，并且将要粘贴图件的目标板层切换为当前层，然后执行下面操作之一。

- 执行菜单命令【编辑】→【特殊粘贴】。
- 使用快捷键 E+A。

执行上面操作之后，弹出【特殊粘贴】对话框，如图 5-58 所示。

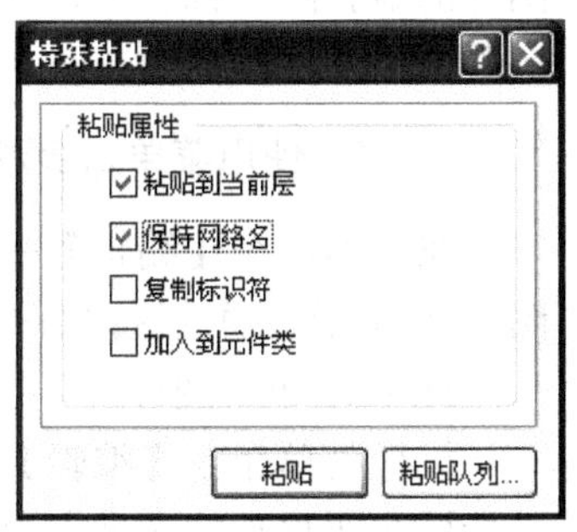


图 5-58　【特殊粘贴】对话框

该对话框中的复选框的作用如下。

- 粘贴到当前层：用于设置图件是粘贴在原来板层上还是在当前板层上。如果选中该复选框，则图件将被粘贴在当前板层上，否则将被粘贴在原来板层上。
- 保持网络名：用于设置被粘贴的元件是否保持和原来元件相同的连接关系。如果选中该复选框，将保持相同的连接关系，粘贴后的元件和原来元件有飞线连接；否则粘贴元件的网络连接关系将被删除，没有飞线与原来元件连接。
- 复制标识符：用于设置粘贴的元件是否使用原来元件的编号，如果选中该复选框，则粘贴的元件和原来元件使用相同的编号；否则根据 PCB 上同类元件的编号情况，给粘贴元件设置新的编号。
- 加入列元件类：用于设置是否将粘贴元件加入到原来元件类中。

如果单击【粘贴队列】按钮，打开【设定粘贴队列】对话框(见图 5-57)，可以对图件进行队列粘贴。

根据实际情况设置好对话框中的各个复选项之后，单击【粘贴】按钮，返回 PCB 编辑器中，然后在目标位置单击鼠标，即可实现所设置的特殊粘贴。

## 5.9.5 图件的移动

### 1. 直接用鼠标移动图件

1) 移动单个图件

将光标放在图件上，按住鼠标左键不放，拖动鼠标，即可移动单个图件。

2) 移动多个图件

先选中要移动的全部图件，然后将光标放在这些图件中的某个上，按住鼠标左键不放，拖动鼠标，即可移动这些图件。

### 2. 用移动工具移动图件

先选中要移动的全部图件，然后单击标准工具栏上的移动工具，此时光标变成十字光标。将十字光标放在被选中的某个图件上单击鼠标，被选中图件的虚影随光标移动，在目标位置再次单击鼠标确定，即可实现选中元件的移动。

### 3. 使用菜单命令移动图件

在菜单命令【编辑】→【移动】下，有一些移动命令，如图 5-59 所示。通过这些命令，可实现各种不同的移动操作。

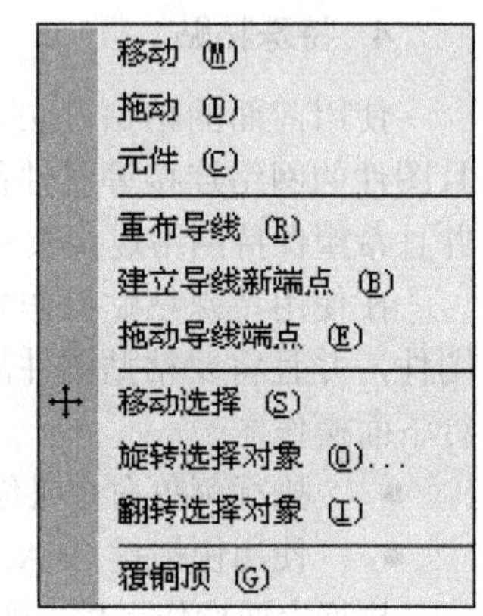

图 5-59 移动菜单

1) 移动单个图件

执行菜单命令【编辑】→【移动】→【移动】后，将十字光标放在要移动的图件上单击鼠标，然后移动十字光标，图件的虚影随光标一起移动，在目标位置上再次单击鼠标，即可将该图件移到目标位置上。

2) 拖动单个图件

执行菜单命令【编辑】→【移动】→【拖动】，可实现拖动操作，其操作方法和前面的移动操作一样。对于非电气图件，该命令的作用效果和前面移动单个图件的作用效果一样；对于电气图件，例如元件、焊盘和过孔等，在拖动过程中，与该电气图件连接的导线不会断开，而是随之移动或被拉长。

3) 移动单个元件

执行菜单命令【编辑】→【移动】→【元件】后，将十字光标放在要移动的元件上单击鼠标，或者在工作区的空白处单击鼠标，从弹出的选择元件对话框中选择要移动的元件后返回 PCB 编辑器，然后移动十字光标，在目标位置处再次单击鼠标确定，即可完成移动操作。这一操作的效果和拖动元件的操作效果相似。

4) 重布导线

执行菜单命令【编辑】→【移动】→【重布导线】后，将十字光标放在要移动的导线上单击鼠标，此时该导线的两个端点不动，导线会随十字光标移动。

5) 拖动导线端点

执行菜单命令【编辑】→【移动】→【拖动导线端点】后，将十字光标放在要移动端点的导线上单击鼠标，十字光标将跳到该导线的最近端点上，移动十字光标，该端点随之移动，在目标位置单击鼠标确定端点的新位置。

6) 移动选中对象

先选中要移动的全部图件，然后执行菜单命令【编辑】→【移动】→【移动选择】，其操作方法和作用效果与使用移动工具+相同。

## 5.9.6　图件的旋转与翻转

### 1. 图件的旋转

1) 使用鼠标+空格键旋转图件

(1) 旋转一个图件。

将光标放在要旋转的图件上，按住鼠标左键不放，每按一下空格键，图件将逆时针旋转一步，旋转的步长值在图 5-16 所示的 General 设置页的【旋转角度】文本框中设置，默认为 90°。如果同时按 Shift 键，则变成顺时针方向旋转。

(2) 旋转多个图件。

首先选中要旋转的图件，然后将光标放在要旋转图件中的某个上，按住鼠标左键不放，每按一下空格键，这些图件将逆时针旋转一步。

2)使用菜单命令旋转图件

首先选中要旋转的图件(一个或多个图件)，然后执行菜单命令【编辑】→【移动】→【旋转选择对象】，弹出一个设置旋转角度的对话框，如图 5-60 所示。在该对话框中输入要旋转的角度值，然后单击【确认】按钮返回工作区，再移动十字光标到合适位置单击鼠标，确定旋转的基准点。这样，被选中的图件将以该基准点为圆心，逆时针旋转所设定的角度，

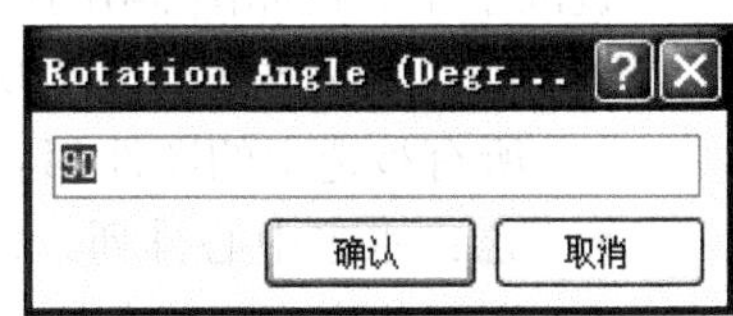


图 5-60　输入旋转角度

### 2. 图件的翻转

1) 在同一个板层上翻转图件

下面方法可以实现图件在同一个板层上的翻转，如果同时翻转多个图件，则必须首先选中这些图件。

- 将光标放在要翻转的图件上按住鼠标左键不放，按 X 键，图件将在水平方向翻转。
- 将光标放在要翻转的图件上按住鼠标左键不放，按 Y 键，图件将在垂直方向翻转。

### 特别提示

不要在同一个板层上翻转 PCB 元件，否则该元件的焊盘排列规律将被调转过来(从逆时针排列变成了顺时针排列)，造成实物元件的引脚和 PCB 元件的焊盘对应不上。

2) 在不同板层上翻转图件

(1) 使用鼠标+L 键在不同板层上翻转图件

将光标放在要翻转的图件上按住鼠标左键不放，然后按 L 键，图件将在信号层的顶层和底层之间翻转。如果要同时翻转多个多件，则必须先选中这些图件。

(2) 使用菜单命令在不同板层上翻转图件

首先选中要翻转的图件，然后执行菜单命令【编辑】→【移动】→【翻转选择对象】，被选中的图件将在信号层的顶层和底层之间翻转。

### 特别提示

可以在信号层的顶层和底层之间翻转 PCB 元件，但是要注意，建立的 PCB 文件默认不打开丝印层的底层，如果此时将元件从顶层翻转到底层，将看不到 PCB 元件的轮廓线，要看到底层 PCB 元件的轮廓线，可在【板层和颜色】对话框(见图 5-35)中选中 Bottom Overlay 的【表示】复选框。

## 5.9.7 图件的排列操作

在进行手工布局时，为了使 PCB 更加整齐美观，经常会使用系统提供的排列功能对元件进行排列操作。

Protel DXP 2004 SP2 的排列操作可以通过绘图工具栏中的调准子工具栏实现，也可通过菜单【编辑】→【排列】下的相关命令实现。

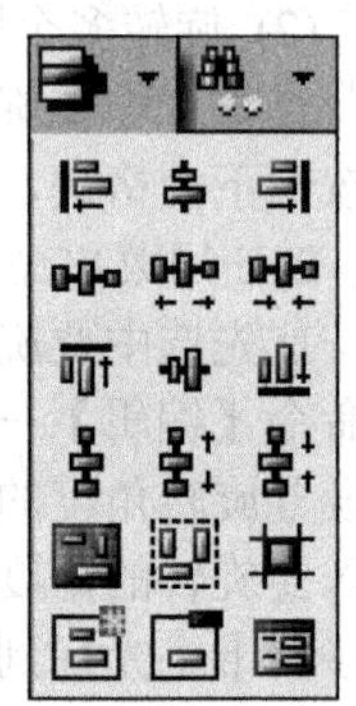

图 5-61 调准子工具栏

### 1. 使用调准子工具栏排列图件

调准子工具栏如图 5-61 所示，该工具栏的各个工具作用如下。

- ：左对齐排列。以被选中图件中最左边的图件作为基准，所有被选中的图件都靠左排齐。
- ：水平中心排列。以被选中元件中最左边与最右边元件之间的中心线为基准，所有被选中元件都水平移动到该中心线位置上。
- ：右对齐排列。以被选中图件中最右边的图件作为基准，所有被选中的图件都靠右排齐。
- ：水平均布。以被选中元件中最左边和最右边元件为界，所有被选中的元件在水平方向上均匀分布。
- ：水平间距递增。以被选中元件中最左边的元件为基准，增大各元件之间的水平距离。
- ：水平间距递减。以被选中元件中最左边的元件为基准，减小各元件之间的水平距离。
- ：顶部对齐排列。以被选中元件中最顶部的元件为基准，所有被选中的元件都靠顶部排齐。
- ：垂直中心排列。以被选中元件中最顶部与最底部元件之间的中心线为基准，所有被选中元件都垂直移动到该中心线位置上。
- ：底部对齐排列。以被选中元件中最底部的元件为基准，所有被选中的元件都靠底部排齐。
- ：垂直均布。以被选中元件中最顶部和最底部元件为界，所有被选中元件在垂直方向上均匀分布。

- 垂直间距递增。以被选中元件中最底部的元件为基准，增大各元件之间的垂直距离。
- 垂直间距递减。以被选中元件中最底部的元件为基准，减小各元件之间的垂直距离。
- 移动元件到网格。将选中元件的参考点移到最近的网格上。
- 排列元件。单击该工具，打开【排列对象】对话框，如图 5-62 所示。在该对话框中，可同时设置水平和垂直两个方向的排列操作。

在使用排列工具之前，必须先选中要进行排列的多个图件。

### 2. 使用排列菜单排列图件

在菜单【编辑】→【排列】下面有一个专门的排列菜单，如图 5-63 所示。排列菜单上的命令和调准子工具栏的相应工具的作用相同。

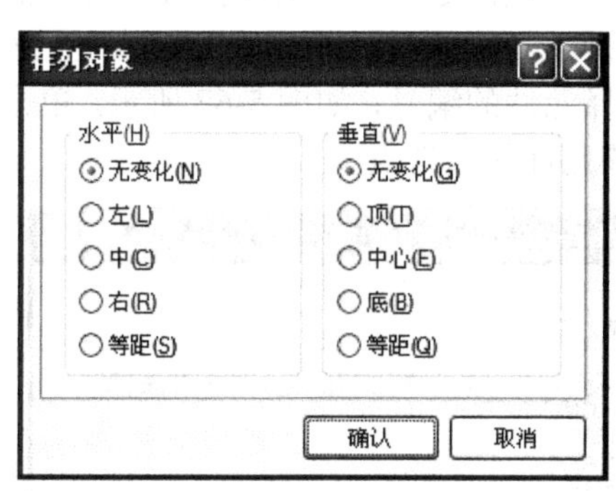


图 5-62　【排列对象】对话框

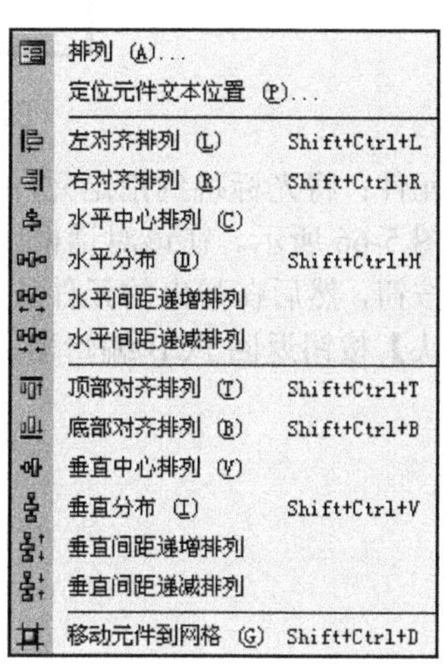


图 5-63　排列菜单

## 5.9.8　快速跳转操作

在 PCB 设计过程中，有时光标需要快速跳到 PCB 上的某一点或某一元件上，这时可使用跳转操作。在菜单【编辑】→【跳转到】下面有一个专门的跳转菜单，如图 5-64 所示。

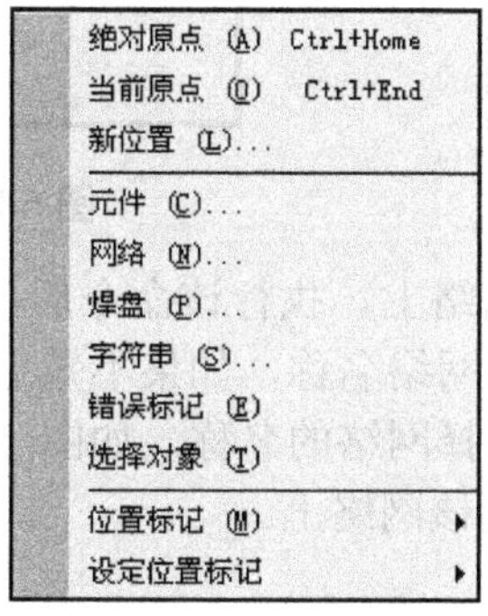


图 5-64　跳转菜单

该菜单的各个菜单命令的作用如下。

- 绝对原点：将光标跳转到工作区的绝对原点上。
- 相对原点：将光标跳转到工作区的相对原点上。
- 新位置：将光标跳转到工作区的某一点上。执行该命令后，弹出【跳转到某位置】对话框，如图 5-65 所示。在该对话框中输入目标点的坐标值，然后单击【确认】按钮，光标即跳到指定的坐标点上。

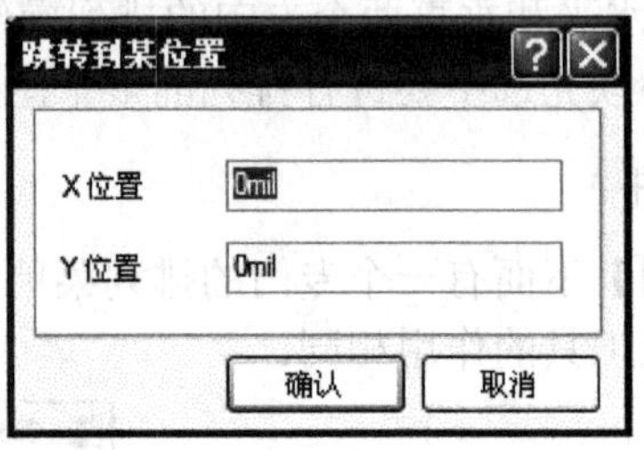


图 5-65　输入目标点坐标

- 元件：将光标跳到指定元件的参考点上。执行该命令后，弹出元件编号对话框，如图 5-66 所示。在该对话框中输入元件的编号，若不知道元件编号，则单击【确认】按钮，然后在弹出的元件放置对话框中选择元件的编号，如图 5-67 所示。单击【确认】按钮返回 PCB 编辑器，光标即跳到该元件的参考点上。

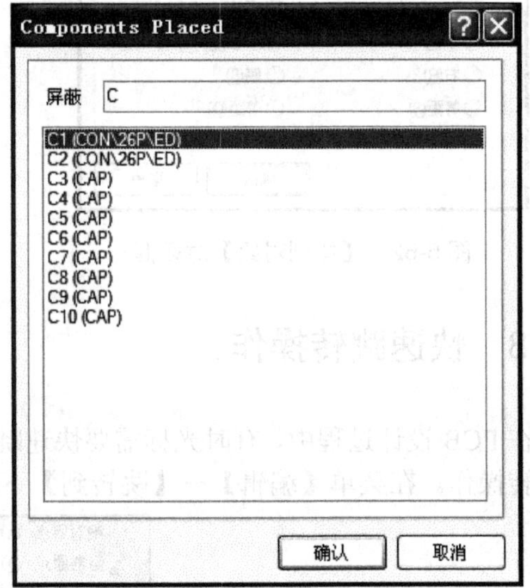

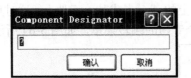


图 5-66　输入目标元件编号

图 5-67　选择目标元件的编号

- 网络：将光标跳到指定网络上。执行该命令后，弹出网络名称对话框，如图 5-68 所示。在该对话框中输入网络名称，如果不知道网络名称，可单击【确认】按钮，然后在弹出的对话框中选择网络的名称，如图 5-69 所示。单击【确认】按钮返回 PCB 编辑器，光标即跳到该网络上。

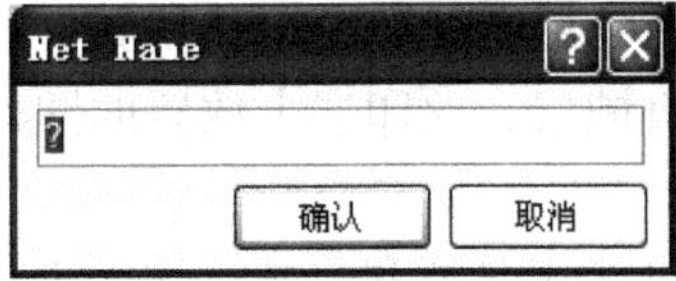


图 5-68　输入目标网络名称

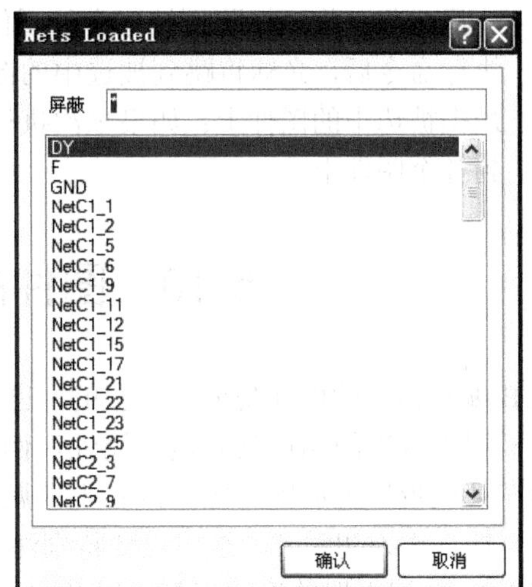


图 5-69　选择目标网络

- 焊盘：将光标跳到指定焊盘上。执行该命令后，弹出输入焊盘号对话框，如图 5-70 所示。在该对话框中输入目标焊盘的编号后单击【确认】按钮，光标即跳到该焊盘上。

图 5-70　输入目标焊盘的编号

- 字符串：将光标跳到指定文本上。执行该命令后，弹出输入字符串对话框，如图 5-71 所示。在该对话框中输入目标字符串，若不知道，则单击【确认】按钮，然后在弹出的字符串对话框中选择目标字符串，如图 5-72 所示。单击【确认】按钮返回 PCB 编辑器，光标即跳到该字符串上。

图 5-71　输入目标字符串

图 5-72　选择目标字符串

- 选择对象：将光标跳到被选中的图件上。使用这一操作，图件必须处于选中状态。执行命令后，光标将跳到被选中的图件上。如果有多个被选中的图件，光标将跳到最先被选中的图件上；如果多次执行该命令，光标将按图件被选中的顺序，依次跳到各个图件上。

## 5.10 图件的放置和编辑

PCB 编辑器中的图件是分层放置的，也就是说，不同性质的图件，放置的板层不一样。在某些板层上放置的图件具有电气属性，例如在信号层、多层上放置的图件就具有导体属性，而在某些板层上放置的图件没有电气属性，例如在机械层、丝印层上放置的图件就没有电气属性。作为初学者，这一点要特别注意。

使用 PCB 编辑器的配线工具栏以及实用工具栏的绘图子工具栏和尺寸标注子工具栏，均可以在 PCB 上放置各种图件，这些工具栏如图 5-73～图 5-75 所示。此外，在放置菜单中也有相应的菜单命令，放置菜单如图 5-76 所示。

在放置图件之前，应先将目标板层切换为当前层。

图 5-73 配线工具栏

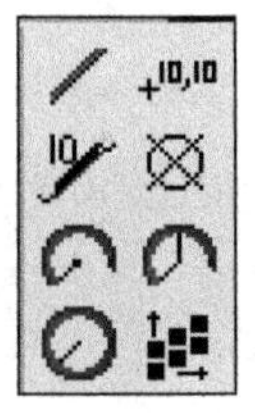

图 5-74 绘图子工具栏

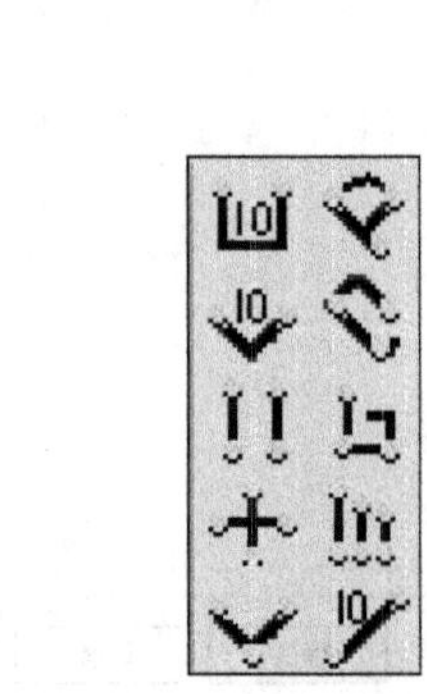

图 5-75 尺寸标注子工具栏

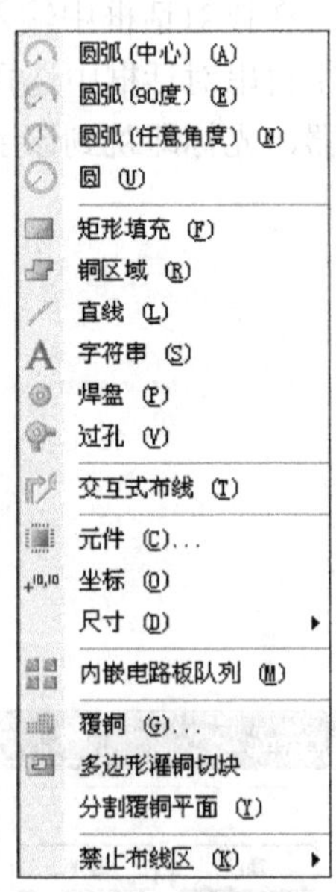


图 5-76 放置菜单

## 5.10.1　放置铜膜导线

铜膜导线通常放置在信号层或内电层上，用于实现元件焊盘或过孔之间的电气连接。

### 1. 放置铜膜导线的命令

运用下面的操作都可以进入放置铜膜导线的命令状态。

- 单击配线工具栏上的工具。
- 执行菜单命令【放置】→【交互式布线】。
- 使用快捷键 P+T。
- 在工作区右击鼠标，选择弹出右键菜单中的“交互式布线”命令。

### 2. 放置铜膜导线的操作步骤

放置铜膜导线的步骤如下。

(1) 单击目标信号层的板层选项卡，将其切换为当前层。

(2) 执行放置铜膜导线的命令，此时光标变为十字形。

(3) 在起点处单击鼠标，确定导线起始点的位置。

(4) 移动十字光标，每到导线的拐角处单击鼠标，确定一个拐角点。导线的拐角点是前一段导线的终点，也是后一段导线的起点。

(5) 单击鼠标，确定整条导线的终点。

(6) 最后右击鼠标或按 Esc 键，结束该导线的绘制。

此时，光标仍处于十字形，可继续绘制其他导线，如果再次右击鼠标或按 Esc 键，将退出放置导线的命令状态。

### 特别提示

在放置导线的过程中，如果按数字键盘区的*键，可切换到另一个信号层，同时在切换点处自动出现一个过孔，单击鼠标确定过孔的位置后可在另一个信号层继续放置导线，这一操作在手工布线时经常用到。

导线的起点或终点如果是焊盘或过孔，则在十字光标上将会出现一个八角形框，表示导线已捕捉到该电气点，此时即可单击鼠标确定起点或终点。

导线有多种拐弯模式，在放置导线的过程中，同时按组合键 Shift+Space，可切换导线的拐弯模式；只按 Space 键可改变拐弯方向。

在布线时尽量不要使用直角拐弯模式，最好使用圆角拐弯模式，也可使用 45° 角的拐弯模式。

### 3. 导线的修改和属性设置

放置好导线后，如果对导线的长度、宽度、走向和位置等不满意，可对导线进行修改，具体操作如下。

1) 改变导线的长度或方向

(1) 首先单击该导线，使其处于选中状态，此时在导线上出现 3 个白色的控制点，如图 5-77 所示。

(2) 将光标移到两端的控制点上，按住鼠标左键不放，此时在控制点处的光标变成十字形，如图 5-78 所示。

(3) 在导线所处平面的方向移动鼠标，即可改变导线的长度，如图 5-79 所示，如果移动鼠标时偏离了导线原来所处的平面，将改变导线的走向，如图 5-80 所示。

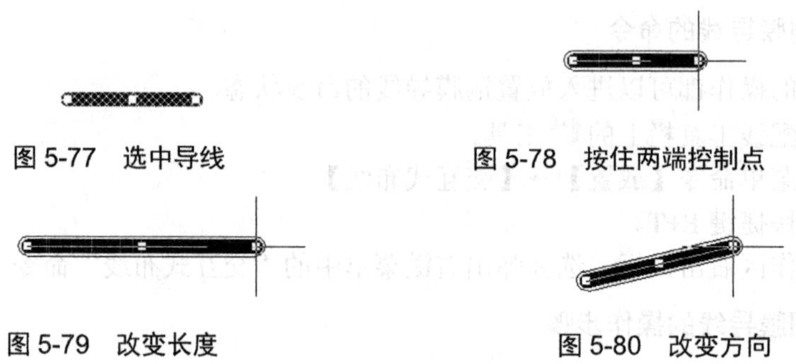

图 5-77　选中导线　　　图 5-78　按住两端控制点

图 5-79　改变长度　　　图 5-80　改变方向

2) 移动导线

选中导线后，将光标放在导线上没有控制点的地方，按住鼠标左键不放，移动鼠标，可以移动该导线。

3) 导线切分

选中一段导线后，将光标放在中间控制点上，按住鼠标左键不放，移动鼠标，则该段导线将变成两段导线，如图 5-81 所示。

图 5-81　导线切分

4) 导线属性的设置

在放置导线的过程中按 Tab 键，打开【交互式布线】对话框，如图 5-82 所示。

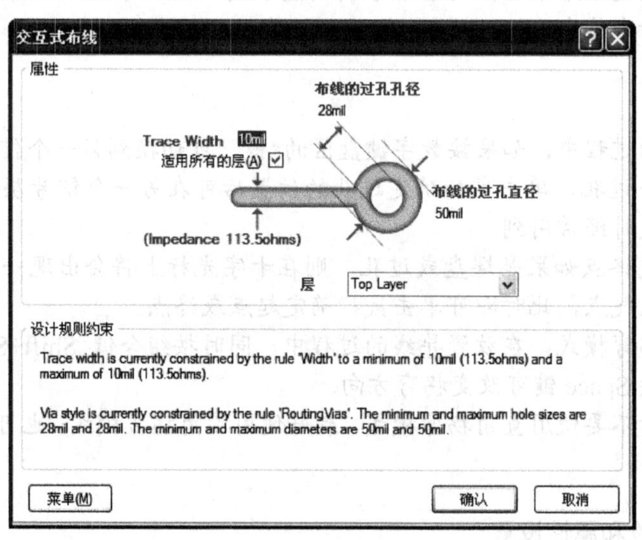


图 5-82　【交互式布线】对话框

在图 5-82 对话框中，可以设置该导线的宽度、导线所在的板层(只能是信号层或内电层)，以及在布线过程中按数字键盘区的*键切换布线层时，自动生成的过孔的直径和孔径。

如果导线已经放好，再双击该导线，则会弹出导线属性对话框，如图 5-83 所示。在该对话框中可设置导线的起点和终点的位置(坐标)、导线的宽度、导线所在板层(如果选择的板层不是信号层、内电层或多层，则该线条不再是导线，而是普通的直线)以及导线所属的网络，还可设置该导线是否处于锁定状态。

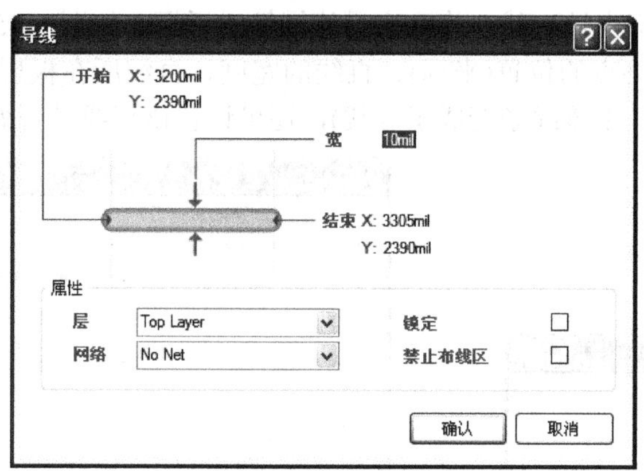


图 5-83　导线属性对话框

## 5.10.2　放置直线

直线没有电气属性，是放置在非电气板层上的线段，例如在机械层、丝印层等板层上放置的线段都是直线。

### 1. 放置直线的命令

- 单击绘图子工具栏上的 ⁄ 工具。
- 执行菜单命令【放置】→【直线】。
- 使用快捷键 P+L。

### 2. 放置直线的操作步骤

放置直线的步骤如下。

(1) 单击目标板层的板层选项卡，将其切换为当前层。

(2) 执行放置直线的命令，此时光标变为十字形。

(3) 在起点处单击鼠标，确定直线起始点的位置。

(4) 移动十字光标，每到直线的拐角处，就单击鼠标，确定一个拐角点。直线的拐角点是前一段直线的终点，也是后一段直线的起点。

(5) 单击鼠标左键，确定整条直线的终点。

(6) 最后右击鼠标或按 Esc 键，结束该直线的绘制。

此时，光标仍处于十字形，可继续绘制其他直线，如果再次右击鼠标或按 Esc 键，将退出放置直线的命令状态。

### 3. 直线的修改和属性设置

修改直线的方法和修改导线一样。在放置直线的过程中按 Tab 键，弹出【线约束】对话框，如图 5-84 所示。

在该对话框中可设置直线的宽度和所在的板层。如果从【当前层】下拉框中选择的板层是信号层、内电层或多层，则直线就变成了导线。

放置好直线后，双击该直线，将弹出导线属性对话框，如图 5-85 所示。在该对话框中可设置直线的起点和终点的位置(坐标)、直线的宽度、直线所在板层(如果选择的板层是信号层、内电层或多层，则该线条变成了导线)，还可设置该直线是否处于锁定状态。

图 5-84 【线约束】对话框

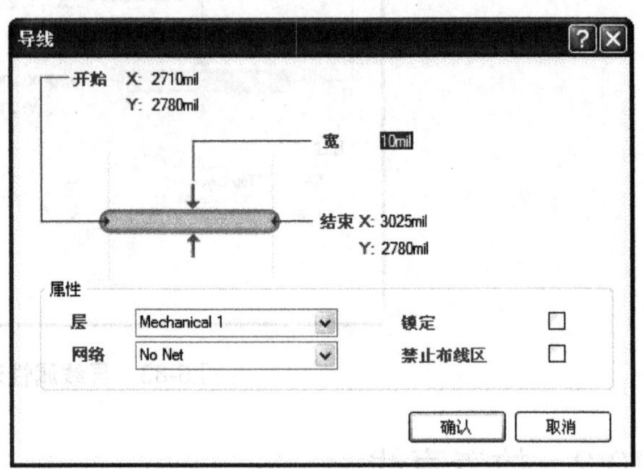


图 5-85 导线属性对话框

### 特别提示

实际上，使用放置导线命令也可以放置普通直线；使用放置直线命令，同样可以放置导线。放入的线段是直线还是导线，关键在于它所处的板层是电气板层还是非电气板层，这可以通过修改线段的属性来实现。

在使用放置导线命令时，如果当前板层不是信号层或多层，当单击确定起点时，系统将自动把信号层的顶层切换为当前层。因此，不要使用这一命令来绘制普通直线，例如 PCB 的电气边界。

## 5.10.3 放置焊盘

焊盘是 PCB 元件的重要组成部分，用于安装元件的引脚。在布线时，用于连接导线的起点或终点。此外，还可以使用插入式焊盘来做为 PCB 的安装孔。

### 1. 放置焊盘的命令

- 单击配线工具栏上的◎工具。
- 执行菜单命令【放置】→【焊盘】。
- 使用快捷键 P+P。

### 2. 放置焊盘的操作步骤

放置焊盘的步骤如下。

(1) 执行放置焊盘的命令，此时光标变为十字形，在十字光标上有一个焊盘的虚影。

(2) 将十字光标移到目标位置处，单击鼠标，即可放下一个焊盘。

(3) 移动十字光标到其他地方，单击鼠标，可继续放下焊盘。

右击鼠标或按 Esc 键，将退出放置焊盘的命令状态。

### 3. 设置焊盘属性

焊盘有插入式焊盘和表贴式焊盘两种类型。插入式焊盘放置在多层上，有焊盘孔，安装元件时，元件的引脚穿过焊盘孔，在电路板的另一边进行焊接；表贴式焊盘没有焊盘孔，一般放置在电路板的顶层，也可放置在电路板的底层(由元件的安装位置决定)，安装元件时，元件的引脚贴着焊盘焊接。默认状态下，在 PCB 上放入的焊盘被放置在多层上。

放入焊盘后双击该焊盘，或者在系统处于放置焊盘命令状态时按 Tab 键，将打开焊盘属性对话框，如图 5-86 所示。

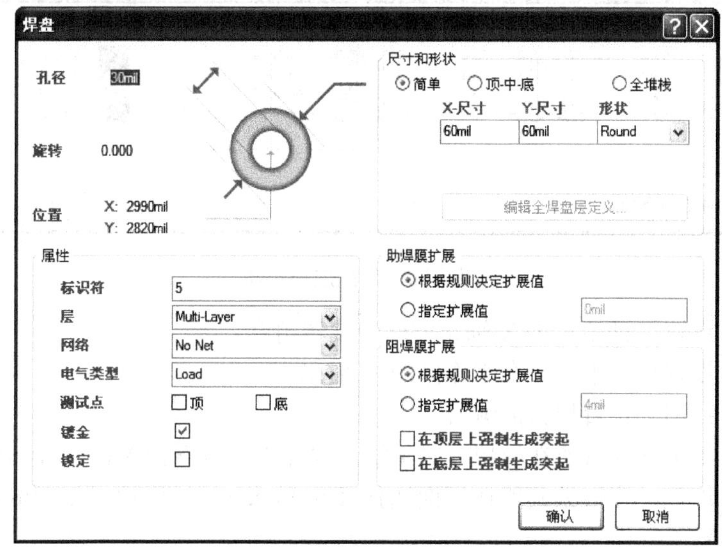


图 5-86　焊盘属性对话框

该对话框中的各项参数如下。

- 孔径：用于设置焊盘内孔直径。该项只针对插入式焊盘，对于表贴式焊盘，应将其设置为 0。
- 尺寸和形状：用于设置焊盘的模式、尺寸和形状。

  焊盘的模式有 3 种，分别是简单模式、顶→中→底模式和全堆栈模式。

  - ◆ 简单模式：焊盘在所有层面上都使用相同的形状和尺寸。在下方设置框的 X-尺寸、Y-尺寸框中可设置焊盘的大小；从形状框中可选择焊盘的形状，有 Round(圆形)、Rectangle(矩形)和 Octangle(八角形)3 个选项。
  - ◆ 顶→中→底模式：电路板的顶层、中间层和底层采用不同的形状和尺寸。此时下方的设置框如图 5-87 所示，可在设置框中分别设置焊盘在顶层、中间层和底层的 X-尺寸、Y-尺寸，分别选择焊盘在顶层、中间层和底层的形状。

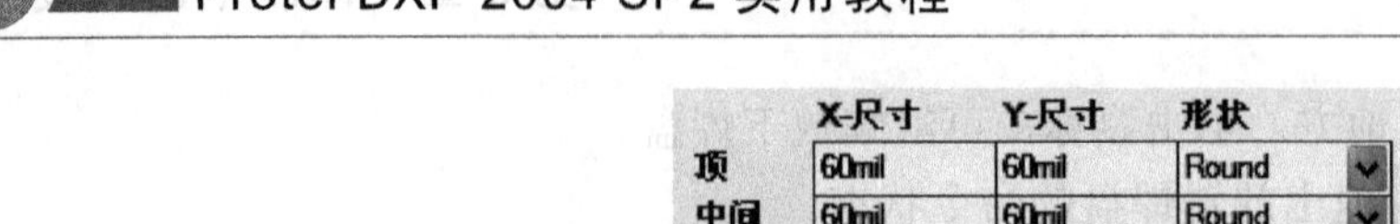


图 5-87　顶-中-底模式焊盘的设置框

◆ 全堆栈模式：在这种模式下，焊盘在顶层、底层和每个中间层的尺寸及形状都可分别设置。选中全堆栈模式后，下方的设置框消失，而【编辑全焊盘层定义】按钮可用，单击该按钮，弹出【焊盘层编辑器】，如图 5-88 所示。在该编辑器中，可设置焊盘在各个信号层上的形状和大小。

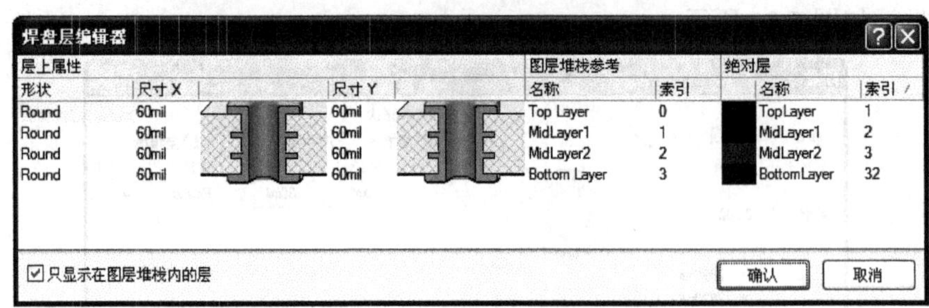


图 5-88　焊盘层编辑器

- 旋转：设置焊盘相对于 X 轴正方向的旋转角度。
- 位置：设置焊盘中心点在工作区的位置(坐标)。
- 标识符：用于设置焊盘的编号。
- 层：用于选择焊盘所在板层。对于插入式焊盘，应选择 Multi-Layer(多层)；而对于表贴式焊盘，应根据其所在层面选择 Top-Layer(信号层顶层)或 Bottom-Layer(信号层底层)。
- 网络：用于设置焊盘所属网络。选定某个网络后，在工作区中该焊盘和所选网络将有飞线连接。
- 电气类型：用于设置焊盘的电气类型。有 3 种电气类型可选，分别是 Load(负载点)、Source(源点)和 Terminator(终止点)。
- 测试点：是否将焊盘设置为测试点。选中该项右边的【顶】复选框，则将该焊盘位于顶层的一侧设置为测试点；选中该项右边的【底】复选框，则将该焊盘位于底层的一侧设置为测试点；两个复选框都不选，则该焊盘将不作为测试点使用。
- 镀金：选中该复选框，将在焊盘的内孔孔壁中涂覆一层铜，使得焊盘能像导体一样连通各个板层。此时，焊盘还具有过孔的作用。
- 锁定：选中该复选框，焊盘将处于锁定状态。

## 5.10.4 放置过孔

在 PCB 中，过孔用于连接不同信号层上的导线，还可以用做 PCB 的安装孔。过孔有通孔、盲孔和埋孔 3 种类型。

### 1. 放置过孔的命令

- 单击配线工具栏上的工具。
- 执行菜单命令【放置】→【过孔】。
- 使用快捷键 P+V。

### 2. 放置过孔的操作步骤

放置过孔的步骤如下。

(1) 执行放置过孔的命令，此时光标变为十字形，在十字光标上有一个过孔的虚影。

(2) 将十字光标移到目标位置处，单击鼠标，即可放下一个过孔。

(3) 移动十字光标到其他地方，单击鼠标，可继续放下过孔。

右击鼠标或按 Esc 键，将退出放置过孔的命令状态。

## 特别提示

在手工布线的过程中，如果想将导线引到另一个信号层再继续布线，可按数字键盘区的*键，切换到目标信号层。此时在十字光标处自动产生一个过孔，单击鼠标确定其位置后就可在目标信号层继续布线了。

### 3. 过孔属性的设置

放入过孔后双击该过孔，或者在系统处于放置过孔的命令状态时按 Tab 键，将打开过孔属性对话框，如图 5-89 所示。

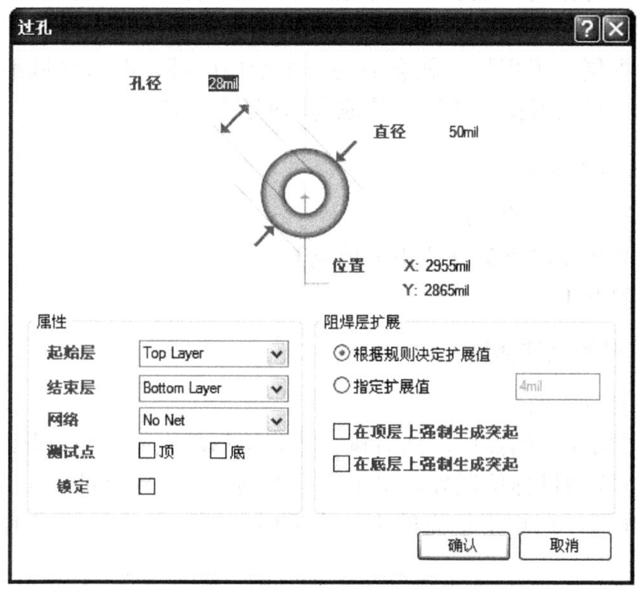


图 5-89　过孔属性对话框

该对话框中的各项参数如下。

- 孔径：用于设置过孔的内孔直径。
- 直径：用于设置过孔的直径。

- 位置：设置过孔孔心在工作区的位置(坐标)。
- 起始层：设置过孔连接的起始层。
- 结束层：设置过孔连接的结束层。
- 网络：用于设置过孔所属网络。选定某个网络后，在工作区中，该过孔和所选网络将有飞线连接。
- 测试点：是否将过孔设置为测试点。这一项只对通孔有效，对于盲孔和埋孔都无效。选中该项右边的【顶】复选框，则将该通孔位于顶层的一侧设置为测试点；选中该项右边的【底】复选框，则将该通孔位于底层的一侧设置为测试点；两个复选框都不选，则该过孔将不作为测试点使用。
- 锁定：选中该复选框，过孔将处于锁定状态。

**特别提示**

在PCB设计中，如果手工在PCB上放置一个过孔来连接两个信号层上同一网络的导线，除了在过孔属性对话框中将这两个信号层分别设置为过孔的起始层和结束层之外，还必须在图 5-89 所示对话框的【网络】框中选择该网络为过孔所属网络。

### 5.10.5 放置矩形填充

矩形填充是一个可以放置在任何层面上的实心矩形图件。当它被放置在信号层时就成为一块矩形的铜膜，可作为屏蔽层或用来承担较大的电流；当它被放置在禁止布线层时，就构成一个禁入区域，在自动布局和自动布线时，元件和导线都将避开该区域；如果将它放置在内电层、助焊层、阻焊层，就会成为一个空白区域，即该区域不铺电源或者不加助焊剂、阻焊剂等；将其放置在丝印层，就成为印刷的图形标记。

#### 1. 放置矩形填充的命令

- 单击配线工具栏上的▆工具。
- 执行菜单命令【放置】→【矩形填充】。
- 使用快捷键 P+F。

#### 2. 放置矩形填充的操作步骤

放置矩形填充的步骤如下。

(1) 将目标板层切换为当前层，然后执行放置矩形填充的命令，此时光标变为十字形。

(2) 将十字光标移到目标位置处，单击鼠标，确定矩形填充的一个顶点。

(3) 移动十字光标，在矩形填充的大小合适时，再次单击鼠标，确定矩形填充的对角顶点。

这样就完成了矩形填充的放置，移动十字光标到其他地方，可继续放置矩形填充。右击鼠标或按 Esc 键，将退出放置矩形填充的命令状态。

#### 3. 矩形填充的修改和编辑

1) 改变矩形填充的大小

单击矩形填充，使其处于选中状态，此时在矩形填充的 4 条边和 4 个顶点上共出现 8 个控制点，如图 5-90 所示。将光标移到某条边的控制点上，按住鼠标左键不放，拖动鼠标，可改变该边的位置，如图 5-91 所示。将鼠标光标移到某个顶点的控制点上，按住鼠标左键不放，拖动鼠标，可同时改变两条边的位置，如图 5-92 所示。

图 5-90　选中矩形填充　　图 5-91　移动一条边　　图 5-92　移动两条边

2) 旋转矩形填充

选中矩形填充后，在其内部出现一个手柄，如图 5-90 所示。将光标放在手柄的控制点上，按住鼠标左键不放，移动鼠标，矩形填充将以中心点为圆心旋转，如图 5-93 所示。

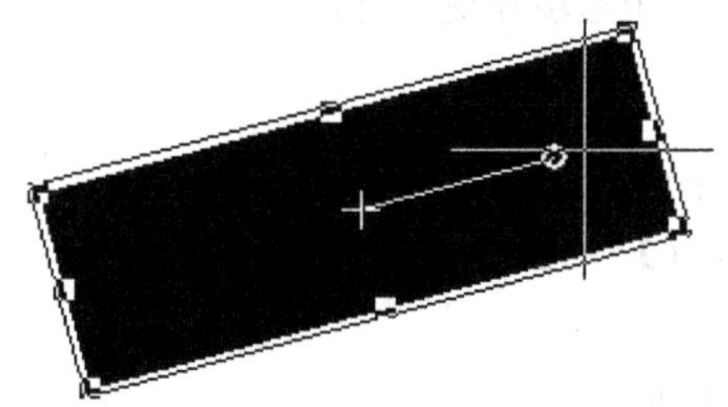

图 5-93　旋转矩形填充

3) 矩形填充属性的设置

双击已放入的矩形填充，或者在系统处于放置矩形填充的命令状态时按 Tab 键，打开【矩形填充】对话框，如图 5-94 所示。

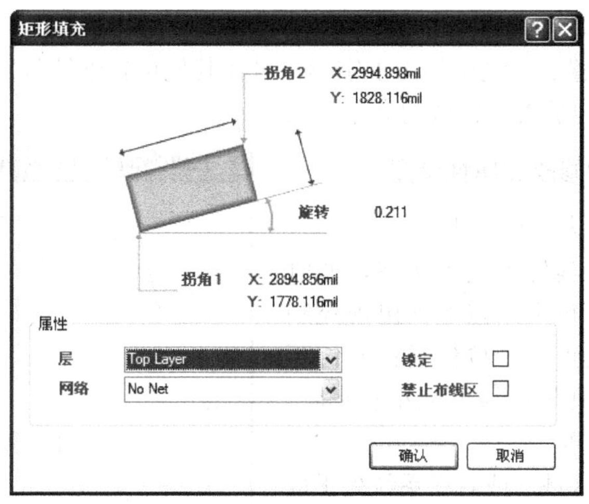


图 5-94　【矩形填充】对话框

该对话框中的各项参数如下。

- 拐角 1：矩形填充左下顶点的位置(坐标)。

- 拐角 2：矩形填充右上顶点的位置(坐标)。
- 旋转：设置矩形填充相对于 X 轴正方向的旋转角度。
- 层：选择矩形填充所在板层。
- 网络：选择矩形填充所属网络。如果矩形填充放在信号层或多层上，则选定某个网络后，在工作区中矩形填充和所选网络将有飞线连接；若在其他板层上，则该项无效。
- 锁定：选中该复选框，矩形填充将处于锁定状态。
- 禁止布线区：如果矩形填充放置在禁止布线层中，则选中此复选框后，系统在自动布局和自动布线时，矩形填充的范围内将禁止元件和导线进入。

## 5.10.6 放置铜区域

铜区域是一个可以放置在任何层面上的实心多边形图件。在 PCB 中，铜区域的作用和矩形填充相同，但它的形状比矩形填充更丰富，

### 1. 放置铜区域的命令

- 单击配线工具栏上的工具。
- 执行菜单命令【放置】→【铜区域】。
- 使用快捷键 P+R。

### 2. 放置铜区域的操作步骤

放置铜区域的步骤如下。

(1) 将目标板层切换为当前层，执行放置铜区域的命令，此时光标变为十字形。

(2) 将十字光标移到目标位置处，单击鼠标，确定铜区域的一个顶点。

(3) 移动十字光标，依次单击鼠标，确定铜区域的其他顶点。

(4) 右击鼠标或按 Tab 键，完成铜区域的放置。

完成铜区域的放置后，光标仍为十字形，可在其他位置继续放置铜区域。再次右击鼠标或按 Esc 键，将退出放置铜区域的命令状态。

### 3. 铜区域的修改和属性设置

1) 改变铜区域的大小和形状

单击铜区域，使其处于选中状态，此时在铜区域的每条边和每个顶点上都出现控制点。将光标移到控制点上，按住鼠标左键不放，拖动鼠标，可改变铜区域的大小和形状。

2) 铜区域属性设置

双击已放下的铜区域，或者在系统处于放置铜区域的命令状态时按 Tab 键，将打开铜区域属性对话框，如图 5-95 所示。

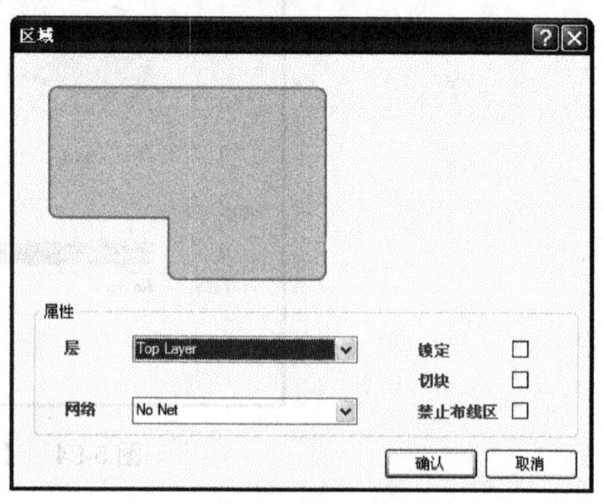


图 5-95 铜区域属性对话框

该对话框中的各项参数如下。

- 层：选择铜区域所在板层。
- 网络：选择铜区域所属网络。如果铜区域在信号层或多层上，则选定某个网络后，在工作区中铜区域和所选网络将有飞线连接；在其他板层上，该项无效。
- 锁定：选中此复选框，铜区域将处于锁定状态。
- 切块：选中该复选框，铜区域将做切块处理。
- 禁止布线区：如果铜区域放置在禁止布线层中，则选中该复选框后，系统在自动布局和自动布线时，铜区域的范围内将禁止元件和导线进入。

## 5.10.7　放置覆铜

为了提高 PCB 的抗干扰性能，在 PCB 设计的最后，可在 PCB 的信号层上覆铜。覆铜跟矩形填充和铜区域不同，它可以自动避开同一层上的导线、焊盘、过孔等电气图件。覆铜可以连接到某个网络，也可以独立存在。

### 1. 放置覆铜的命令

- 单击配线工具栏上的▦工具。
- 执行菜单命令【放置】→【覆铜】。
- 使用快捷键 P+G。

### 2. 覆铜的放置及其属性的设置

在放置覆铜的过程中可同时设置其属性。放置覆铜的步骤如下。

(1) 将目标板层切换为当前层，执行放置覆铜命令，弹出覆铜属性对话框，如图 5-96 所示。

(2) 设置覆铜属性。

覆铜的填充模式有实心填充、影线化填充和无填充 3 种。

① 选中【实心填充】单选按钮后的覆铜属性对话框如图 5-96 所示，此时对话框中的各项参数如下。

- 删除岛当它们的面积小于：因为覆铜在 PCB 上要避开导线等电气图件，所以在一些狭小的区域，可能出现一些面积比较小的覆铜铜膜。该项用于设置当覆铜铜膜的面积小于某一设定值时，是否将其删除。选中该项右边的复选框，则启用这一功能，面积的设定值在该项下方的框输入。

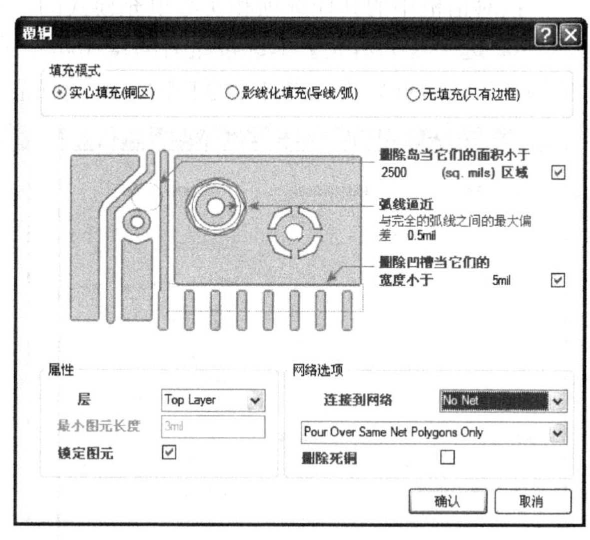


图 5-96　覆铜属性对话框

- 弧线逼近：用于设置覆铜和它包围的焊盘弧线间的最大偏差。
- 删除凹槽当它们的宽度小于：用于设置 PCB 上凹槽间的覆铜宽度小于某一设定值时，删除这些覆铜，选中该项右边的复选框，则启用此功能，覆铜宽度的设定值在该项下方的框输入。

- 层：用于选择覆铜所放置的层。
- 锁定图元：选中该复选框，则覆铜不管被分割为多少块，都将被锁定为一个整体；否则被分割的每一块覆铜都是独立的，可以单独移动或编辑。
- 连接到网络：用于选择覆铜所连接的网络。
- 删除死铜：选中该复选框，则不与任何网络连接的“死铜”将被删除。

此外，从【网络选项】区中间的下拉列表框中，可选择覆铜的覆盖选项，有 3 个选项可选，它们的含义如下。

- Don’t Pour Over Same Net Objects：不覆盖同网络对象。选中该选项，对于同一网络的其他电气对象，覆铜也将避开，不覆盖它们。
- Pour Over All Same Net Objects：覆盖所有同网络对象。选中该选项，对于同一网络的其他电气对象，包括连接到该网络的其他覆铜，都将被覆盖。
- Pour Over Same Net Polygons Only：只覆盖同网络的覆铜。选中该选项，只覆盖同一网络的覆铜，而不覆盖该网络下的其他对象。

② 选中【影像化填充】单选按钮后的覆铜属性对话框如图 5-97 所示。此时对话框中的各项参数如下。

- 导线宽度：设置覆铜导线的宽度。
- 网格尺寸：设置覆铜网格的尺寸。
- 围绕焊盘的形状：设置覆铜包围焊盘的弧线形状。有弧线(圆弧)和八边形两个单选项可选。
- 影像化填充模式：设置覆铜区内部的影线化填充模式。有 90 度、45 度、水平和垂直 4 个单选项可选。

该对话框中的其他选项和实心填充模式的一样。

③ 选中【无填充】单选按钮后的覆铜属性对话框如图 5-98 所示。在这种填充模式下，覆铜区只有边框导线，内部是空白的，既没有整块铜箔填充，也没有导线填充。

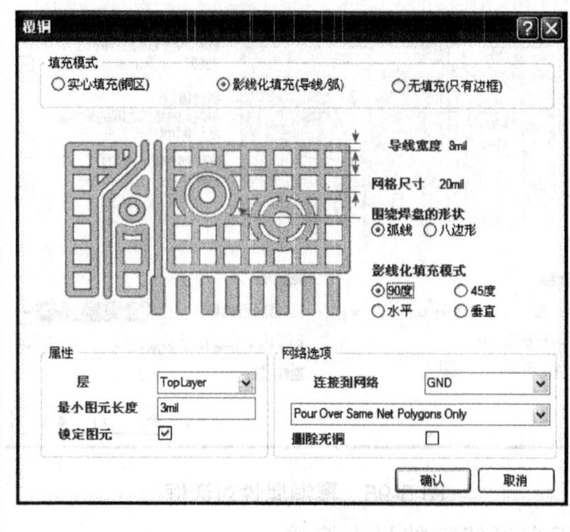


图 5-97 影像化覆铜的属性对话框

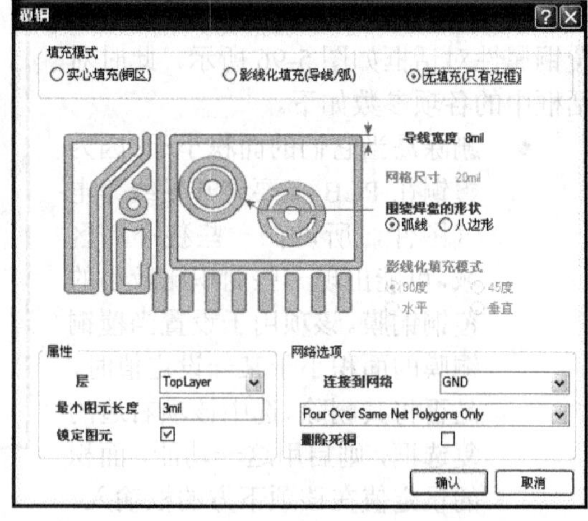


图 5-98 无填充覆铜的属性对话框

该对话框中的各项参数如下。

- 导线宽度：设置覆铜边框导线的宽度。
- 围绕焊盘的形状：设置覆铜包围焊盘的弧线形状。有弧线(圆弧)和八边形 2 个单选项可选。

该对话框中的其他选项和实心填充的一样。

(3) 设置好覆铜属性后，单击对话框下方的【确认】按钮，返回工作区。此时，光标变成十字形。

(4) 移动十字光标，依次单击鼠标，确定覆铜的各个顶点。此过程可通过按组合键 Shift+Space 切换拐角模式，按 Space 键切换拐角方向。

(5) 右击鼠标或按 Esc 键，完成覆铜的放置，同时退出放置覆铜的命令状态。

## 5.10.8　放置字符串

字符串用于在 PCB 中放置一些提示信息。

### 1. 放置字符串的命令

- 单击配线工具栏上的 A 工具。
- 执行菜单命令【放置】→【字符串】。
- 使用组合键 P+S。

### 2. 放置字符串的操作步骤

放置字符串的步骤如下。

(1) 将目标板层切换为当前层。

(2) 执行放置字符串的命令，此时光标变为十字形，在十字光标上出现字符的虚影。

(3) 将十字光标移到合适位置处，单击鼠标，即可放下一个字符串。

完成字符串的放置后，光标仍为十字形，可在其他位置继续放置字符串。右击鼠标或按 Esc 键，将退出放置字符串的命令状态。

### 3. 字符串属性设置

双击已放下的字符串，或者在系统处于放置字符串的命令状态时按 Tab 键，打开字符串属性对话框，如图 5-99 所示。

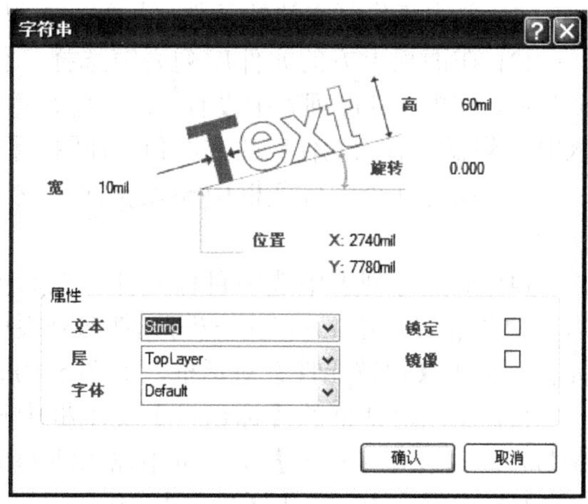


图 5-99　字符串属性对话框

该对话框中的各项参数如下。

- 高：设置文本的高度。
- 宽：设置文本笔画的宽度。

- 位置：设置字符串在工作区的位置(坐标)。
- 旋转：设置字符串相对于 X 轴正方向的旋转角度。
- 文本：用于输入文本信息或选择系统字符串。单击右边窗口的下拉按钮，可以打开的下拉列表框中选择系统字符串。
- 层：选择字符串所在板层。
- 字体：选择字符串的字体，有 Default、Sans Serif 和 Serif 三种字体。
- 锁定：选中此复选框，字符串将处于锁定状态。
- 镜像：选中该复选框，字符串将做镜像处理。

**特别提示**

在 PCB 上只能直接显示西文信息，不能直接显示中文信息，用字符串工具在 PCB 上放入的中文信息都将变成一些奇怪的字符。

要显示系统字符串所代表的内容，应在【优先设定】对话框的 Display 设置页中，选中【显示特殊字符串】复选框。

## 5.10.9 放置元件封装

元件封装一般不需要手动放置，将原理图设计信息载入 PCB 编辑器之后，会自动将原理图元件转换为相应的元件封装。但在全手工设计电路板，或者在向 PCB 编辑器载入原理图设计信息过程中丢失元件的情况下，就需要在 PCB 上手动放置元件。这部分内容的重点在于元件属性的编辑。

### 1. 使用元件库面板放置

PCB 编辑器的元件库面板和原理图编辑器的元件库面板一样。使用元件库面板放置元件的的操作步骤如下。

(1) 单击工作区右边的元件库标签，打开元件库面板。

(2) 在面板上方的元件库列表窗选择元件所在的元件库，如果元件库列表中没有该库，则需要将其载入 PCB 编辑器，载入元件库的方法和原理图一样。

(3) 在元件查询屏蔽框中输入元件名或元件名的部分字符。

(4) 从元件列表中选中目标元件，然后单击面板右上角的放置按钮，或直接双击元件名列表中的目标元件，弹出【放置元件】对话框，如图 5-100 所示。

(5) 在该对话框的【标识符】文本框中输入元件编号，还可以在【注释】文本框中输入注释文字。

(6) 设置完毕，单击【确认】按钮，返回工作区。此时，在十字光标上出现该元件的虚影。

图 5-100 【放置元件】对话框

(7) 移动十字光标到合适处，单击鼠标，即可放下一个元件封装。

(8) 放入元件后，该光标仍为十字形，单击鼠标，可继续放置该元件。右击鼠标，将再次弹出图 5-100 所示的对话框，单击【取消】按钮，退出放置该元件的命令状态。

### 2. 使用放置元件封装的命令放置

使用下面 3 种操作都可放置元件封装。

- 单击配线工具栏上的工具。
- 执行菜单命令【放置】→【元件】。
- 使用快捷键 P+C。

执行上面操作之一，弹出【放置元件】对话框，如图 5-100 所示。在该对话框的【封装】文本框中输入元件封装名称，在【标识符】文本框中输入元件的编号后，单击【确认】按钮，即可在工作区中放入一个元件封装。

如果不知道元件封装的名称，也可单击该对话框中【封装】右边的按钮，然后在弹出的【库浏览】对话框中查找和加载元件。

### 3. 元件属性的设置

双击已放入的元件，或者在放入元件前按 Tab 键，打开元件属性对话框，如图 5-101 所示。

该对话框中各项的含义如下。

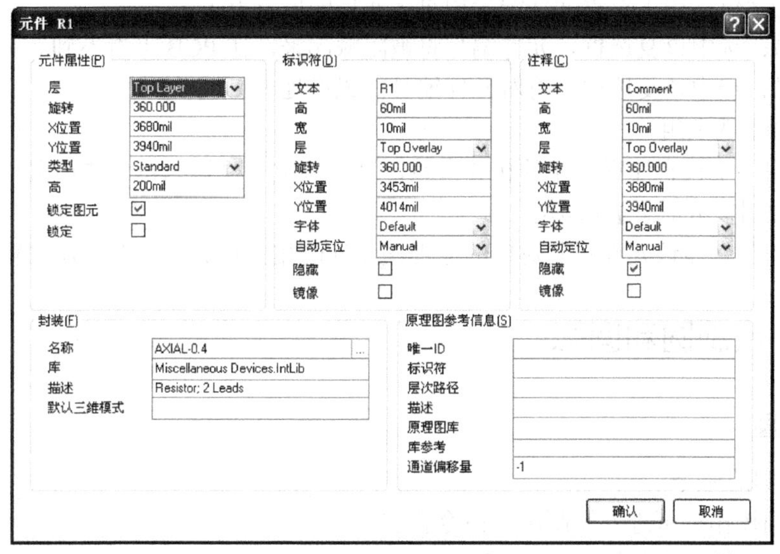


图 5-101　元件属性对话框

1)【元件属性】选项组

- 层：选择元件放置的层面。元件一般放置在顶层(Top Layer)，也可将部分元件放置在底层(Bottom Layer)。
- 旋转：元件相对于初始状态的旋转角度。
- X 位置/Y 位置：元件的参考点在工作区中的位置(坐标)。

- 类型：选择元件的类型。
- 高：设置元件的高度，在 PCB 3D 仿真时使用。
- 锁定图元：选中该复选框，则组成元件的所有图元将被锁定为一个整体，否则各个图元都是独立的，可以单独进行移动、编辑等操作。
- 锁定：选中该复选框，元件处于锁定状态。

2)【封装】选项组

- 名称：用于设置元件封装的名称。单击右边的按钮，可在打开的【库浏览】对话框中选择新的元件封装。
- 库：元件封装所在的元件库。
- 描述：对元件的说明。

3)【标识符】选项组

- 文本：标识符的文本，也就是元件的编号。
- 高：元件编号的字符高度。
- 宽：元件编号的字符笔画宽度。
- 层：元件编号放置的层面，通常都放在丝印层上。
- 旋转：元件编号相对于原始方位的旋转角度。
- X 位置/Y 位置：元件编号在工作区中的位置(坐标)。
- 字体：元件编号所使用的字体。
- 自动定位：用于设置元件编号相对于元件的放置方位。
- 隐藏：选中该复选框，元件编号将被隐藏起来，在 PCB 上看不到。
- 镜像：选中该复选框，将对元件编号做镜像处理。

4)【注释】选项组

该选项组用于设置注释文字的相关参数，这些参数和“标识符”选项组相似。

5)【原理图参考信息】选项组

该选项组包含与该元件封装对应的原理图元件的相关信息，一般不需设置。

## 5.10.10 绘制圆和圆弧

### 1. 绘制圆

1) 绘制圆的命令

使用下面操作都可进入绘制圆的命令状态。

- 单击绘图子工具栏上的 ⊙ 工具。
- 执行菜单命令【放置】→【圆】。
- 使用快捷键 P+U。

2) 绘制圆的操作步骤

绘制圆的操作过程如下。

(1) 将目标板层切换为当前层。

(2) 执行绘制圆命令，光标变成十字形。

(3) 移动十字光标，在合适位置处单击鼠标，确定圆心的位置。

(4) 移动十字光标，当圆的大小合适时，再次单击鼠标，确定圆的半径。

这样就画好了一个圆。此时光标仍为十字形，重复上面的操作，可继续绘制其他圆。右击鼠标或按 Esc 键，可退出绘制圆的命令状态。

3) 设置圆的属性

双击已画好的圆或者在绘制圆的过程中按 Tab 键，打开圆弧属性对话框，如图 5-102 所示。

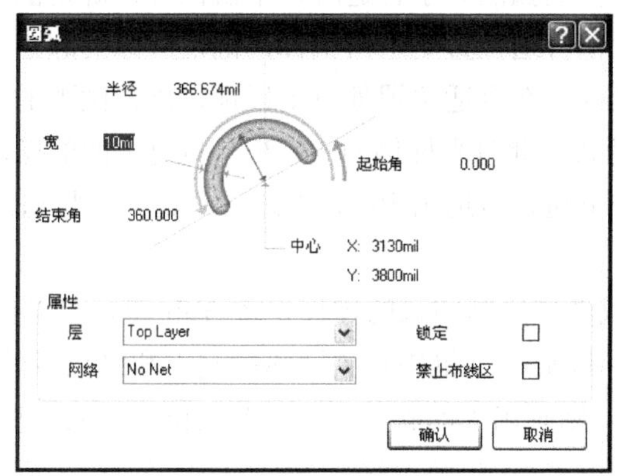


图 5-102　圆弧属性对话框

该对话框中各选项参数的含义如下。

- 中心：圆心在工作区中的位置(坐标)。
- 半径：圆的半径。
- 宽：圆弧的宽度。
- 起始角：圆弧起点与圆心的连线相对于 X 轴正方向的夹角。
- 结束角：圆弧终点与圆心的连线相对于 X 轴正方向的夹角。
  绘制圆时，起始角默认为 0 度，结束角默认为 360 度，也就是圆弧的起点和终点在 PCB 平面上是重叠在一起的。如果圆弧的起点和终点没有重叠在一起，画出来的就不是一个完整的圆，而是一段圆弧。可见，使用画圆工具也能画圆弧。
- 层：选择圆所在的板层。
- 网络：选择圆所属的网络。如果圆被放置在信号层或多层上，则选定某个网络后，在工作区中圆和所选网络将有飞线连接；在其他板层上，该项无效。
- 锁定：选中该复选框，圆将处于锁定状态。
- 禁止布线区：如果圆放置在禁止布线层中，则选中该复选框后，系统在自动布局和自动布线时，圆的范围内将禁止元件和导线进入。

### 2. 中心法绘制圆弧

1) 中心法绘制圆弧的命令

使用下面操作都可进入中心法绘制圆弧的命令状态。

- 单击绘图子工具栏上的工具。
- 执行菜单命令【放置】→【圆弧(中心)】。

- 使用快捷键 P+A。

2) 中心法绘制圆弧的操作步骤

中心法绘制圆弧的操作过程如下。

(1) 将目标板层切换为当前层。

(2) 执行中心法绘制圆弧命令，光标变成十字形。

(3) 移动十字光标，在合适位置处单击鼠标，确定圆弧的圆心。

(4) 移动十字光标，在圆弧的大小合适时，单击鼠标，确定圆弧的半径。

(5) 移动十字光标，在合适位置处单击鼠标，确定圆弧的起点。

(6) 继续移动十字光标，在合适位置处单击鼠标，确定圆弧的终点。

这样就画好了一段圆弧。此时光标仍为十字形，重复上面的操作，可在其他地方继续绘制圆弧。右击鼠标或按 Esc 键，可退出中心法绘制圆弧的命令状态。

3) 设置圆弧的属性

双击已画好的圆弧或者在绘制圆弧的过程中按 Tab 键，打开圆弧属性对话框。该对话框和图 5-102 一样，如果在此对话框中设置圆弧的起点和终点重叠在一起(使起始角和结束角相差 360 度的整数倍)，则画出来的就是一个完整的圆。可见，使用画圆弧工具也能画圆。

### 3. 边缘法绘制圆弧

1) 边缘法绘制圆弧的命令

使用下面操作都可进入边缘法绘制圆弧的命令状态。

- 单击绘图子工具栏上的工具。
- 执行菜单命令【放置】→【圆弧(任意角度)】。
- 使用快捷键 P+N。

2) 边缘法绘制圆弧的操作步骤

边缘法绘制圆弧的操作过程如下。

(1) 将目标板层切换为当前层。

(2) 执行边缘法绘制圆弧命令，光标变成十字形。

(3) 移动十字光标，在合适位置处单击鼠标，确定圆弧的起点。

(4) 移动十字光标，在圆弧的大小和位置合适时，单击鼠标，确定圆弧的圆心。

(5) 继续移动十字光标，在合适位置处单击鼠标，确定圆弧的终点。

这样就画好了一段圆弧。此时光标仍为十字形，重复上面的操作，可在其他地方继续绘制圆弧。单击鼠标或按 Esc 键，可退出边缘法绘制圆弧的命令状态。

3) 设置圆弧的属性

双击已画好的圆弧或者在绘制圆弧的过程中按 Tab 键，打开圆弧属性对话框，该对话框和图 5-102 一样。和中心法绘制的圆弧一样，通过修改圆弧的起始角和结束角，可将圆弧变成一个圆。由此可见，使用绘制圆的工具可以绘制圆弧；而使用绘制圆弧的工具也可绘制圆。在设计 PCB 时，可根据实际情况，灵活使用这 3 种工具来绘制圆或圆弧。

## 5.10.11　放置位置坐标

所谓位置坐标，是指 PCB 上的某一点相对于原点的坐标值。在 PCB 设计中，有时候需要显示 PCB 上某一点的坐标值，这时候可在该点放置位置坐标。

### 1. 放置位置坐标的命令

使用下面操作都可进入放置位置坐标的命令状态。

- 单击绘图子工具栏上的工具。
- 执行菜单命令【放置】→【坐标】。
- 使用快捷键 P+O。

### 2. 放置位置坐标的操作步骤

放置位置坐标的操作过程如下。

(1) 将目标板层切换为当前层。

(2) 执行放置位置坐标命令，光标变成十字形，在十字光标上出现位置坐标的虚影，而且坐标虚影上的坐标值随光标的移动而变化。

(3) 移动十字光标，在合适位置处单击鼠标，即可放下该处的位置坐标。

放下位置坐标后，光标仍为十字形，重复上面的操作，可继续在其他地方放置位置坐标。单击鼠标或按 Esc 键，可退出放置位置坐标的命令状态。

### 3. 设置位置坐标的属性

双击已放好的放置位置坐标，或者在放置位置坐标的过程中按 Tab 键，可打开坐标属性对话框，如图 5-103 所示。

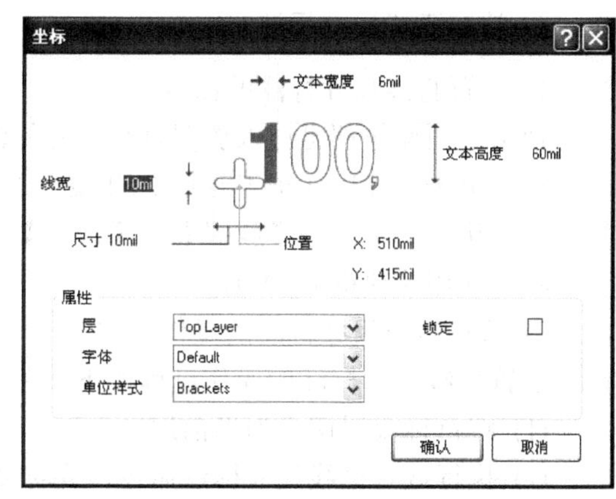


图 5-103　坐标属性对话框

该对话框中各项参数的含义如下。

- 文本宽度：位置坐标文本的笔画宽度。
- 文本高度：位置坐标文本的高度。
- 线宽：位置坐标标志线的宽度。
- 位置：位置坐标在工作区中的位置。该处的数值就是位置坐标在 PCB 上显示的数值，改变该坐标值，将会改变位置坐标在 PCB 中的位置。
- 层：选择位置坐标所属的板层。
- 字体：选择位置坐标文本所使用的字体，有 Default、Sans Serif 和 Serif 三种字体。
- 单位样式：选择位置坐标的单位显示样式。有 None、Normal 和 Brackets 三种，如图 5-104 所示。
- 锁定：选中该复选框，位置坐标将处于锁定状态。

2000,2000　　2000mil,2000mil　　2000,2000 (mil)

(a) None　　(b) Normal　　(c) Brackets

图 5-104　位置坐标单位的显示样式

### 5.10.12　放置尺寸标注

尺寸标注用于在 PCB 上标注各种尺寸信息。实用工具栏的尺寸标注子工具栏上有放置各种尺寸标注的工具，如图 5-75 所示。此外，在菜单【放置】→【尺寸】下，有一个尺寸标注菜单，如图 5-105 所示。该菜单中的命令和尺寸标注子工具栏的相同，尺寸标注一般放置在机械层。对于需要在生产出来的 PCB 上显示的尺寸信息，则放在丝印层上。

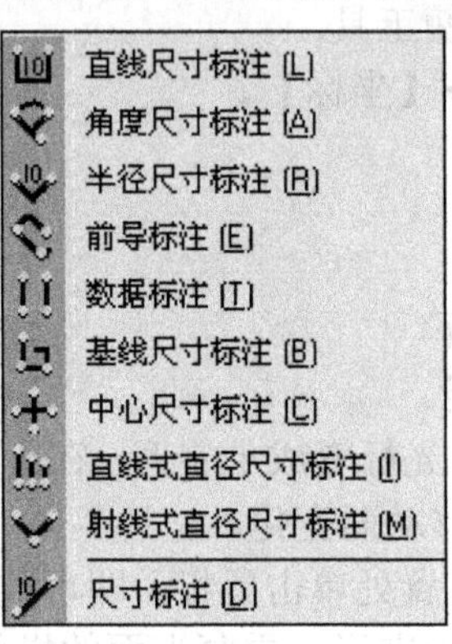


图 5-105　尺寸标注菜单

#### 1. 放置直线尺寸标注

1) 放置直线尺寸标注的命令

使用下面操作都可进入放置直线尺寸标注的命令状态。

- 单击尺寸标注子工具栏上的工具。
- 执行菜单命令【放置】→【尺寸】→【直线尺寸标注】。
- 使用快捷键 P+D+L。

2) 放置直线尺寸标注的操作步骤

放置直线尺寸标注的操作过程如下。

(1) 将目标板层切换为当前层。

(2) 执行放置直线尺寸标注命令，光标变成十字形。

(3) 移动十字光标到尺寸标注的起点处，单击鼠标确定。

(4) 移动十字光标，此时尺寸线和尺寸边界线都有所变化，在目标位置处单击鼠标确定终点。

(5) 继续移动十字光标，在尺寸边界线长度合适时，单击鼠标确定。

这样就放下了一个直线尺寸标注，此时光标仍为十字形，重复上面的操作，可继续放置直线尺寸标注。此外，在放置直线尺寸标注的过程中，每按一次 Space 键，尺寸标注将逆时针旋转 90 度。右击鼠标或按 Esc 键，可退出放置直线尺寸标注的命令状态。

3) 设置直线尺寸标注的属性

双击已放好的直线尺寸标注，或者在放置直线尺寸标注的过程中按 Tab 键，可打开直线尺寸标注的属性对话框，如图 5-106 所示。

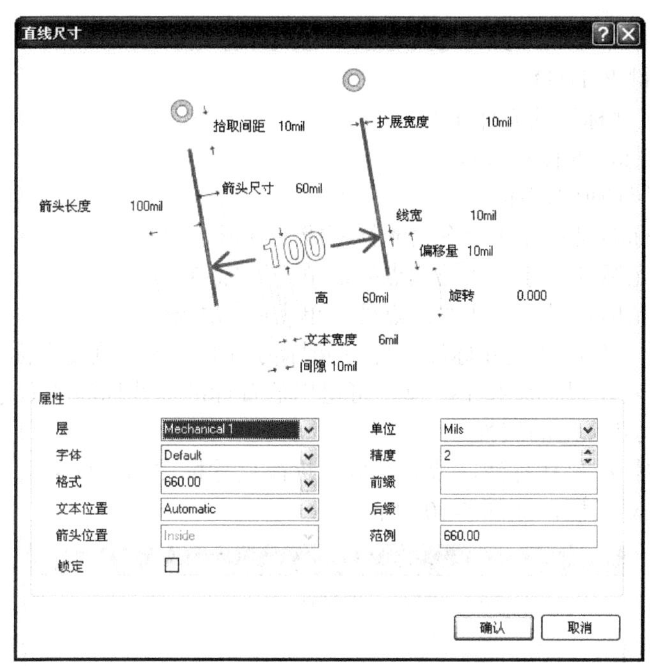


图 5-106　直线尺寸标注的属性对话框

更改该对话框上方的示意图所列的各种参数，可改变直线尺寸标注的显示形式和形状。该对话框中其他选项含义如下。

- 层：直线尺寸标注所在板层。
- 字体：直线尺寸标注的文本字体，有 Default、Sans Serif 和 Serif 三种。
- 格式：直线尺寸标注的显示模式。
- 文本位置：直线尺寸标注的文本在标注中的位置，有 Automatic(自动)、Aligned-Center(靠中对齐)、Aligned-Top(靠顶部对齐)、Aligned-Bottom(靠底部对齐)、Aligned-Left(靠左对齐)、Aligned-Right(靠右对齐)、Aligned-Inside Left(在边界线内部靠左对齐)、Aligned- Inside Right(在边界线内部靠右对齐)等。
- 箭头位置：尺寸线箭头的位置，有 Inside(尺寸边界线内部)和 Outside(尺寸边界线外部)两个选项。当文本位置选择 Automatic 时，该项无效。
- 锁定：选中该复选框，直线尺寸标注将处于锁定状态。
- 单位：选择直线尺寸标注的长度单位，有 Mils、Millimeters(毫米)、Inches(英寸)、Centimeters(厘米)和 Automatic(自动，采用 PCB 编辑器当前使用的计量单位)。
- 精度：尺寸值的显示精度，选中的精度值就是尺寸值保留的小数位数。
- 前缀：在尺寸值前面添加的字符。
- 后缀：在尺寸值后面添加的字符。
- 范例：该窗口实时显示进行各种更改后，尺寸值的显示情况。

### 2. 放置标准尺寸标注

1) 放置标准尺寸标注的命令

使用下面操作都可进入放置标准尺寸标注的命令状态。

- 单击尺寸标注子工具栏上的 工具。

- 执行菜单命令【放置】→【尺寸】→【尺寸标注】。
- 使用快捷键 P+D+D。

2) 放置标准尺寸标注的操作步骤

放置标准尺寸标注的操作过程如下。

(1) 将目标板层切换为当前层。

(2) 执行放置标准尺寸标注命令，光标变成十字形。

(3) 移动十字光标到尺寸标注的起点处，单击鼠标确定。

(4) 移动十字光标到尺寸标注的终点处，单击鼠标确定。

这样就放下了一个标准尺寸标注，此时光标仍为十字形，重复上面的操作，可继续放置标准尺寸标注。右击鼠标或按 Esc 键，可退出放置标准尺寸标注的命令状态。

3) 设置标准尺寸标注的属性

双击已放好的标准尺寸标注，或者在放置标准尺寸标注的过程中按 Tab 键，可打开标准尺寸标注的属性对话框，如图 5-107 所示。

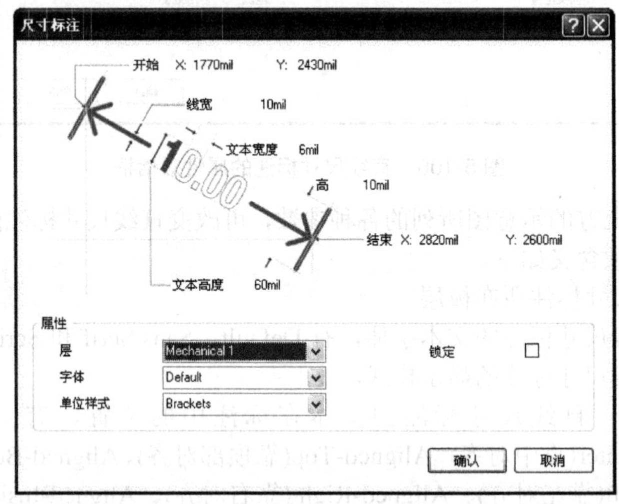


图 5-107 标准尺寸标注的属性对话框

更改该对话框上方的示意图所列的各种参数，可改变标准尺寸标注的显示形式和形状。该对话框中其他选项的含义和直线尺寸标注的相应选项相同。

### 3. 放置基线尺寸标注

1) 放置基线尺寸标注的命令

使用下面操作都可进入放置基线尺寸标注的命令状态。

- 单击尺寸标注子工具栏中的 工具。
- 执行菜单命令【放置】→【尺寸】→【基线尺寸标注】。
- 使用快捷键 P+D+B。

2) 放置基线尺寸标注的操作步骤

放置基线尺寸标注的操作过程如下。

(1) 将目标板层切换为当前层。

(2) 执行放置基线尺寸标注命令，光标变成十字形。

(3) 移动十字光标到目标位置处，单击鼠标，确定基准线的位置。

(4) 移动十字光标到第一个尺寸的另一边，单击鼠标，确定第一条尺寸线的边界线的位置。

(5) 移动十字光标，单击鼠标，确定第一条尺寸线的边界线的长度。

(6) 继续移动十字光标，单击鼠标，确定在第二条尺寸线的边界线的位置。

(7) 继续移动光标，单击鼠标，确定第二条尺寸线的边界线的长度。

(8) 依此类推，逐一放置所有的尺寸线。

放置好全部尺寸线后，右击鼠标或按 Esc 键，退出命令状态。图 5-108 是具有 3 个尺寸的基线尺寸标注。此外，在放置基线尺寸标注的过程中按 Space 键，可改变基线尺寸标注的放置方向。

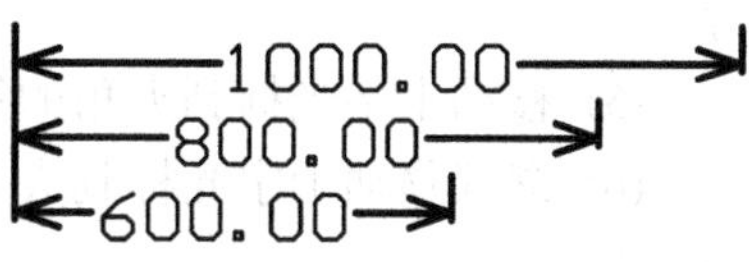


图 5-108　基线尺寸标注

3) 设置基线尺寸标注的属性

双击已放好的基线尺寸标注，或者在放置基线尺寸标注的过程中按 Tab 键，可打开基线尺寸标注的属性对话框，如图 5-109 所示。

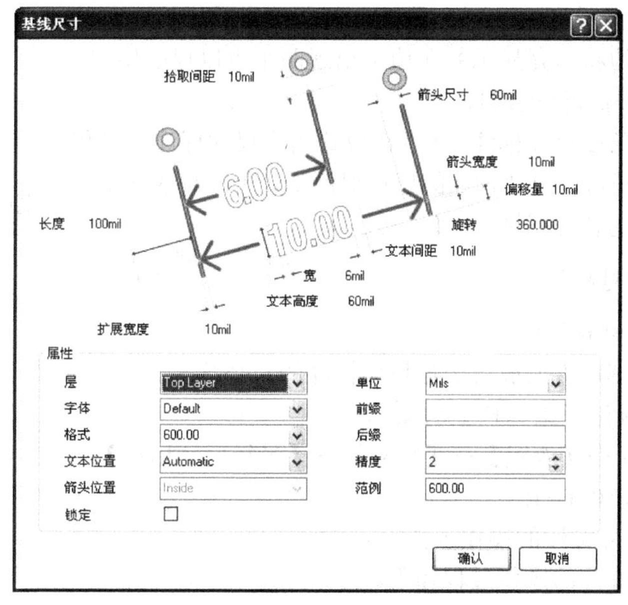


图 5-109　基线尺寸标注的属性对话框

更改该对话框上方的示意图所列的各种参数，可改变基线尺寸标注的显示形式和形状。该对话框中其他选项的含义和直线尺寸标注的相应选项相同。

### 4. 放置角度尺寸标注

1) 放置角度尺寸标注的命令

使用下面操作都可进入放置角度尺寸标注的命令状态。

- 单击尺寸标注子工具栏上的工具。
- 执行菜单命令【放置】→【尺寸】→【角度尺寸标注】。
- 使用快捷键 P+D+A。

2) 放置角度尺寸标注的操作步骤

放置角度尺寸标注的操作过程如下。

(1) 将目标板层切换为当前层。

(2) 执行放置角度尺寸标注命令，光标变成十字形。

(3) 移动十字光标到夹角的第一条边上，单击鼠标，确定第一条边的第一个参考点。

(4) 移动十字光标到夹角第一条边离顶点稍远处，单击鼠标，确定第一条边的第二个参考点。

(5) 移动十字光标到夹角的第二条边上，单击鼠标，确定第二条边的第一个参考点。

(6) 继续移动十字光标到夹角第二条边离顶点稍远处，单击鼠标，确定第二条边的第二个参考点。

(7) 继续移动十字光标，在角度尺寸标注的位置合适时，单击鼠标确定。

这样就放好了一个角度尺寸标注，此时光标仍为十字形，可以在其他地方继续放置角度尺寸标注。右击鼠标或按 Esc 键，可退出命令状态。图 5-110 是一个角度尺寸标注。

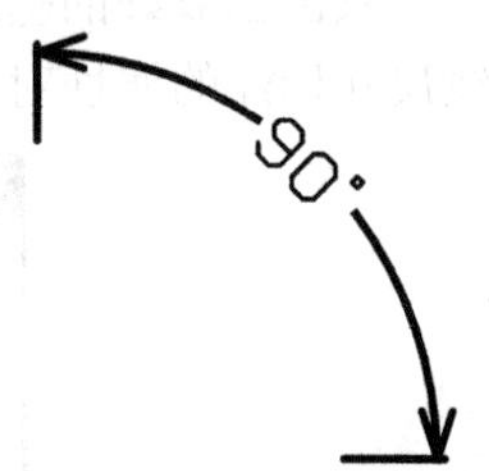

图 5-110 角度尺寸标注

在确定两条边 4 个参考点的过程中，光标会自动捕捉对象的边，捕捉到后，该边将高亮显示并在边上出现两个点以提醒用户。

3) 设置角度尺寸标注的属性

双击已放好的角度尺寸标注，或者在放置角度尺寸标注的过程中按 Tab 键，可打开角度尺寸标注的属性对话框，在该对话框中可修改角度尺寸标注的各种属性。

### 5. 放置半径尺寸标注

1) 放置半径尺寸标注的命令

使用下面操作都可进入放置半径尺寸标注的命令状态。

- 单击尺寸标注子工具栏上的工具。
- 执行菜单命令【放置】→【尺寸】→【半径尺寸标注】。
- 使用快捷键 P+D+R。

2) 放置半径尺寸标注的操作步骤

放置半径尺寸标注的操作过程如下。

(1) 将目标板层切换为当前层。

(2) 执行放置半径尺寸标注命令，光标变成十字形。

(3) 移动十字光标到标注对象上，当光标捕捉到标注对象后，在标注对象上会出现一些点，此时单击鼠标，确定标注线箭头的位置。

(4) 移动十字光标，调整标注线的长度，单击鼠标，确定标注线的转折点。

(5) 移动十字光标，单击鼠标，确定转折点之后的线段长度。

这样就放好了一个半径尺寸标注，此时光标仍为十字形，可以在其他地方继续放置半径尺寸标注。右击鼠标或按 Esc 键，可退出命令状态。图 5-111 是一个半径尺寸标注。

3) 设置半径尺寸标注的属性

双击已放好的半径尺寸标注，或者在放置半径尺寸标注的过程中按 Tab 键，可打开半径尺寸标注的属性对话框，在该对话框中可修改半径尺寸标注的各种属性。

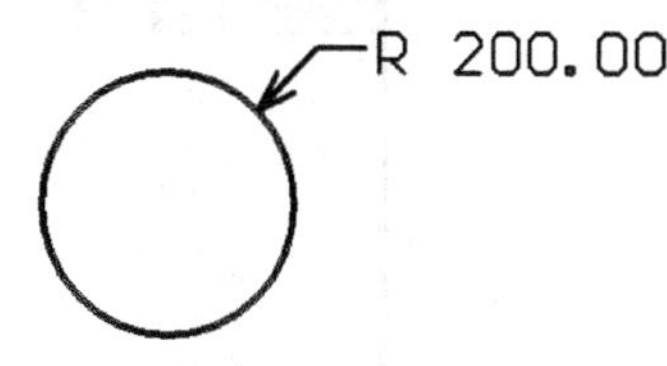


图 5-111　半径尺寸标注

### 6. 放置直线式直径尺寸标注

1) 放置直线式直径尺寸标注的命令

使用下面操作都可进入放置直线式直径尺寸标注的命令状态。

- 单击尺寸标注子工具栏上的工具。
- 执行菜单命令【放置】→【尺寸】→【直线式直径尺寸标注】。
- 使用快捷键 P+D+I。

2) 放置直线式直径尺寸标注的操作步骤

放置直线式直径尺寸标注的操作过程如下。

(1) 将目标板层切换为当前层。

(2) 执行放置直线式直径尺寸标注命令，光标变成十字形。

(3) 移动十字光标到标注对象上，当光标捕捉到标注对象后，在标注对象上会出现一些点，此时单击鼠标确认。

(4) 移动十字光标，调整尺寸边界线的长度和尺寸线的位置，单击鼠标确认。

这样就放好了一个直线式直径尺寸标注，此时光标仍为十字形，可以在其他地方继续放置直线式直径尺寸标注。右击鼠标或按 Esc 键，可退出命令状态。图 5-112 是一个直线式直径尺寸标注。此外，在放置直线式直径尺寸标注的过程中按 Space 键，可改变尺寸标注的放置方向。

3) 设置直线式直径尺寸标注的属性

双击已放好的直线式直径尺寸标注，或者在放置直线式直径尺寸标注的过程中按 Tab 键，可打开直线式直径尺寸标注的属性对话框，在该对话框中可修改直线式直径尺寸标注的各种属性。

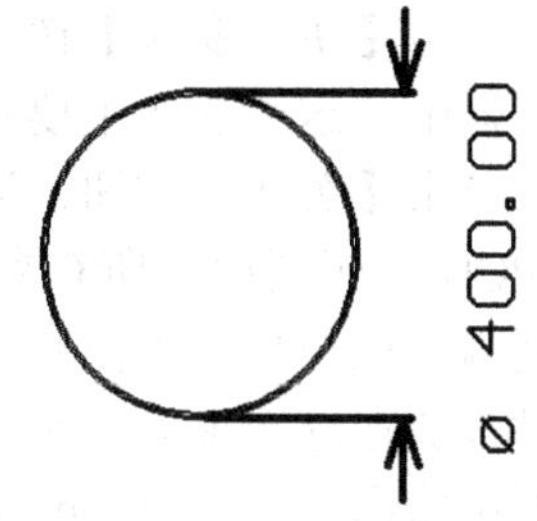


图 5-112　直线式直径尺寸标注

## 5.11　将原理图设计信息载入 PCB 编辑器

在设计 PCB 之前，首先要绘制好原理图，并检查排除所有错误；然后建立 PCB 文件，将原理图的设计信息载入 PCB 编辑器；最后进行布局和布线操作。

将原理图设计信息载入 PCB 编辑器有两种方法：一是打开原理图，执行菜单命令【设计】→Update PCB Documemt ***.PcbDoc，菜单命令中的***是目标 PCB 的文件名；二是打开 PCB 文件，执行菜单命令【设计】→Import Change From ***. PrjPCB，菜单命令中的***是项目文件名。

执行这两种操作中的任意一种后，弹出【工程变化订单(ECO)】对话框，如图 5-113 所示。该对话框显示了本次更新设计的对象和内容。此对话框中显示的受影响的对象一般有元件类、元件、网络和 Room 空间等几类。

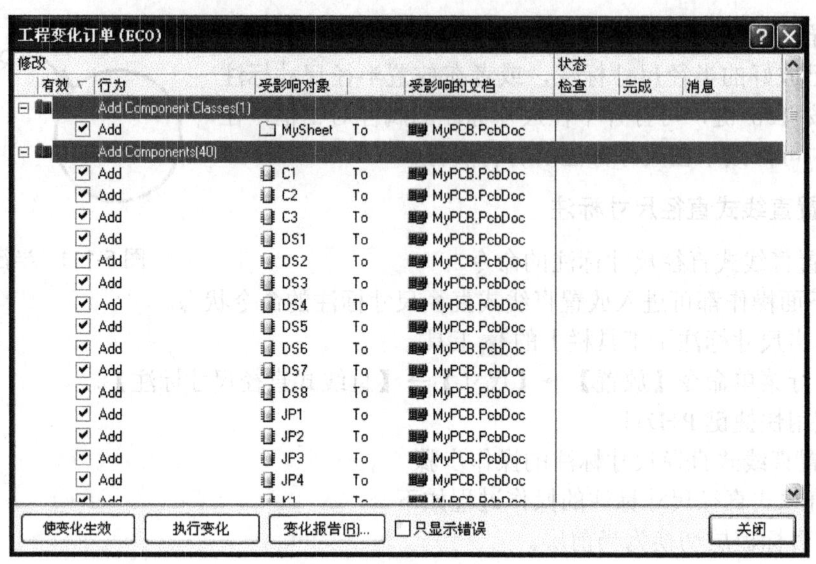

图 5-113 【工程变化订单(ECO)】对话框

在该对话框中选择某一更新行为前面的【有效】复选框，则在执行变化时，该行为将被执行；否则将不执行该行为。

单击【使变化生效】按钮，系统自动检查各项变化是否正确有效。所有正确的变化，都在【检查】列的对应位置显示✔符号；否则显示✖符号，并在【消息】列给出出错原因。

单击【执行变化】按钮，系统将执行所有通过检查的变化，并将这些变化更新到 PCB 编辑器中。这些变化主要有电气连接信息(网络)、原理图元件转换为 PCB 元件等。

单击【关闭】按钮，返回 PCB 编辑器，可发现系统已将电气连接网络和元件封装等载入 PCB 编辑器中，所有来自同一原理图的元件会放置在一个以原理图文件名命名的 Room 空间内。如果项目中只有一个原理图，则在 PCB 编辑器中只出现一个 Room 空间，所有的元件都放在这个 Room 空间内；如果项目中有多个原理图，例如层次原理图，则在 PCB 编辑器中将出现多个 Room 空间，每个 Room 空间都用对应的子原理图的文件名来命名。

### 特别提示

对各项变化进行检查后，如果出现错误信息，不要执行变化，而是根据【消息】列中的提示信息，排除错误，然后重复前面的操作，直到每一项变化都通过检查，才执行变化。否则，将会由于某些更新无法进行，造成丢失元件或网络。

## 5.12 元 件 布 局

简单地说，元件布局就是将元件在 PCB 上摆放好。元件布局是 PCB 设计的一个关键步骤，布局质量的好坏，既影响 PCB 的电气性能，又影响接下来的布线工作。

元件布局有自动布局和手工布局两种方式。自动布局是根据电路的具体情况和设计要求，设置好自动布局约束参数之后，运行系统自动布局功能，对 PCB 上的元件进行布局。手工布局则是由用户根据电路的具体情况和设计经验，手动将元件在 PCB 上摆放好。一般来说，自动布局很难达到满意的结果，往往需要用户进行手动调整，如果 PCB 的元件比较多，可采用这种方法；而在元件比较少的时候，直接采用手工布局为佳。

## 5.12.1　自动布局

在执行自动布局之前，一般要做一些前期工作，例如设置自动布局约束参数，锁定核心元件或有特别要求的元件。一般情况下，自动布局要经过下面几个步骤。

### 1. 设置自动布局的约束参数

自动布局约束参数的设置在 PCB 规则和约束编辑器中进行。执行菜单命令【设计】→【规则】，弹出【PCB 规则和约束编辑器】对话框，如图 5-114 所示。

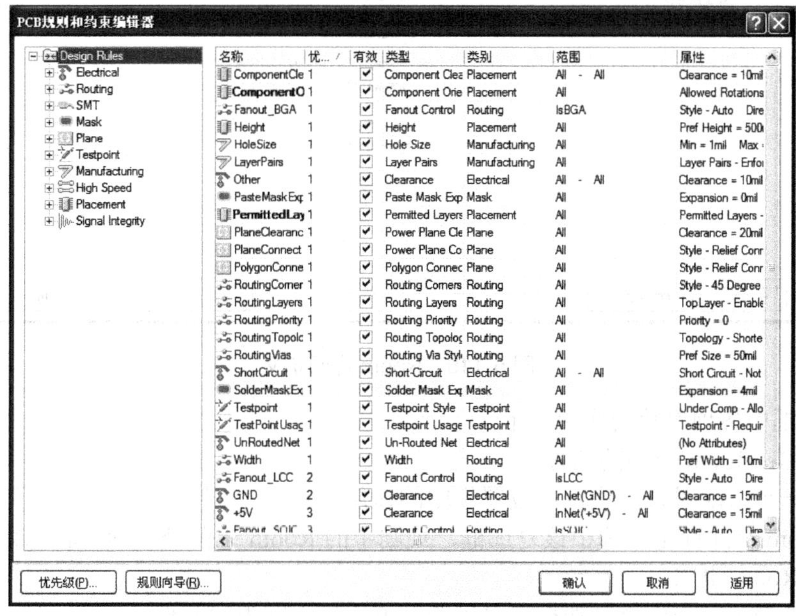


图 5-114　PCB 规则和约束编辑器

该对话框左边窗口中的 Placement 就用于设置 PCB 布局约束参数。单击其前面的+号方框，可将其展开。PCB 布局约束参数有 Room Defination(Room 空间定义)、Component Clearance(元件间距设置)、Component Orientations(元件方向设置)、Permitted Layers(元件放置板层设置)、Nets To Ignore(可忽略网络设置)和 Height(元件高度设置)六种。

将鼠标放在某一项上右击，弹出一个右键菜单，如图 5-115 所示。该菜单的各项含义如下。

图 5-115　规则右键菜单

- 新建规则：新建一个设计规则。
- 删除规则：删除当前规则。
- 报告：生成规则报告。
- Export Rules：将当前设计规则导出保存。
- Import Rules：导入已建立的设计规则。

1) Room 空间定义

该规则用于定义 Room 空间的相关参数，如图 5-116 所示。

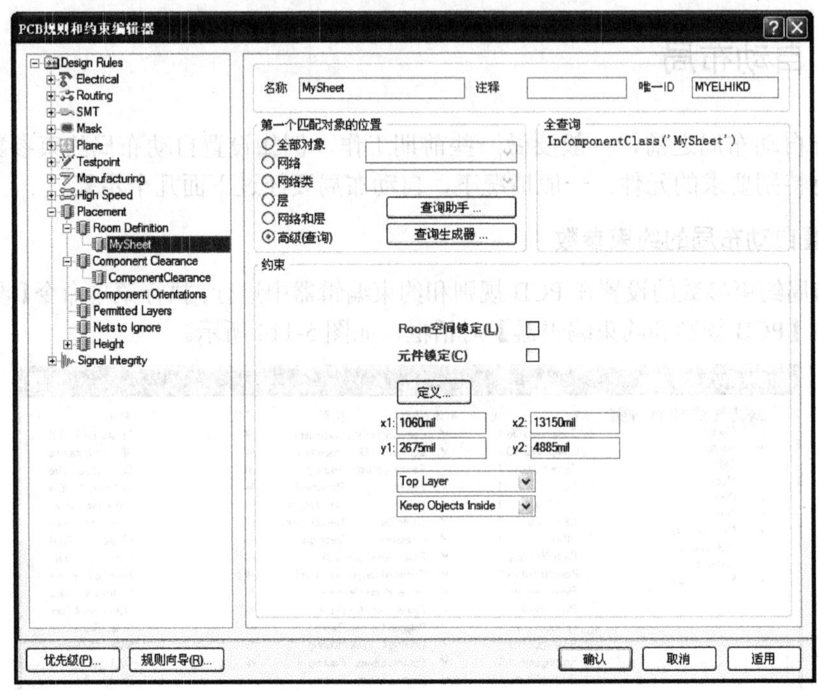


图 5-116 Room 空间定义

该对话框中各项参数的作用如下。

- 名称：Room 空间的名称。
- 第一个匹配对象的位置：设置规则的适用对象。
- Room 空间锁定：选中该复选框，规则中的 Room 空间处于锁定状态，此时不能定义 Room 空间。
- 元件锁定：选中该复选框，可以锁定 Room 空间内的元件。
- 【定义】：单击该按钮，将返回工作区，重新定义 Room 空间。

在该对话框的 4 个坐标文本框中，可以设置 Room 的大小和位置；从 Room 空间放置板层下拉列表框中，可以选择 Room 是放置在顶层(Top Layer)还是底层(Bottom Layer)；还可以在下方的下拉列表框中设置元件放在 Room 空间内部还是外部。

2) 元件间距设置

该规则用于设置元件之间的最小间距，如图 5-117 所示。

由于间距是相对于两个对象而言的，所以在该对话框中需要选择两个匹配对象。例如第一匹配对象和第二匹配对象都选择【全部对象】单选按钮，则 PCB 上所有元件都使用该规则。

该对话框下方【约束】选项组的【间隙】框用于设置两个匹配对象之间的最小间距。【检查模式】选择框用于选择要采用的检查模式，有 3 个选项。

- Quick Check：以元件的外形轮廓为依据的检查模式。
- Multi Layer Check：以元件的外形尺寸和焊盘位置为依据的检查模式。
- Full Check：以构成元件的所有图元为依据的检查模式。

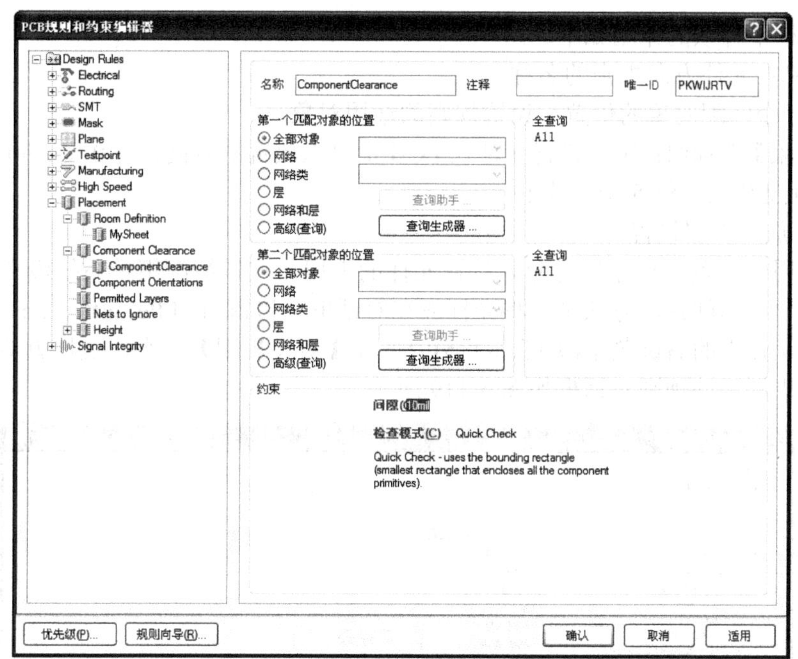

图 5-117　元件间距设置

3) 元件方向设置

该规则用于设置自动布局时元件在 PCB 上允许放置的方向。默认情况下，系统没有建立元件方向规则，需要用户自己创建。方法是：将光标放在对话框左边窗口的 Component Orientations 上，右击鼠标，然后从弹出的右键菜单(见图 5-115)中选择【新建规则】命令，这样就新建了一个元件方向规则。元件方向规则对话框如图 5-118 所示。

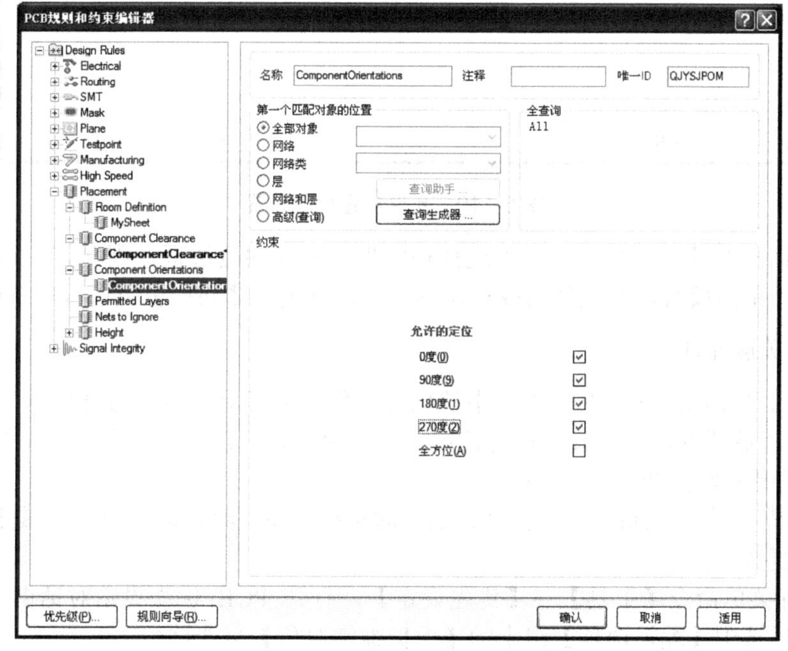

图 5-118　元件方向设置

该对话框中各项的作用如下。

- 名称：元件方向规则的名称。
- 第一个匹配对象的位置：设置规则的适用对象。
- 【约束】选项组：用于设置元件在 PCB 上可以放置的方向，有 0 度、90 度、180 度、270 度和全方位 5 个复选框。

4) 元件放置板层设置

该规则用于设置自动布局时允许放置元件的板层。默认情况下，系统没有建立这种规则，需要用户自己创建，方法是：将光标放在对话框左边窗口的 Permitted Layers 上，右击鼠标，然后从弹出的右键菜单(见图 5-115)中选择【新建规则】命令，这样就新建了一个元件放置板层规则。该规则对话框如图 5-119 所示。

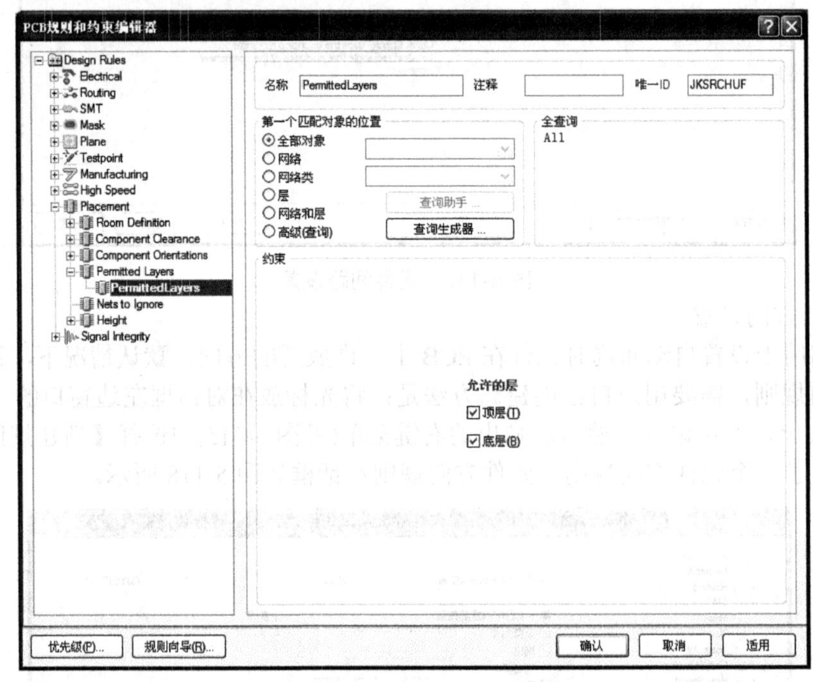


图 5-119　元件放置板层设置

从该对话框的【约束】选项组中选择相应板层前面的复选框，则允许在该板层上放置元件。在设计单面板时，若元件只放置在顶层上，可去掉【底层】复选框的选中状态。

### 2. 锁定关键元件

在执行自动布局之前，对于电路中的核心元件，或者对位置有特殊要求的元件，可先将其在 PCB 上放置好，并将其设置为锁定状态。锁定关键元件的操作过程如下。

(1) 将关键元件在 PCB 上摆放好。

(2) 依次双击各个关键元件，打开其属性对话框，并在此对话框的元件属性选项组中选中【锁定】复选框。

(3) 执行菜单命令【工具】→【优先设定】，打开 PCB 优先设定对话框中的 General 设置页，然后选中【编辑选项】组中的【保护被锁对象】复选框。

这样，在自动布局时这些被锁定的关键元件将保留在原来位置，不会被移动。

### 3. 执行自动布局

在执行自动布局之前，要确认已完成下面几个工作。

(1) 已规划好 PCB，特别是已在 PCB 上设置好电气边界。

(2) 原理图设计信息已经载入 PCB 编辑器。

(3) 已根据电路的实际情况设置好布局约束参数。

(4) 已经锁定了关键元件。

确认上面的工作都已完成后，执行菜单命令【工具】→【放置元件】→【自动布局】或按快捷键 T+L+A，打开【自动布局】对话框，如图 5-120 所示。

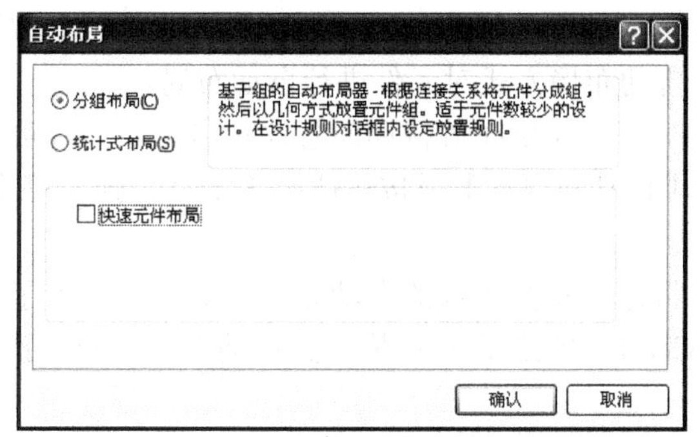


图 5-120　分组式【自动布局】对话框

在该对话框中，可以选择使用分组布局方式或者统计式布局方式。

1) 分组布局

这是一种基于组的元件自动布局方式，它根据电路中元件的连接关系，将其分为若干组，然后根据元件的几何图形，用几何学的方法放置组。这种自动布局方法适用于元件数量比较少(少于 100)的情况。分组布局对话框如图 5-120 所示。

2) 统计式布局

这是一种基于统计算法的元件自动布局方式，它使用基于人工智能的算法，通过分析整个设计图形，考虑连接线的长度、连接密度和元件的排列进行布局，目的是使元件之间的连接线最短。由于这种布局方式采用的是统计算法，因此它更适合于元件数量较多的情况。统计式布局对话框如图 5-121 所示。

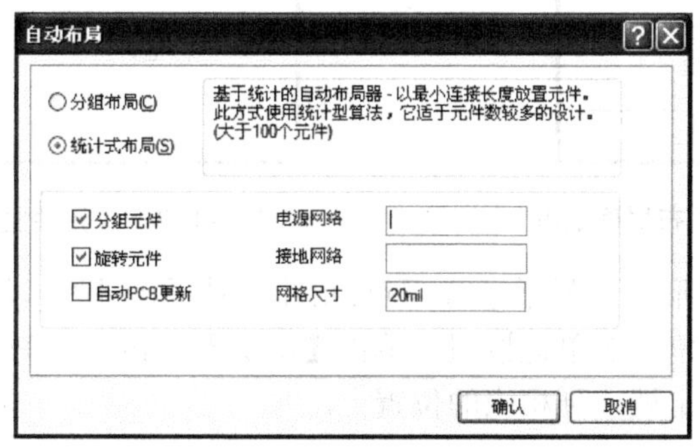


图 5-121　统计式【自动布局】对话框

图 5-121 中各选项的作用如下。

- 分组元件：选中该复选框，则 PCB 中网络连接密切的元件将被归为一组，布局时该组的元件将作为一个整体来考虑。

- 旋转元件：选中该复选框，则在自动布局时，将根据当前网络连接和元件排列的需要旋转元件或元件组。
- 自动 PCB 更新：选中该复选框，则在布局过程中自动更新 PCB。
- 电源网络：用于设置电源网络的名称。
- 接地网络：用于设置接地网络的名称。
- 网格尺寸：用于设置自动布局时元件网格的大小。这个值不能设置太大，否则自动布局时有些元件可能会被挤出 PCB 的边界。

选择好自动布局方式，并设置好各种选项后，单击【确定】按钮，系统按照所设定的布局约束规则和选择的自动布局方式对元件进行自动布局。

自动布局需要一些时间，如果在等待期间想停止自动布局，可执行菜单命令【工具】→【放置元件】→【停止自动布局器】或按快捷键 T+L+S，弹出停止自动布局确认对话框，如图 5-122 所示。

单击【是】按钮，将停止正在进行的自动布局，如果还选中了其中的【恢复元件到原来位置】复选框，则 PCB 上的元件都将被恢复到自动布局前的位置。

### 4. 手工调整布局

自动布局的结果往往不能令人满意，需要用户手动调整元件和元件编号的位置以及元件编号的放置方向，使整体布局显得整齐美观。其中改变元件编号的位置，除了可以直接用鼠标移动来实现之外，还可以通过执行菜单命令来快速实现。

首先选中要更改编号或注释位置的所有元件，然后执行菜单命令【编辑】→【排列】→【定位元件文本位置】，弹出【元件文本位置】对话框，如图 5-123 所示。

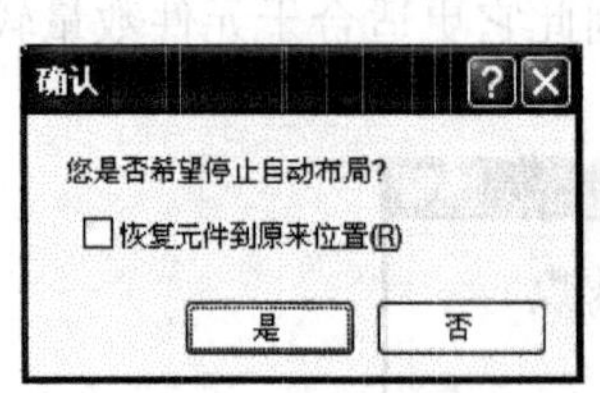


图 5-122　停止自动布局确认框

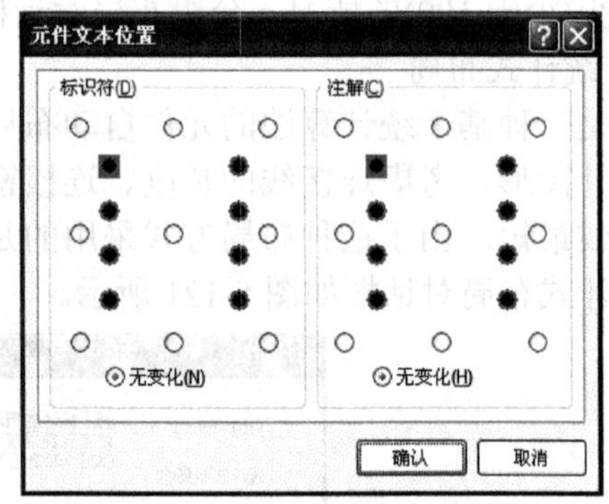


图 5-123　【元件文本位置】对话框

该对话框的示意图形象地显示了标识符(元件编号)和注释可以放在元件周围或元件上的哪些位置，选中相应位置的单选按钮，单击【确认】按钮返回 PCB 编辑器后，这些元件的编号或注释就按照设定被放到相应的位置上。

### 特别提示

在选择元件编号或注释的放置位置时，最好不要选在元件上。因为选在元件上，在 PCB 上安装元件后，这些元件编号或注释将被元件覆盖住，无法看到。

## 5.12.2　手工布局

手工布局是指用户采用手动方式，根据电路的实际情况、电路板的特殊要求以及用户个人的设计经验，将元件在 PCB 上摆放好的布局方式。手工布局结果的好坏，主要依赖于设计者的设计经验，布局的速度和 PCB 的复杂程度，以及设计者对软件的熟练程度。

对于元件数量比较少的 PCB，往往直接采用手工布局的方法。这就要求设计者对 PCB 的编辑操作比较熟悉，特别是 PCB 编辑器的画面管理、元件的选择和撤销选择、元件的移动和旋转、元件的排列等操作。这些操作在第 5.9 节中已做了详细介绍。

## 5.12.3　更改元件标注流水号

完成元件布局后，元件的相对位置和原理图相比将会发生变化，元件编号的顺序将变得杂乱，这时应对元件标注进行调整，使其排列有序。在完成 PCB 全部设计后更新原理图，使两者保持一致即可。

执行菜单命令【工具】→【重新注释】，弹出【位置的重注释】对话框，如图 5-124 所示。

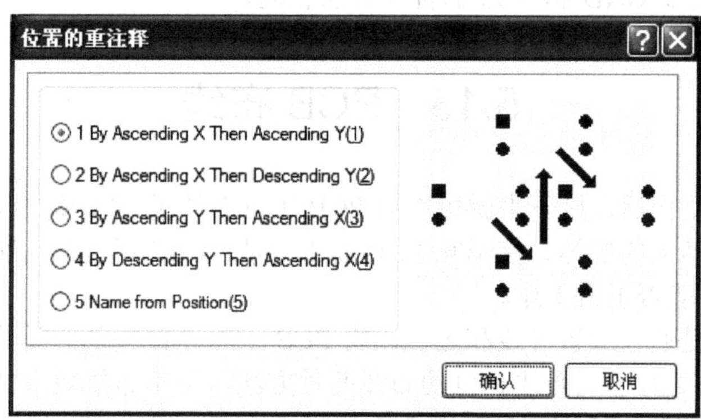


图 5-124　【位置的重注释】对话框

该对话框中列出了 5 种对 PCB 上的元件编号自动重新标注的选项，它们的含义分别如下。

- By Ascending X Then Ascending Y：表示先按横坐标自左向右，然后按纵坐标从下到上重新标注元件的编号。
- By Ascending X Then Descending Y：表示先按横坐标自左向右，然后按纵坐标从上到下重新标注元件的编号。
- By Ascending Y Then Ascending X：表示先按纵坐标从下到上，然后按横坐标自左向右重新标注元件的编号。
- By Descending Y Then Ascending X：表示先按纵坐标从上到下，然后按横坐标自左向右重新标注元件的编号。
- Name From Position：表示根据坐标位置进行编号。

选中一个选项后单击【确认】按钮，即可按所设定的要求对元件的编号重新进行标注。

### 5.12.4 修改部分焊盘的连接关系

在原理图设计中，由于一些多子件 IC 的电源脚和地脚被隐藏起来，例如一些集成门电路芯片、集成触发器芯片等。在绘制原理图时，这些隐藏的电源脚和地脚都没有接线，它们的网络标号就是引脚的名称，TTL 集成电路为 VCC 和 GND，MOS 集成电路为 VDD 和 VSS。在实际使用中，这些元件一般都使用+5V 电源。原理图上的其他 IC 元件的电源脚一般都接+5V。这样，将原理图设计信息载入 PCB 编辑器后，就会出现使用电压相同的多个电源网络，例如+5V、VCC、VDD 或者 GND、VSS 等。在布线时，+5V、VCC 和 VDD 网络或者 GND 和 VSS 网络不会自动连接在一起，这就给 PCB 使用造成了麻烦，所以在 PCB 布线之前需要根据电路的实际情况，将+5V、VCC 和 VDD 合并为一个网络，将 GND 和 VSS 也合并为一个网络。

合并电源或地网络的方法是：打开 PCB 编辑器中的 PCB 面板，在面板第一个窗口中选择 Nets；在第二个窗口中选择 All Nets。此时，将在第三个窗口显示 PCB 上的所有网络。自上而下，检查第三个窗口中有没有同时出现+5V 和 VCC 或 VDD 网络，如果有，则单击 VCC 或 VDD 网络。在工作区中，这些网络的焊盘将被高亮显示。逐一打开这些焊盘的属性对话框，在【属性】选项组的【网络】框中，将焊盘的网络名称更改为+5V，即可将这些焊盘合并到+5V 网络。GND 和 VSS 的合并方法相同。

## 5.13 PCB 布线

完成元件布局工作后，接下来就可以对 PCB 进行布线了。PCB 布线是电路板设计的一个重要环节，布线结果的好坏直接影响 PCB 的工作情况。特别是在高速电路中，布线是否合理，将决定 PCB 能否正常工作。

所谓布线，就是通过放置导线和过孔，将 PCB 上有连接关系的元件的焊盘连接起来。Protel DXP 2004 SP2 有手工布线和自动布线两种方法。手工布线效率低、速度慢，要求设计者熟练掌握操作方法，特别是导线的放置和修改操作；但手工布线能根据电路板的实际情况，使导线的走线更有规律、更合理。自动布线效率高、速度快，但布线结果往往不尽如人意，还需设计者进行手工调整。

### 5.13.1 自动布线

所谓自动布线，就是用户根据电路的实际情况和 PCB 的电气要求，设置好布线规则，让自动布线器按照用户设定的布线规则，将有连接关系的焊盘用导线和过孔进行电气连接。

在执行自动布线之前，一般要做一些前期工作，例如设置布线规则和选择自动布线策略。一般情况下，自动布线要经过下面几个步骤。

#### 1. 设置布线规则

在 PCB 设计过程中要考虑多个方面的规则及限制。在这些规则及其限制下，PCB 编辑器会实时检测用户的操作是否符合设定的规则。对违反规则的操作，系统会给予提示。在开始 PCB 设计之前，根据电路实际情况和要求设置好规则，使用户可以专注于设计本身，放心地进行布线操作，而将检测错误的工作交给系统自动完成。

Protel DXP 2004 SP2 系统在建立 PCB 文件时，就同时建立了一套默认的设计规则。这套规则中包含了 PCB 设计中需要约束的各种基本规则，其适用范围基本上是针对整个 PCB 的。由于这些规则的约束值通常被设定为单一值，并不适合 PCB 设计的实际需要，因此用户应该根据实际情况，对其进行修改。

PCB 的布线规则在 PCB 规则和约束编辑器中设置。执行菜单命令【设计】→【规则】，将弹出【PCB 规则和约束编辑器】对话框，如图 5-114 所示。

编辑器左边窗口中列出了各种类型的 PCB 设计规则，例如电气规则、布线规则、布局规则等。自动布线前需要设置的主要是电气规则和布线规则。在左边窗口选中某一规则，该规则的具体情况将在右边窗口中显示出来，用户可对该规则进行设置或更改。

各种规则都要求用户设定规则的作用域(匹配对象)。所谓作用域，是指该规则的适用对象。一般地，作用域的可选对象有以下几种。

- 全部对象：适用于整个 PCB。
- 网络：适用于指定网络上的所有对象。选中该项时，必须在网络窗口中选择网络。
- 网络类：适用于指定网络类上的所有对象。所谓网络类，就是由若干个有某种共同属性的网络构成的一个网络组合。选中该项时，必须在网络类窗口中选择网络类。
- 层：适用于指定层上的所有对象。选中该项时，必须在板层窗口中选择板层。
- 网络和层：适用于指定层及指定网络中的对象。选中该项时，必须在板层窗口中选择层，在网络窗口中选择网络。
- 高级(查询)：启动查询生成器来编辑一个表达式，精确设置规则的适用范围。

1) Electrical(电气规则)的设置

电气规则包括 Clearance(安全间距规则)、Short-Circuit(短路规则)、Un-Routed Net(未布线网络规则)和 Un-Connected Pin(未连接引脚规则)。

(1) Clearance(安全间距规则)设置

该规则用于定义 PCB 上不同网络的导线、焊盘、过孔等电气图件之间的最小距离。将光标放在 PCB 规则和约束编辑器左边窗口的 Clearance 上，右击鼠标，然后从弹出的菜单中选择【新建规则】命令，将新建一个安全间距规则。单击新建的安全间距规则，右边窗口中显示该规则的内容，如图 5-125 所示。

由于间距是针对两个对象而言的，所以在该对话框右边窗口中需要选择两个作用域。该对话框中的各项作用如下。

- 名称：规则的名称，由用户自行命名。
- 第一匹配对象的位置：选择本规则第一个对象的适用范围。
- 第二匹配对象的位置：选择本规则第二个对象的适用范围。

在【约束】选项组中有下面的选项。

- 最小间隙：最小安全间距。将光标移到其右边的蓝色数值上单击，即可更改数值。
- 约束窗口：位于约束选项组的上方，将光标放在该框上，将出现一个下拉按钮，单击下拉按钮，有 3 个约束选项可选。
    - ◆ Different Nets Only：该规则只针对不同网络的电气图件，对同一网络上的电气图件不做安全间距检查。

◆ Same Net Only：该规则只针对同一网络的电气图件，对不同网络上的电气图件不做安全间距检查。

◆ Any Net Only：该规则将针对所有网络的电气图件。

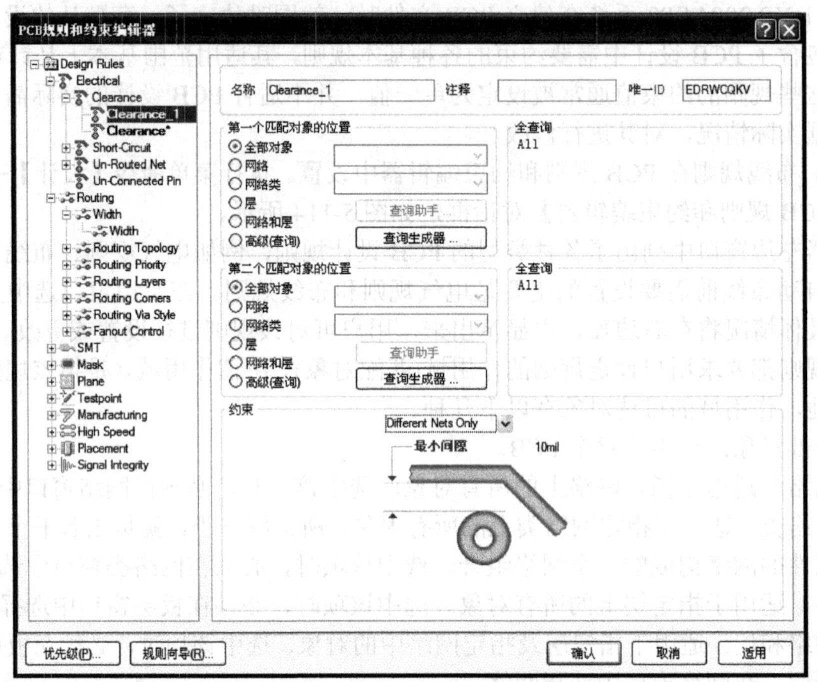

图 5-125　设置安全间距

有时候，在某一种类型的规则中会建立多个具体规则项，这时候就存在规则的优先级问题，也就是当规则之间发生冲突时，优先使用哪一个规则。例如在图 5-126 中，安全间距规则中就有 3 个具体规则项。

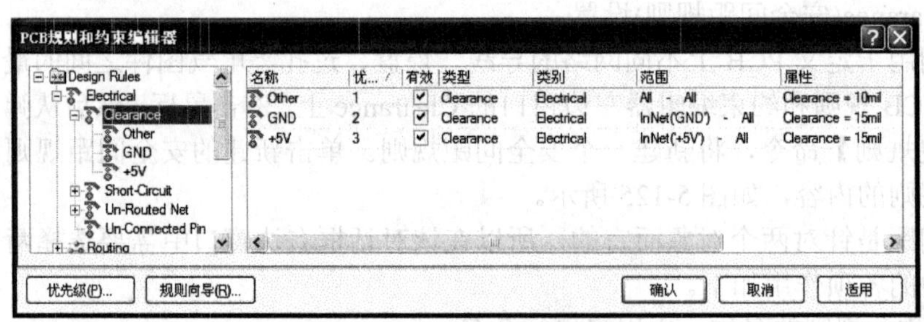

图 5-126　3 个安全间距规则

图 5-126 显示，在这 3 个规则中，Other 的优先权最高，它的作用域是 PCB 上的所有电气图件(All-All)；GND 的优先权居中，它的作用域是 GND 网络和 PCB 上的其他电气图件(GND-All)；+5V 的优先权最低，它的作用域是+5V 网络和 PCB 上的其他电气图件(+5V-All)。

这种设置明显是不合理的，当规则之间产生冲突时，使用优先级最高的规则，而 Other 的作用域又是 PCB 上的所有电气图件，所以图中的 GND 和 VCC 规则都将失去作用。正确的做法是将 Other 的优先权设为最低。方法是：单击图 5-126 左下方的【优先级】按钮，打开【编辑规则优先级】对话框，如图 5-127 所示。

在该对话框中选择要改变优先级的规则，然后单击【增加优先级】按钮，可提高该规则的优先级；单击【减小优先级】按钮，可降低该规则的优先级。这里应将 Other 的优先级降为最低。

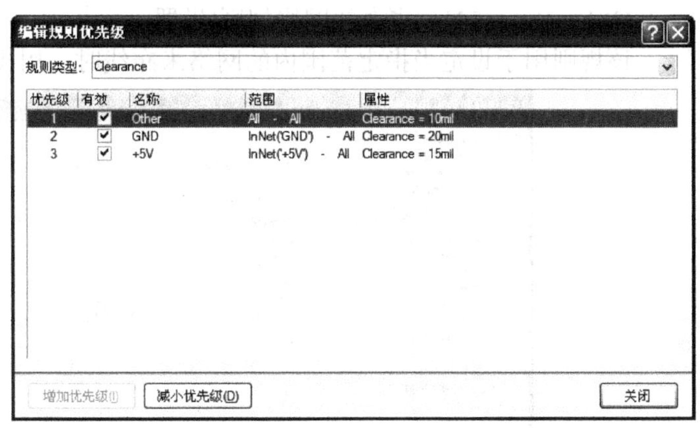


图 5-127　【编辑规则优先级】对话框

### 特别提示

当某一类规则有多个具体的规则项，且这些规则项的作用域又相互冲突时，一般按作用域的大小来安排优先权，作用域越小，内容越严格的规则，优先权越高。

(2) Short-Circuit(短路规则)设置

该规则用于定义 PCB 上的两个电气图件是否允许短路，它表达的是两个电气图件之间的连接关系。单击 PCB 规则和约束编辑器左边窗口的 Short-Circuit，将在右边窗口显示短路规则，如图 5-128 所示。

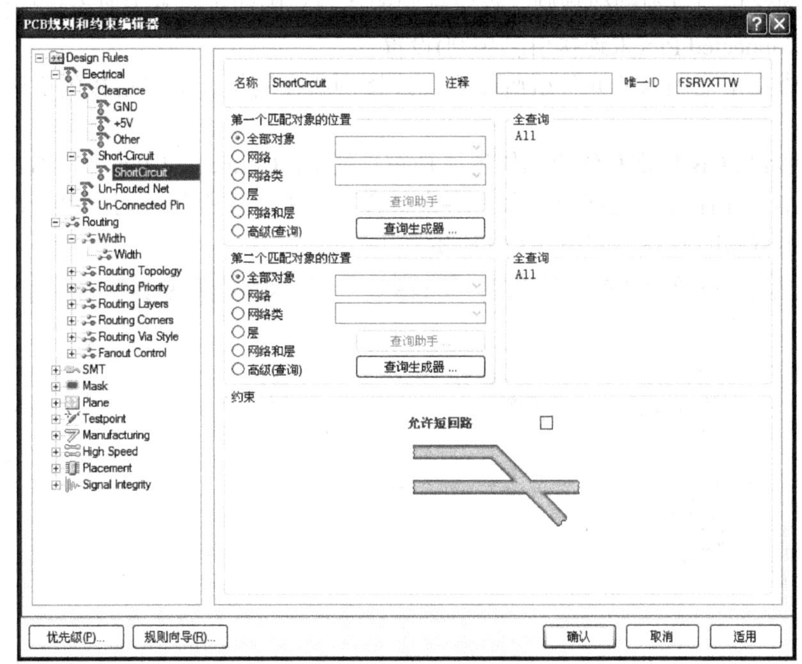


图 5-128　设置短路规则

用户可在该对话框中的【第一匹配对象的位置】和【第二匹配对象的位置】中设定该规则的适用范围。

此外，如果选中【约束】选项组中的【允许短回路】复选框，则将允许两根导线短路。

对于初学者，要慎用这一功能。

(3) Un-Routed Net(未布线网络规则)设置

该规则用于设定当指定范围内的网络未布线时，用飞线显示连接，如图 5-129 所示。

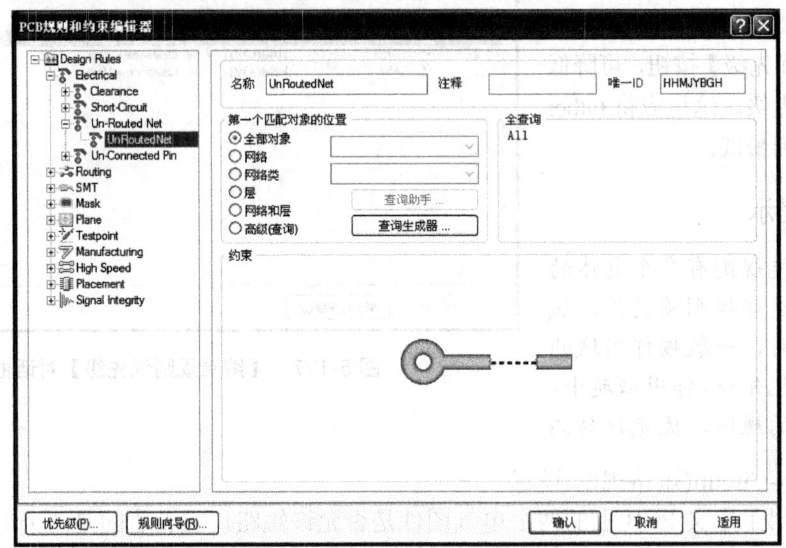


图 5-129　设置未布线网络规则

未布线网络规则只须创建规则，设定规则的适用范围即可，不需要设置任何约束参数。

(4) Un-Connected Pin(未连接引脚规则)设置

用于检查指定范围内的元件引脚是否已连接到所在网络，对未连接的引脚给出警告并高亮显示。

将光标移到 PCB 规则和约束编辑器左边窗口的 Un-Connected Pin 上，右击鼠标，然后从弹出的菜单中选择【新建规则】命令，将新建一个未连接引脚规则。单击该规则，将在右边窗口显示规则的内容，如图 5-130 所示。

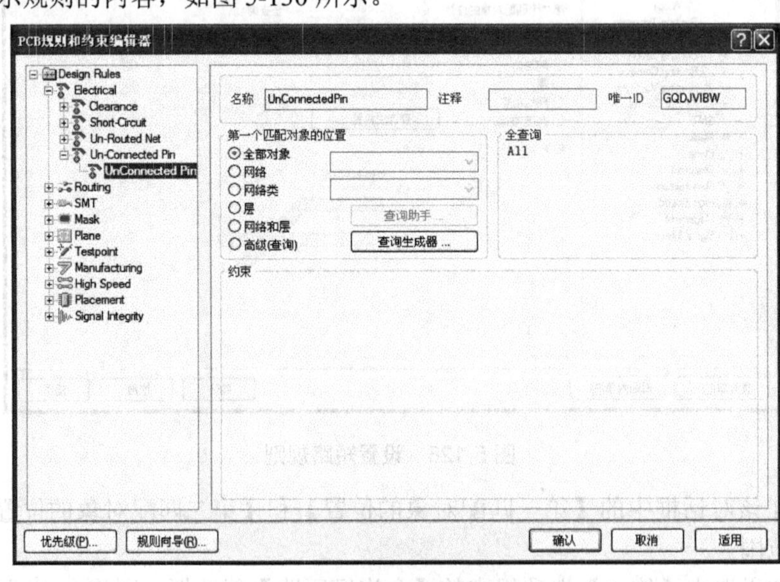


图 5-130　设置未连接引脚规则

未连接引脚规则也只需创建规则，设定规则的适用范围即可，不需要设置任何约束参数。

2) Routing(布线规则)的设置

PCB 规则和约束编辑器左边窗口的 Routing 就是布线规则，将其展开后有 Width(导线宽度规则)、Routing Topology(布线拓扑结构规则)、Routing Priority(布线优先级规则)、Routing Layers(布线层规则)、Routing Conners(布线拐角规则)、Routing Via Style(布线过孔类型规则)和 Fanout Control(扇出控制规则)。

(1) Width(导线宽度规则)设置

该规则用于定义在布线时指定范围的导线的最小宽度值、最大宽度值和优先使用宽度值。建立导线宽度规则的方法和前面介绍的建立其他规则的方法一样。单击已建立的导线宽度规则，其内容显示在对话框的右边窗口中，如图 5-131 所示。

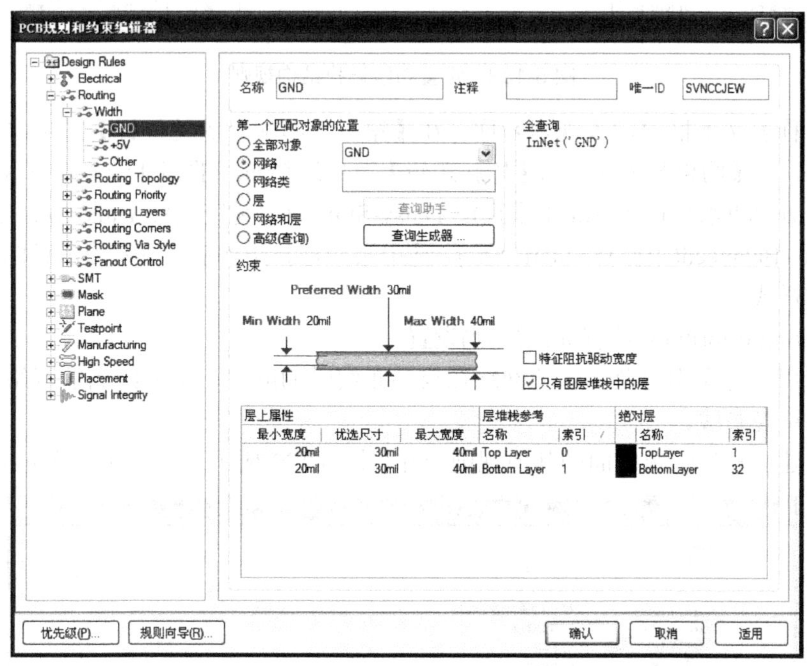


图 5-131　设置导线宽度规则

在【名称】文本框中输入规则名称，在【第一个匹配对象的位置】选项组选择规则的适用范围，在【约束】选项组中设置导线的最小值、最大值和优先值。如果最小值和最大值设置为相等，则指定范围内的导线宽度都是一样的。一般在设置时，应使两者之间有一定差距，这样给手工修改导线宽度留有一定的余地。在自动布线或手工布线时，默认使用的是宽度的优先值。

(2) Routing Topology(布线拓扑结构规则)设置

该规则用于定义引脚到引脚(PinTo Pin)之间布线的规则。规则的建立和显示跟前面的其他规则一样，图 5-132 所示为一个布线拓扑结构规则。

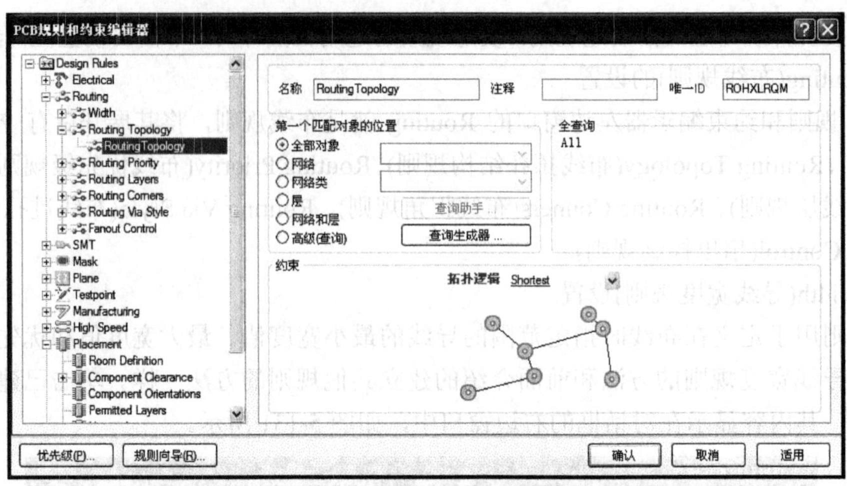

图 5-132　设置布线拓扑结构规则

在【名称】文本框中输入规则名称，在【第一个匹配对象的位置】选项组中选择规则的适用范围，在【约束】选项组的【拓扑逻辑】窗口选择布线的拓扑结构，有 Shortest(连线最短)、Horizontal(水平)、Vertical(垂直)、Daisy-Simply(简易链式)、Daisy-Mid Driven(中间驱动)、Daisy-Balanced(平衡)和 Star(星形)。选中某一拓扑结构后，下方的示意图会显示这种拓扑结构的样式。

(3) Routing Priority(布线优先级规则)设置

该规则用于定义指定范围内的网络在自动布线时的顺序，优先级高的网络早布线，优先级低的网络晚布线。

规则的建立和显示跟前面的其他规则一样。图 5-133 所示为一个布线优先级规则。

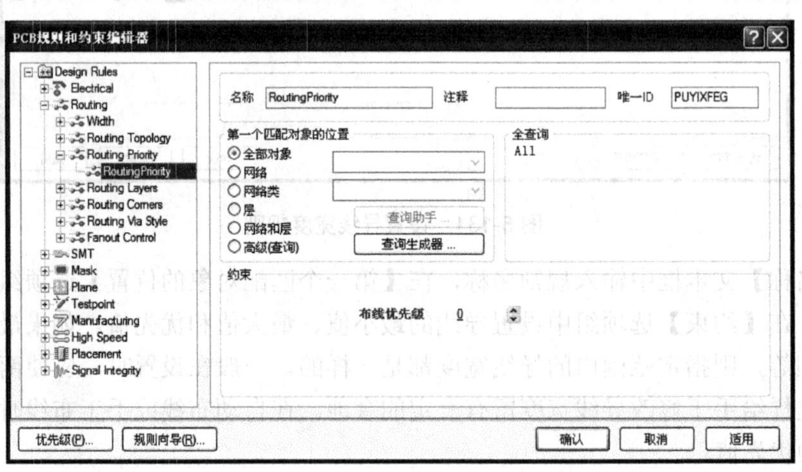

图 5-133　设置布线优先级规则

在【名称】窗口中输入规则名称，在【第一个匹配对象的位置】选项组中选择规则的适用范围，在【约束】选项组的【布线优先级】窗口中设置指定对象的布线优先级。Protel DXP 2004 SP2 提供了 0～100 共 101 种优先级，数值越大，表示优先级越高。

(4) Routing Layers(布线层规则)设置

该规则用于设置布线的工作层面。规则的建立和显示跟前面的其他规则一样，图 5-134 所示为一个布线层规则。

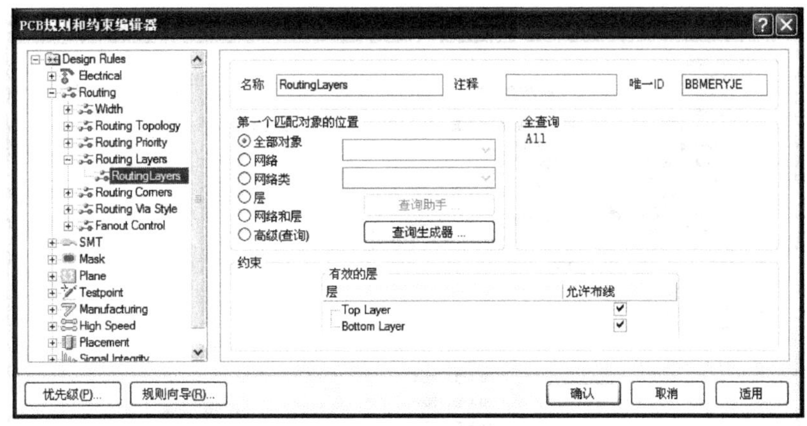

图 5-134　设置布线层规则

在【名称】窗口输入规则名称，在【第一个匹配对象的位置】选项组选择规则的适用范围，在【约束】选项组中选择指定对象可以放置的板层。对于单面板，由于只在底层布线，所以只能选择底层，顶层不能选中。

(5) Routing Conners(布线拐角规则)设置

该规则用于定义在布线时拐角的形状和尺寸。规则的建立和显示跟前面的其他规则一样，图 5-135 所示为一个布线拐角规则。

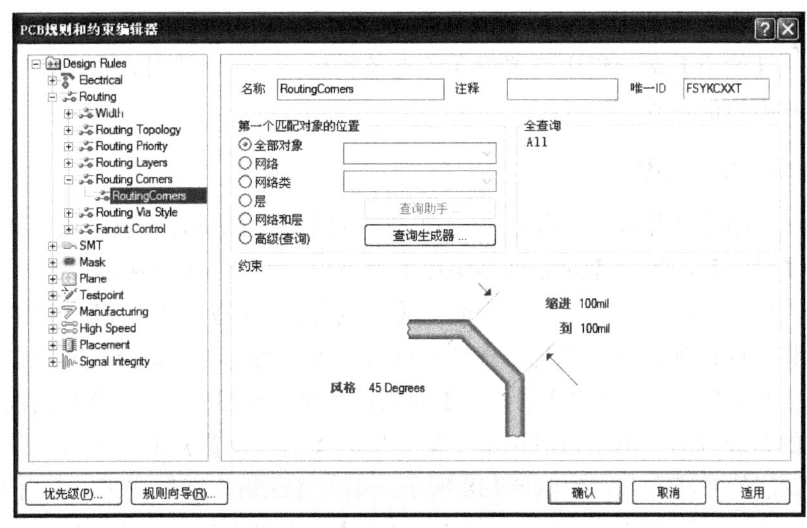

图 5-135　设置布线拐角规则

在【名称】文本框中输入规则名称，在【第一个匹配对象的位置】选项组中选择规则的适用范围，在【约束】选项组的【风格】框中选择导线拐角模式和设置拐角尺寸。

(6) Routing Via Style(布线过孔类型)设置

该规则用于定义在布线时过孔的尺寸。规则的建立和显示跟前面的其他规则一样，图 5-136 所示为一个布线过孔类型规则。

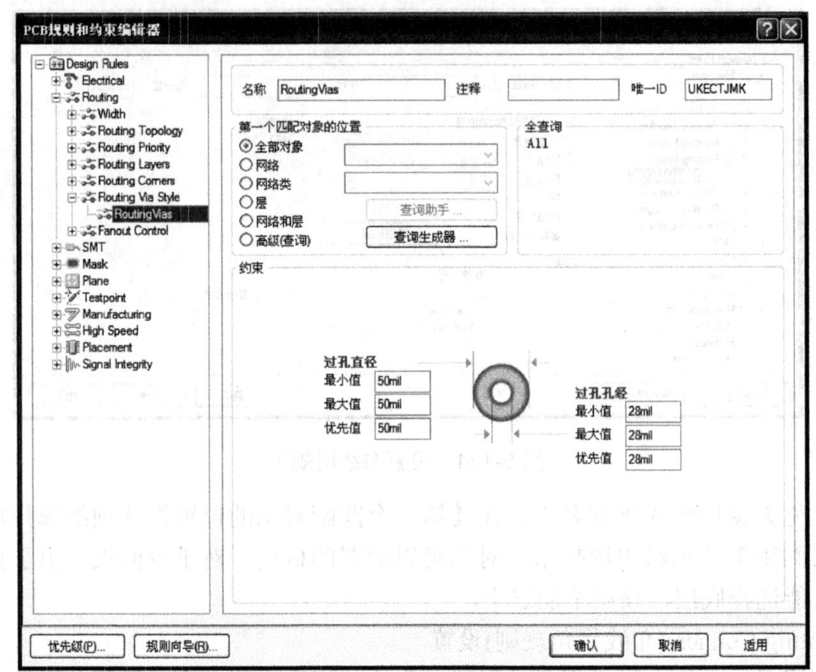


图 5-136　设置布线过孔类型

在【名称】窗口中输入规则名称，在【第一个匹配对象的位置】选项组中选择规则的适用范围，在【约束】选项组中设置过孔的直径和孔径。在布线时，自动添加的过孔使用的尺寸就是其中的优先值。

## 2. 选择自动布线策略

完成布线规则的设置后，还需对 Situs 布线器的布线策略进行设置。执行菜单命令【自动布线】→【设定】，弹出【Situs 布线策略】对话框，如图 5-137 所示。

该对话框分为上、下两个窗口，上面是【布线设置报告】窗口，其中列出了已存在的各种规则，将光标移到窗口中的某一规则上单击，该规则的内容就会在窗口中显示出来。单击【编辑层方向】按钮，弹出【层方向】对话框，如图 5-138 所示。该对话框用于设置各个信号层上的布线方向，单击该对话框中某一层的【当前设置】项，弹出一个下拉菜单，供用户选择该层的布线方向，如图 5-138 所示。单击【编辑规则】按钮，弹出 PCB 规则和约束编辑器，可对各种 PCB 规则进行设置。单击【另存报告为】按钮，将保存规则。

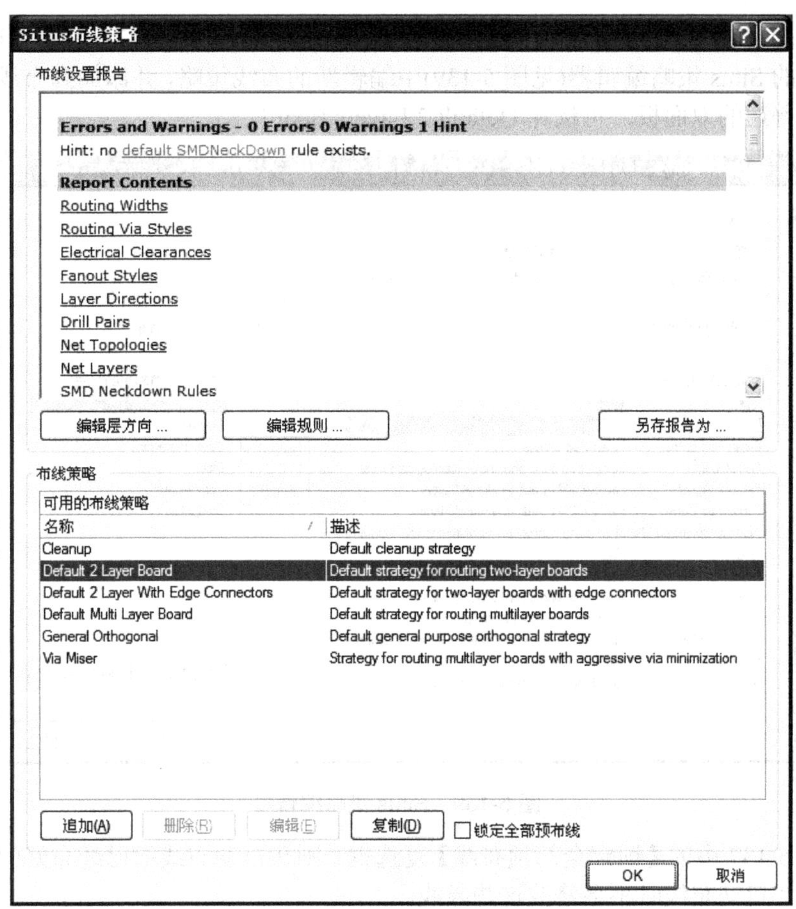


图 5-137　【Situs 布线策略】对话框

图 5-138　【层方向】对话框

图 5-137 下方的窗口为【布线策略】窗口，该窗口中列出了 6 种默认的布线策略供用户选用，这 6 种布线策略是 Cleanup(优化的布线策略)、Default 2 Layers Board(默认双面板)、Default 2 Layers With Edge Connectors(默认带边缘连接器的双面板)、Default Multi Layer Board(默认多层板)、General Orthogonal(普通直角策略)和 Via Miser(过孔最少化策略)。用户

可根据自己的实际情况选择其中一个作为布线策略，也可以单击窗口下方的【追加】按钮，然后在打开的 Situs 策略编辑器(见图 5-139)中编辑新的布线策略，并添加到布线策略窗口中备用。对于普通的双面板，可选择 Default 2 Layers Board。

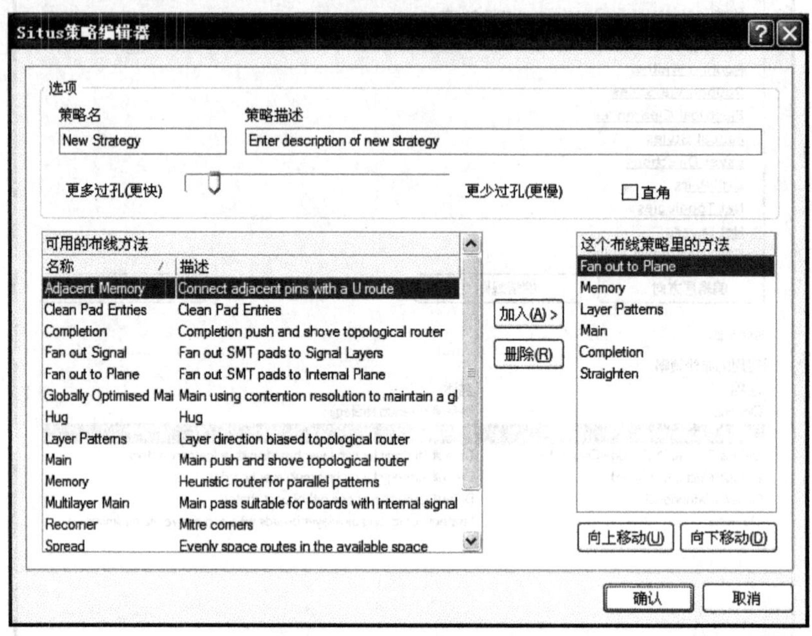

图 5-139　Situs 策略编辑器

选中图 5-137 中的【锁定全部预布线】复选框，则在自动布线前已经布好的导线将处于锁定状态，在自动布线时不会修改这些导线。

### 3. 手工预布线

PCB 上重要的或有特殊要求的导线，例如电源线和地线，用手工方式先将它们布置好。在选择布线策略时，要选中【Situs 布线策略】对话框下方【锁定全部预布线】复选框，以保护这些提前布置好的导线。

### 4. 执行自动布线

执行自动布线之前，要确认已完成下面几个工作。

(1) 已完成元件的布局工作，且已规划好 PCB 的电气边界。

(2) 已根据电路的实际情况设置好电气规则和布线规则。

(3) 已选择好布线策略。

(4) 已完成有特殊要求导线的布线工作。

确认上面的工作都已完成后，就可以进行自动布线了。菜单栏中的自动布线菜单就是专门用于自动布线的。自动布线菜单如图 5-140 所示。

1) 全局自动布线

执行菜单命令【自动布线】→【全部对象】，弹出【Situs 布线策略】对话框，该对话框和图 5-137 的区别只在于下方的 OK 按钮变成了 Route All 按钮。单击 Route All 按钮，系统即进行自动布线，同时弹出 Message 面板，显示布线进度。

2) 局部自动布线

在自动布线菜单中有几个局部自动布线命令，它们的功能如下。

(1) 网络

用于对指定网络执行自动布线。执行该命令后，用十字光标在 PCB 上单击目标网络中的对象，例如焊盘、飞线等，该网络内的所有连接都将被自动布线。完成一个网络的自动布线后，系统仍处于该命令状态，可继续对其他网络进行自动布线。右击鼠标或按 Esc 键，退出命令状态。

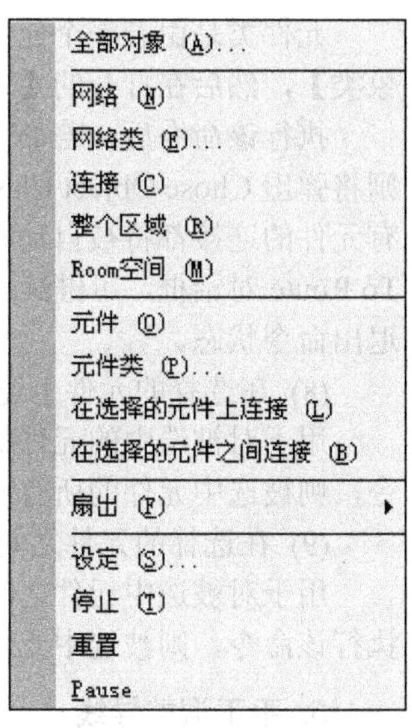


图 5-140　自动布线菜单

(2) 网络类

用于对指定的网络类执行自动布线。

网络类是由若干个具有某一共同性质的网络所构成的网络组合。网络类可通过执行菜单命令【设计】→【网络表】→【编辑网络】，打开【网络表管理器】进行添加或删除；也可通过执行菜单命令【设计】→【对象类】，打开【对象类资源管理器】进行添加或删除。

执行该命令后，若 PCB 中没有网络类，会弹出一个信息提示框提示未找到网络类；否则将弹出 Chose Object Classs To Route 对话框，供用户选择要布线的网络类，该网络类的所有网络都将被自动布线。完成一个网络类的自动布线后，再次弹出 Chose Object Classs To Route 对话框，可继续选择其他网络类进行自动布线。单击该对话框中的【取消】按钮，退出命令状态。

(3) 连接

用于对两个具有电气连接关系的焊盘执行自动布线。执行该命令后，用十字光标在 PCB 上单击要布线的连接中的对象，例如焊盘、飞线等，该连接将被自动布线。完成一个连接的布线后，系统仍处于该命令状态，可继续对其他连接进行自动布线。右击鼠标或按 Esc 键，退出命令状态。

(4) 整个区域

用于对指定区域内的连接执行自动布线。执行该命令后，用十字光标在 PCB 上单击两次，确定一个区域，则完全位于该区域内的所有连接都将被自动布线。完成一个区域的自动布线后，系统仍处于该命令状态，用户可继续选择区域进行自动布线。右击鼠标或按 Esc 键，退出命令状态。

(5) Room 空间

用于对指定 Room 空间执行自动布线。执行该命令后，用十字光标在 PCB 上单击要布线的 Room 空间，则完全处于该 Room 空间内部的连接将被自动布线。完成一个 Room 空间的布线后，系统仍处于该命令状态，可继续对其他 Room 空间进行自动布线。右击鼠标或按 Esc 键，退出命令状态。

(6) 元件

用于对指定元件执行自动布线。执行该命令后，用十字光标在 PCB 上单击目标元件，该元件的所有连接都将被自动布线。完成一个元件的自动布线后，系统仍处于该命令状态，可继续对其他元件进行自动布线。右击鼠标或按 Esc 键，退出命令状态。

(7) 元件类

用于对指定元件类的所有元件执行自动布线。

元件类是由若干个元件所构成的元件组合。元件类可通过执行菜单命令【设计】→【对象类】，然后在打开的【对象类资源管理器】中进行添加或删除。

执行该命令后，若 PCB 中没有元件类，会弹出一个信息提示框提示未找到元件类；否则将弹出 Chose Object Classs To Route 对话框，供用户选择要布线的元件类，该元件类的所有元件的连接都将被自动布线。完成一个元件类的自动布线后，再次弹出 Chose Object Classs To Route 对话框，可继续选择其他元件类进行自动布线。单击该对话框中的【取消】按钮，退出命令状态。

(8) 在选择的元件上连接

用于对被选中的元件执行自动布线。首先选中要进行自动布线的元件，然后执行该命令，则被选中元件的所有连接都将被自动布线。

(9) 在选择的元件之间连接

用于对被选中元件之间的连接执行自动布线。首先选中要进行自动布线的元件，然后执行该命令，则被选中元件之间的所有连接都将被自动布线。

### 5. 手工调整导线

自动布线是利用自动布线器按照某种给定的算法来实现元件之间的电气连接，其目的是将有连接关系的焊盘用导线连接起来。在自动布线的实施过程中，很少考虑 PCB 特殊的电气、物理和散热等要求。自动布线后，还应该通过调整，使 PCB 既能实现正确的电气连接，又能满足用户的设计要求。

1) 手工调整导线的原则

手工调整导线一般要遵循以下原则。

- 引脚的连线要尽量短。自动布线的最大缺点就是导线的拐角太多，许多导线往往是舍近求远，拐了个大弯才连接上。在做手工调整时，应使导线尽量短，走线合理。
- 导线不要太靠近焊盘。导线太靠近焊盘，在焊接元件时容易造成短路。
- 连线要简洁，一个连接不要放置多根导线。
- 调整疏密不均匀的导线。对于排列很紧密，而周围却有很大空间的导线，可适当增大它们之间的间距，使其均匀分布。
- 移动严重影响多数走线的导线。有时候由于某一根线的位置安排不好，影响了几根导线的走线。这时候可调整这根导线的位置，以便其他导线的走线。
- 加粗电流较大的导线。由于自动布线是按照导线宽度规则中设定的优先值进行布线的，没有考虑规则适用对象中导线的电流大小各异。在完成自动布线后，可加粗电流较大的导线。

2) 拆线操作

在进行手工调整时，对于那些走线太长、七拐八绕的导线，可能手工调整起来比较麻烦，这时可将其拆除，用手工重新布线。在菜单【工具】→【取消布线】下有一个专门用于拆除导线的菜单，如图 5-141 所示。

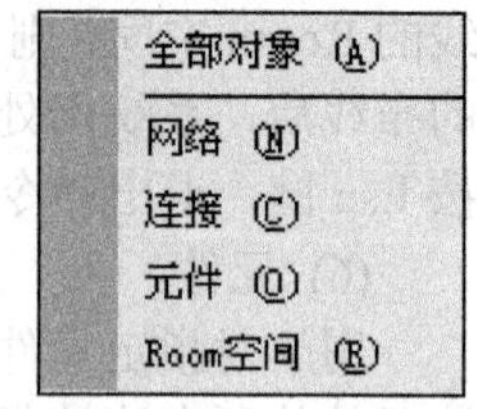

图 5-141　取消布线菜单

利用这些菜单命令，可拆除 PCB 上的全部导线、某个网络中的导线、某根连接导线、某个元件上的导线或某个 Room 空间中的导线。

### 6. 布线后的进一步处理

调整好走线后，还可根据需要进行下面的工作。

1) 给焊盘补泪滴

为了加固导线和焊盘的连接，减小导线和焊盘连接处的电阻，可以为指定焊盘补泪滴。操作过程如下。

(1) 执行菜单命令【工具】→【泪滴焊盘】，弹出【泪滴选项】对话框，如图 5-142 所示。

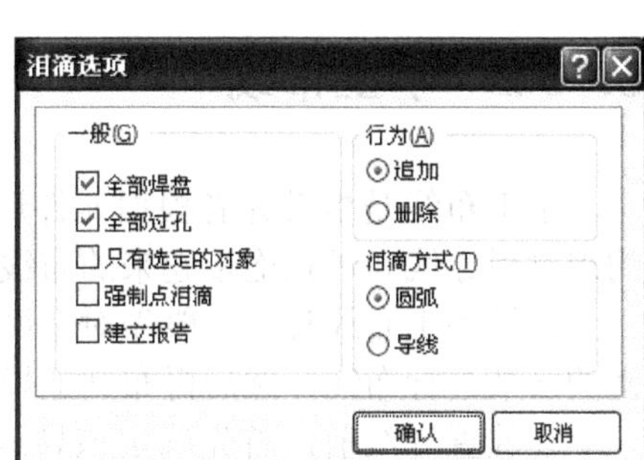


图 5-142　泪滴选项对话框

该对话框中【一般】选项组的各选项作用如下。

- 全部焊盘：对所有有连线的焊盘添加泪滴。
- 全部过孔：对所有过孔添加泪滴。
- 只有选定的对象：只对选定的焊盘和过孔添加泪滴。
- 强制点泪滴：对强制点执行补泪滴操作。
- 建立报告：在补泪滴的同时生成报告文件。

该对话框中【行为】选项组的各选项作用如下。

- 追加：给焊盘、过孔补泪滴。
- 删除：删除焊盘、过孔上的泪滴。

该对话框中【泪滴方式】的各选项作用如下。

- 圆弧：泪滴采用圆弧形式。
- 导线：泪滴采用直线形式。

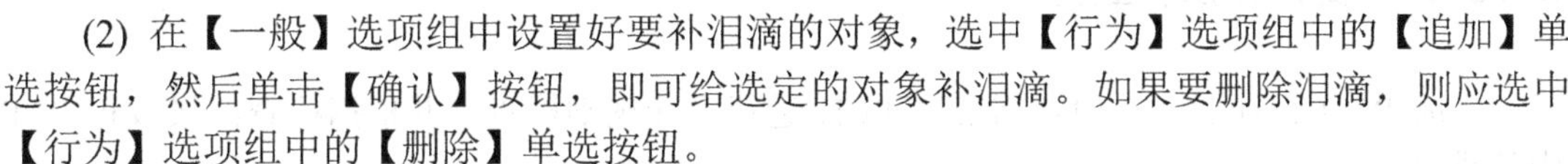

(2) 在【一般】选项组中设置好要补泪滴的对象，选中【行为】选项组中的【追加】单选按钮，然后单击【确认】按钮，即可给选定的对象补泪滴。如果要删除泪滴，则应选中【行为】选项组中的【删除】单选按钮。

2) 包地

所谓包地，就是将选取的导线和焊盘用另一条导线(包络线)将其围绕起来，由于通常将围绕的导线接地以防止干扰，所以称为包地。

包地的操作过程是：首先选中要进行包地的导线和导线两端的焊盘，然后执行菜单命令【工具】→【生成选定对象的包络线】，即可实现对选定导线和焊盘做包地。

图 5-143 是补泪滴和包地后的状态。

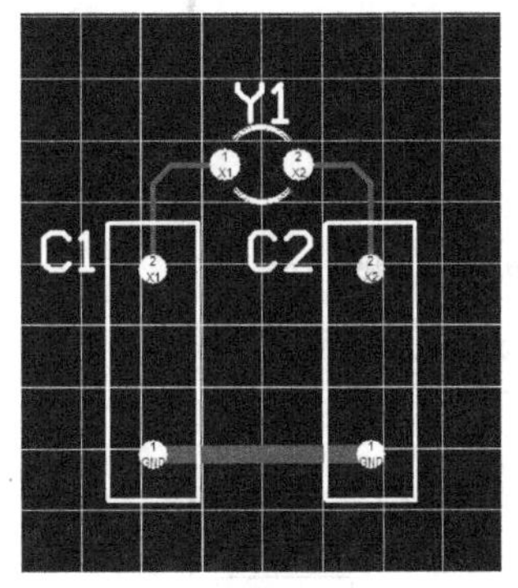


(a) 原始状态

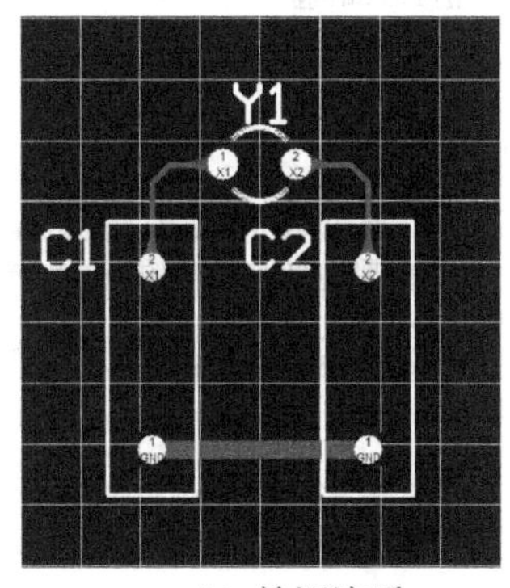


(b) 补泪滴后

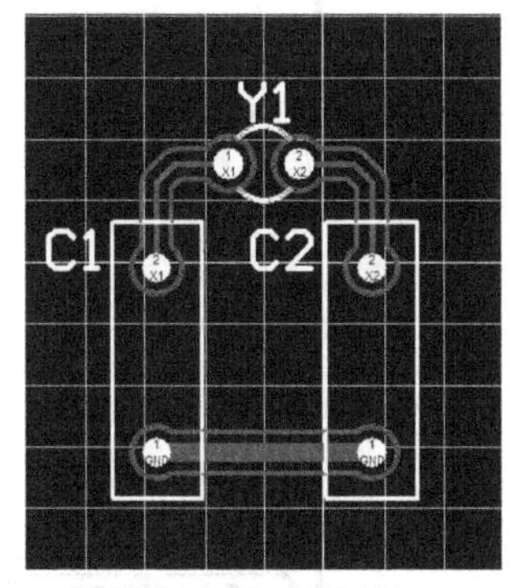


(c) 包地后

图 5-143　补泪滴和包地

3) 覆铜

为了增强 PCB 的抗干扰能力或增大某些电流比较大的导线的载流能力，在 PCB 设计的最后，可对电路板进行覆铜操作。覆铜的操作方法在第 5.10.7 节中已做了详细介绍，读者可参考这部分内容。

### 5.13.2 手工布线

手工布线是指设计者根据元件焊盘之间飞线的引导，通过手工的方式，将有连接关系的焊盘用导线和过孔连接起来的布线方式。

在做手工布线时，一般先对宽度比较大的导线(例如电源线和地线)和 PCB 上导线比较密的区域进行布线，然后再布其他导线。

在放置导线前，首先确定该导线要布在哪一个信号层，将该信号层切换为当前层，然后再开始布线，也可以通过小键盘区的*来切换信号层。

对于双面板或多层板，在当前层难于布通导线时，可放置过孔，将其引到其他信号层继续布线。方法是：在放置导线的过程中，按下数字键盘区的*键，切换到目标信号层，这时会自动出现一个过孔，单击鼠标确定过孔的位置，即可在目标板层上继续布线。

完成所有布线工作后，可根据实际情况对 PCB 上的焊盘和过孔添加泪滴，对高频信号线进行包地处理，最后对整块电路板或电路板上的部分区域进行覆铜。

### 5.13.3 设计规则检查

完成 PCB 设计后，一般还需要对 PCB 进行设计规则检查，并根据检查结果改正 PCB 中的错误。

执行菜单命令【工具】→【设计规则检查】，打开【设计规则检查器】对话框，如图 5-144 所示。

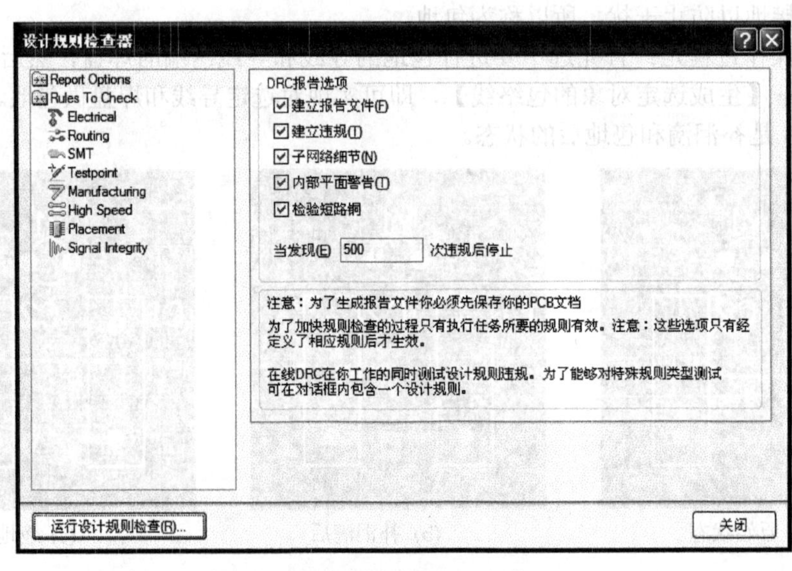


图 5-144 设计规则检查器

单击该对话框左边窗口的 Report Options，将在右边显示检测报告的选项。单击左边窗口 Rules To Check 下的各项，将在右边显示相应的检测规则。

单击该对话框左下角的【运行设计规则检查】按钮，系统将按照所设定的规则对 PCB 进行检测，检测后建立检测报告并打开信息面板。检测报告中显示本次检测的结果，包括违反规则和未违反规则的情况。信息面板中列出了本次检测所有违反规则的条目，双击其中某一条，PCB 上违反该设计规则的图件将被移到工作区的中间，用户可根据信息面板的提示对违规的地方进行改正。

## 5.13.4　更新原理图

完成整个 PCB 设计后，应该将 PCB 中的改动，包括网络连接的改变、元件编号的改变等相关信息更新到原理图中，让原理图也做相应的改变，使两者保持一致。

从 PCB 更新原理图的操作过程如下。

(1) 执行菜单命令【设计】→Update Schematics in ***. PrjPCB，其中***表示项目文件名，将弹出一个确认提示框，如图 5-145 所示。

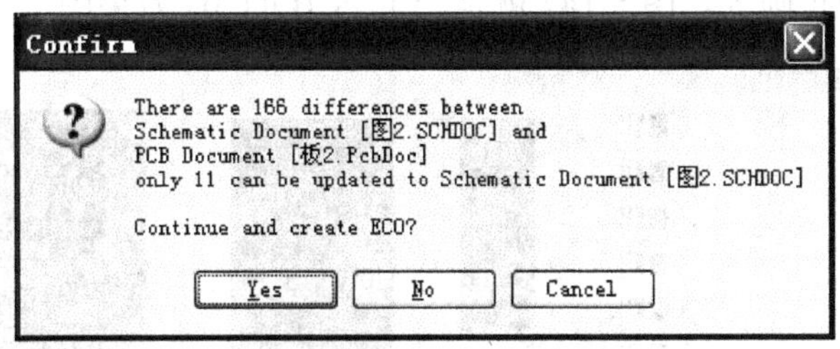


图 5-145　更新确认提示框

该框提示用户：原理图和 PCB 之间出现差异的数量，其中有多少种可以更新到原理图中，询问用户是否要建立 ECO(工程变化订单)。

(2) 单击 Yes 按钮，弹出【工程变化订单(ECO)】对话框，如图 5-146 所示。

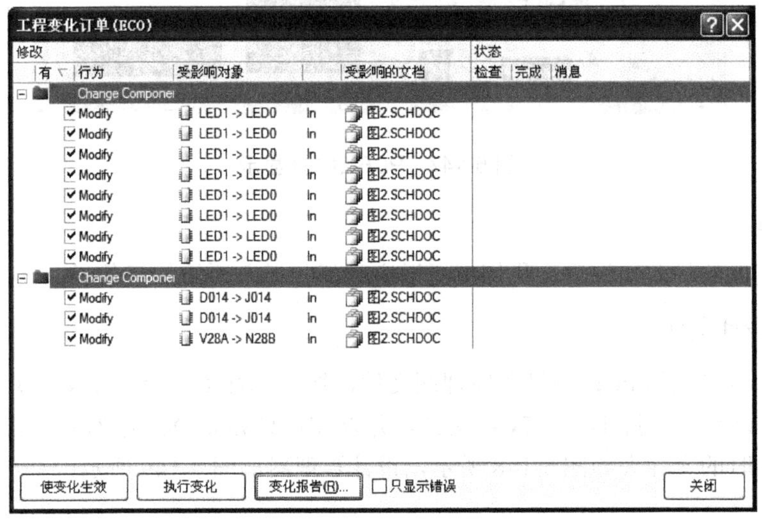


图 5-146　更新原理图的工程变化订单

图 5-146 中列出了原理图和 PCB 所有不同及有可能更新的项目，对不想更新的选项，可取消该项【行为】列中的复选框的选中状态。

(3) 单击左下角的【使变化生效】按钮，将对每一项更新进行检查，如果该项的更新能够进行，将在右边【检查】列的对应位置显示✔符号；否则显示✖符号，并在【消息】列给出原因。

(4) 单击【执行变化】按钮，系统将执行所有通过检查的变化，并将这些变化更新到原理图中，同时在【完成】列显示更新的完成情况。

(5) 单击右下角的【关闭】按钮，将关闭该对话框，同时将 PCB 的改变更新到原理图中。

## 5.13.5 PCB 的 3D 显示

设计好 PCB 后，执行菜单命令【查看】→【显示三维 PCB 板】，将创建并打开该 PCB 的 3D 图，在图中显示了 PCB 的 3D 效果，用户通过 3D 图，可以浏览 PCB 的全貌，查看元件的封装样式是否正确等。图 5-147 就是一个 PCB 的 3D 效果图。

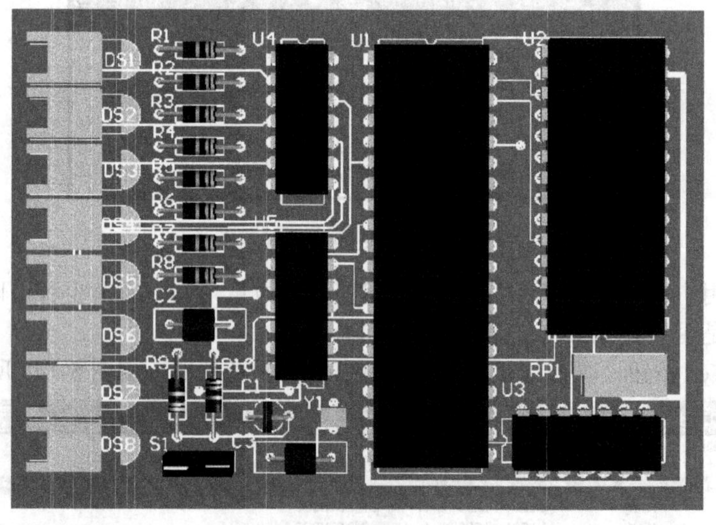


图 5-147　PCB 的 3D 显示

### 任务实施

学习了前面的相关知识后，我们就可以完成任务导入所给的任务了，其过程如下。

### 1. 建立设计文件

打开第 2 章建立的 PCB 项目和原理图文件，然后执行菜单命令【文件】→【创建】→【PCB】，在该项目下新建一个 PCB 文件，并以 MyPCB.PcbDoc 作为文件名保存在同一个文件夹中。此时的文件夹如图 5-148 所示，设计管理器如图 5-149 所示。

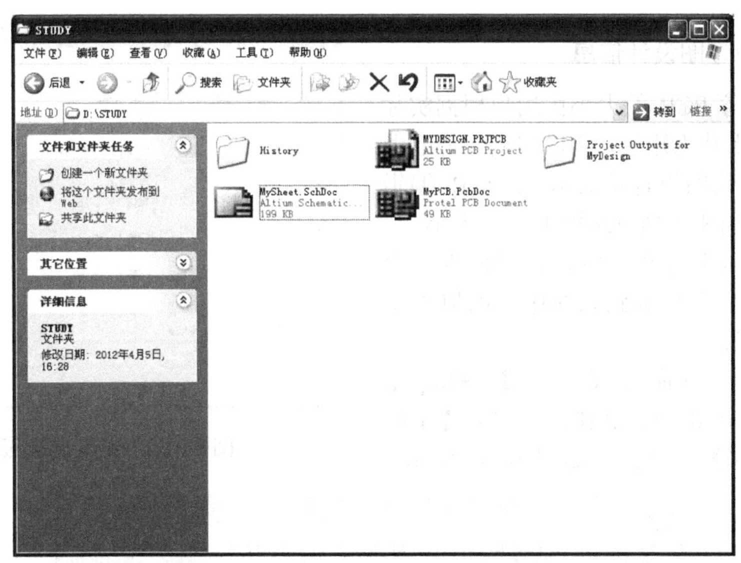

图 5-148　保存 PCB 文件后的文件夹

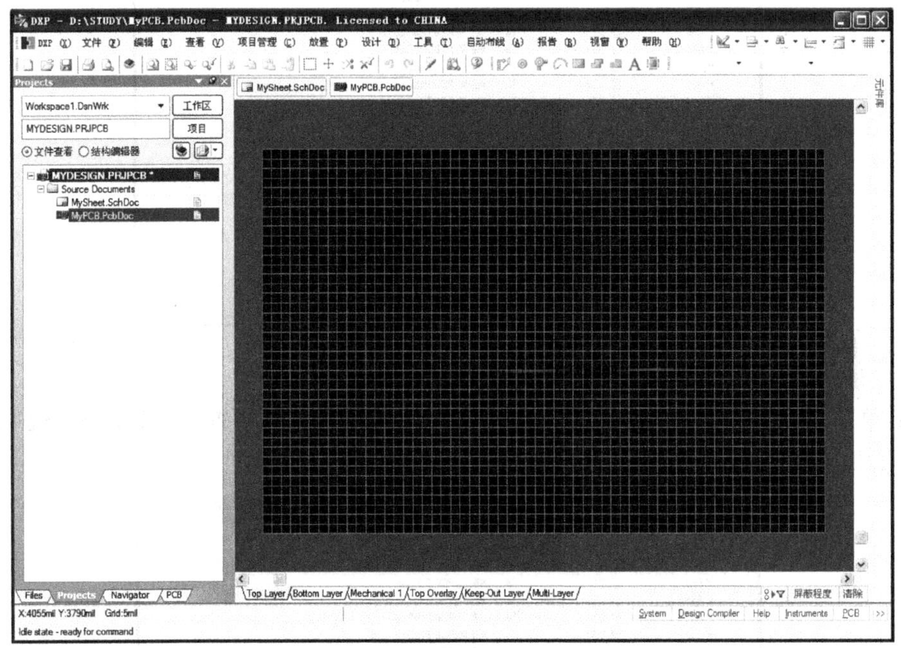

图 5-149　新建 PCB 文件后的设计管理器

## 2. 设置 PCB 参数

由于本任务所设计的 PCB 是双面板，手工创建的 PCB 默认也为双面板，所以不需要在图层堆栈管理器中设置信号层和内电层。电路板的板层颜色采用系统默认颜色，因此也不需要设置板层颜色。

执行菜单命令【设计】→【PCB 板选择项】，打开【PCB 板选择项】对话框，如图 5-150 所示。按图中所示设置各项参数。

### 3. 载入原理图设计信息

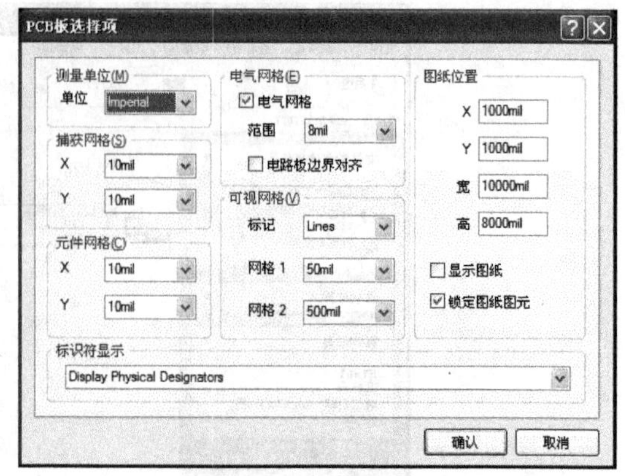


图 5-150　设置 PCB 板参数

由于本任务 PCB 的大小由用户根据实际情况自定义，形状为矩形，所以比较合适的做法是先将原理图的设计信息载入 PCB 编辑器，再进行布局和规划电路板形状、大小。

另外，在绘制原理图时，已将原理图上所用元件的元件库加载到系统中，所以不用再次加载元件库。

(1) 执行菜单命令【设计】→Import Changes From Mydesign. PrjPCB，弹出【工程变化订单(ECO)】对话框，如图 5-151 所示。

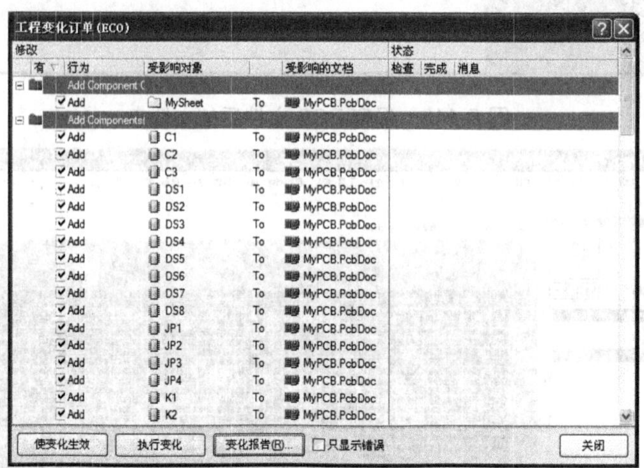


图 5-151　【工程变化订单(ECO)】对话框

(2) 单击对话框中的【使变化生效】按钮，对各变化项的检查结果如图 5-152 所示。拖动窗口右边的滚动条，发现所有的变化都通过了检查。

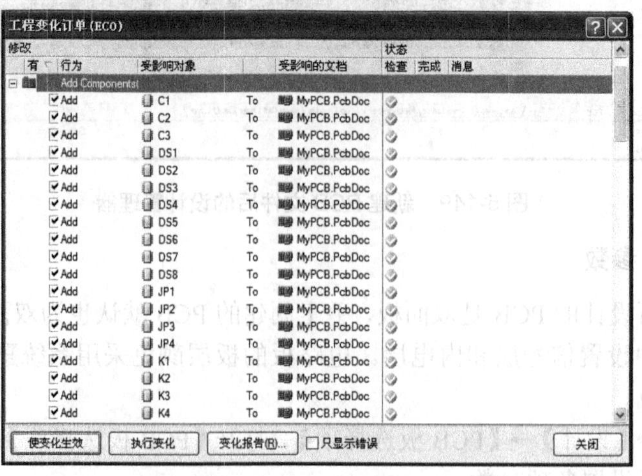


图 5-152　执行后检查后的【工程变化订单(ECO)】对话框

(3) 单击对话框中的【执行变化】按钮，执行所有变化，结果如图 5-153 所示。拖动窗口右边的滚动条，发现所有的变化都已完成。

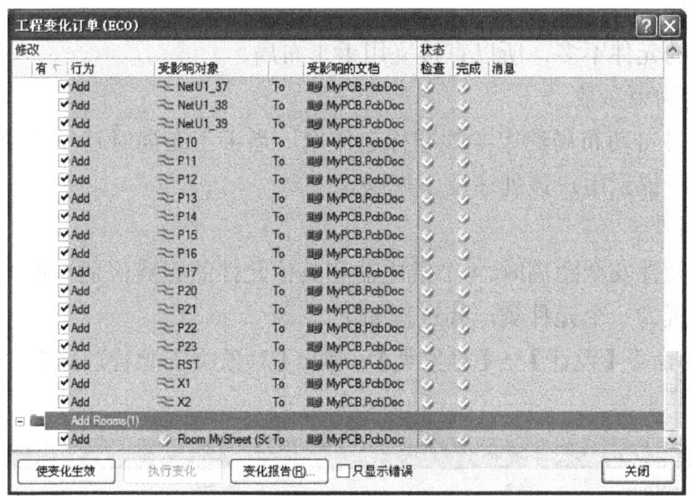

图 5-153 执行后变化后的工程变化订单对话框

(4) 单击对话框中的【关闭】按钮，返回 PCB 编辑器，此时的编辑器如图 5-154 所示。

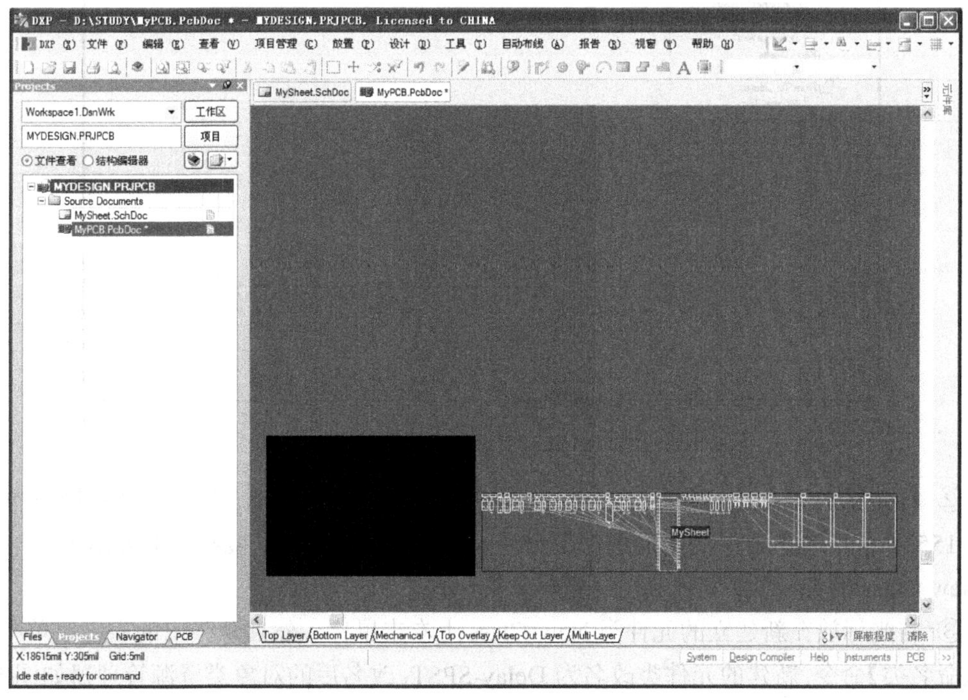

图 5-154 载入原理图设计信息后的 PCB 编辑器

### 4. 合并电源网络或接地网络

打开 PCB 面板，在面板的第一个窗口中选择 Nets，在第二个窗口中选择 All Nets，然后检查第三个窗口，发现窗口中只有+5V 一个电源网络和 GND 一个接地网络，所以不需要进行网络合并。

5. 元件布局

由于本任务的元件不多，所以直接采用手工布局。

1) 设置布局约束参数

在手工布局时自动布局约束参数同样起作用，当手工布局时违反设定的自动布局参数时，图件会变绿，提示用户该处违反了规则。

(1) 添加元件类

在后面设置元件安全距离时，4 个继电器和其他元件的距离应适当加大。为了操作方便，将这 4 个元件设置为一个元件类，其过程如下。

① 执行菜单命令【设计】→【对象类】，弹出【对象类资源管理器】对话框，如图 5-155 所示。

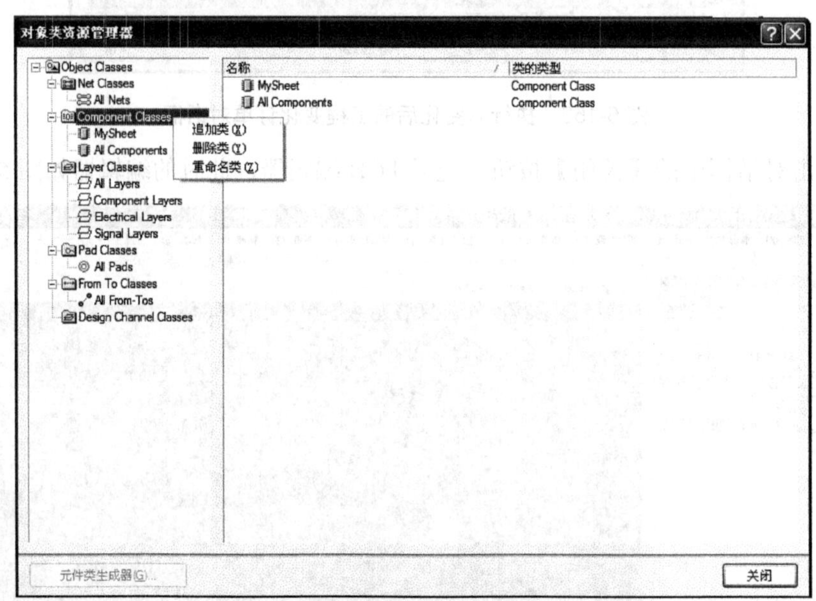


图 5-155　对象类资源管理器

② 将光标放在左边窗口的 Component Classes 上右击鼠标，弹出一个右键菜单，如图 5-155 所示。选择其中的【追加类】命令，则在 Component Classes 下方增加了一个名为 New Class 的元件类。

③ 将光标放在新建立的元件类 New Class 上右击鼠标，然后从弹出的右键菜单中选择【重命名类】命令，新建的元件类改名为 Delay-SPST。改名后的对象类资源管理器如图 5-156 所示。

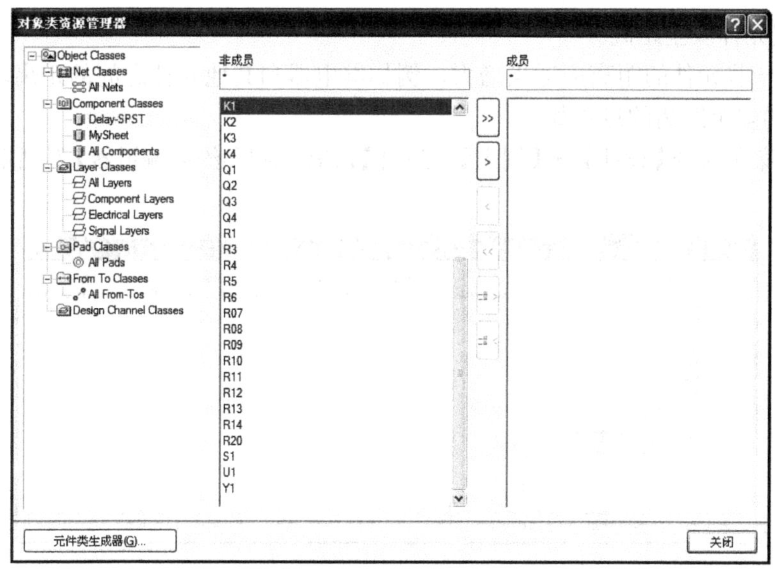


图 5-156　添加新元件类后的对象类资源管理器

④ 此时，右边出现了两个窗口，靠左的窗口列出了 PCB 上不属于该元件类的所有元件，靠右的窗口列出的是属于该元件类的所有元件。从左边窗口中选择要添加到该元件类的元件 K1，单击 > 按钮，将其添加到右边窗口中。用同样的方法，将 K2、K3 和 K4 也添加到该元件类中，完成后的对象类资源管理器，如图 5-157 所示。

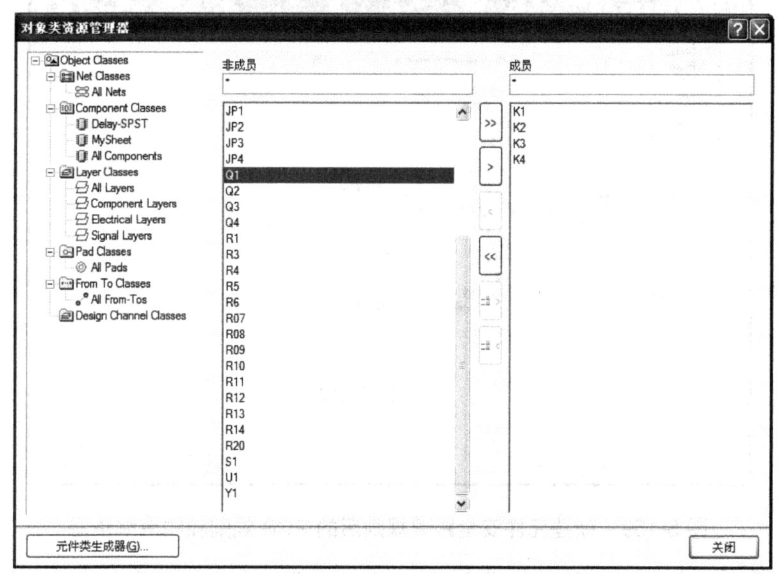


图 5-157　添加全部元件到新建元件类后的对象类资源管理器

⑤ 单击对话框右下角的【关闭】按钮，关闭对象类资源管理器。这样就新增了一个名为 Delay-SPST 的元件类。

(2) 设置元件安全距离

PCB 中一些元件的距离应适当增大，例如继电器和其他元件之间的距离。设置继电器和其他元件的安全距离的过程如下。

① 执行菜单命令【设计】→【规则】，弹出【PCB 规则和约束编辑器】对话框，如图 5-158 所示。

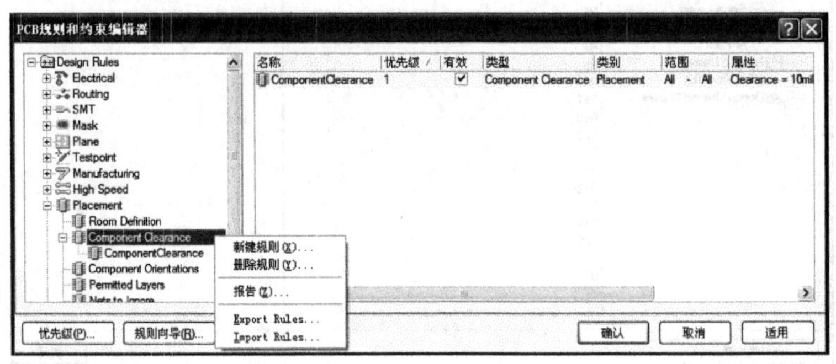

图 5-158 PCB 规则和约束编辑器

② 将光标放在左边窗口的 Component Clearance 上右击鼠标，弹出一个右键菜单，选择其中的【新建规则】命令，如图 5-158 所示，则在 Component Clearance 下方增加了一个名称为 Component Clearance_1 的元件安全距离规则。

③ 单击新建的元件安全距离规则，这时候的 PCB 规则和约束编辑器如图 5-159 所示。

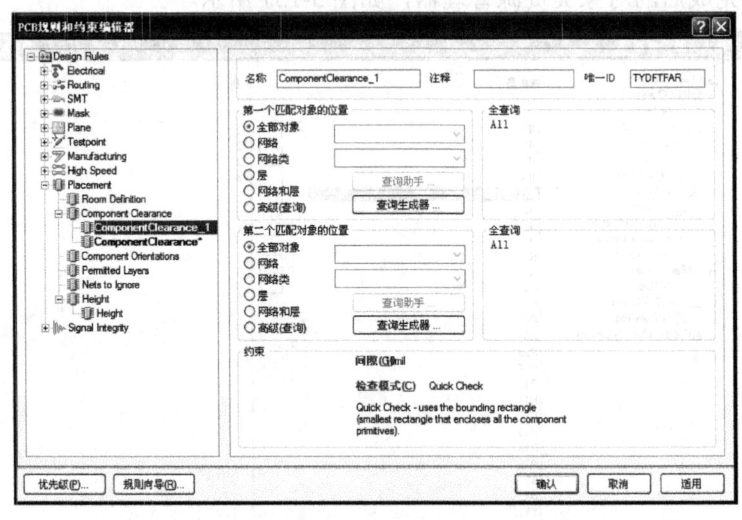

图 5-159 新建元件安全距离规则后的 PCB 规则和约束编辑器

④ 单击【第一个匹配对象的位置】选项组中的【查询生成器】按钮，弹出建立查询对话框。在该对话框的【条件类型/算子】列中单击鼠标，选中 Belongs to Component Class；在【条件值】列中单击鼠标，选中前面建立的元件类 Delay-SPST，如图 5-160 所示。

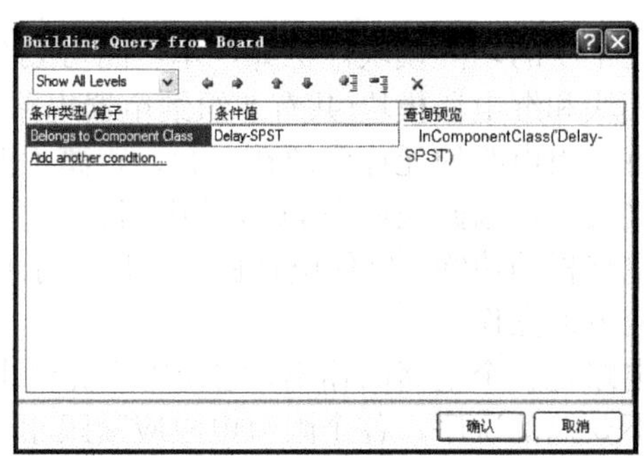


图 5-160　建立查询对话框

⑤ 单击【确认】按钮，返回 PCB 规则和约束编辑器。将编辑器中【约束】选项组的【间隙】值设置为 50mil，并在【名称】框中输入规则名 Delay-SPST。

⑥ 用相同的方法，将元件 U1 与其他元件的安全距离设置为 30mil。完成后的 PCB 规则和约束编辑器如图 5-161 所示。

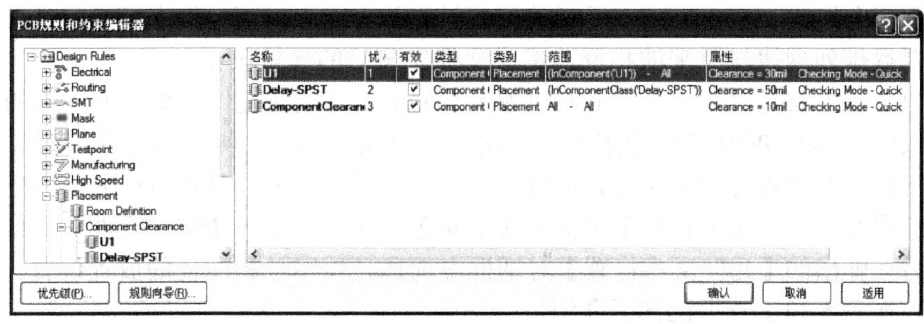


图 5-161　完成元件安全距离设置后的的 PCB 规则和约束编辑器

⑦ 单击图 5-161 左下角的【优先级】按钮，打开【编辑规则优先级】对话框，如图 5-162 所示。选中 Delay-SPST，单击【增加优先级】按钮，将该规则的优先级设置为最高。

⑧ 单击【关闭】按钮，返回 PCB 规则和约束编辑器。

这样就完成了元件安全距离的设置，此时共有 3 个元件安全距离规则，按优先级从高到低分别是：Delay-SPST，设置继电器和其他元件之间的安全距离，为 50mil；U1，设置元件 U1 和其他元件之间的安全距离，为 30mil；Component Clearance，设置其他元件之间的安全距离，为 10mil(默认值)。

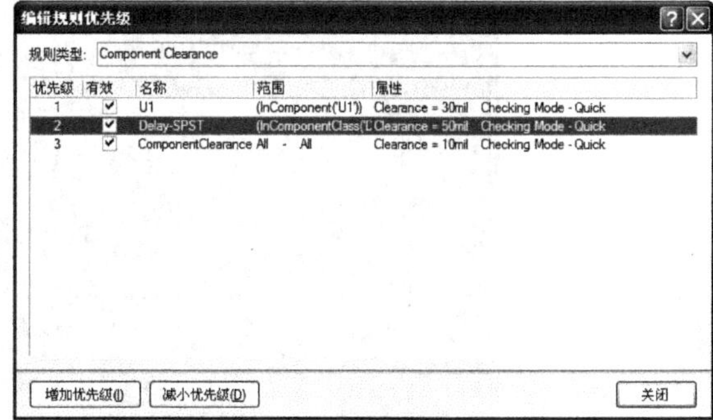


图 5-162　编辑规则优先级

PCB 的其他布局参数采用系统默认值。

2) 对元件进行手工布局

一般来说，自动布局的结果很难达到设计要求，还需设计者进行手工调整。本任务的电路元件不多，直接采用手工布局更为方便。

对元件进行布局要考虑下面一些问题。

- 布局时应以原理图作为参考，按照信号流的方向布置元件。

- 可将电路划分为几个小的功能模块。例如，本电路可划分为复位模块、时钟模块、发光二极管显示模块和继电器模块(共有 4 组继电器电路)，核心元件是 U1。在布局时，每个模块或每一组电路的元件应放在一起，距离不要太远。由于 U1 跟其他几个小模块都有连接关系，因此应放在 PCB 的中间。
- 将插接件等放在电路板的边缘，以便电路板的使用，对于按钮开关或可调电阻等元件的放置位置，应方便操作。
- 发光二极管显示电路是整个电路的输出，它向用户提供电路的运行信息，它们应按排列规律摆放，不要搞乱次序，各个限流电阻应紧跟相应的发光二极管。
- 元件的摆放应尽量均匀而有层次感，功能分区明确。不要太疏，也不要太密，太疏会增大 PCB 的成本，而且会使连接导线太长，对电路板的电气性能有影响；太密会造成元件之间、导线之间相互干扰，而且对后面的布线造成不利影响。
- 手工布局时，使用调准子工具栏或排列菜单(在菜单【编辑】→【排列】中)的相关命令对元件进行排齐操作，既可以大大提高排列元件的效率，还能使元件的排列更为整齐、美观。这部分内容在第 5.9.7 节中已做了详细介绍。
- 手工布局时，不要在同一板层使用翻转操作，因为在同一板层翻转元件，将使元件焊盘排列规律与原来的相反，造成元件安装后的连接出错。
- 由于手工布局时经常要用到移动和旋转操作，可能使元件的编号或注释的放置方向颠倒，影响 PCB 的美观和使用不方便。完成布局后，要检查元件编号、注释等文本信息的放置方向和位置，最好是只有一个放置方向，且放置在元件的周围，放置位置有规律。通过执行菜单命令【编辑】→【排列】→【定位元件文本位置】，然后在弹出的【元件文本位置】对话框中选择元件编号和注释的放置位置。这部分内容在第 5.12.1 节中已作了介绍。

完成布局后的 PCB 如图 5-163 所示。

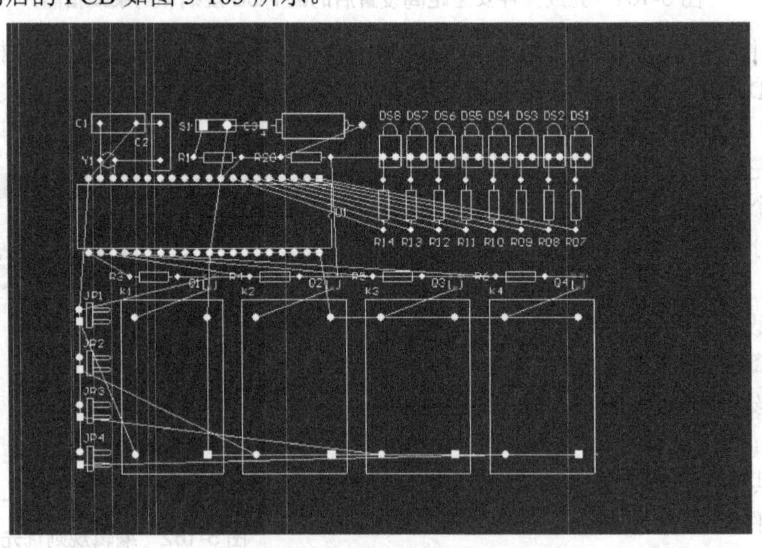


图 5-163　完成布局后的 PCB

## 6. 规划 PCB 边界

1) 规划 PCB 的物理边界

执行菜单命令【设计】→【PCB 板形状】→【重定义 PCB 板形状】，将十字光标移到工作区，沿着元件的边缘画一个矩形框，使所有元件都位于该矩形框中，这个黑色的矩形区域就是 PCB 的物理边界。规划好物理边界的 PCB 如图 5-164 所示。

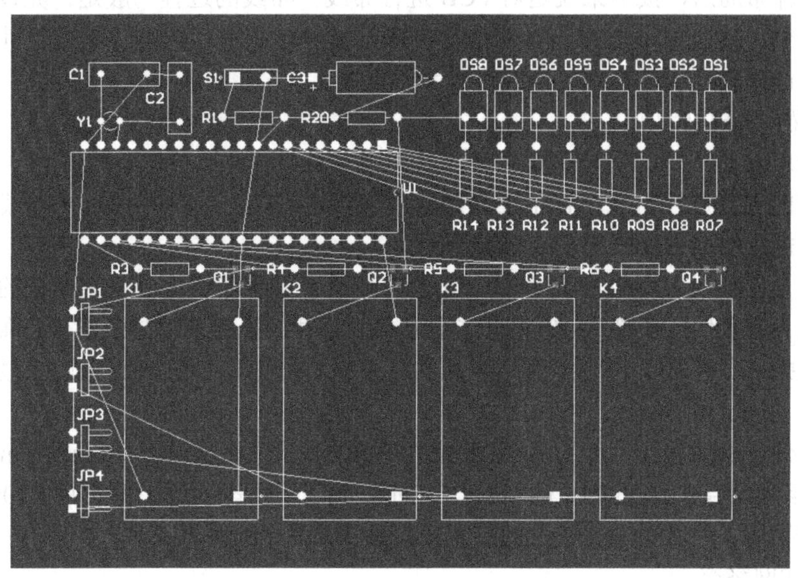


图 5-164　规划好物理边界的 PCB

2) 规划 PCB 的电气边界

将禁止布线层(Keep-Out Layer)切换为当前层，然后执行菜单命令【放置】→【禁止布线区】→【导线】，移动十字光标，在 PCB 内部画一个距物理边界为 200mil 的矩形框，这就是 PCB 的电气边界。规划好电气边界的 PCB 如图 5-165 所示。

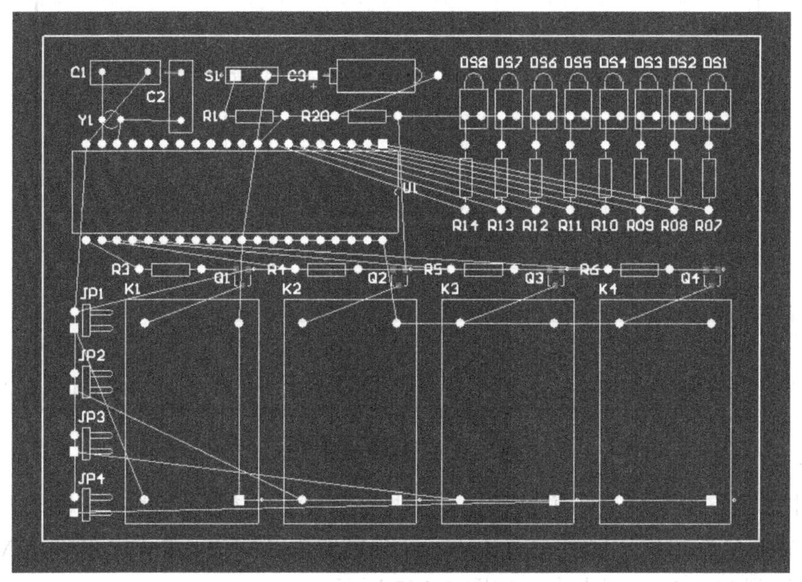


图 5-165　规划好电气边界的 PCB

### 7. PCB 布线

完成元件布局后，接下来就是对 PCB 进行布线。布线的过程一般是：先设置好布线规则和布线策略，接着用手工方式对一些有特殊要求的导线进行布线，然后对其他导线进行自动布线，最后对走线不合理的导线进行手工调整。

1) 设置布线规则

在布线之前通常要根据设计要求设置好布线参数。这样，在自动布线时，自动布线器会按照设定的规则进行布线；在手工布线或手工调整导线时，如果违反了布线规则，则系统会将违反规则的地方变成绿色，以提醒用户。

这里只设置导线宽度(Width)规则，其他规则采用系统默认值。系统默认的导线宽度的最小值、最大值和优先值都为 10mil，这明显是不合理的。我们对导线宽度作如下处理。

首先根据任务要求，将电源网络和地网络导线宽度的最小值、优先值和最大值分别设置为 10mil、40mil 和 50mil。

再将其他网络的导线宽度的最小值、优先值和最大值分别设置为 10mil、10mil 和 40mil。这样，可以给普通导线宽度的更改留有一定的空间，而不是千篇一律都使用 10mil。例如对于比较长的导线，或者电流比较大的导线，可适当增大它的宽度。

(1) 添加网络类

本任务要求将电源网络和接地网络的宽度都加宽到 40mil，可将电源网络和接地网络设置为一个网络类。其过程如下。

① 执行菜单命令【设计】→【网络表】→【编辑网络】，弹出【网络表管理器】对话框，如图 5-166 所示。该管理器有网络类、类中的网络和网络中引脚 3 个列表。

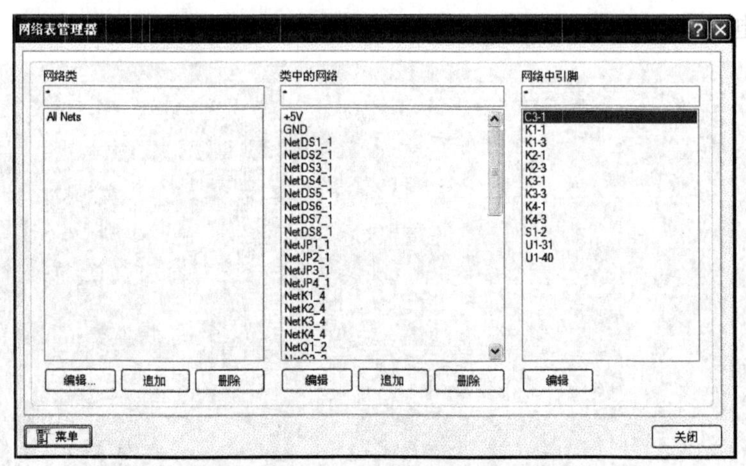


图 5-166　网络表管理器

② 单击【网络类】列表下方的【追加】按钮，弹出编辑网络类对话框。在该对话框的【名称】文本框中输入网络类的名称 Power；分别双击【非成员】列表中的+5V 和 GND 网络，将其添加到 Members 列表中，如图 5-167 所示。

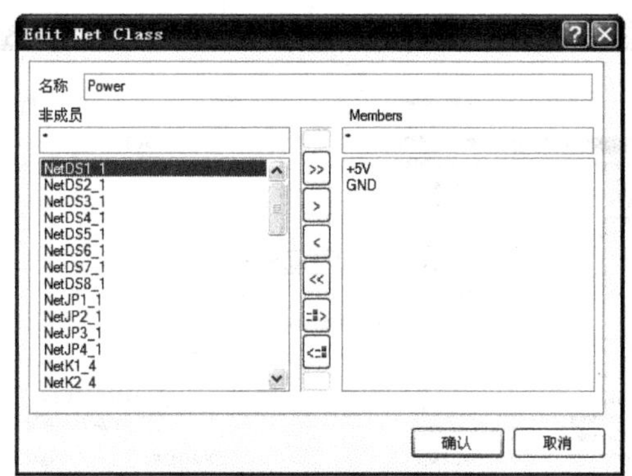


图 5-167　编辑网络类对话框

③ 单击【确认】按钮，返回网络表管理器。这时可发现在【网络类】列表中增加了一个名称为 Power 的网络类；在【类中的网络】列表显示该网络类中的所有网络，有+5V 和 GND 两个；在【网络中引脚】列表显示全部引脚，如图 5-168 所示。

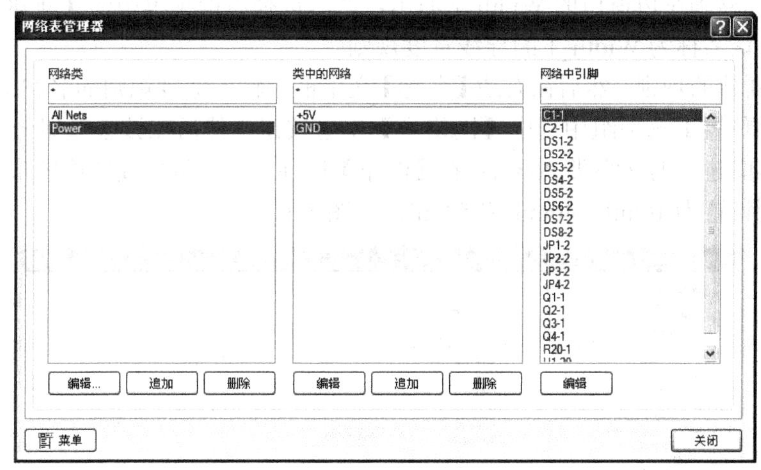


图 5-168　添加网络类之后的网络表管理器

④ 单击该对话框右下角的【关闭】按钮，关闭网络表管理器。这样就新增了一个名称为 Power 的网络类。

## 特别提示

添加网络类也可以执行菜单命令【设计】→【对象类】，然后在弹出的对象类资源管理器中进行操作。

(2) 设置导线宽度规则

① 执行菜单命令【设计】→【规则】，打开 PCB 规则和约束编辑器。单击左边窗口中已存在的默认宽度规则 Width，在右边窗口的【约束】选项组中，将宽度的最小值、优先值和最大值分别设置为 10mil、10mil 和 40mil，并改名为 Other，如图 5-169 所示。

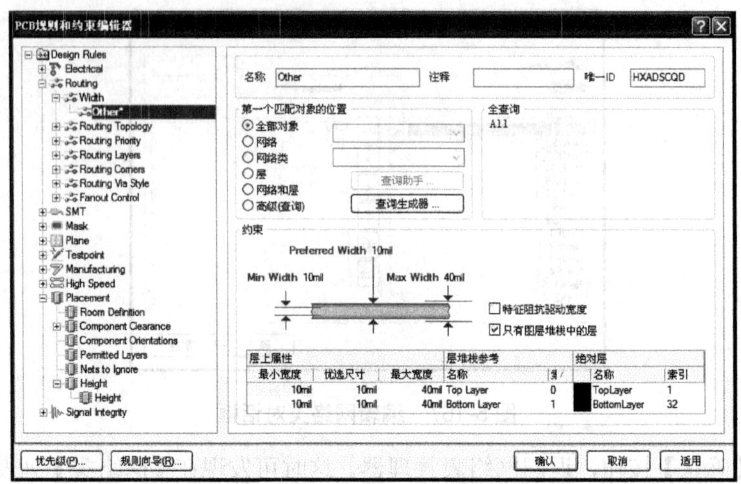


图 5-169 设置普通导线的宽度规则

② 将光标移到左边窗口的 Width 上右击，然后选择右键菜单中的【新建规则】命令，将新建一个默认名称为 Width_1 的导线宽度规则。

③ 单击新建的规则，然后在右边【名称】文本框中输入宽度规则的名称 Power；在【第一匹配对象的位置】选项组中选中【网络类】单选按钮，然后在该选项组最上面的下拉列表框中选择前面建立的网络类 Power；在【约束】选项组中，将导线宽度的最小值、优先值和最大值分别设置为 10mil、40mil 和 50mil，如图 5-170 所示。

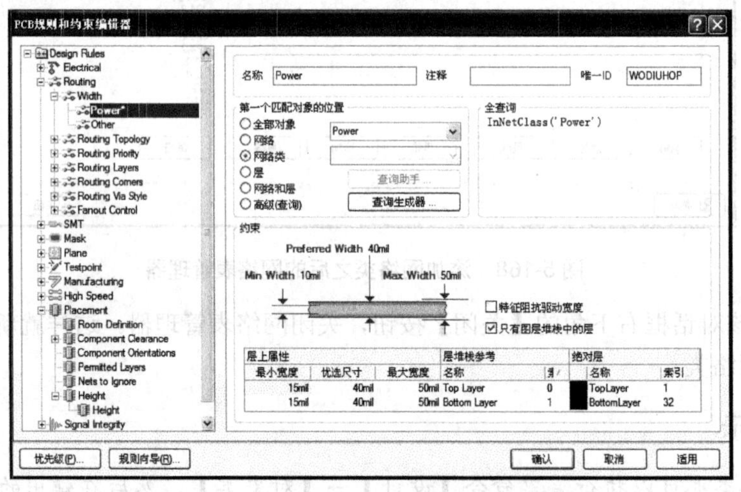


图 5-170 设置电源线和地线的宽度规则

在所建立的两个导线宽度规则中，因为 Power 宽度规则的适用对象(+5V、GND 网络)是 Other 宽度规则适用对象(全部网络)的一部分，所以 Power 规则的优先级应比 Other 规则的高，否则 Power 规则将被 Other 规则覆盖而失去作用。编辑导线宽度规则优先级别的操作和编辑安全距离规则优先级别的操作方法一样，其他的设计规则采用系统默认值。

## 特别提示

电源网络和接地网络的导线宽度也可分别设置，这样就不需要建立它们的网络类 Power 了。宽度规则也就变成 3 个，分别是电源、地和其他导线。但在设置电源或接地的宽度规则时，应在【第一个匹配对象的位置】选项组中选择【网络】单选按钮，从该选项组第一个下拉列表框中选择+5V 或 GND 网络。

2) 选择自动布线策略

执行菜单命令【自动布线】→【设定】，然后在弹出的【Situs 布线策略】对话框下方的【布线策略】列表中选择第二项 Default 2 Layers Board，同时选中该对话框下方的【锁定全部预布线】复选框。单击 OK 按钮完成布线策略的设置。

3) 手工预布线

对 PCB 上有特殊要求的导线用手工方式将其布好。通过分析电路，电源网络和接地网络的导线宽度要加宽到 40mil，而且电源线和地线在 PCB 上是比较重要的导线，在自动布线前，应先对它们进行预布线。

由于电路中的 4 个三极管 Q1～Q4 都是表贴式元件，只能在顶层布线，它们都有一个地脚，所以将地线布在顶层上，而将电源线布在底层上。

手工布线时，应综合考虑整个 PCB 上导线的分布情况。在能满足电气要求、走线距离相差不大的前提下，尽量少用过孔，因为增加过孔会增大 PCB 的成本。走线要严谨、有规律，导线不要扭曲，做到既能实现良好的连接，又使走线规整、美观。

在手工布线时，导线的拐弯模式有 45°拐弯、45°拐弯(圆弧过渡)、直角拐弯、直角拐弯(圆弧过渡)和任意角度等，如图 5-6 所示。其中直角拐弯对 PCB 电气性能影响较大，任意角度拐弯影响 PCB 的整齐、美观，尽量不要使用这两种拐弯模式。

同时按组合键 Shift+Space，可选择不同的拐弯模式；只按空格键，可改变拐弯的方向。

预布好全部电源网络和接地网络的 PCB 如图 5-171 所示。

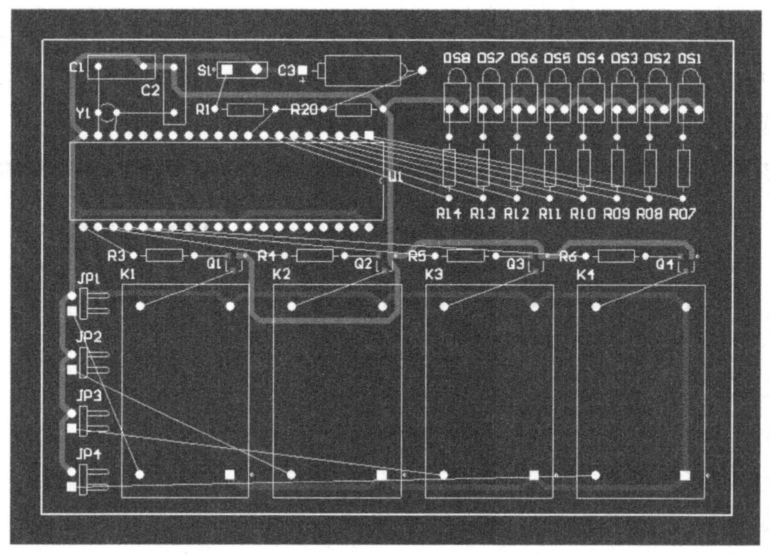


图 5-171　预布好电源网络和接地网络的 PCB

4) 自动布线

完成前面的工作后就可以使用自动布线命令对 PCB 进行自动布线了。PCB 编辑器有一个专用的自动布线菜单，见图 5-140。菜单中的各种自动布线命令的作用和操作方法在第 5.13.1 节中已做了详细介绍。这里采用全局自动布线方法，其过程如下。

(1) 执行菜单命令【自动布线】→【全部对象】，弹出【Situs 布线策略】对话框，如图 5-172 所示。确认已选中该对话框中的【锁定全部预布线】复选框。

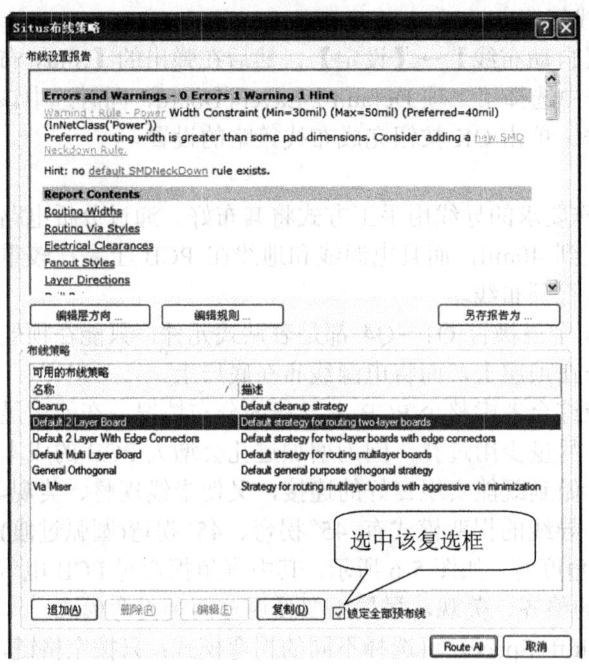


图 5-172　【Situs 布线策略】对话框

(2) 由于前面已设置好布线策略，所以直接单击 Route All 按钮，系统即按照设定的规则对 PCB 进行自动布线，同时打开信息面板显示布线的进度和完成情况，如图 5-173 所示。完成自动布线后的 PCB 如图 5-174 所示。

Messages

| Class | Document | Source | Message | Time | Date | No. |
|---|---|---|---|---|---|---|
| Situs Event | MyPCB1.PcbDoc | Situs | Routing Started | 11:52:26 | 2012-4-7 | 1 |
| Routing Status | MyPCB1.PcbDoc | Situs | Creating topology map | 11:52:26 | 2012-4-7 | 2 |
| Situs Event | MyPCB1.PcbDoc | Situs | Starting Fan out to Plane | 11:52:26 | 2012-4-7 | 3 |
| Situs Event | MyPCB1.PcbDoc | Situs | Completed Fan out to Plane in 0 Seconds | 11:52:26 | 2012-4-7 | 4 |
| Situs Event | MyPCB1.PcbDoc | Situs | Starting Memory | 11:52:26 | 2012-4-7 | 5 |
| Situs Event | MyPCB1.PcbDoc | Situs | Completed Memory in 0 Seconds | 11:52:26 | 2012-4-7 | 6 |
| Situs Event | MyPCB1.PcbDoc | Situs | Starting Layer Patterns | 11:52:26 | 2012-4-7 | 7 |
| Routing Status | MyPCB1.PcbDoc | Situs | Calculating Board Density | 11:52:26 | 2012-4-7 | 8 |
| Situs Event | MyPCB1.PcbDoc | Situs | Completed Layer Patterns in 0 Seconds | 11:52:26 | 2012-4-7 | 9 |
| Situs Event | MyPCB1.PcbDoc | Situs | Starting Main | 11:52:26 | 2012-4-7 | 10 |
| Routing Status | MyPCB1.PcbDoc | Situs | Calculating Board Density | 11:52:26 | 2012-4-7 | 11 |
| Situs Event | MyPCB1.PcbDoc | Situs | Completed Main in 0 Seconds | 11:52:27 | 2012-4-7 | 12 |
| Situs Event | MyPCB1.PcbDoc | Situs | Starting Completion | 11:52:27 | 2012-4-7 | 13 |
| Situs Event | MyPCB1.PcbDoc | Situs | Completed Completion in 0 Seconds | 11:52:27 | 2012-4-7 | 14 |
| Situs Event | MyPCB1.PcbDoc | Situs | Starting Straighten | 11:52:27 | 2012-4-7 | 15 |
| Situs Event | MyPCB1.PcbDoc | Situs | Completed Straighten in 0 Seconds | 11:52:27 | 2012-4-7 | 16 |
| Routing Status | MyPCB1.PcbDoc | Situs | 43 of 43 connections routed (100.00%) in 0 Seconds | 11:52:27 | 2012-4-7 | 17 |
| Situs Event | MyPCB1.PcbDoc | Situs | Routing finished with 0 contentions(s). Failed to com... | 11:52:27 | 2012-4-7 | 18 |

图 5-173　显示布线进度和完成情况

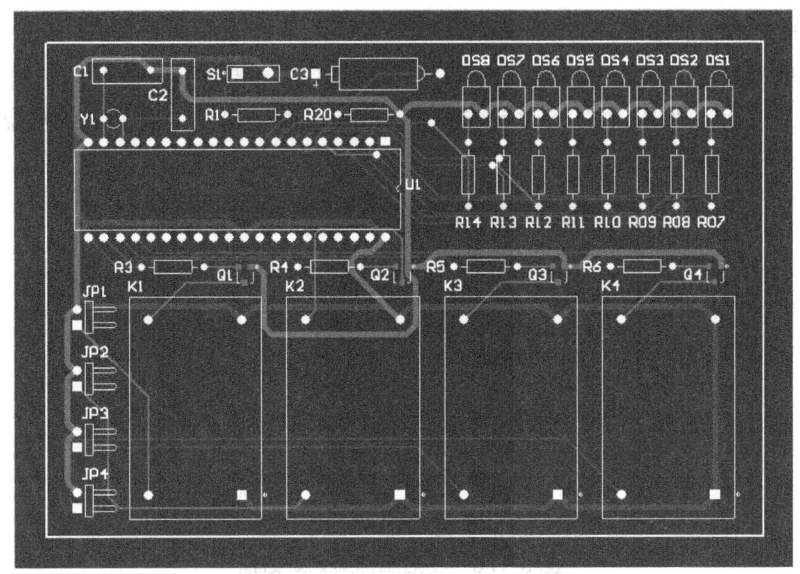


图 5-174　自动布线后的 PCB

(3) 调整导线。由图 5-174 可见，有部分导线的放置不是很合理。例如，发光二极管的限流电阻 R7～R14 和元件 U1 的连接导线、元件 U1 的 40 脚和 K2 的 3 脚之间有一根多余的电源线，所以需对导线进行一些手工调整。

对导线的调整需要用到导线的编辑操作，这部分内容在第 5. 10 节中已作介绍。还可能会用到撤销布线的操作，这部分内容在第 5.13 节中已作介绍。调整后的 PCB 如图 5-175 所示。

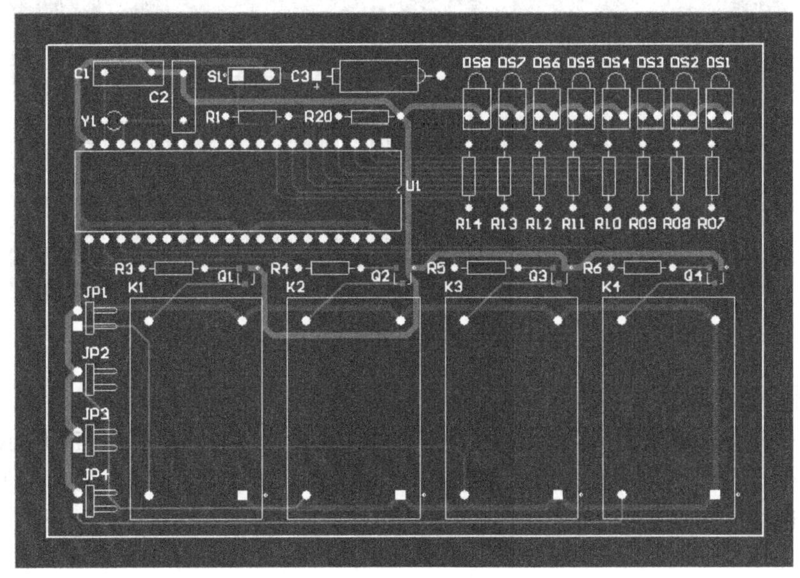


图 5-175　手工调整导线后的 PCB

5) 添加焊盘泪滴和覆铜

给焊盘添加泪滴可以提高焊盘和导线的连接强度、改善焊接承受力。在 PCB 上覆铜，可以提高 PCB 的抗干扰能力和散热能力。

(1) 给焊盘添加泪滴

执行菜单命令【工具】→【泪滴焊盘】，打开【泪滴选项】对话框，如图 5-176 所示。单击【确认】按钮，PCB 上有连接导线的焊盘和过孔都被添加了泪滴。给焊盘添加泪滴后的 PCB 如图 5-177 所示。

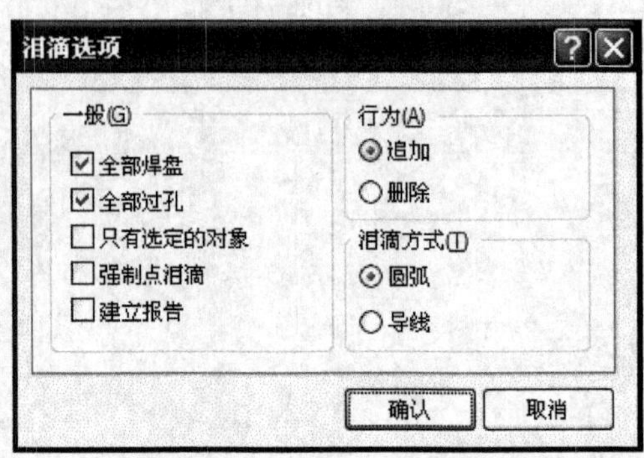


图 5-176 【泪滴选项】对话框

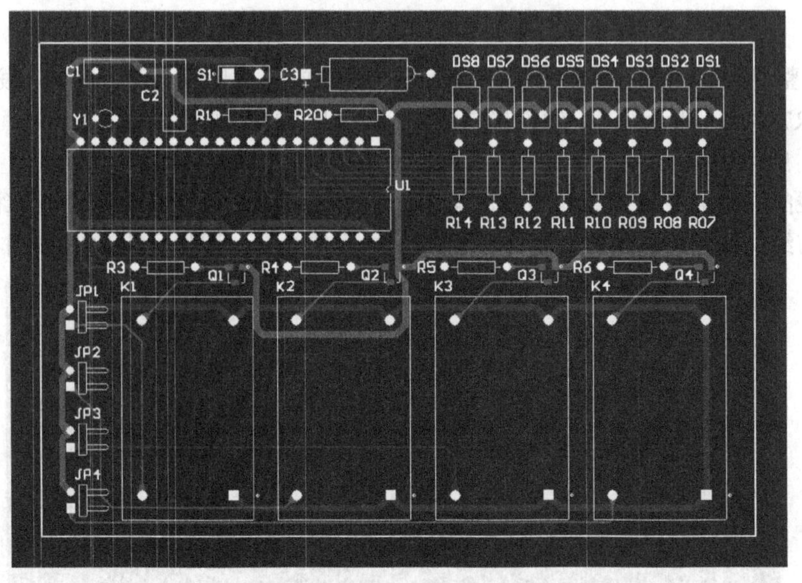


图 5-177 给焊盘和过孔添加泪滴后的 PCB

(2) 覆铜

执行菜单命令【放置】→【覆铜】，弹出覆铜属性对话框，如图 5-178 所示。按照图中所示设置各个选项，然后单击【确认】按钮，沿着电气边界移动鼠标，在 4 个顶点上单击，再右击鼠标退出。覆铜后的 PCB 如图 5-179 所示。

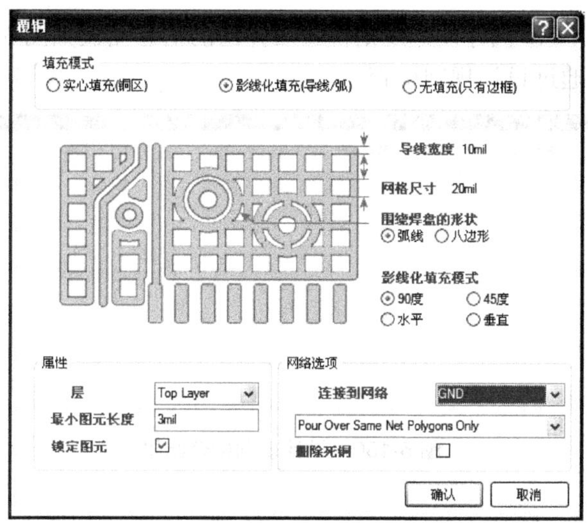


图 5-178　覆铜属性对话框

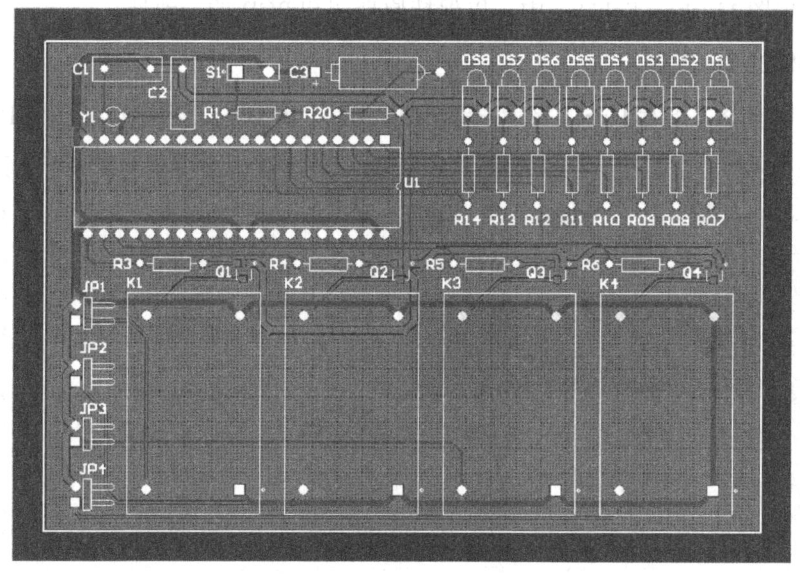


图 5-179　覆铜后的 PCB

## 8. 设计规则检查

完成 PCB 后，需要对其进行设计规则检查。执行菜单命令【工具】→【设计规则检查】，系统将根据设置的设计规则，对 PCB 进行检查。完成检查后，自动生成一个和 PCB 同名、扩展名为*.DRC 的检查报告，同时弹出信息面板。用户根据信息面板的提示，分析 PCB 中是否存在错误，如果有错误，双击信息面板中的错误项，返回 PCB。这时，出错的地方将被放大并移到工作区的中间，用户可以对其进行修改，直至排除所有错误为止。

比较常见的错误有以下两种。

- 布线不通，也就是有些导线并没有布通。
- 采用影像化覆铜时，覆铜的导线宽度和某些导线的宽度规则冲突。

本任务所设计的 PCB 执行设计规则检查后弹出的信息面板如图 5-180 所示，面板中没有错误信息，说明已通过设计规则检查。

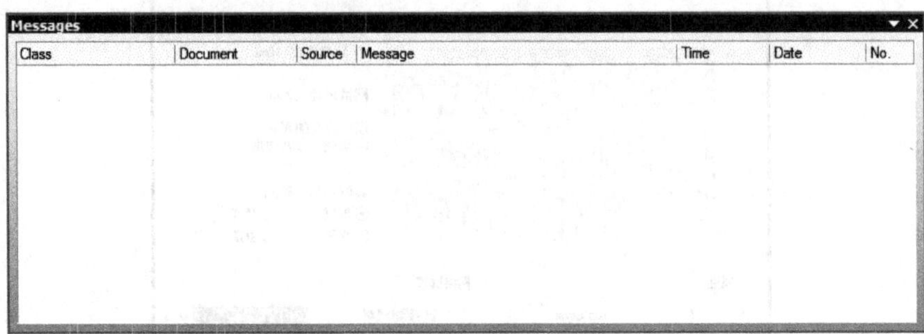


图 5-180　设计规则检查结果

### 9. 更新原理图

执行菜单命令【设计】→Update Schematics in Mydesign. PrjPCB，可将 PCB 中所做的改动更新到原理图 Mysheet.SchDoc 中，以保持原理图和 PCB 的一致性。

### 10. PCB 的 3D 图形

执行菜单命令【查看】→【显示三维 PCB 板】，PCB 的三维图形如图 5-181 所示。

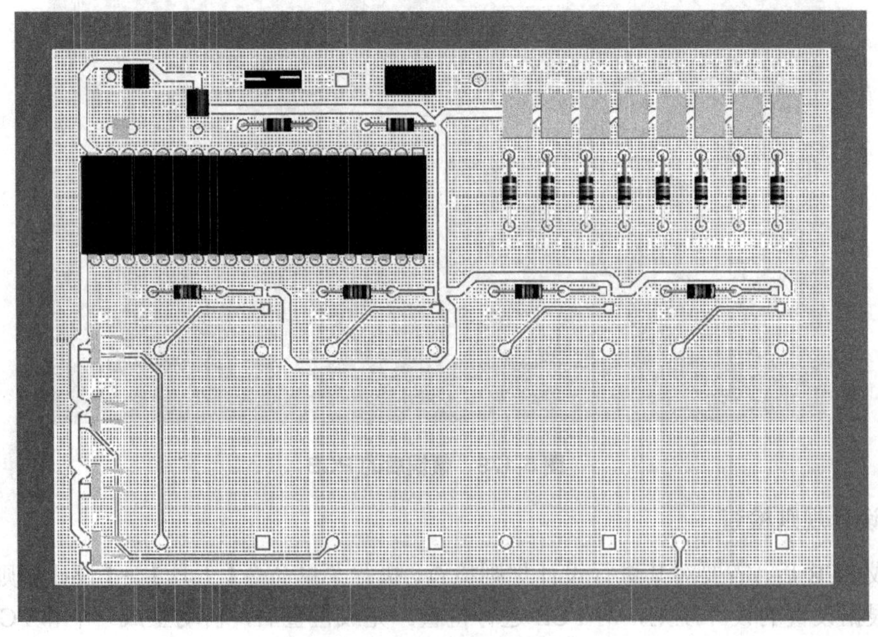

图 5-181　本任务 PCB 的三维图形

## 本 章 小 结

印制电路板简称为 PCB，是将原理图的原理连接转化为实体连接的一块板子。印制电路板制作出来后，将元件焊接上去，就成为能完成特定功能的一个具体电路板。

设计印制电路板，一般从设计原理图开始。完成原理图设计后，电路的连接信息(包括使用的元件，以及元件之间的连接关系)也就确定了。在建立 PCB 后，将原理图的设计信息载入 PCB 编辑器，就可以进行 PCB 设计了。

设计 PCB，需要综合考虑多个方面的因素，使设计出来的 PCB 既具有良好的抗干扰特性，能顺利完成特定的功能，又能满足使用的方便性和耐用性。

元件布局是设计 PCB 的一个关键环节。PCB 性能的好坏、使用的方便性都和它有密切的关系。元件布局有自动布局和手工布局两种方式，自动布局的结果往往不能达到用户的要求，还需设计者根据电路的实际情况进行手工调整。

PCB 布线也是设计 PCB 的一个重要环节。在进行布线时，需要考虑 PCB 的抗干扰问题。PCB 布线有自动布线和设计者手工布线两种布线方法，自动布线速度快，但因其目的是布通导线，布线的结果不是很理想；手工布线速度慢，但由于是设计者动手操作，能考虑列多个方面的问题，并在布线过程中体现出来，所以手工布线的效果要比自动布线好。在实际设计中，往往综合使用这两种方法，先进行自动布线，然后再手工调整。

为了让用户专注于 PCB 的设计操作，Protel DXP 2004 SP2 提供了一些设计规则，设计者在进行布局或布线之前，事先设置好设计规则，此后就可以将精力集中在 PCB 的设计操作上了。当设计者的操作违反设计规则时，系统会发出提示信息。

设计出来的 PCB 性能好坏和设计者的知识、经验有很大关系。多观摩，自己多动手设计，就能提高自己的设计水平。

本章首先介绍了 PCB 的概念、类型和设计的基本原则，然后介绍了与 PCB 设计有关的各种知识，最后用一个例子详细介绍了 PCB 设计的整个过程。

本章的学习可以从“任务实施”开始，学习过程中碰到问题，再到“相关知识”查找具体的操作方法。

## 思考与练习

(1) 什么是 PCB？从结构上它可以分成哪几种？

(2) 在进行元件布局和 PCB 布线时应考虑哪些基本原则？

(3) 如何设置 PCB 的优先参数和工作环境？

(4) 什么是 PCB 的物理边界和电气边界？如何规划 PCB 的物理边界和电气边界？

(5) 如何添加或删除信号层和内电层？如何使新添加的信号层和内电层在工作区中显示？

(6) 如何使用向导创建 PCB？

(7) 如何实现画面的移动、缩放和刷新？如何切换 PCB 的板层？

(8) 如何选择、复制、剪切、删除和粘贴图件？

(9) 如何移动、旋转和翻转图件？能在同一板层翻转元件吗？为什么？

(10) 如何使用排列菜单或调准子工具栏排齐元件？

(11) 如何在 PCB 上放置导线？如何修改导线？

(12) 如何将原理图设计信息载入到 PCB 编辑器中？

(13) 如何设置元件布局约束参数？如何设置 PCB 电气规则和布线规则？

(14) 如何设置多个同类规则的优先级？

(15) 如何创建网络类和元件类？

(16) 如何实现自动布线？

(17) 如何对 PCB 上的焊盘和过孔补泪滴？如何对 PCB 进行覆铜？如果两者都进行，应先补泪滴还是先覆铜？

(18) 如何将 PCB 的改动更新到原理图中，使两者保持一致？

(19) 如何对 PCB 进行设计规则检测并排查错误？

(20) 将第 2 章的思考与练习第(15)题所绘制的原理图设计成一块 PCB。要求：①双面矩形板，大小自定；②将电源和接地网络加宽到 40mil。

# 第6章

# PCB 元件制作

教学目标

- 熟悉 PCB 元件库编辑器。
- 熟悉制作 PCB 元件的流程。
- 能熟练制作 PCB 元件，并能在设计中使用自己制作的元件。

PCB 元件是实物元件在 PCB 上的安装位置。在进行 PCB 设计时，必须给每一个原理图元件指定相应的 PCB 元件，并将这些 PCB 元件所在的元件库加载到 PCB 编辑器中，接下来才能将原理图的设计信息转换为PCB的连接信息，并载入PCB编辑器。虽然Protel DXP 2004 SP2 提供了丰富的元件封装库，但在实际设计中，由于电子元件技术的快速发展，新元件不断出现，有时候可能在系统元件库中找不到我们所需要的元件，这时候就需要自己动手来制作这些元件，并使用在设计中。

本章首先介绍 PCB 库文件编辑器，然后介绍 PCB 元件的制作方法，最后用 3 个实例详细介绍 PCB 元件的制作过程。

**任务导入**

在第 4 章建立的 PCB 项目下新建一个 PCB 库文件，和 PCB 项目保存在同一个文件夹 STUDY4 中，命名为 MyPcbLib.PcbLib，然后完成下面任务。

(1) 在新建的 PCB 库文件 MyPcbLib.PcbLib 中制作如图 6-1 所示的 3 个 PCB 元件。

- 元件 7SEGDIP10，焊盘直径 60mil、孔径 30mil。上下两列焊盘的距离为 600mil，相邻焊盘的距离为 100mil。
- 元件 SOP14，焊盘尺寸 X : 25mil，Y : 80mil。上下两列焊盘的距离为 300mil，相邻焊盘的距离为 50mil。
- 根据图 6-1(c)所示的元件三视图，制作该元件的 PCB 元件，并命名为 DIP18。

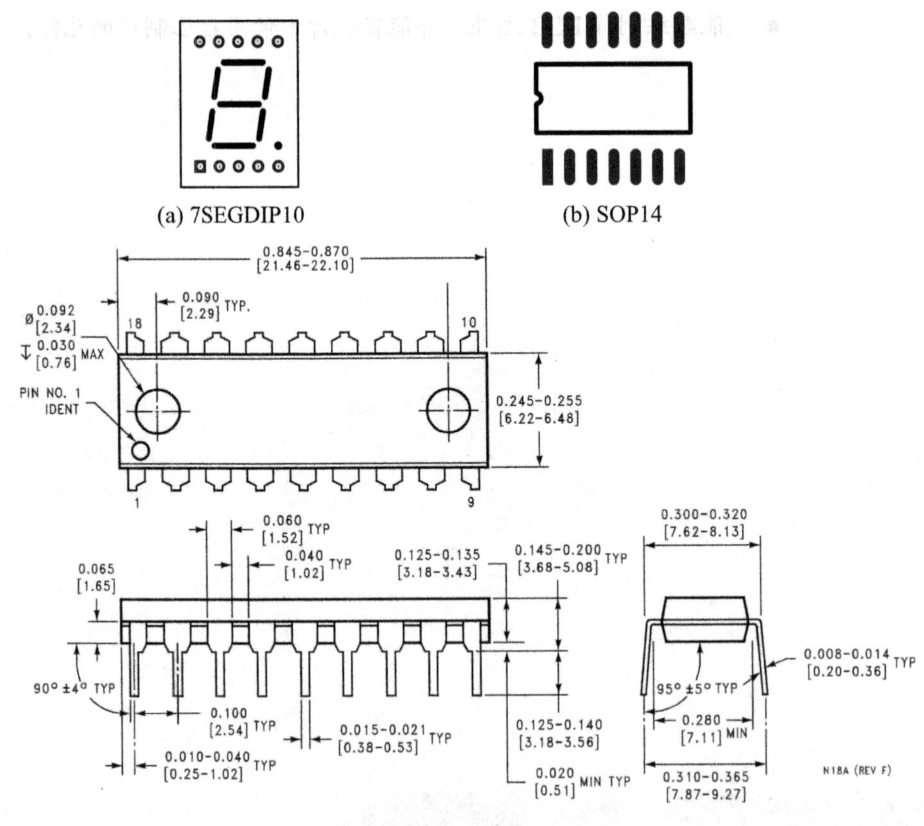


(a) 7SEGDIP10　　(b) SOP14

(c) 元件三视图

图 6-1　PCB 元件制作例图

(2) 以第 4 章所完成的原理图库文件 MySchlib.SchLib 和本任务所完成的 PCB 库文件为基础，建立一个集成元件库，命名为 MyIntLib.IntLib。其中，原理图元件 7SEG CA 的元件封装为 7SEGDIP10，原理图元件 74LS00 的元件封装为 SOP14。

**任务分析**

要完成本任务，首先应熟悉 PCB 库编辑器，了解 PCB 元件的构成，掌握 PCB 元件的设计方法，然后在 PCB 项目中建立一个库文件，在库文件中制作如图 6-1 所示的 3 个 PCB 元件。最后建立一个集成库项目，将已设计好的原理图库文件 MySchlib.SchLib 和 PCB 库文件 MyPcbLib.PcbLib 添加到集成库项目中，给原理图库文件中的每 1 个元件指定 PCB 库文件中的一个元件作为它的封装，完成后进行编译，可生成所要求的集成元件库。

**相关知识**

这部分将介绍 PCB 元件的概念、PCB 库编辑器、PCB 元件制作方法以及集成元件库的的建立。

# 6.1　PCB 元件的设计步骤

在 Protel DXP 2004 SP2 中，手工制作 PCB 元件一般要经过图 6-2 所示的几个步骤。

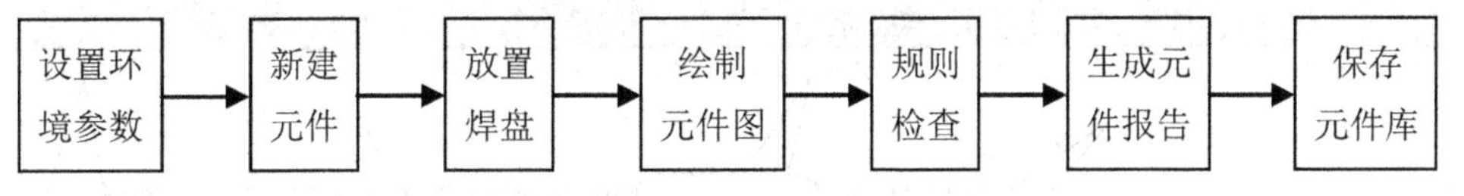


图 6-2　PCB 元件的设计流程

## 1. 设置环境参数

设置工作区的尺寸单位、捕获网格、电气网格和可视网格等。

## 2. 新建元件

新建一个空白 PCB 元件。

## 3. 放置焊盘

根据元件引脚的类型、引脚的直径、引脚的排列方式、引脚之间的距离等参数，在工作区放入符合要求的全部焊盘。

## 4. 绘制元件图

在丝印层上绘制元件外形的轮廓线。

## 5. 规则检查

对库文件进行规则检查，根据检查报告排除错误。

## 6. 生成元件报告

生成单个元件或整个元件库的报告文件。

7. 保存元件库

将库文件保存好，以便日后使用。

# 6.2 PCB 库文件编辑器

## 6.2.1 启动 PCB 库文件编辑器

使用下面方法都可以启动 PCB 库文件编辑器。

- 新建一个 PCB 库文件之后，系统会自动打开该文件。
- 双击已存在的 PCB 库文件。

## 6.2.2 PCB 库文件编辑器的组成

PCB 库文件编辑器如图 6-3 所示。它由菜单栏、工具栏、工作面板、工作区、面板管理中心以及状态栏和命令状态行等组成。

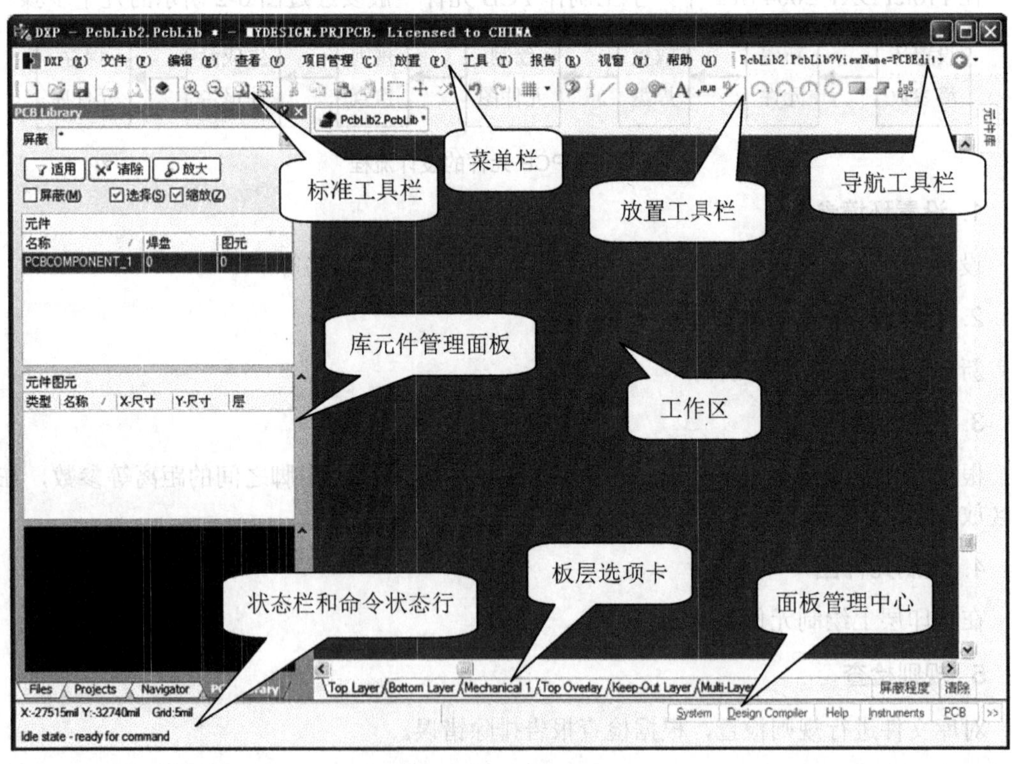


图 6-3 PCB 库文件编辑器

### 1. 菜单栏

和 PCB 编辑器比较，PCB 库文件编辑器的菜单栏少了【设计】和【自动布线】两个菜单。菜单栏的菜单存放有文件操作和 PCB 元件制作的相关命令，如图 6-4 所示。

DXP (X)　文件 (F)　编辑 (E)　查看 (V)　项目管理 (C)　放置 (P)　工具 (T)　报告 (R)　视窗 (W)　帮助 (H)

图 6-4　菜单栏

### 2. 工具栏

有标准工具栏、放置工具栏和导航工具栏。

1) 标准工具栏

标准工具栏可进行文件操作，画面操作，图件的剪切、复制、粘贴、选择、移动等操作，还可设置捕获网格，如图 6-5 所示。

图 6-5　标准工具栏

2) 放置工具栏

放置工具栏如图 6-6 所示。它是 PCB 元件设计中用得最多的工具栏，图中从左至右的工具分别用于放置直线、焊盘、过孔、字符串、位置坐标、尺寸标注、各种圆弧、矩形填充、铜区域和进行队列粘贴。这些工具的作用及操作方法和 PCB 编辑器的相关工具一样。

图 6-6　放置工具栏

### 3. 工作面板

PCB 库文件编辑器的工作面板和 PCB 编辑器的大同小异，其中 PCB 库元件管理面板是它所独有的，其他面板的使用和 PCB 编辑器一样。PCB 库元件管理面板用于管理库文件中的元件，具体将在后面介绍。

### 4. 状态栏和命令状态行

用于显示当前光标在工作区的坐标、捕获栅格的大小以及正在执行的命令，其中工作区坐标的原点一般设置在元件的第一个焊盘上。执行菜单命令【查看】→【状态栏】，可以打开或关闭状态栏；执行菜单命令【查看】→【显示命令行】，可以打开或关闭命令行。

### 5. 面板管理中心

用于开启或关闭各种工作面板。当用户不小心搞乱了工作面板时，通过执行菜单命令【查看】→【桌面布局】→Default，即可恢复初始界面。

### 6. 工作区

工作区是进行 PCB 元件设计的地方，所有设计都在这里完成。

# 6.3 PCB元件的构成

通常，我们将PCB元件称为元件封装或引脚封装，它是实物元件在PCB上的安装位置，它包含元件的外形轮廓、焊盘的类型、数量及排列形式等基本信息。

元件封装有插入式封装技术(Through Hole Technology，THT)和表贴式封装技术(Surface Mounted Technology)两种类型。插入式封装元件的体积大，需要占用较大的空间，焊盘需要钻孔，但它的散热性能好；安装元件时，元件的引脚穿过电路板，到电路板的另一边焊接，所以安装机械强度好，能承受较大的外力作用。表贴式封装元件的体积小，焊盘不需要钻孔，可提高电路板的布局密度，但其散热性能相对较差；安装元件时，引脚贴着电路板表面焊接，机械性能较差。

PCB元件由元件图、焊盘和元件属性3个部分组成，如图6-7所示。

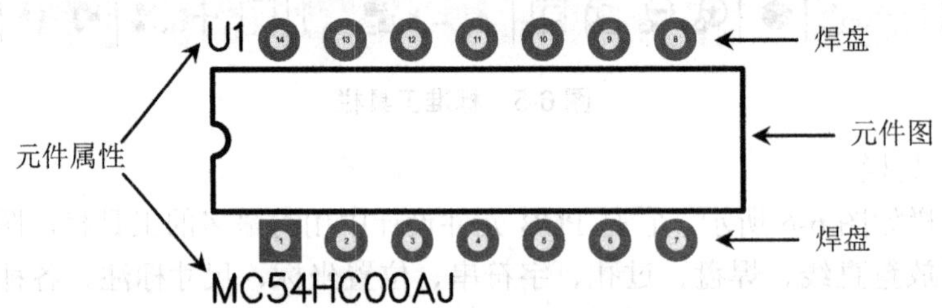


图6-7　PCB元件的组成

### 1. 元件图

元件图是PCB元件的轮廓线，本身没有电气意义，只用于表示元件的外形轮廓。元件图通常画在丝印层顶层(元件一般放在PCB的顶层，当元件放在PCB的底层时，元件图应画在丝印层底层)。布线时允许导线跨过元件图。

### 2. 焊盘

焊盘是元件的主要电气部分，它与原理图元件的引脚相对应，每个焊盘都有独立的编号。焊盘分为插入式和表贴式两种。插入式焊盘放在多层上，有焊盘孔；表贴式焊盘放在信号层的顶层(也有放在底层的，与将该元件放在电路板的哪一边有关)，这种焊盘没有焊盘孔。

### 3. 元件属性

元件属性包括元件编号、注释等。这些文字放在丝印层顶层，可以显示或不显示。在一块电路板中，每一个元件都必须有自己独立的编号，元件编号配合焊盘号就是电气节点。图6-8为电阻的原理图元件和PCB元件的对应关系。

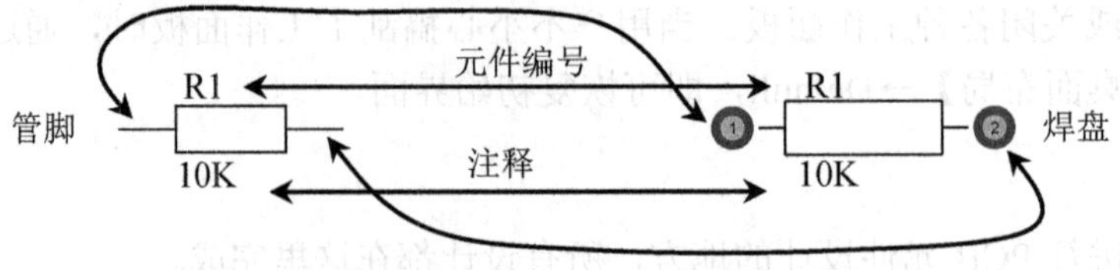


图6-8　电阻的原理图元件和PCB元件的对应关系

# 6.4　PCB 库元件管理面板

PCB 库文件编辑器中有一个专门的库元件管理面板，用于管理库文件中的所有元件。它由元件查询屏蔽框、元件列表框、图元列表框、元件浏览窗和一些按钮、复选框组成，如图 6-9 所示。

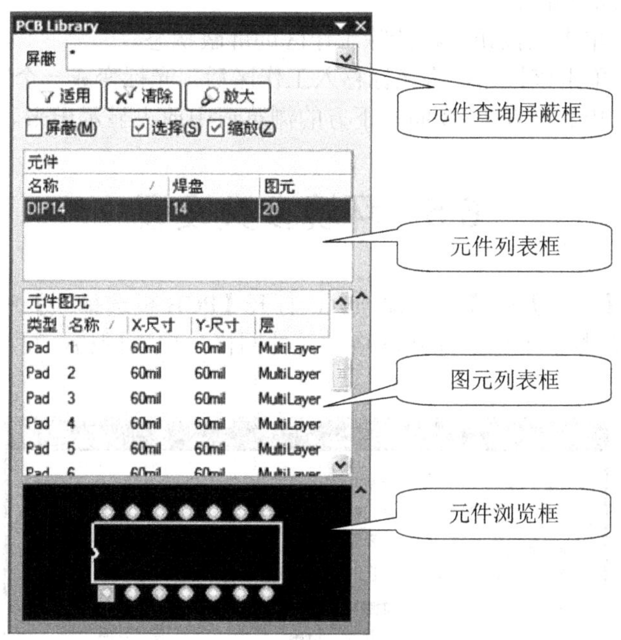


图 6-9　PCB 库元件管理面板

## 1. 元件查询屏蔽框

查询 PCB 库文件中的元件时，可在该框中输入元件名称或元件名称的部分字符，只有符合查询条件的元件才在元件列表框中显示出来。利用它可以提高元件的查找效率。

## 2. 元件列表框

该表格中列出元件库中符合查询条件的所有元件。当元件查询屏蔽框为空时，将列出库文件中的所有元件。

## 3. 图元列表框

该表格中显示元件列表框中，选中元件的全部组成图元，包括直线、圆弧和焊盘等。

## 4. 元件浏览框

用于显示元件列表框中被选中的元件的形状。

除了这几个框之外，PCB 库元件管理面板上还有一些复选框和按钮，它们的作用分别如下。

- 屏蔽：选中该复选框时，将在工作区高亮显示库元件管理面板上选择的对象，其它对象被屏蔽(变暗)，屏蔽的程度可单击工作区右下角【屏蔽程度】标签进行设置。
- 选择：选中该复选框，则库元件管理面板上选择的对象在高亮显示的同时，还将处于被选中的状态。
- 缩放：选中该复选框时，系统将自动调整显示比例，将库元件管理面板上选择的对象最大化显示在工作区中。
- 【适用】：在更改库元件管理面板上的参数或复选框后，单击该按钮可进行刷新，使用新设置的功能。
- 【清除】：单击该按钮，将清除工作区的屏蔽状态。
- 【放大】：单击该按钮，将光标移入工作区后，光标变成一个矩形放大框，放大框包围区域的内容将在 PCB 面板下方的浏览窗中放大显示出来。

## 6.5 环境参数设置

执行菜单命令【工具】→【库选择项】，打开【PCB 板选择项】对话框，如图 6-10 所示。该对话框可设置测量单位，捕获网格、元件网格、电气网格、可视网格，还可设置图纸的大小和位置等。

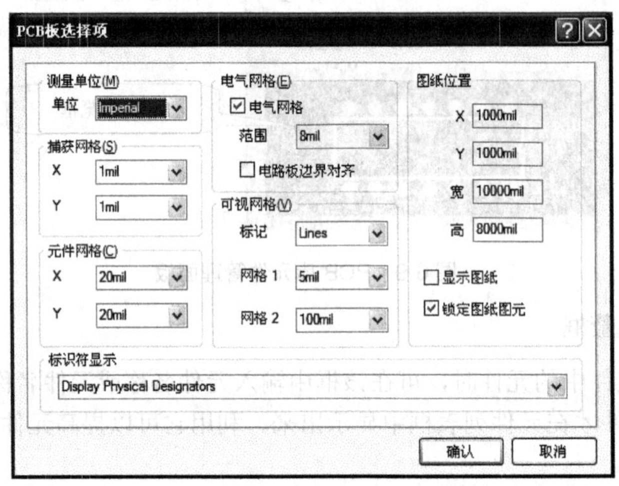


图 6-10 【PCB 板选择项】对话框

## 6.6 PCB 元件的制作

### 6.6.1 手工制作 PCB 元件

#### 1. 新建空白 PCB 元件并改名

将光标放在库元件管理面板的元件列表框中并右击鼠标，弹出一个右键菜单，如图 6-11 所示。

图 6-11　右键菜单

选择右键菜单中的【新建空元件】命令，将建立一个名称为 PCBComponent_1 的空元件。双击新建的空元件，打开【PCB 库元件】对话框，如图 6-12 所示。在该对话框的【名称】文本框中输入元件名，还可以在【描述】文本框中输入元件的其他信息。

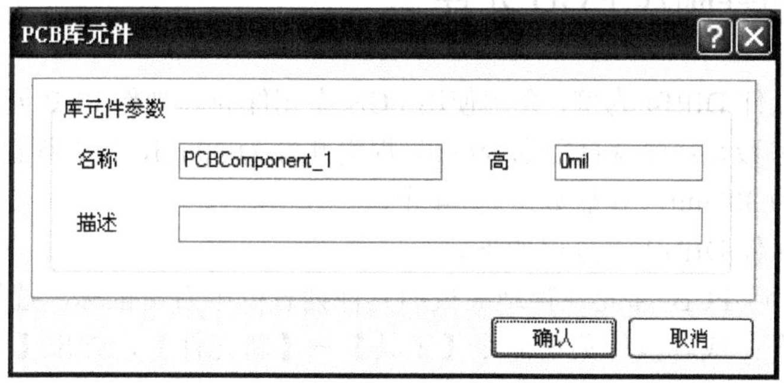


图 6-12　【PCB 库元件】对话框

### 2. 放置焊盘

根据实物元件的实际情况，确定焊盘的类型(插入式还是表贴式)、焊盘的大小和排列方式，在工作区放入所有焊盘。注意焊盘的编号一般从 1 开始，PCB 元件的焊盘号与原理图元件相应引脚的编号相同。

## 特别提示

插入式焊盘和表贴式焊盘有以下区别：①插入式焊盘放在多层上，有焊盘孔；表贴式焊盘一般放在顶层上，没有焊盘孔。②插入式焊盘的默认颜色为灰色，表贴式焊盘的默认颜色为红色。由于表贴式焊盘没有焊盘孔，所以应在其属性对话框中将焊盘孔径设置为 0。

### 3. 绘制元件图

将当前板层切换为丝印层，根据实物元件的外形轮廓，使用放置工具栏上的直线、圆弧工具绘制元件图。在 Protel DXP 2004 SP2 中，PCB 库元件的元件图的默认颜色为黄色。

之所以将元件图绘制在丝印层上，是为了在 PCB 生产出来后，能够看到这些图形。对于初学者，在绘制元件图之前，往往忘记将丝印层切换为当前层，这样元件图就可能被绘制在其他板层上，若被绘制在顶层或底层，它将变成导体。

4. 编辑元件属性

制作好元件后，可以对元件的属性进行编辑。将光标放在元件列表框中需要编辑属性的元件上，右击鼠标，选择弹出右键菜单(见图 6-11)中的【元件属性】命令，打开【PCB 库元件】对话框，如图 6-12 所示。在该对话框中可设置元件名、元件的描述信息等。

特别提示

手工制作 PCB 元件时，一般将元件的第一个焊盘设置为坐标原点，使元件的第一个焊盘就是元件的参考点。这样做的好处是比较容易确定其他焊盘的位置。执行菜单命令【编辑】→【设定参考点】→【引脚 1】，可以将坐标原点设置在第一个焊盘上。也可以执行菜单命令【编辑】→【设定参考点】→【位置】，在工作区中先设定坐标原点，再将第一个焊盘放在原点上。

## 6.6.2 使用向导制作 PCB 元件

这里以制作元件 DIP14 为例，介绍使用 PCB 库元件向导制作 PCB 元件的过程。要制作的元件 DIP14 的参数是：焊盘直径为 60mil，焊盘孔经为 30mil，相邻焊盘的距离为 100mil，两列焊盘的距离为 300mil，焊盘数量为 14 个。

用向导制作元件 DIP14 的过程如下。

(1) 将光标移到 PCB 库元件管理面板的元件列表框中右击鼠标，选择弹出右键菜单的【元件向导】命令；或者执行菜单命令【工具】→【新元件】，弹出【元件封装向导】对话框，如图 6-13 所示。

图 6-13 进入 PCB 元件制作向导

(2) 单击【取消】按钮，将退出向导，并新建一个空白 PCB 元件。单击【下一步】按钮，进入选择封装模式页面，如图 6-14 所示。

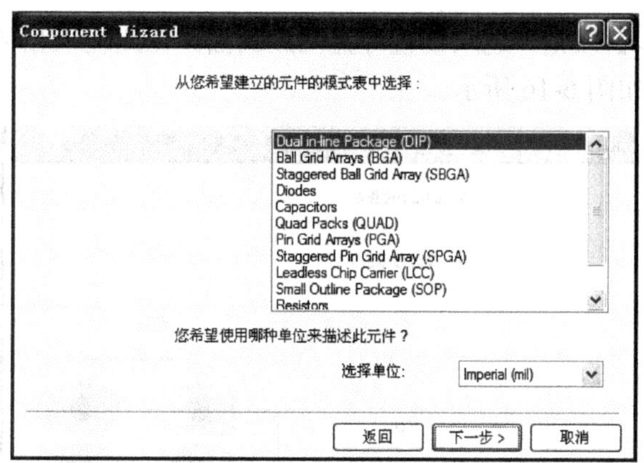


图 6-14　选择封装模式

在图 6-14 的模式列表中，有一些标准封装模式可选，分别如下。

- Capacitors：电容。
- Diodes：二极管。
- Resistors：电阻。
- Dual in-line Package(DIP)：双列直插式封装。
- Edge Connectors：边沿连接器封装。
- Ledaless Chip Carrier(LCC)：无引脚芯片载体封装。
- Quad Packs(QUAD)：四边引出扁平封装。
- Small Outline Package(SOP)：小尺寸表贴式封装。
- Ball Grid Arrays(BGA)：球栅阵列封装。
- Staggered Ball Grid Arrays(SBGA)：交错球栅阵列封装。
- Pin Grid Arrays(PGA)：引脚栅格阵列封装。
- Staggered Pin Grid Arrays(SPGA)：交错针状栅格阵列封装。

这里选中 Dual in-line Package，并在下方的【选择单位】下拉列表框中选择 Imperial(mil)作为元件的尺寸单位。

(3) 单击【下一步】按钮，进入设置焊盘尺寸页面，在此输入焊盘直径 60mil，焊盘孔经 30mil，如图 6-15 所示。

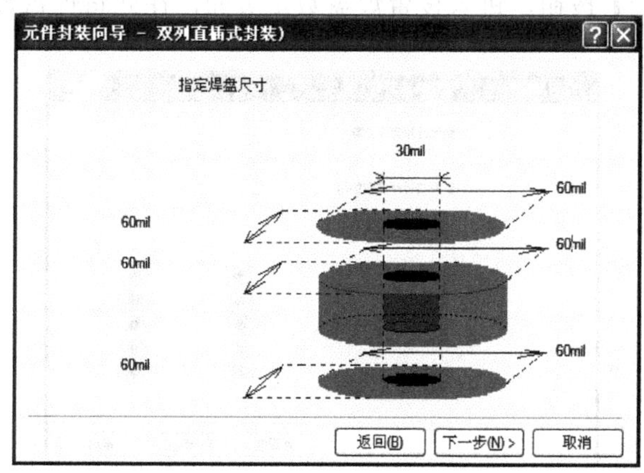


图 6-15　设置焊盘尺寸

(4) 单击【下一步】按钮，进入设置焊盘间距页面，在此输入相邻焊盘距离 100mil，两列焊盘距离 300mil，如图 6-16 所示。

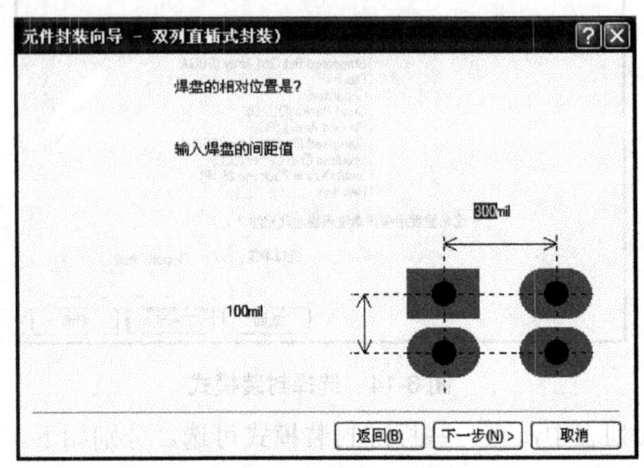


图 6-16　设置焊盘间距

(5) 单击【下一步】按钮，进入设置元件轮廓线宽度页面，如图 6-17 所示。这里采用的默认值为 10mil。

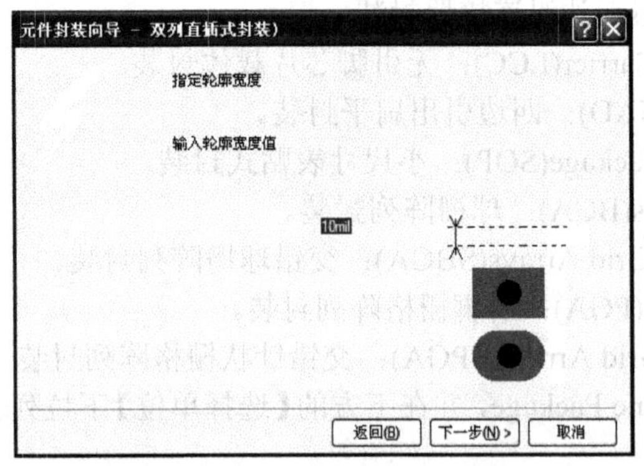


图 6-17　设置元件轮廓线宽度

(6) 单击【下一步】按钮，进入设置焊盘数量页面，在此将焊盘数量设置为 14 个，如图 6-18 所示。

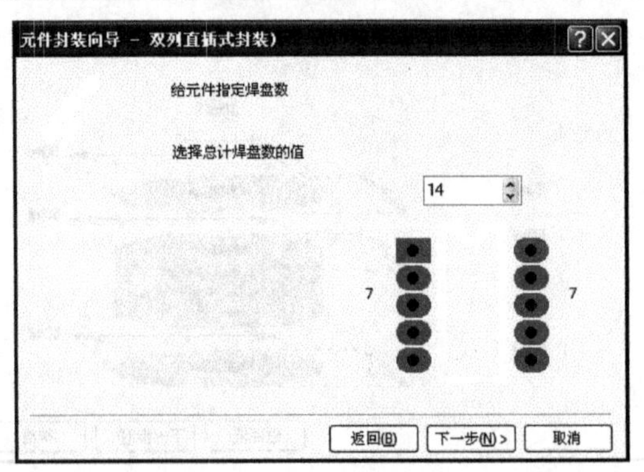


图 6-18　设置焊盘数量

(7) 单击【下一步】按钮，进入设置元件名称页面，如图 6-19 所示。该页面中的默认元件名就是我们要制作元件的元件名，不需修改。

(8) 单击【下一步】按钮，进入完成向导页面，如图 6-20 所示。

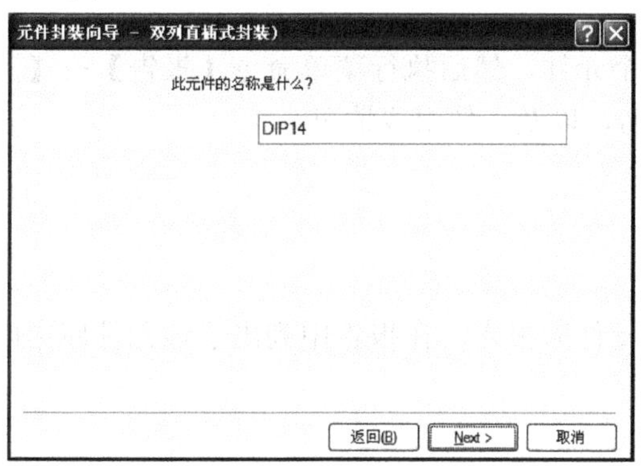


图 6-19　设置元件名称

图 6-20　完成元件制作

(9) 单击 Finish 按钮，关闭向导，返回 PCB 库编辑器。此时，用向导制作的元件 DIP14 出现在元件列表框中，同时在工作区中显示该元件，如图 6-21 所示。

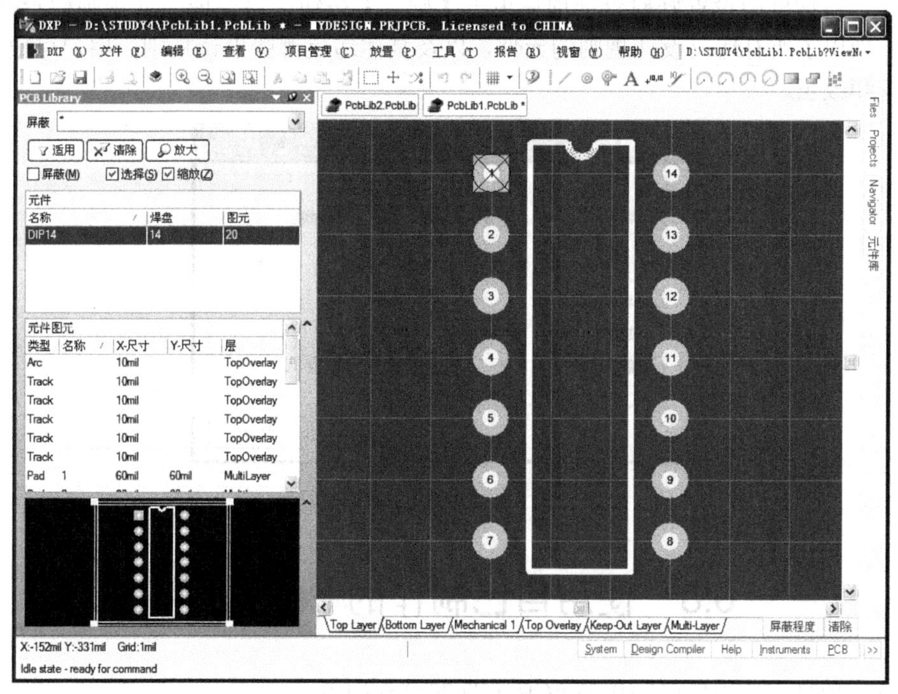


图 6-21　用向导制作的元件 DIP14

# 6.7　PCB 库的相关报告

完成 PCB 库设计后，可以生成某个元件或整个 PCB 库的报告文件，还可以对 PCB 库进行元件规则检查，根据检查结果改正错误。

### 6.7.1 生成元件报告

在库元件管理面板的元件列表框中选择一个元件，然后执行菜单命令【报告】→【元件】，将生成元件报告。在报告中列出了元件名，以及元件组成情况。

### 6.7.2 生成元件库报告

执行菜单命令【报告】→【库】，将生成元件库报告。在报告中列出了该元件库中的元件数量以及所有元件的名称。

### 6.7.3 元件规则检查

执行菜单命令【报告】→【元件规则检查】，弹出【元件规则检查】对话框，如图 6-22 所示。在该对话框中设置好检查选项后单击【确认】按钮，将生成元件规则检查报告，在该报告中列出了所有违反设计规则的元件，以及具体违反哪些设计规则。用户可根据报告，进行检查和改正。

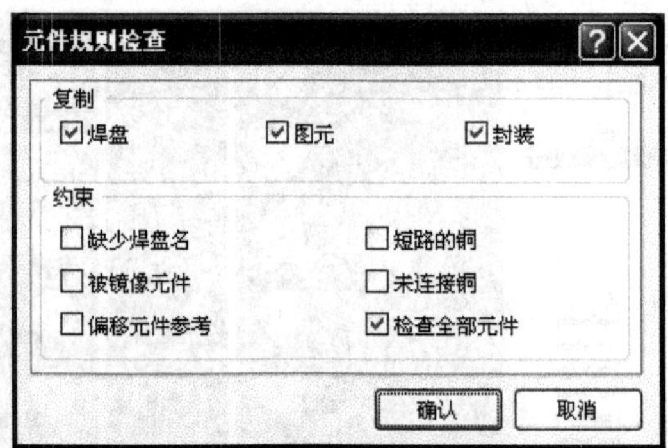


图 6-22 设置元件规则检查选项

## 6.8 使用自己制作的 PCB 元件

在设计项目中使用自己制作的 PCB 元件的过程如下。

(1) 单击项目面板上的【项目】按钮，选择弹出菜单中的【追加已有文件到项目中】命令，打开选择文件添加对话框，将自己设计的 PCB 元件库加入设计项目中。

(2) 双击要套用自制 PCB 元件的原理图元件，打开原理图元件属性对话框。单击该对话框右下角元件模型列表下方的【追加】按钮，弹出添加模型选择框，如图 6-23 所示。

(3) 选择该对话框中的 Footprint 后，单击【确认】按钮，弹出【PCB 模型】对话框，如图 6-24 所示。

图 6-23　选择要添加的模型

图 6-24　【PCB 模型】对话框

(4) 单击该对话框右上角的【浏览】按钮，打开【库浏览】对话框，如图 6-25 所示。

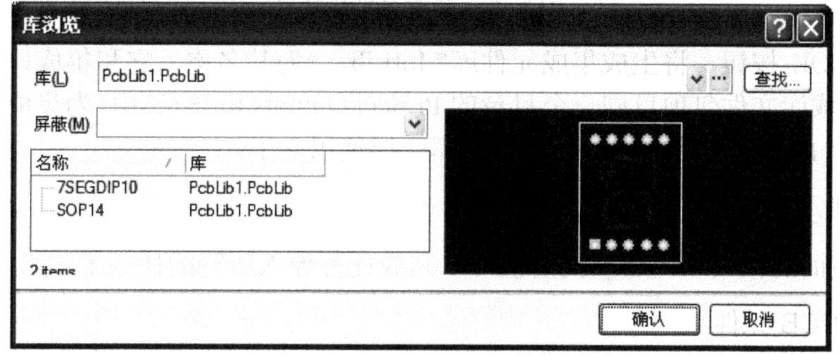


图 6-25　【库浏览】对话框

从该对话框的【库】下拉列表框中选择自己设计的 PCB 库，然后在左下角的元件列表里选择要使用的 PCB 元件。返回元件属性对话框后，在元件模型区可看到新加入的 PCB 元件。退出元件属性对话框后，该原理图就套用了我们自己制作的 PCB 元件。

# 6.9 创建集成元件库

和以往版本相比，Protel DXP 2004 SP2 的一个显著特点就是提供了集成元件库形式的库文件，将原理图库和对应的模型库例如，PCB 元件封装库、SPICE 和信号完整性模型等捆绑在一起。使用集成库文件，极大地方便了用户在设计过程中的各种操作，如元件调用、信号完整性分析、PCB 3D 模拟等。

集成元件库没有专门的编辑器，它是集成文件包(Integrated Library Package)项目经过编译后生成的。将各个独立的源库文件(Source Library)加入到集成库文件包项目中，给每个原理图元件指定相应的模型，然后对集成文件包项目进行编译，就可以生成集成库。要对集成库进行编辑，只能通过修改源库文件，然后重新编译该集成库文件包。

设计集成元件库的过程如下。

(1) 执行菜单命令【文件】→【创建】→【项目】→【集成元件库】，建立一个扩展名为 LibPkg 的集成库文件包项目，并保存该项目。

(2) 将已经设计好的源库文件，例如原理图库文件、PCB 库文件等，加入该集成库项目。

(3) 打开原理图库文件，将库元件管理面板切换为当前面板。从库元件管理面板的元件列表中选择第一个元件，然后单击模型列表下方的【追加】按钮，打开添加模型选择框。接下来的操作和第 6.3.6 节的操作过程一样。

(4) 在给每个原理图元件都添加模型后，执行菜单命令【项目管理】→Compile Integrated Library *.Libpkg，其中*表示集成库文件包项目的名称，弹出一个保存文件确认框，如图 6-26 所示。

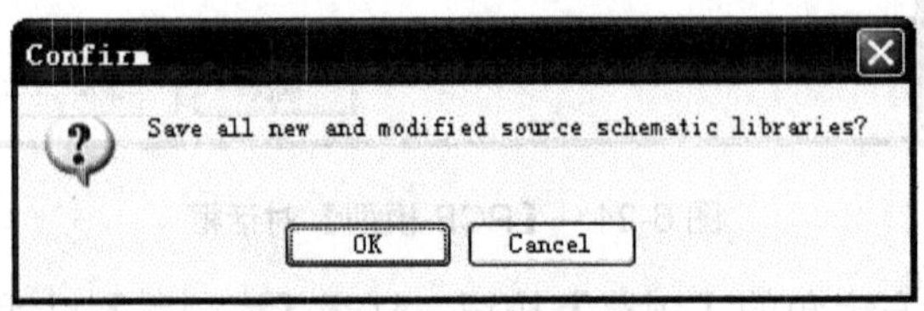


图 6-26 保存文件确认框

(5) 单击 OK 按钮，将生成集成元件库*.IntLib，*为其名称，它和集成库文件包项目同名，存放在集成库文件包项目同一个目录的 Project Outputs for * (其中*为集成库文件包项目名)文件夹中。此后就可以像使用系统集成库一样使用它了。

**任务实施**

学习了前面的相关知识后，我们就可以完成任务导入所给的任务了。

### 1. 制作 PCB 元件

1) 建立 PCB 库文件

(1) 打开第 4 章建立的设计项目 Mydesign.PrjPcb，执行菜单命令【文件】→【创建】→【库】→【PCB 库】，新建一个默认名称为 PcbLib1.PcbLib 的 PCB 库文件。

(2) 执行菜单命令【文件】→【保存】，弹出 Save [PcbLib1.PcbLib] As...对话框，将新建的 PCB 库文件保存在项目文件 Mydesign.PrjPcb 所在的文件夹 STUDY4 中，文件名为

MyPcbLib. PcbLib。此时项目文件夹如图 6-27 所示，PCB 库编辑器如图 6-28 所示。

图 6-27　保存 PCB 库文件后的文件夹

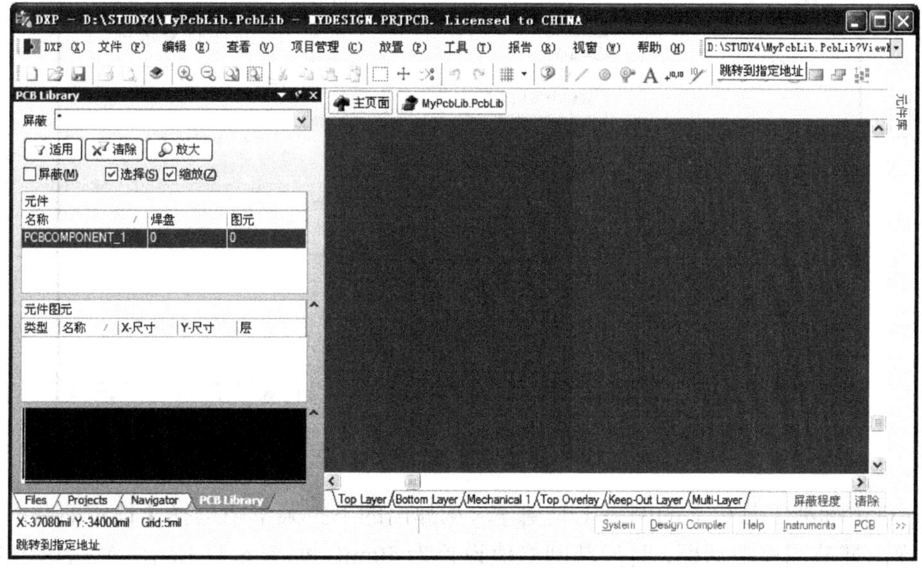


图 6-28　PCB 库编辑器

2) 制作 PCB 元件

(1) 制作元件 7SEGDIP10

① 打开 PCB 库元件管理面板，双击元件列表中的空白元件 PCBCOMPONENT_1 (在建立 PCB 库文件时自动添加的)，弹出【PCB 库元件】对话框，对话框的设置如图 6-29 所示。

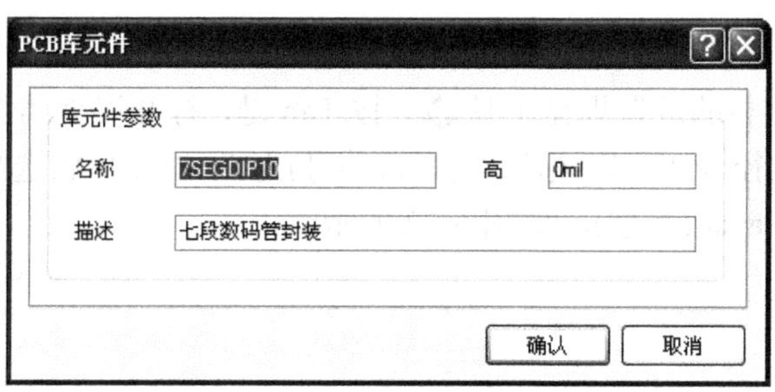


图 6-29　【PCB 库元件】对话框

② 单击【确认】按钮，元件 PCBCOMPONENT_1 被改名为 7SEGDIP10。

③ 执行菜单命令【编辑】→【设定参考点】→【位置】，将十字光标移到工作区中，单击鼠标，确定坐标原点。

④ 执行菜单命令【工具】→【优先设定】，打开【优先设定】对话框。在 Display 设置页中选择【表示】选项组的【原点标记】复选框，如图 6-30 所示。这样就可以在工作区看到原点标记了。

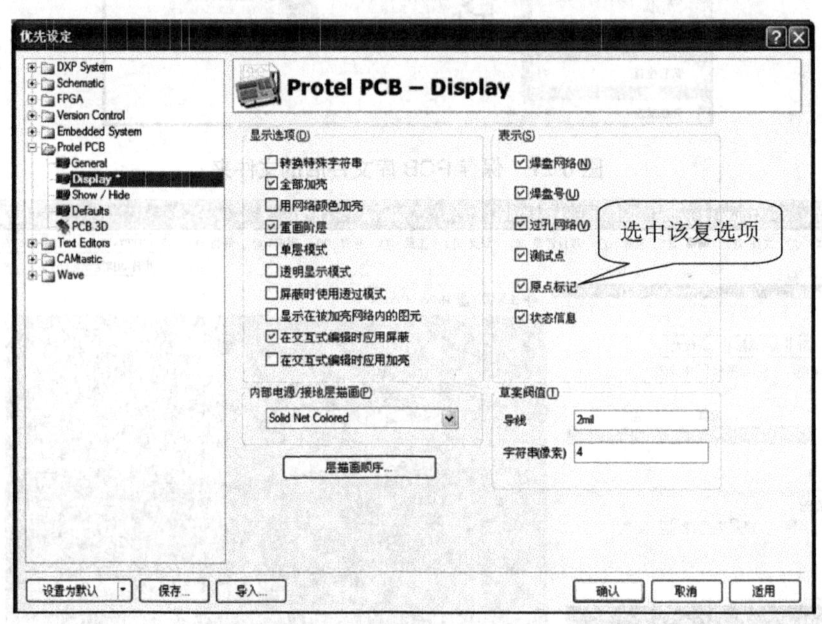


图 6-30　设置显示原点标记

⑤ 单击标准工具栏上的网格工具▦，从弹出的下拉菜单中选择【设定捕获网格】命令，将弹出捕获网格对话框，将捕获网格值设置为 50mil，如图 6-31 所示。然后单击【确认】按钮返回 PCB 库编辑器。

图 6-31　设置捕获网格

⑥ 单击放置工具栏的放置焊盘工具◉，按 Tab 键，打开焊盘属性对话框，设置焊盘的直径为 60mil，焊盘孔径为 30mil，标识符(焊盘编号)为 1，焊盘形状选择 Rectangle (长方形)，放置板层选择 Multi-Layer (多层)，如图 6-32 所示。

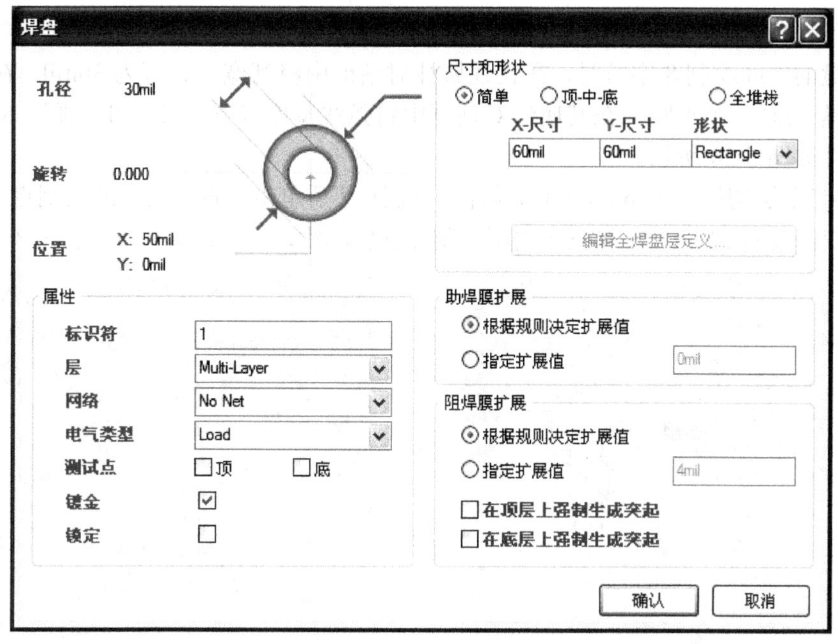


图 6-32　设置焊盘属性

⑦ 单击焊盘属性对话框中的【确认】按钮，返回 PCB 库编辑器。移动十字光标到坐标原点处，单击鼠标，放入第 1 个焊盘。

⑧ 按 Tab 键，再次打开焊盘属性对话框，选择焊盘的形状为 Round (圆形)，其他选项不变。返回 PCB 库编辑器后，按照任务所给的焊盘间距，移动十字光标，依次放入其他 9 个焊盘。在放置过程中，焊盘的编号会自动加 1，无须手动更改编号值。放好全部焊盘后的 PCB 元件如图 6-33 所示。

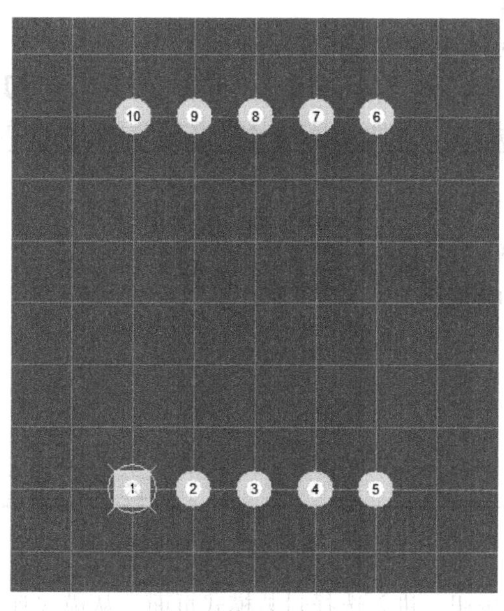


图 6-33　放置焊盘后的元件

⑨ 将当前层切换为 Mechanical 1 (机械层 1)，然后单击放置工具栏的绘制直线工具，在两列焊盘的中间绘制 8 字符号，在直线属性对话框中将其宽度设置为 30mil。在左下角处用画圆工具画一个小圆，在其属性对话框中将弧线宽度设置为 20mil。画好 8 字和小数点后的元件如图 6-34 所示。

⑩ 将当前层切换为 Top Overlay (丝印层顶层)，然后单击放置工具栏的绘制直线工具，将直线宽度修改为 10mil，在焊盘的周围绘制元件轮廓线，完成后的元件如图 6-35 所示。

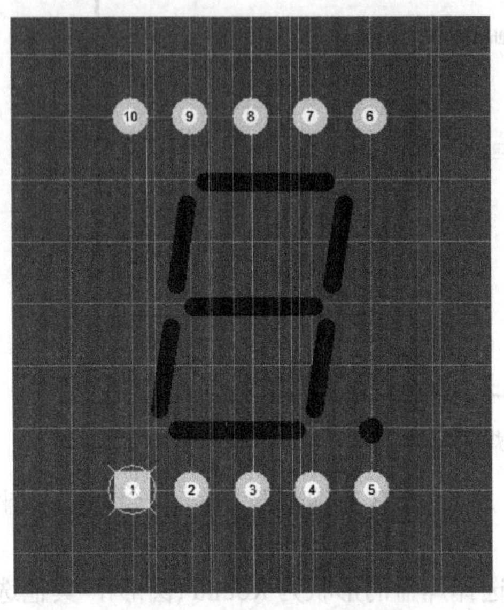


图 6-34　画好 8 字和小数点后的元件

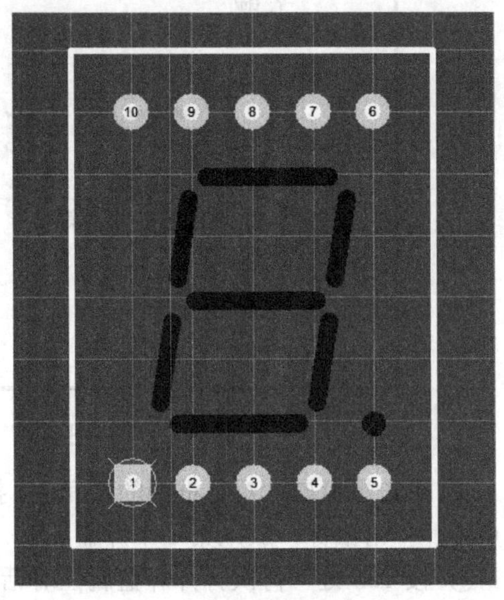


图 6-35　绘制好轮廓线后的元件

这样，我们就完成了元件 7SEGDIP10 的制作。

(2) 制作元件 SOP14

采用元件向导制作元件 SOP14，其过程如下。

① 执行菜单命令【工具】→【新元件】，打开【元件封装向导】对话框，如图 6-36 所示。

图 6-36　进入 PCB 元件制作向导

② 单击【下一步】按钮，进入选择封装模式页面，从模式列表框中选择 Small Outline Package，从【选择单位】下拉列表框中选择 Imperial(mil)，如图 6-37 所示。

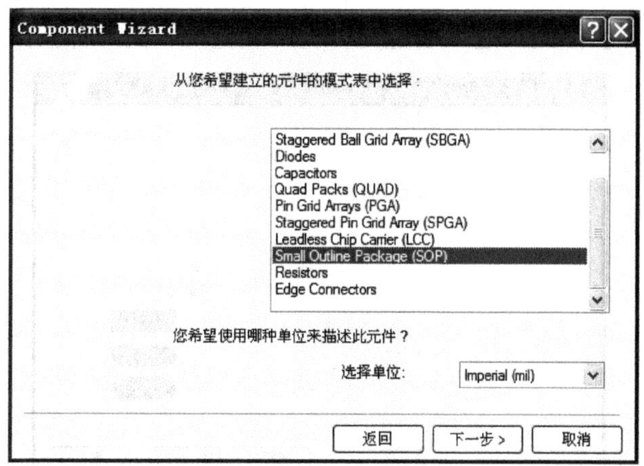


图 6-37　选择封装模式

③ 单击【下一步】按钮，进入设置焊盘尺寸页面，然后按图 6-38 所示设置焊盘尺寸。

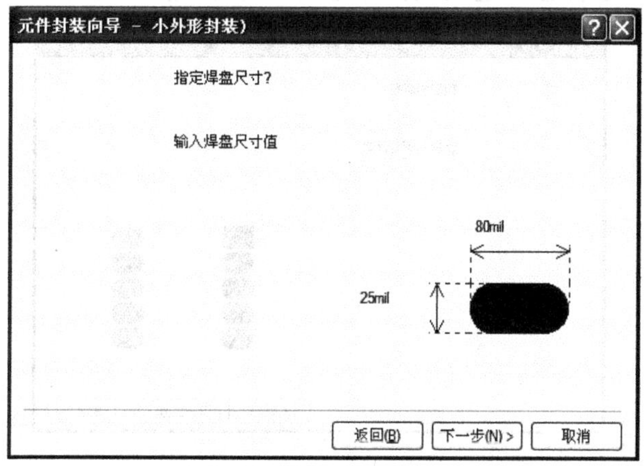


图 6-38　设置焊盘尺寸

④ 单击【下一步】按钮，进入设置焊盘间距页面，再按图 6-39 所示设置焊盘间距。

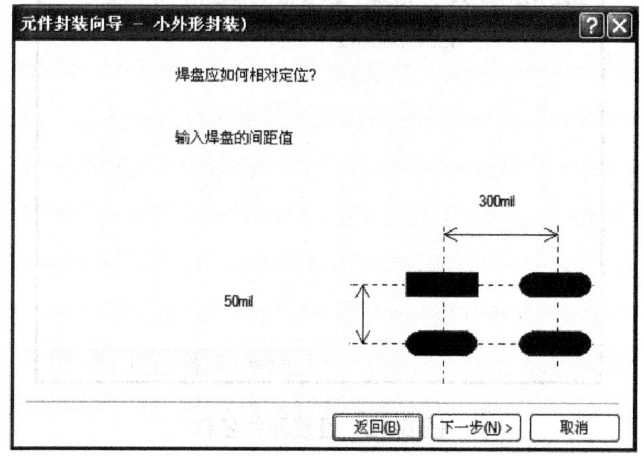


图 6-39　设置焊盘间距

⑤ 单击【下一步】按钮，进入设置元件轮廓线宽度页面，并按图 6-40 所示设置宽度。

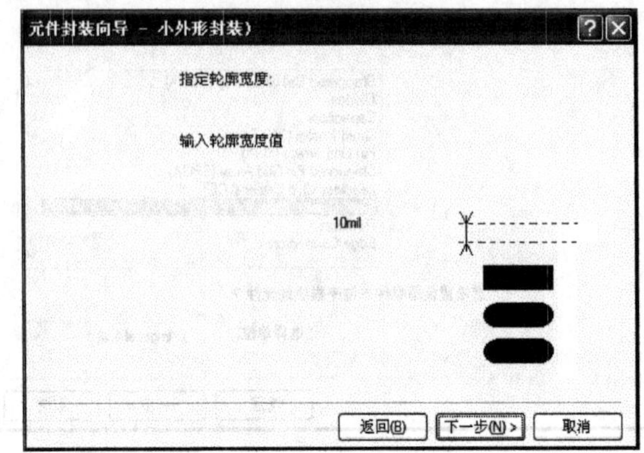


图 6-40 设置轮廓线宽度

⑥ 单击【下一步】按钮，进入设置焊盘数量页面，然后按图 6-41 所示设置焊盘数量。

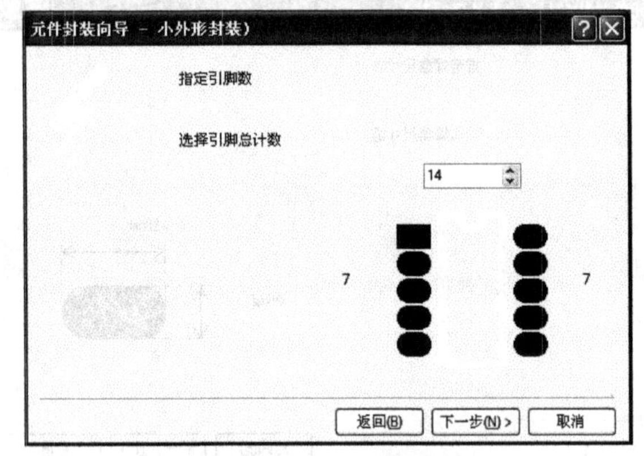


图 6-41 设置轮焊盘数量

⑦ 单击【下一步】按钮，进入设置元件名称页面，再按图 6-42 所示设置元件名称。

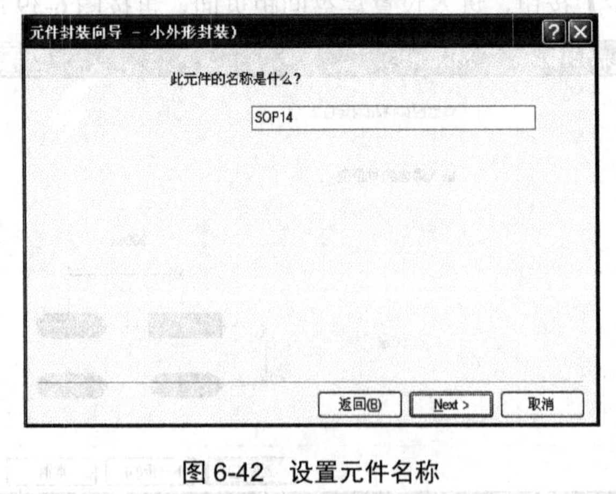


图 6-42 设置元件名称

⑧ 单击 Next 按钮，进入完成向导页面，如图 6-43 所示。

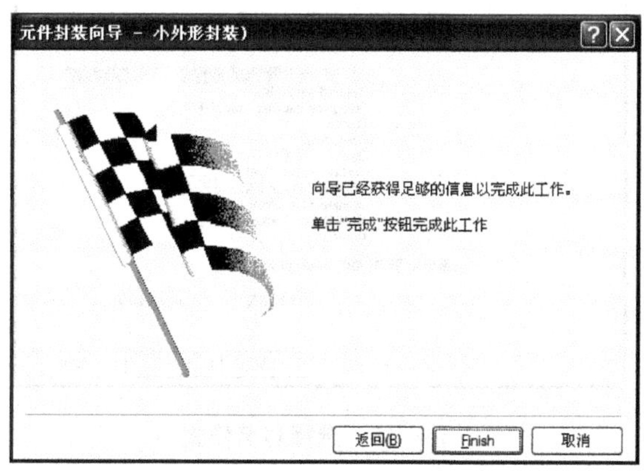


图 6-43　完成元件制作

⑨ 单击 Finish 按钮，关闭向导，返回 PCB 库编辑器。此时，由向导制作的元件 SOP14 出现在元件列表框中，同时在工作区中显示该元件，如图 6-44 所示。

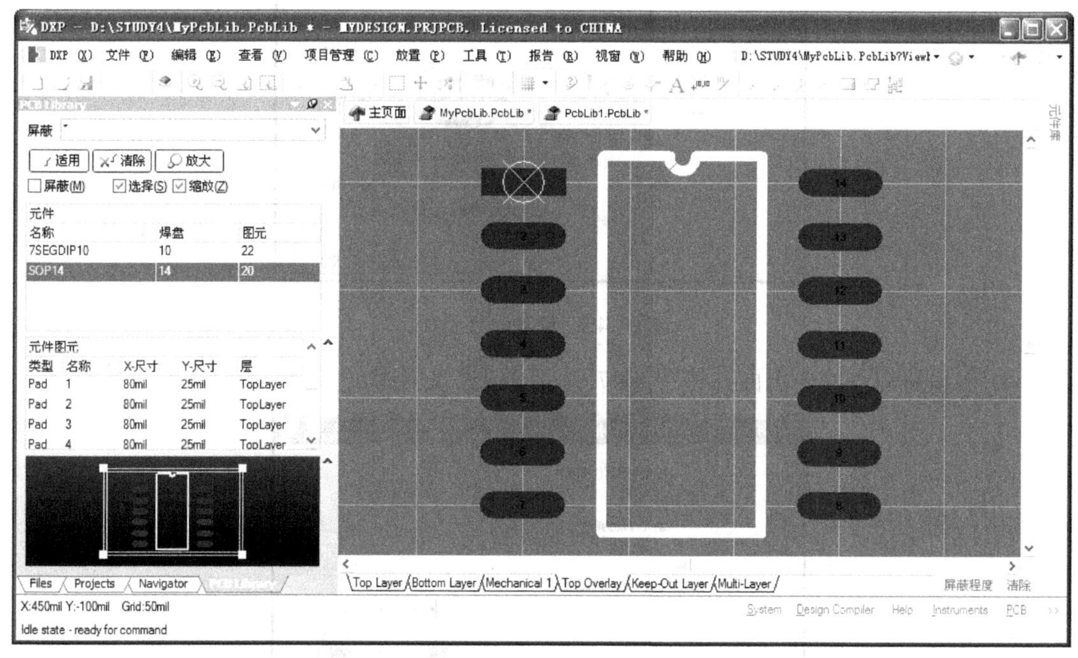


图 6-44　利用向导制作的元件 SOP14

(3) 制作元件 DIP18

图 6-1(c)所示元件为插入式元件，共有 18 个引脚。根据图中所给的尺寸，可设置焊盘孔径为 28mil，焊盘直径为 60mil，相邻焊盘距离为 100mil，两列焊盘距离为 300mil。

采用向导制作该元件，其过程和前面制作元件 SOP14 相似，下面只列出其中的不同处。

① 在选择封装模式页面选择 Dual in-line Package，如图 6-45 所示。

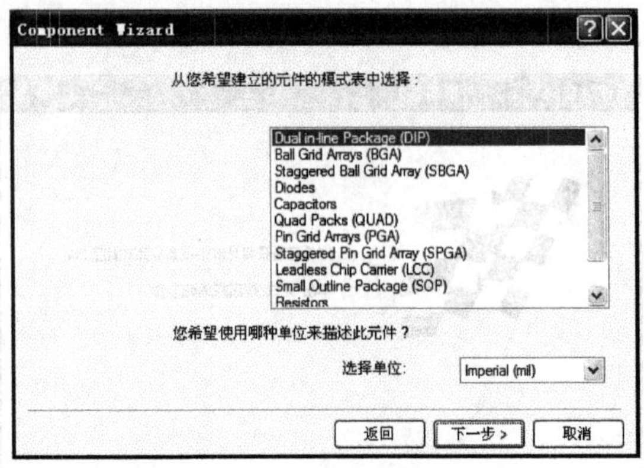


图 6-45 选择封装模式

② 在设置焊盘尺寸页面，按图 6-46 所示设置焊盘尺寸。

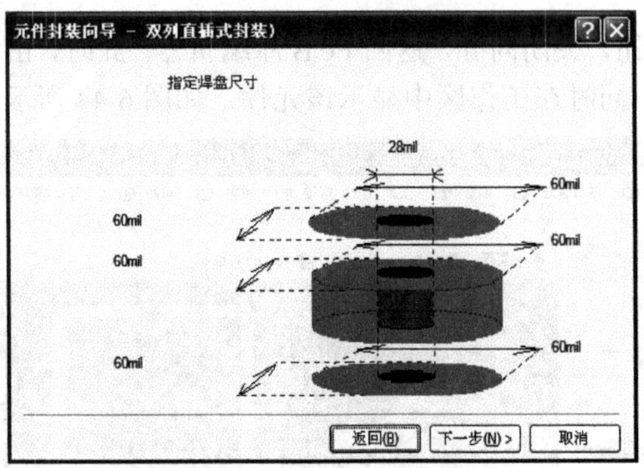


图 6-46 设置焊盘尺寸

③ 在设置焊盘间距页面，按图 6-47 所示设置焊盘间距。

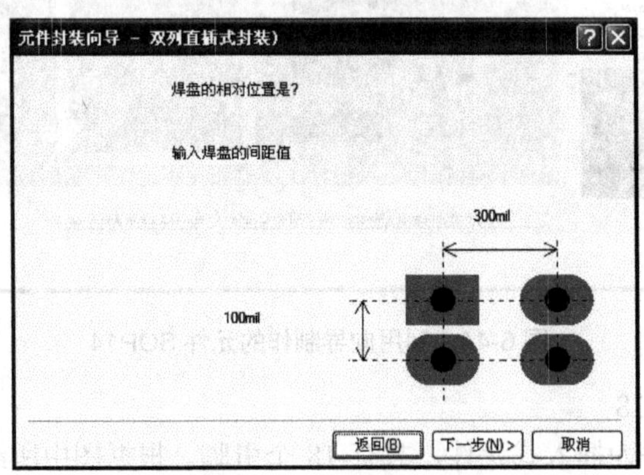


图 6-47 设置焊盘间距

④ 在设置焊盘数量页面，按图 6-48 所示设置焊盘数量。

21世纪高职高专电子信息类实用规划教材

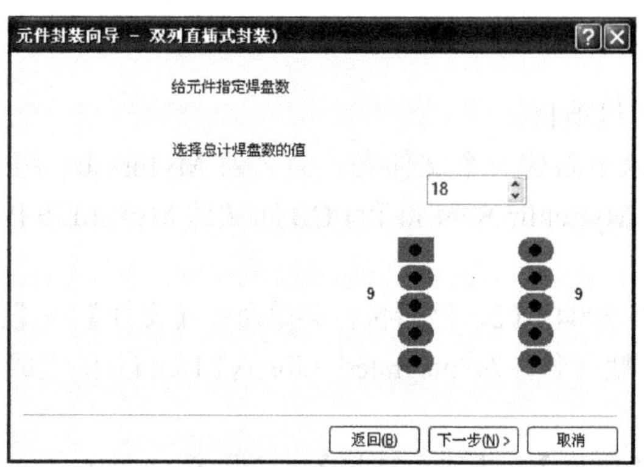


图 6-48　设置焊盘数量

⑤ 在设置元件名称页面，按图 6-49 所示设置元件名称。

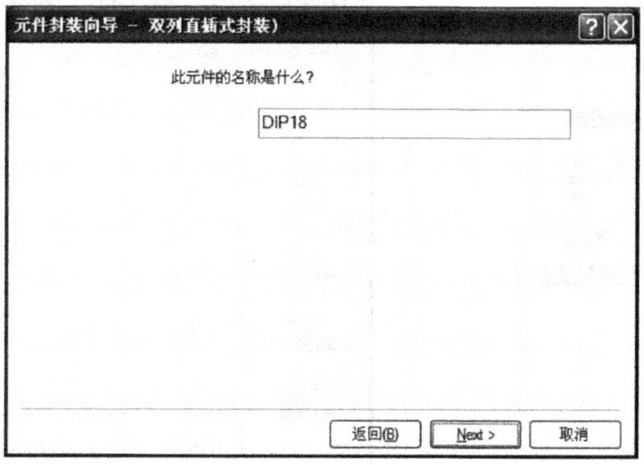

图 6-49　设置元件名称

完成元件 DIP18 的制作后的 PCB 库编辑器生成后的 PCB 工作界面如图 6-50 所示。

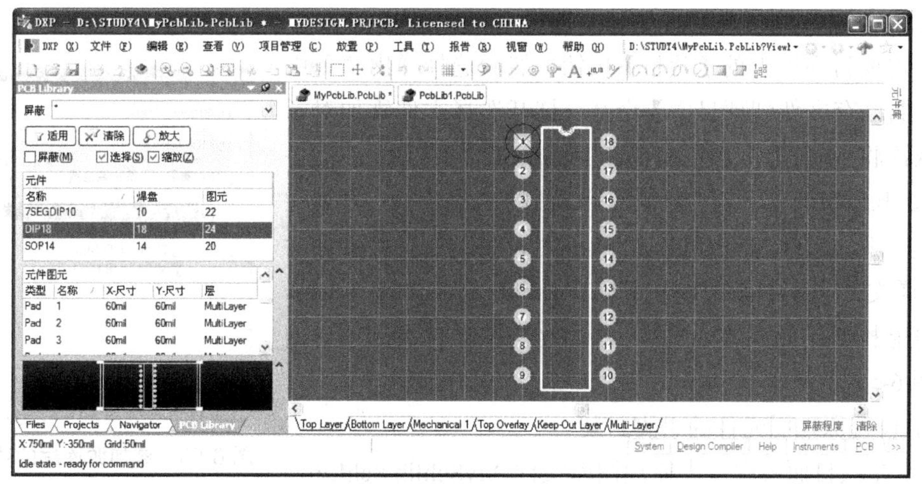


图 6-50　利用向导制作的元件 DIP18

至此，我们就在 PCB 库 MyPcbLib.PcbLib 中制作了 7SEGDIP10、SOP14 和 DIP18 三个元件。

## 2. 设计集成元件库

1) 建立集成库文件包项目

(1) 在用户盘根目录下新建一个文件夹，命名为 MyIntLib，将文件夹 STUDY4 中已经设计好的原理图库文件 MySchlib.SchLib 和 PCB 库文件 MyPcbLib.PcbLib 一起复制到该新建文件夹中。

(2) 启动 Protel DXP 2004 SP2，然后执行菜单命令【文件】→【创建】→【项目】→【集成元件库】，将创建一个默认名称为 Integrated_Library1.LibPkg 的集成库文件包项目，如图 6-51 所示。

(3) 执行菜单命令【文件】→【保存项目】，打开 Save [Integrated_Library1.LibPkg] As... 对话框。选择好路径，将它保存到新建的文件夹 MyIntLib 中，名称为 MyIntLib.LibPkg，如图 6-52 所示。

图 6-51　新建立的集成库文件包

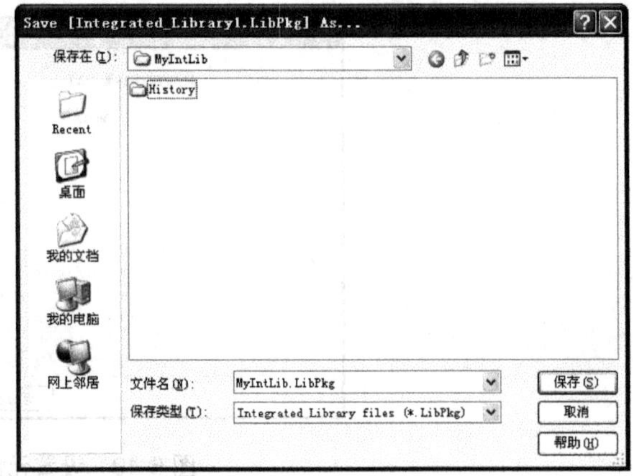


图 6-52　保存集成库文件包

2) 添加源库到集成库文件包中

单击项目面板上的【项目】按钮，然后选择弹出菜单中的【追加已有文件到项目中】命令，打开选择文件添加对话框，依次将原理图库文件 MySchlib.SchLib 和 PCB 库文件 MyPcbLib.PcbLib 添加到 MyIntLib.LibPkg 项目中。需要注意的是，添加文件 MyPcbLib.PcbLib 时，在选择文件添加对话框的【文件类型】框中要选择 PCB Library(*.Pcblib，*.lib)，否则可能找不到要添加的文件。添加这两个文件后的项目面板如图 6-53 所示。

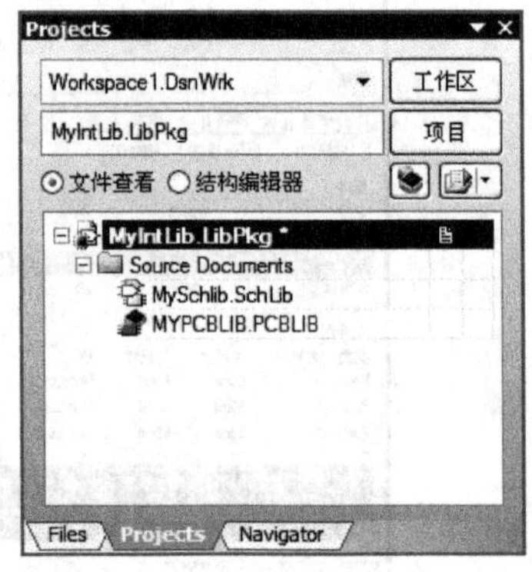


图 6-53　添加源库后的项目面板

3) 设置原理图元件的引脚封装

(1) 在项目面板中双击原理图库文件 MySchlib.SchLib，使其在工作区中打开，此时的原理图库编辑器如图 6-54 所示。

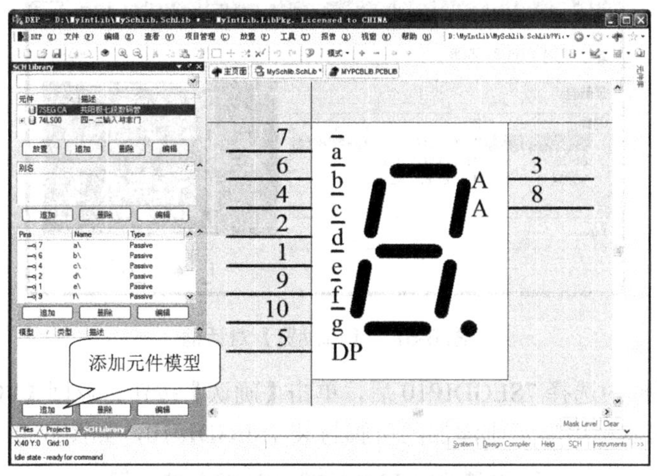


图 6-54　打开原理图库文件后的原理图库编辑器

(2) 打开原理图库元件管理面板(SCH Library)，然后在元件列表窗中选择元件 7SEG CA，再单击模型列表框下方的【追加】按钮，弹出添加模型选择框，这里选择 Footprint，如图 6-55 所示。

图 6-55　选择要添加的模型

(3) 单击图 6-55 中的【确认】按钮，弹出【PCB 模型】对话框，如图 6-56 所示。

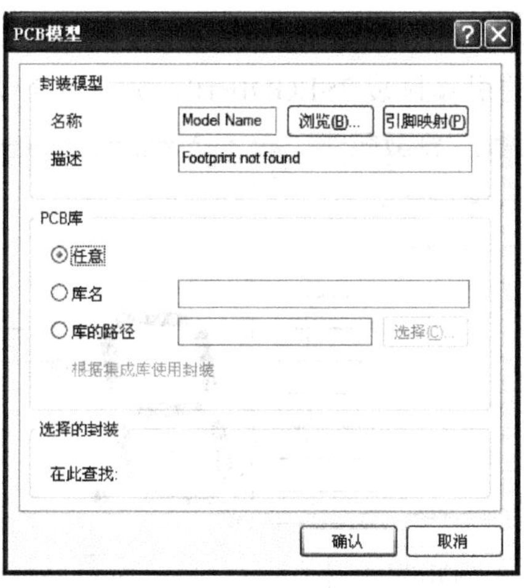


图 6-56　【PCB 模型】对话框

(4) 单击【浏览】按钮，打开【库浏览】对话框，如图 6-57 所示。

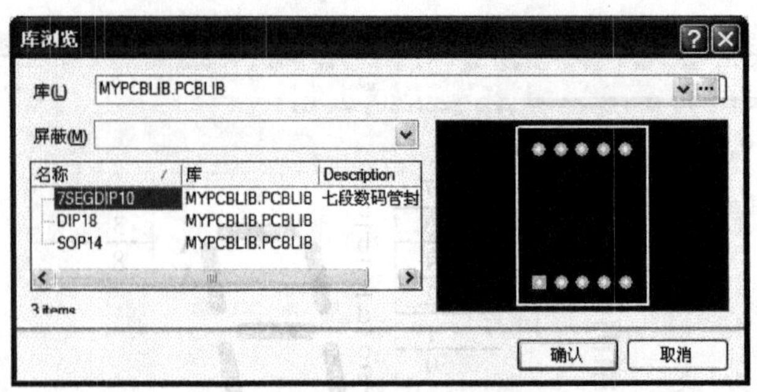

图 6-57 【库浏览】对话框

(5) 在该对话框中选择 7SEGDIP10 后，单击【确认】按钮，返回【PCB 模型】对话框。此时，【名称】文本框中显示刚添加的引脚封装 7SEGDIP10，如图 6-58 所示。

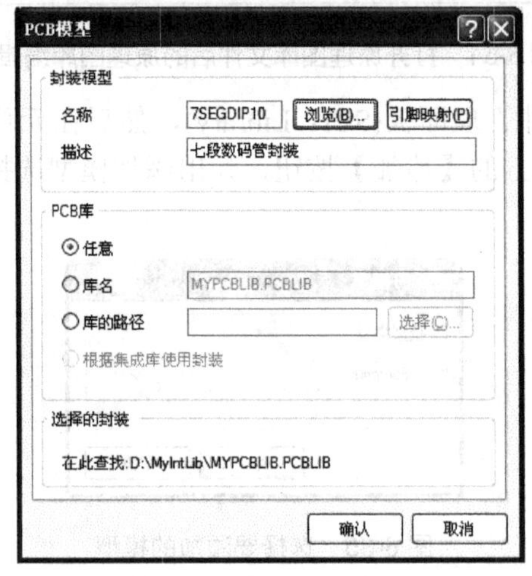

图 6-58 添加元件 7SEGDIP10 后的 PCB 模型对话框

(6) 单击【确认】按钮，返回原理图库编辑器。此时，在库元件管理面板的模型列表里显示元件 7SEG CA 刚添加的引脚封装 7SEGDIP10，如图 6-59 所示。

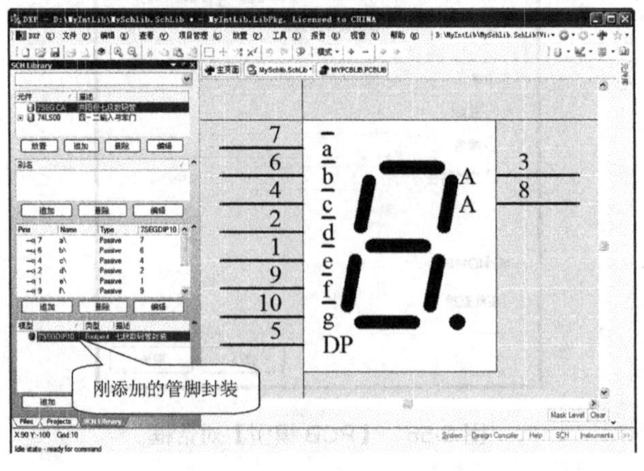


图 6-59 添加元件 7SEG CA 的封装模型后的原理图库编辑器

(7) 在元件列表里选中原理图元件 74LS00，用相同的方法，将元件 74LS00 的封装设置为 SOP14。完成后的原理图库编辑器如图 6-60 所示。

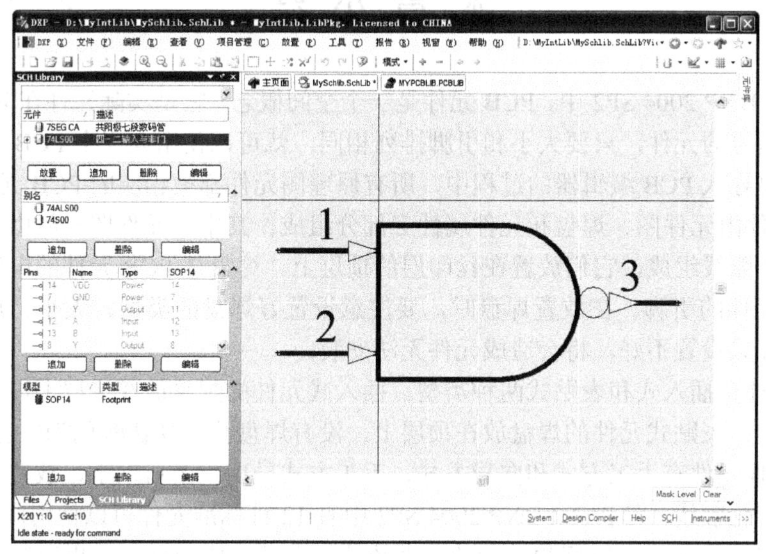

图 6-60　添加元件 74LS00 的封装模型后的原理图库编辑器

4) 编译集成库文件包

(1) 执行菜单命令【项目管理】→Compile Integrated Library MyIntLib.Libpkg，弹出一个保存文件确认框，如图 6-61 所示。

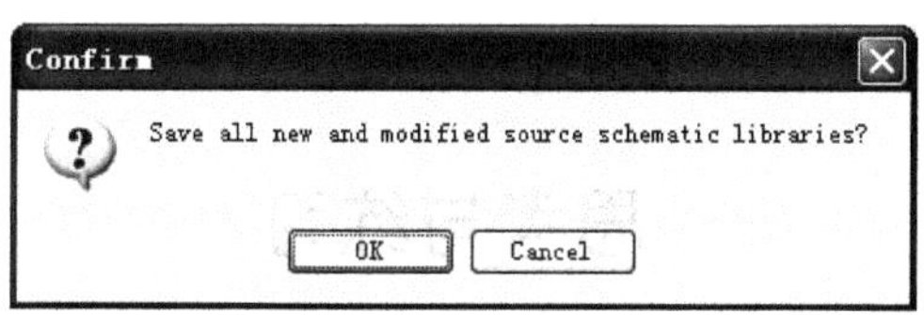


图 6-61　保存文件确认框

(2) 单击 OK 按钮，将生成集成元件库文件 MyIntLib.IntLib。该文件存放在文件夹 MyIntLib 下的子文件夹 Project Outputs for MyIntLib 中，如图 6-62 所示。此后就可以像使用系统集成库一样使用它了。

至此，我们已完成了全部任务。

图 6-62　生成的集成元件库

# 本章小结

在 Protel DXP 2004 SP2 中，PCB 元件是一个空间概念，它是实际元件在 PCB 上的安装位置。不同型号的元件，只要大小和引脚排列相同，就可以使用同一个 PCB 元件。在将原理图设计信息导入 PCB 编辑器的过程中，所有原理图元件都被相应的 PCB 元件所取代。

PCB 元件由元件图、焊盘和元件属性三部分组成。其中，元件图一般由一些没有电气属性的直线和弧线组成，它们放置在丝印层的顶层上。焊盘是 PCB 元件的电气部分，它相当于原理图元件的引脚。在放置焊盘时，要注意设置好焊盘的类型、大小、形状、间距和放置板层，如果设置不好，将会造成元件无法安装。

PCB 元件有插入式和表贴式两种类型。插入式元件的焊盘放在多层上，有焊盘孔，默认颜色为灰色；表贴式元件的焊盘放在顶层上，没有焊盘孔，默认颜色为红色。

制作 PCB 元件有手工方式和向导方式，手工方式是用户亲自动手，放置每一个焊盘，绘制元件全部轮廓线。在 Protel DXP 2004 SP2 中有 12 种标准元件可以使用向导制作，用户只需按照向导的提示，设置好相关参数，系统就会自动生成元件。如果所制作的元件与标准元件相近，也可以先用向导生成，然后对其进行修改，这样可以提高制作元件的效率。

Protel DXP 2004 SP2 还提供了建立集成元件库的功能，用户可将原理图元件和对应的 PCB 元件捆绑在一起，为设计提供了方便。

本章的学习可以从“任务实施”开始，学习过程中碰到问题，再到“相关知识”查找具体的操作方法。

# 思考与练习

(1) PCB 元件由哪几个部分组成？

(2) PCB 元件有哪两种类型它们的焊盘各有什么特点？

(3) PCB 元件的元件图一般放置在哪一个板层上？

(4) 如何将 PCB 元件的第一个焊盘设置为参考焊盘？

(5) 如何对自己制作的元件进行设计规则检查？

(6) 如何在设计中使用自己制作的 PCB 元件？

(7) 如何建立自己的集成元件库？

(8) 新建一个 PCB 项目，并保存在自己指定的文件夹中，名称自定。在该项目下新建一个 PCB 库文件，与 PCB 项目保存在同一个文件夹中。在 PCB 库文件中制作如图 6-63 所示元件。

- 元件 CAN8：焊盘直径 75mil、孔径 35mil，8 个焊盘呈圆形逆时针排列，圆的直径为 300mil。
- 元件 SOP12：焊盘尺寸 X:25mil，Y:85mil；上下两列焊盘的距离为 200mil，相邻焊盘的距离为 50mil。

- 元件 IDC10：焊盘直径 60mil、孔径 32mil，焊盘间距都是 100mil，焊盘的排列顺序是自下而上、自左而右。
- 根据图 6-63(d)元件三视图所标注的尺寸，制作元件 SOP14。图中的尺寸，英制单位为 inch，公制单位为 mm。

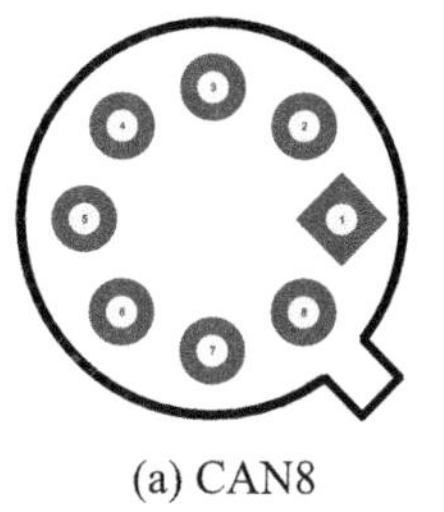

(a) CAN8

(b) SOP12

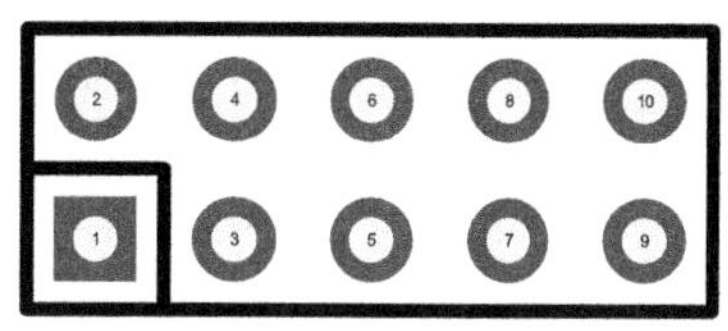


(c) IDC10

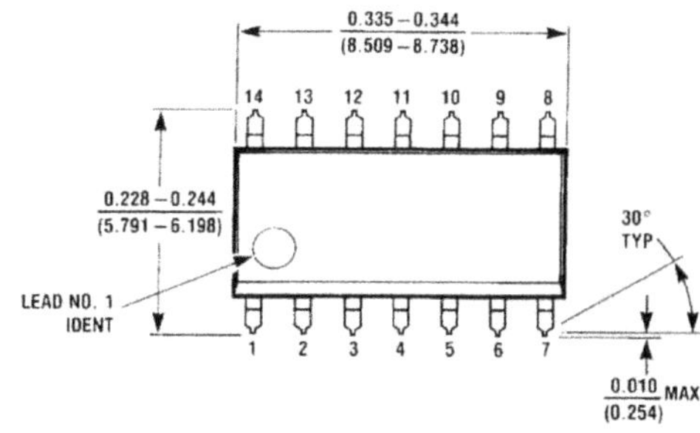


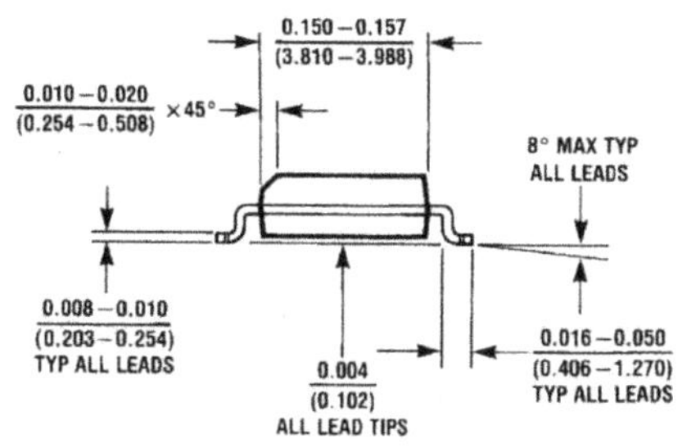


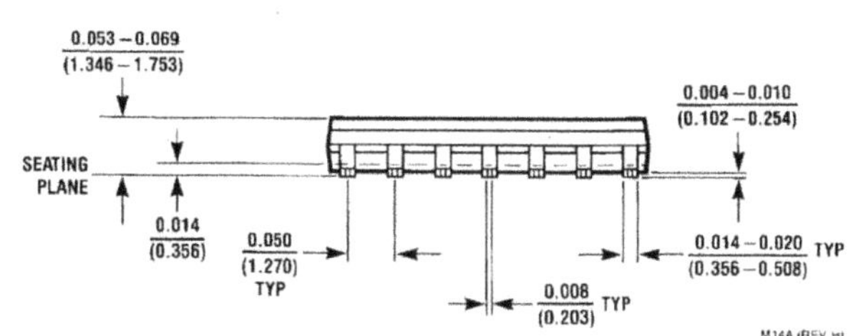


(d) 元件三视图

图 6-63　题(8)元件

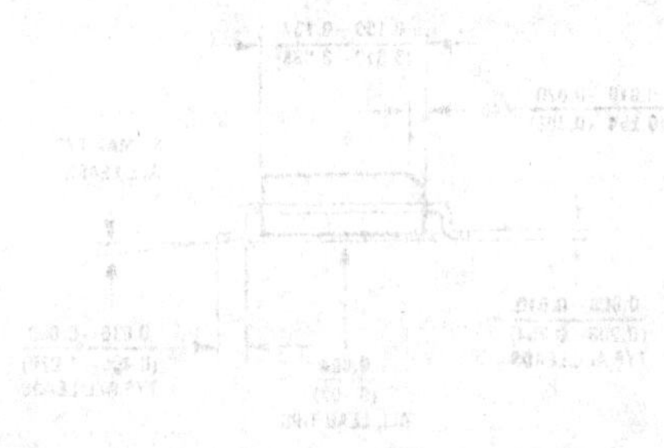